技術性人力資源管理
系統設計及實務操作

石磊 著

財經錢線

前言

《技術性人力資源管理：系統設計及實務操作》是《戰略性人力資源管理與組織競爭優勢》系列叢書的第二部，本叢書的第一部《戰略性人力資源管理：系統思考及觀念創新》主要論述的是人力資源管理的方向性問題以及戰略性人力資源管理要義等戰略層次的內容，本書則主要討論人力資源管理各職能如何支持和體現戰略性人力資源管理的要義以及在實踐中的運用，強調的是技術層面的設計和執行。為此，每章均安排有相應的專欄和案例，以加深讀者的印象，並便於讀者理解和掌握。

本書共分為十章，各章基本內容簡要介紹如下：

第一章是組織結構設計，主要內容包括組織結構設計的特徵和原則、影響組織設計的思想，管理者關注組織結構的理由和原因，重點分析和論述了不同的組織結構對人力資源管理的影響。在現今大多數人力資源管理的專著和教科書中，都沒有安排組織結構的內容。本書之所以將其作為內容之一，主要有兩個方面的原因：一是組織結構設計並非單指專業分工，更重要的是它反應了資源和權力不同的配置和使用方式；二是對於不同的組織結構，人力資源管理實踐和制度安排是有差異的。第二章是工作分析，主要內容包括工作分析的作用、流程，並通過專欄和案例重點論述了工作分析與實現組織競爭優勢之間的關係。從本章開始，均安排有「管理實踐—業務部門經理和人力資源部門的定位」一節，在分析人力資源部和各業務部門優、劣勢的基礎上，詳細講解了人力資源管理有關職能的具體運用和實施主體。第三章是人力資源規劃，介紹了規劃的流程、方法、企業裁員的原因和後果、人力資源部和業務部門經理在人力資源規劃方面的作用及技能等內容，重點論述了人力資源規劃的制定和實施步驟。第四章是人力資源招聘和選擇，介紹了影響招聘的內部和外部因素、人員招聘和選擇的方法、人才的選擇標準以及招聘、選擇與組織競爭優勢之間的關係。其中，人員的選擇標準是本章的重點，強調企業的招聘和選擇要注重對一個人在職業道德、職業操守和職業信譽等方面的評價。第五章是培訓和開發，論述了企業不同發展階段培訓的特點、培訓和開發系統設計的步驟、影響培訓的因素和人力資源開發的步驟、方法，介紹了企業在培訓開發方面的情況。第六章討論組織績效管理系統的設計原則和步驟，主要內容包括：介紹了績效考核和績效管理的區別、績效管理的要素和目的以及企業發展不同階段的業績衡量導向；以專欄和案例的形式對績效管理的功能和原則做了詳細的說明，闡明了績效管理與組織競爭優勢之間的關係；論述了影響績效管理的因素以及績效管理系統的設計步

驟；不同績效水準員工的識別和管理等。第七章主要介紹有關的績效評價管理的方法和手段，包括比較法、360度績效等一般評估方法、目標管理和關鍵業績指標等綜合評價方法，本章重點對平衡計分卡及其使用做了詳細的介紹，最後對不同方法的選擇和使用做了說明。第八章是薪酬體系設計的原理，主要內容包括：薪酬的基本概念和內涵、影響薪酬的因素、薪酬設計的指導思想和原則、薪酬戰略與企業戰略的匹配以及與組織競爭力之間的關係等。第九章是薪酬結構及薪酬系統設計，主要內容包括：對職位評價及有關方法的使用做了詳細的介紹，提出了薪酬結構的設計思路、戰略性選擇及其組合問題，重點論述了以職位為基礎的薪酬結構和以人為基礎的薪酬結構的設計流程。第十章主要介紹職工福利計劃，包括福利的概念和作用、福利的構成、福利的功能和福利項目的管理等內容。

本書是第三版，相對於第一版來講，除增加了平衡計分卡的內容外，其他內容沒有大的變動，只是個別地方和文字做了簡單的調整。和第一版一樣，本書與其他人力資源管理專著和教材的一個顯著的不同點在於，對於那些比較重要而又難以掌握的人力資源職能實踐，如人力資源規劃的制定、績效管理系統的設計、薪酬系統的設計等，本書都以案例和其他形式，給出了具體的操作思路和內容，讀者可以根據自己的具體情況，舉一反三，靈活運用。

為了便於讀者的學習，本書在每一章都安排了專欄和案例，以配合有關內容的講解，增強可讀性。需要解釋的一個問題是，本書的一些基本概念採用了多種表達方式，如「組織」一詞，代表的是多種組織形式。書中大多是用的「組織」一詞，但也頻繁採用了「公司」、「企業」等表達方式，其意義都大致相同，特此說明。

石 磊

目錄

第一篇　組織結構與工作分析

第1章　組織結構設計與競爭優勢 …………………………… 3
1.1　組織結構的特徵及設計原則 ………………………… 7
　　1.1.1　管理者為什麼要關注組織的結構 ……………… 7
　　1.1.2　什麼是組織結構 ………………………………… 9
1.2　組織結構的基本特徵和設計的原則 ………………… 9
　　1.2.1　組織結構的基本特徵 …………………………… 9
　　1.2.2　組織結構設計的基本原則 ……………………… 11
1.3　影響組織結構設計的思想 …………………………… 15
　　1.3.1　影響組織結構設計的思想 ……………………… 15
　　1.3.2　對科層制組織結構的評價 ……………………… 17
　　1.3.3　21世紀的組織形態 ……………………………… 18
1.4　不同的組織結構對人力資源管理的影響 …………… 20
　　1.4.1　　企業組織結構的一般特徵 …………………… 20
　　1.4.2　成本領先戰略和職能制結構 …………………… 21
　　1.4.3　差異性戰略和事業部制結構 …………………… 22
　　1.4.4　網絡化組織結構對人力資源管理實踐的要求 … 23

第2章　工作分析與組織競爭優勢 …………………………… 29
2.1　工作分析與組織競爭優勢 …………………………… 30
　　2.1.1　組織結構與工作流程分析 ……………………… 31
　　2.1.2　工作分析 ………………………………………… 31
　　2.1.3　工作分析的原則、條件和作用 ………………… 32
　　2.1.4　工作分析與組織競爭優勢之間的關係 ………… 35
2.2　工作分析的信息收集和方法選擇 …………………… 38
　　2.2.1　工作分析的信息收集 …………………………… 38

2.2.2　工作分析的步驟 ……………………………………………… 39
　　　2.2.3　工作分析的方法 ……………………………………………… 42
　2.3　管理實踐——業務部門經理和人力資源部門的定位 ………………… 44
　　　2.3.1　業務部門經理在工作分析過程中的作用 …………………… 44
　　　2.3.2　人力資源部門在工作分析中的作用 ………………………… 45

第二篇　人力資源規劃、招聘和選擇

第3章　人力資源規劃 …………………………………………………… 51
　3.1　人力資源規劃流程 ……………………………………………………… 53
　　　3.1.1　定義和流程 …………………………………………………… 53
　　　3.1.2　人力資源預測 ………………………………………………… 54
　3.2　人力資源規劃的方法 …………………………………………………… 56
　　　3.2.1　需求預測分析方法 …………………………………………… 56
　　　3.2.2　供求預測 ……………………………………………………… 58
　　　3.2.3　注意事項與實踐應用 ………………………………………… 59
　　　3.2.4　人力資源規劃的重點轉移 …………………………………… 60
　3.3　人力資源規劃的制定和實施步驟 ……………………………………… 61
　3.4　企業裁員分析 …………………………………………………………… 71
　　　3.4.1　裁員原因分析 ………………………………………………… 71
　　　3.4.2　裁員的影響與企業文化塑造 ………………………………… 74
　　　3.4.3　裁員的原則、程序和範圍 …………………………………… 76
　3.5　管理實踐——業務部門經理及人力資源部門的定位 ………………… 79
　　　3.5.1　部門經理在人力資源規劃方面的作用及技能 ……………… 79
　　　3.5.2　人力資源部在規劃中的作用和技能 ………………………… 80

第4章　人力資源的招聘與選擇 ………………………………………… 87
　4.1　人力資源招募與組織競爭優勢 ………………………………………… 90
　　　4.1.1　影響招聘的外部環境因素分析 ……………………………… 90
　　　4.1.2　影響招聘的內部環境因素分析 ……………………………… 92
　　　4.1.3　招聘來源 ……………………………………………………… 95
　　　4.1.4　招聘與組織競爭優勢 ………………………………………… 100

目錄

  4.2 選擇、配置與組織競爭優勢 …………………………… 101
    4.2.1 人員選擇對組織競爭力的意義和影響 ………… 101
    4.2.2 人員選擇方法的標準 …………………………… 102
    4.2.3 人員的選擇標準 ………………………………… 103
    4.2.4 選擇的技術方法 ………………………………… 106
  4.3 管理實踐——業務部門經理和人力資源部門的定位 … 113
    4.3.1 業務部門經理的作用 …………………………… 113
    4.3.2 人力資源部門的作用和技能 …………………… 114
    4.3.3 中國企業的招聘和選擇實踐 …………………… 114

第三篇 個人發展與組織發展

第 5 章 戰略性培訓與開發 ………………………………………… 121

  5.1 戰略性培訓 ………………………………………………… 123
    5.1.1 戰略性培訓的定義及作用 ……………………… 123
    5.1.2 企業不同發展階段對培訓的不同要求 ………… 126
    5.1.3 決定企業進行培訓的原因和方法 ……………… 129
    5.1.4 影響培訓的因素 ………………………………… 130
    5.1.5 有效的培訓系統設計的基本步驟 ……………… 134
  5.2 戰略性人力資源開發 ……………………………………… 138
    5.2.1 定義和內涵 ……………………………………… 138
    5.2.2 人力資源開發在企業管理活動中的重要意義 … 138
    5.2.3 管理開發的步驟 ………………………………… 139
    5.2.4 管理開發的方法 ………………………………… 141
  5.3 管理實踐——業務部門經理和人力資源部門的定位 … 146
    5.3.1 培訓開發與組織競爭優勢 ……………………… 146
    5.3.2 業務部門經理和人力資源部門的定位 ………… 148
  5.4 中國企業人力資源培訓開發現狀調查 ………………… 150

第四篇 組織績效管理系統與薪酬體系設計

第 6 章 組織績效管理系統設計的原則和步驟 ……………………… 157

  6.1 績效管理的要素和目的 ………………………………… 158

- 6.1.1 績效管理的定義和內涵 ………………………………… 158
- 6.1.2 一個有效的績效管理系統的基本要素 ………………… 159
- 6.1.3 企業發展不同階段的業績衡量導向 …………………… 163
- 6.2 組織績效管理系統設計的功能和原則 …………………………… 164
  - 6.2.1 績效管理的功能 ………………………………………… 164
  - 6.2.2 績效管理系統設計的原則 ……………………………… 169
- 6.3 績效管理與組織競爭優勢 ………………………………………… 172
  - 6.3.1 績效管理如何增強組織的競爭優勢 …………………… 172
  - 6.3.2 克服無效績效評估存在的問題 ………………………… 173
- 6.4 影響績效管理的重要因素 ………………………………………… 174
  - 6.4.1 員工的知識、技能和能力 ……………………………… 175
  - 6.4.2 戰略及文化的影響 ……………………………………… 175
  - 6.4.3 組織內部條件的影響 …………………………………… 176
  - 6.4.4 工作分析 ………………………………………………… 177
  - 6.4.5 經理開發與管理技能的影響 …………………………… 177
- 6.5 有效的績效管理系統的設計步驟 ………………………………… 178
- 6.6 不同績效水準員工的識別和管理 ………………………………… 181
  - 6.6.1 高績效完成者 …………………………………………… 181
  - 6.6.2 中等績效完成者 ………………………………………… 183
  - 6.6.3 低績效完成者 …………………………………………… 184
- 6.7 管理實踐——部門經理及人力資源部門的作用 ………………… 185
  - 6.7.1 部門經理在績效管理過程中的作用 …………………… 185
  - 6.7.2 人力資源部門在績效管理過程中的作用 ……………… 187

第7章 績效評價及管理方法選擇 ………………………………………… 191

- 7.1 績效評價的一般技術方法 ………………………………………… 194
  - 7.1.1 比較法 …………………………………………………… 194
  - 7.1.2 圖評價尺度法 …………………………………………… 196
  - 7.1.3 行為法 …………………………………………………… 197
  - 7.1.4 360度績效評估方法 …………………………………… 200
- 7.2 綜合績效管理方法 ………………………………………………… 201

目錄

   7.2.1 目標管理 ………………………………………… 201

   7.2.2 關鍵業績指標（KPI）…………………………… 204

  7.3 平衡計分卡（The Balanced Score Card，BSC）……… 208

   7.3.1 戰略中心型組織 ………………………………… 208

   7.3.2 平衡計分卡的內容 ……………………………… 212

   7.3.3 平衡計分卡諸因素之間的因果關係 …………… 216

   7.3.4 平衡計分卡的使用和評價 ……………………… 217

  7.4 不同績效管理方法的選擇 ……………………………… 221

第8章 薪酬體系設計的原理 ……………………………………… 226

  8.1 薪酬的概念和成本 ……………………………………… 227

   8.1.1 薪酬的概念 ……………………………………… 227

   8.1.2 薪酬的形式 ……………………………………… 229

   8.1.3 薪酬的成本 ……………………………………… 231

  8.2 影響薪酬的主要外部因素 ……………………………… 232

  8.3 薪酬設計的指導思想和策略原則 ……………………… 235

   8.3.1 指導思想 ………………………………………… 235

   8.3.2 策略原則 ………………………………………… 237

   8.3.3 理想的薪酬結構和內、外公平的協調 ………… 243

  8.4 薪酬系統與組織競爭力 ………………………………… 246

   8.4.1 薪酬體系的目標 ………………………………… 246

   8.4.2 薪酬體系提高企業的競爭力 …………………… 254

   8.4.3 管理實踐——如何瞭解企業的薪酬系統
      是否具有競爭力 ………………………………… 255

   8.4.4 員工流失的深層次原因分析 …………………… 256

  8.5 管理與實踐——經理及人力資源部門的作用 ………… 257

   8.5.1 部門經理在薪酬管理過程中的作用 …………… 257

   8.5.2 人力資源部門的作用 …………………………… 258

第9章 薪酬結構及薪酬體系的建立 …………………………… 263

  9.1 職位評價的定義及其方法 ……………………………… 266

   9.1.1 工作（職位）評價綜述 ………………………… 266

  9.1.2 職位評價方法 …………………………………… 267
  9.1.3 職位評價要注意的問題 …………………………… 273
 9.2 薪酬結構設計思路 ……………………………………… 274
  9.2.1 定義和內容 ………………………………………… 274
  9.2.2 組織內部影響薪酬結構的因素 …………………… 279
 9.3 薪酬結構的戰略性選擇及組合設計 …………………… 281
 9.4 以職位為基礎的薪酬結構 ……………………………… 284
  9.4.1 以職位為基礎的薪酬結構的流程 ………………… 284
  9.4.2 職位薪酬結構所面臨的挑戰和解決辦法 ………… 288
 9.5 以任職者為基礎的薪酬結構 …………………………… 291
  9.5.1 以技能為基礎的薪酬結構 ………………………… 291
  9.5.2 以能力為基礎的薪酬結構 ………………………… 294

第10章 職工福利計劃 …………………………………………… 298
 10.1 福利的概念和作用 …………………………………… 300
 10.2 福利的構成 …………………………………………… 304
 10.3 福利的功能和福利項目的管理 ……………………… 309

第一篇 組織結構與工作分析

　　組織結構是保證企業經營戰略實施落實的組織保障。當企業的經營環境發生變化，組織的結構必然會隨之進行調整，結構的變化又會影響原有崗位的功能和職責的發揮，從而使原有的人力資源管理職能失去了應有的作用。因此，這首先要求企業必須建立起一套能夠適應企業經營戰略要求的新的結構體系，並在這個新的體系結構上重新設計人力資源管理的職能。其次，組織結構設計不僅僅涉及專業分工，它還反應一個組織資源配置的方式和權利配置的方式。不同的組織結構，資源配置的方式、管理者的角色以及員工的工作方式也都是不同的。因此，組織結構和工作分析是人力資源管理最重要和最基礎的職能，企業的領導者和管理者必須對此予以高度的關注。

第 1 章　組織結構設計與競爭優勢

　　組織結構是一個組織最基礎的部分,設計組織結構的目的是要建立一種能夠使人們為實現組織目標而在一起最佳地工作並履行職責的正規體制。其中包含了三個方面的含義:第一,組織結構與組織目標之間的關係,即結構是服從目標的,目標發生了變化,組織結構也要隨之調整。這是一個最基本的原則。第二,組織結構要能夠保證組織內的人們和諧有效地工作,並對那些努力工作並取得優良績效的員工進行獎勵,對經過幫助但仍然不能完成任務的低績效員工進行幫助、約束和懲戒。第三,組織結構是一種資源的配置方式。不同的結構,資源(包括人力資源)配置的方式也是不盡相同的。這三個方面都與人力資源管理的職能密切相關,而且企業的勞動人事制度改革,大多都是從組織結構設計開始的。但在傳統的人事管理中,組織結構設計的功能和作用並未得到應有的重視,在現在的一些人力資源管理的教科書中,也沒有組織結構設計的內容。本章將通過對有關內容的介紹,引起企業的領導者和管理者對組織結構的關注。

　　本章將對組織結構設計與工作流程進行系統闡述,並討論影響組織結構設計的思想,最後研究不同的組織結構對人力資源管理的影響。通過本章的學習,應瞭解和掌握以下幾個方面的內容:

1. 瞭解掌握組織結構的內涵和影響組織結構設計的思想。
2. 把握組織結構的基本特徵和設計的基本原則。
3. 不同的組織結構對人力資源管理有什麼影響。
4. 職能制和事業部制各自的優點和不足。
5. 瞭解掌握環境、組織戰略和組織結構之間的關係。

專欄 1-1:用友軟件的組織結構變化

　　2003 年年底,用友軟件宣布對原有組織結構進行重大調整,2001 年年底開始實行的事業部制「功成身退」。

　　在這個變動裡,除去把 U8、NC 事業部合成一個產品部門之外,2002 年 6 月成立、2003 年 7 月撤銷的大客戶部也重新成立。原有的 4 個大區被細分成華北、東北、西南、西北、中南、華東 6 個大區。和以往的調整不同,用友的這次動作醞釀時間長,準備足。用友總裁何經華說,他們在「2003 年 10 月 11 日就開始開會討

技術性人力資源管理：
系統設計及實務操作

論」，整整用了3個月時間。準備充分則給本次調整加了分，在外部沒有引起關於人事更迭的傳聞。用友向「職能式組織架構」的轉變，在把產品事業部變成了產品部門時，「拿掉了『事業』兩個字」。

早在2001年用友軟件上市之前，以王文京為首的董事會就提出用友要「全面升級，擴張發展」，成為一個管理軟件和應用服務提供商。在當時，這意味著用友不但要在財務軟件的基礎上推出管理軟件產品，還需要一種新的組織架構來支撐。2002年用友開始變陣。隨著NC問世，圍繞NC、U8和CRM等核心產品，他們建立了相關事業部，組建了4個大區。事業部可以比較獨立地發展業務，自行負責產品研發和市場開拓，並實行獨立考核。用友掌門人王文京說，如果不實行事業部的管理架構，我們的業務方向不但很可能長時間停留於研發，而且也容易被忽視。

對當時的用友來說，NC是新產品，U8市場份額要不斷擴大，它的當務之急是要加大產品對市場的影響，因此整個戰略由產品驅動。這裡面最能說明問題的就是市場活動：各個事業部主導自己的市場活動，用產品驅動銷售，力求快速地影響用戶，把餅做大。2003年，用友的U8事業部市場費用過千萬，NC緊隨其後，雙方各自在全國範圍內組織研討會和市場活動，靈活機動，齊頭並進。

這個模式在用友的產品為人們熟知後逐漸暴露出自己的問題，首先就是不適合資源共享。兩個產品中都包含財務模塊，卻是兩套人馬在做研發——NC和U8之間的研發由於割裂而框架太明確，對產品之間的整合沒有好處。而市場的需求卻一天天要求更加「共享」：用戶用財務軟件，很少單純地用U8財務，或者NC集團財務。因為一個大的集團公司，需要高度集中，所有財務憑證即時匯總，用NC比較好，但它下面的一些二級或者三級公司，往往就採用分散集中，只需要周報月報，這樣就可以用U8。如果還堅持U8和NC單獨作戰，各自的考核指標橫在那裡，不可能指望員工有太多的協同意識。

用友原總裁何經華曾經不止一次地向外界表示，公司最大的優勢在於品牌。而蘊含在品牌背後的，就是強大的內部資源。而按照老式的事業部制，各做各的，恰恰縮小了這一優勢。因此到了2003年，事業部制完成了歷史任務，「功成身退」，讓位於整合後的新組織架構。用友的變陣得到了王文京的支持。

新架構

「以後你會發現，U8和NC的名字會越來越少被提及，」何經華說，「提及最多的會是用友產品解決方案。」他其實描繪的是一個「大ERP」的前景。

事業部各自為政的局面結束後，原先在事業部制下表現為強勢的產品驅動銷售原則將掉轉過來，變成由市場，也就是用戶需求來驅動產品研發。用戶要什麼，一線的銷售最清楚。他們可以把相應的要求告訴產品市場人員，產品市場人員通過從銷售和市場活動裡收集足夠多的信息，進行歸納總結，反饋給產品經理。產品經理根據市場反饋、對競爭對手產品的理解和最新軟件技術的發展趨勢這三點來設計產

品。在這裡面，產品市場人員是介於產品專家和銷售之間的橋樑。舉例來說，他們會把收集到的5000條產品信息，系統地歸納為200條，交給產品經理；也會幫助產品經理通過培訓把產品的特徵推給銷售，或者通過營銷活動推給用戶。

在統一平臺下，何經華認為公司的理想狀態是：中低端應用產品是高端應用產品裁剪後的子集，裁剪的工作交由產品經理來做。所有的產品經理組成一個獨立團隊，他們負責寫應用架構，交給同一個開發團隊，按照不同的技術底層做出來。用友是一個管理團隊，一個市場體系，一個產品體系，以便最大限度地集中優勢資源。

「集中優勢資源」其實也是「有效運用有限的資源」。最明顯的例子是在銷售上：用友現在大力推廣方案營銷，也就是顧問營銷。一個本來很小、賣財務軟件的單子，如果能夠從方案和解決用戶問題入手，往往可以變大，因此他們培養了一批顧問支持銷售來做售前工作。但是因為顧問是稀缺資源，全放在總部，很難對一線公司形成支援，不符合經濟效益。但全都放一線分公司也不可能，所以放在大區。更為稀缺的資源，例如行業專家，就要放在總部的大客戶部了。經過這次調整，用友建立了矩陣式的銷售體系。

矩陣與管理

對於用友的調整，迄今為止，內部人員的反應都不錯。主要的原因是，他們認為這個調整把過去很多管理上的不合理的設置給排除了。

最明顯的例子是大客戶部的問題。大客戶部之前的故事裡有過曲折：這個部門2002年6月成立，2003年7月撤銷，其中一半人員並入NC事業部，另一半去了U8。當時的大客戶部被更多定義在為事業部和分公司提供售前支持上，不直接參與銷售，卻背了指標。這個定位讓大客戶部的人很為難，「人家一線分公司打單要你去，你講了一通以後不能控制銷售，最後又要根據單子的成功與否來計算你的業務指標。」最後大客戶部被撤銷的原因有一半要「歸功」於此——單子沒打下來，但是由此產生的費用卻不少。

新的調整徹底把類似的含混問題解決掉了，大客戶部被確立為銷售部門，並且在統一的銷售平臺上建立了一套行之有效的制度。何經華強調說，2004年用友的轉型，有一半是結構調整，還有一半是流程的優化和確立。

何經華一向是流程優化和規範的推動者：他賣ERP時對用戶說管理就是對流程的確立和優化；之前，他2002年上任開講的第一句就是用友的業績評估要從「結果導向」轉向「結果導向」加上「行為導向」。何舉例說，只要這個員工工作流程規範，不管這個過程有沒有產生結果，我們都認可。這也是何此前考核部下的一貫原則。

流程的確立對這個新架構的成敗具有決定性作用。現在的組織架構按照市場、銷售等職能來劃分，跨所有產品線。如果要說快速回應，當然不如按產品線劃分的時候快。「當時U8一個部門裡，有產品經理，也有銷售和市場，做不做這件事情我

技術性人力資源管理：
系統設計及實務操作

馬上可以告訴你。」

垂直劃分後，職能部門之間的溝通和互動如何最有效率，成本最低成了何的最大挑戰。「兩個部門究竟怎麼溝通？」何經華說，「不是說兩個部門的人要常吃飯常開會，而是要有規範的流程來規定。」

「過去有人做的事情現在不能沒有人做。」這是設計流程遵循的前提，而誰來做怎麼做，把這些都規定下來，這就是流程。舉例來說，產品市場人員把市場需求交給產品經理的時候要走流程：我把系統的需求提供給你，你要在規定的時間裡按照規定的格式給我答復。你可以決定做或者不做，「但是就是不能石沉大海，說沒收到」。這些流程確立後，顯然也要有獎懲制度來保證實施。

這些和流程有關的規定花了用友 3 個月的時間。何經華回憶起來，覺得自己「整個第 4 季度都在開會」。從 2003 年 10 月開始，用友全面陷入「會海」——總部主管總裁、一線人員在一起先按照業務線，再按產品線開了「無數次會議」。業務流程的改變其實就是「原來這個事該他做，現在變化後，弄清楚現在該誰做」，每個不清楚的地方都要有明確答案。

「作為管理者，你不能完全期待員工境界的迅速提升。」熟讀武俠小說的何經華在現實管理中從不相信會出現主人公功力在一夜之間數倍增長的奇跡——用友的未來取決於完善銷售信息化與規範化，管理得當，流程合理，這樣才能「有效地運用有限的資源」。

用友在組織結構上的轉變是適應環境變化而進行的調整。從 2003 年年底到 2004 年 1 月，國際和國內的知名企業都在大調整。先是國際商業機器公司（IBM）對其價值 131 億美元的軟件部門進行重組。然後是用友宣布對原有的組織結構進行重大調整，2001 年年底開始實行的事業部制「功成身退」。IBM 的變法是把原先按照 5 大產品劃分業務部門的組織結構打散，重新按照跨行業解決方案組成 12 個團隊，這些解決方案橫跨 IBM 所有的軟件產品。用友的改變則是把按照產品 U8、NC 劃分事業部的組織架構重新整合，變為「只有一個管理團隊，一個市場體系，一個產品體系和一個銷售體系」的全新組織結構。如果以 IBM 的改變為參照系，就能夠看出來用友在緊隨國際軟件企業「解決方案」趨勢。

「首先要明確一點。」IBM 軟件的一位銷售人員在評論這些變化的時候說，「不是我們要變，而是用戶的需求確實已經發生了變化，他們不再為了購買而購買。」對於這些一線的銷售來說，最明顯的跡象是，以往購買產品決策多在企業的 IT 部門，在 2002 年之後，業務部門開始越來越多地參與進來。

因此，儘管 2002 年 IBM 軟件的營銷收入達到 140 億美元，但是按照產品來布陣的方法顯然已經落後了。原先的 IBM 軟件部門是按照 5 大產品 WebSphere、Lotus、Tivoli、DB2 以及 Rational 劃分業務部門，每個部門有自己獨立的銷售、技術支持、服務、市場人員和合作夥伴。「換句話說，這 5 個業務部門隨時可以變成 5 個獨立的

軟件公司。」這些部門的銷售人員熟悉自己的產品，有自己的業績考核體系，但是實際上，用戶的需求幾乎都不是單純的，這些需求「往往牽扯許多產品」。這使得 IBM 軟件不得不打破產品佈陣，圍繞用戶需求來重新架構自己的各個部門——實際上，這新成立的 12 個團隊，每個團隊旨在解決一類用戶所面臨的問題，在它們背後，IBM 的五大軟件品牌 WebSphere、Lotus、Tivoli、DB2 以及 Rational 將針對不同方案進行捆綁銷售。

對這個問題，何經華的話很中肯：用戶到這裡來要買什麼，我們的「菜單」上都應該有，否則用戶就不來光顧你了。同理，「一個上市公司，如果你只能賣給他一套 U8，那是你浪費了這個機會」。

用友內部正在實行稱為「井田制」的新管理方法。何經華主抓銷售，因此在這個問題上費心費力最多。銷售分成了區域銷售和大客戶銷售。成立的大客戶部已經成為銷售單位，並且又分成中央大客戶部和行業大客戶部。在菸草、電力、傳媒、房地產、金融五大行業和 6 大區域，先挑出重點客戶，直接由大客戶部來「照料」，「跟丟了是要負責的」。一位大客戶部的員工說，這就是「井田制」中最高級的一層；「井田制」中的第二層是各個大區之中除去被大客戶部挑走後的重要企業，這些企業交由大區直控；最後一層的客戶分配給一線分公司，大部分單子由他們自己解決，如果需要支援可以向大區申請。

這個分成三層的銷售體系又有垂直管理，在用友內部，這個垂直管理的工具被稱為「銷售漏門」。一個銷售機會，無論出現在哪個層面上，都要進入漏門，被管理者所監控。拿菸草行業來舉例，全國只要有一個菸草的機會出來，就會進入銷售漏門。如果分公司能力有限，這個機會有可能被轉到大區或者大客戶部。而要不要批准申請支援，如何調配諮詢顧問，也是由銷售漏門的監控來決定的。

有橫向的區域分層，又有縱向管理，「井田制」實際上就是矩陣管理。一位曾經就職於國際軟件公司的用友員工說，用友目前的銷售體系與國際大公司已經十分類似。

資料來源：汪若菡，何經華．「300 把小火」燒滅事業部　用友變陣「井田制」[N]. 21 世紀經濟報導，2004－02－04. 文字有調整。

1.1　組織結構的特徵及設計原則

1.1.1　管理者為什麼要關注組織的結構

如前所述，組織結構是保證企業經營戰略實施落實的組織保障，企業的經營環境發生變化，組織的結構、崗位的職責和功能、人力資源管理的職能等也會發生相

應的變化。企業必須建立起一套能夠適應企業經營戰略要求的新的結構體系，並在這個新的體系結構上重新設計人力資源管理的職能。因此，組織結構和工作分析是人力資源管理最重要和最基礎的職能，企業的各級管理者必須對此予以高度的關注。原因有：

第一是環境的要求。在影響企業的眾多環境要素中，市場和顧客的需求是最重要的要素之一。作為管理者的首要任務就是要隨時準確地識別這種變化，並在分析市場和顧客需求的基礎上進行決策。正如專欄1－1中那位IBM軟件的銷售人員說的：「首先要明確一點，不是我們要變，而是用戶的需求確實已經發生了變化，他們不再為了購買而購買。」用友軟件組織結構的調整也是為了適應這種變化。

第二是戰略的需要。組織戰略是在環境分析基礎上制定的，當戰略制定後，需要按照戰略的要求考慮採用不同的組織形式，以便將戰略進行分解並落實到相關的責任主體，為績效考評和完成績效目標提供依據。管理者要對企業發展不同階段、企業產品的特點以及客戶需求的不同隨時調整自身的組織形態。因此，每當遇到環境變化和組織戰略進行調整後，管理者首先就要審視現有組織結構是否能夠支持和保證組織戰略的實現。

第三是管理的需要。管理者面對著眾多的管理對象，而組織中的各個部分和個體在實現組織目標過程中的權利、責任、目標是不一樣的，要使這些不同的部分發揮合力，就必須通過某種形式或採用某種方法將其有機地組織起來。

第四是授權的需要。管理者受自身知識、能力、技能、時間和精力的限制，不可能也沒有必要對組織中的每一件事情都親自去控制和管理。通過結構設計，將特定的權利下放給結構中的特定部分和特定個體，企業能夠有效地延伸管理和控制的範圍，提高組織的效率。

第五是專業化分工協作的需要。不論是職能制、事業部制還是矩陣結構，專業化分工都是重要的組成部分。通過組織結構和與之相關的流程的設計，企業能夠實現專業化分工優勢與企業價值鏈的完美結合，使整體的優勢大於各個個體的優勢。

第六是個人職業生涯發展的需要。對於管理者來講，要在組織結構設計的基礎上，將組織的戰略目標量化和細分到每個具體的崗位上去，然後根據崗位要求制定人員招聘、培訓和開發方案，讓員工能夠發揮自己的優勢，為員工的職業發展奠定基礎。作為員工來講，則可以根據組織結構所具有的基本特徵和自身特點選擇適合自己的工作單位。

第七是組織結構與執行力有關。這也是領導者和管理者關注組織結構的一個非常重要的原因。前些年人們熱衷於這樣的一種說法：一流的戰略，二流的執行，三流的結果；又或是：二流的戰略，一流的執行，一流的結果。於是人們開始重視執行力的建設，有的取得了一定的成效，有的卻成效甚微，甚至出現「一流的戰略，

一流的執行，三流的結果」的局面。為什麼？原因有很多。其中，組織結構與戰略不配套，影響戰略的實施和落實，是一個重要的因素。因此，瞭解組織設計的原理和方法，對於戰略的落實和執行力的培養，同樣具有重要意義。

1.1.2 什麼是組織結構

對於組織及組織結構，專家和學者們進行了大量的研究，並取得了大量的成果，為指導我們今天的工作提供了可供遵循的一整套原則和方法。孔茨和韋里克認為：組織就意味著一個正式的有意形成的職務結構或職位結構。建立組織結構的目的是要建立一種能使人們為實現組織目標而在一起最佳地工作並履行職責的正規體制。組織結構應該明確誰去做什麼，誰要對什麼結果負責，並且消除由於分工不明造成的工作中的障礙，還要提供能反應和支持企業目標的決策和溝通網絡。[1]158-159 理查德·達夫特和多蘿西·馬西克認為，組織就是配置組織資源以實現戰略目標。組織過程導致了組織結構的建立，它詳細說明了任務如何分組、資源如何配置以及部門之間如何協調等問題。[2]143 斯蒂芬·P. 羅賓斯認為，組織是對完成特定使命的人們的系統性安排，它具有三個共同的特徵：第一，每個組織都有一個明確的目的；第二，每個組織都是由人組成的；第三，每個組織都發育出一種系統的結構，用以規範和限制成員的行為。[3]4

從以上我們可以看出，組織及其結構是一種反應組織內部各部分之間關係的一種模式或框架體系，而這種模式或框架體系是由組織面臨的環境、組織的目標、任務等因素決定的。總體來看，組織及其結構包含了以下幾個方面的內容：第一，組織都有一個明確的目標，任何組織都是為了某種目標而存在的。有了目標，管理的職能才能發揮應有的作用。第二，組織內部必須實行分工，通過組織結構設計，一方面形成組織內部各組成部分之間明確的工作範圍和界限；另一方面按照分工協作關係，規定組織中各組成部分工作的承繼性和連續性。第三，組織是通過一系列正式的職務或職位結構來進行管理和運作的，這種結構反應管理者的權限和一般員工的工作範圍，體現組織內特定的人的工作任務和工作目標，以及組織決策、指揮、控制、信息交流和執行系統的工作程序和行事原則。

1.2　組織結構的基本特徵和設計的原則

1.2.1 組織結構的基本特徵

對於組織來講，一般都具有三個基本特徵，[3]229 這些特徵規定了組織的運作方式和行為規則，為組織的規範管理提供指導方針。

（1）複雜性

複雜性主要反應組織勞動分工的程度。一般來講，可以從組織生命週期和產品及服務的範圍兩方面來界定組織的複雜性程度。比如，剛開始創業的企業、在一個較集中的地理範圍內生產一種產品或提供一種服務的企業，分工還不明顯，管理的層次也較少，則複雜性較低，組織內部的協調比較容易。隨著組織的成長和規模的擴大，市場份額不斷增加，則分工越來越細，縱向管理的層次越來越多，地理分佈也越來越廣，複雜性不斷增強。在具有強複雜性的組織內部，協調和溝通就越困難。

（2）規範化

規範化主要反應組織通過規章制度規範和管理員工行為的程度。首先，規範化與複雜性有著密切的關係。一般來講，小型組織複雜性較低，規範化程度也較低。組織的規模越大，則複雜性越強，這時規範化的程度也越高。其次，規範化程度與組織的發展階段有關，處於創業階段的企業一般都不具備規範化的特徵，當企業進入成長期後，規範化管理才逐漸得到重視。最後，規範化還與組織成員的整體綜合素質有關。如果一個企業大部分的成員都未經過相關產業或行業的訓練，規範化往往成為「行為導向」的主要內容。

（3）集權化

集權化主要反應組織決策權利的集中程度，包括集權和授權兩種形式。有的組織決策權利高度集中，集權明顯；有的組織則將一定的決策權利下放給下級管理人員，呈現出分權化管理的特徵。組織是否集權和授權與組織的規模和複雜性程度似乎沒有必然的聯繫。一些小企業和大企業可能會高度集權。因為小企業往往是所有者和管理者合二為一，由於其規模小，因而管理者有足夠的時間、精力去管理企業，中國的小型民營企業尤其如此。大型企業則由於高度的複雜性和正規化，在較多的時候需要集權化的管理模式。當然也不排除一些大企業也可能會適度的分權，具體情況視組織的實際需要而定。除此之外，組織的集權和分權化程度還與組織領導的類型和性格有很大關係，比如，一個強勢的領導人就可能會崇尚高度的集權管理模式。

分權和授權需要引起組織領導者和管理者的高度重視，雖然其已成為提高組織靈活性和效率的重要內容，但一旦組織需要進行分權或授權，一定要考慮組織自身的實際情況，建立並遵守一些基本和重要的原則，包括：①根據組織的業務需要和人員構成狀況進行分權或授權，需要強調的是，不是任何組織都是適合這種管理模式的，也不是任何一個人都能準確理解和適應這種管理的。分權或授權涉及的是組織權利的分配和使用，因此一定要慎重，特別是被授權人自身的素質和能力的高低對授權是否成功起著重要的作用。②對分權或授權的範圍、時間以及應達到的績效目標或標準做出明確的界定，並根據需要制定有關的獎懲措施。③分權和授權並不是自由放任，授權者應隨時與被授權的單位或個人保持暢通的信息交流，瞭解事件

的進展情況，建立分權或授權事項完成過程的信息登記和記錄等制度，以達到有效控制的目的。④為了保證組織的正常運行，重大事項的權力一般需要高度集中，不能輕易放權。孔茨和韋里克認為，如果要避免組織渙散，必須在事關重大政策的某些領域中實行有選擇的權利集中，以便緩和分權。集權和分權平衡妥善的公司可能是在最高主管部門對下述事務實行集中決策的：財務、總的利潤目標及預算、重大設備及其他資本支出、重要新產品方案、主要的銷售戰略、基本的人事政策以及管理人員的培養和報償等方面。[1]201

高複雜性、高正規化、高集權化與組織效率的關係分析。瞭解組織的基本特徵對組織發展和個人發展都具有重要的意義。首先，從組織的角度講，它可以幫助設計符合組織特點的結構和管理模式。比如，如果組織具有高複雜性的特點，那麼就要考慮組織的高正規化和高集權化的管理模式。現實中我們可以看到，凡是大型和特大型的各類組織，普遍都具有「三高」的特徵，行政事業單位和大型企業集團表現得更為明顯。中國的很多大公司，下屬的子公司大多都是分公司，而不是子公司，分公司在人、財、物等方面的權利都受到很大的限制。儘管由於「三高」可能會導致某種程度的效率損失，但這種損失能夠通過實施嚴格的管理所帶來的組織安全、穩定和可持續發展以及規模經濟的優勢來彌補。其次，對於個人來講，可以根據組織的特點選擇適合自己性格的工作場所。比如，一個喜歡自由、不拘一格和追求冒險的人，顯然就不適合在具有三高特徵的組織裡工作。

1.2.2　組織結構設計的基本原則

專家和學者們對組織結構設計進行了大量卓有成效的研究，提出了許多具有重要意義的原則和方法，總結起來大致可以歸納為以下幾個方面：

（1）專業化分工原則

專業化分工又稱為勞動分工，它指的是將工作或任務按照其性質劃分為若干獨立的步驟或部分，組織的各組成單位或個體分別完成其中的某一個或幾個部分或步驟的工作。例如服裝廠成衣的生產過程就可以分為設計、裁減、縫紉、鎖扣、熨燙、包裝等環節，在每個環節，安排不同技能的員工從事他們最擅長的工作，當員工從事某一個環節的工作時間達到一定的熟練程度，便能夠取得由於專業化分工帶來的技術熟練優勢和效率優勢，現代企業大規模的生產或裝配生產線在某種程度上就是這種專業化優勢的體現。

儘管專業化分工具有效率和規模經濟等方面的優勢，但與之同時可能產生其他的問題，如長期從事單調重複的工作可能使員工失去工作的積極性和新鮮感，同時也容易形成技能的過度集中，導致組織不穩定、缺乏靈活性以及非經濟性超過經濟性等情況。

專業化分工所具有的優勢和不足在不同的國家有不同的表現，各國對這些優勢

和不足也有不同的看法。在經濟發展水準較高的國家，由於人口出生率的下降、新工作的不斷湧現、充分的社會福利保障以及人們需求層次的提升，人性化管理已成為一種非常流行的觀點，工作成為了人們一種享受生活的方式。在這種情況下，員工可能會因為這種單調乏味的工作而失去對工作的興趣，從而造成組織的不穩定。因此組織可能會更多地考慮如何提高工作滿意度等方面的問題。而在大多數發展中國家，由於高出生率和就業的巨大壓力、社會保障的不足以及較低的需求層次，大多數的人還把工作當作是一種謀生的手段。在這樣的情況下，員工可能並沒有多大的選擇餘地，人性化的管理也不可能從根本上解決問題。這並不是說組織就可以不關心這些問題，而是說在特定的情況下，組織所採取的對策並不一定就是以工作的滿意度為最高標準的。

對由專業化分工帶來的不足，企業可以在一定程度上通過輪崗或換崗的方式來解決，通過這種新的工作方式來調整人們長期從事單調工作的情緒。當然輪崗的作用還不僅在於此。關於輪崗和換崗的問題，將在後面的有關章節做詳細的探討。

（2）統一指揮原則

統一指揮原則主要反應組織的權利等級結構或指揮鏈系統，說明組織的結構必須和組織內相應的職位和職權之間相對應的關係。這一原則主要關心的是以下方面的問題：明確員工的工作目標和工作責任；在分工基礎上達成良好的協作關係，消除職責不明造成的工作障礙；建立反應和支持企業目標的決策和溝通系統。

統一指揮原則在大多數情況下都是適用的，當組織相對簡單或規模較小時尤其如此。隨著環境的變化和組織靈活性的要求，統一指揮原則的內容也在發生變化，如矩陣結構的出現就導致了雙重指揮鏈的產生，過去員工只聽命或服從於一個管理者，在雙重指揮鏈下，員工要同時服從兩個甚至更多的管理者的指揮。如果不對這種變化作出令員工滿意的解釋，就可能導致組織指揮系統的混亂。因此，在採用這種結構之前，應將矩陣結構的指揮系統向員工做出準確的解釋，如員工同時向項目經理（新工作團隊）和職能經理（原工作部門）負責，項目經理的權利主要體現在向項目成員行使完成項目規定目標的權利，並將該員工的表現或業績水準傳遞給職能經理；該員工的薪酬福利、績效評價、晉升提拔等仍然由職能經理掌握。

專欄1-2：ABB公司的雙重指揮鏈系統

ABB公司是世界著名的大型設備製造商，年銷售額290億美元，規模超過西屋公司，在高速火車、機器人和環境控制方面都是世界領先者。21萬名員工在100多個國家和地區工作。

由於公司業務方面的要求，需要經常將業務從一個國家轉移到另外一個國家，而又不影響各項業務共享公司的技術和產品。為了解決這一問題，在組織結構上實

行了雙重指揮鏈的管理模式，使所有員工同時接受所在國經理和所屬業務群經理的雙重領導。ABB 公司大約有 100 個國家的經理，在其董事會領導下開展工作。另外公司配備 65 名全球經理（項目經理），將他們配置到運輸、過程自動化與工程、環境裝置、金融服務、電子設備、發電、輸電、配電 8 個集團。所有員工同時接受所在國經理和所屬業務群經理的雙重領導，並能夠利用其他國家的技術。比如，一個領導 ABB 美國業務和自動化集團事業的德國人，使用 ABB 瑞士公司開發的技術服務於美國公司的汽輪機製造，或者使用 ABB 歐洲地區的技術將美國密歇根州的核反應堆轉換為沼氣發電廠。

改編自：斯蒂芬 P 羅賓斯. 管理學 [M]. 4 版. 黃衛偉，等，譯. 北京：中國人民大學出版社，1997：253.

(3) 職權、職責、責任和權利

所謂職權，是指管理者基於由組織正式授予的、能夠下達命令和希望命令被接受和執行的權力。在組織中的職位越高，職權也就越大。職權是維繫組織權利系統最重要的部分，因此職權不僅正式、規範，而且帶有強制性。通常講的「民主基礎上的集中」中的「集中」，就是講的這種強制性。職權是更廣義權力中的一種，它主要是針對職位而不是針對個人，處於某一職位才有某種職權。今天你在這個職位上，你就擁有基於該職位的職權。以後你不在這一職位上了，也就失去了該職位所擁有的職權。

所謂職責，是指對職權使用的結果負責。任何權利的使用都應該有約束和限制，職責的作用就在於此。你可以使用組織賦予你的權力，但必須對使用權力的結果負責。

組織中不僅管理者有職責，每個員工也同樣有職責，這種職責可以用責任來表示，以與管理者的職責相區分。按照學者們的觀點，責任就是員工完成被分派的任務或者工作的義務。[2]144 權力是指一個人影響決策的能力。[3]233 權力是一個很寬泛的範疇，傳統的觀點認為，職權是組織中影響力的唯一源泉，職位越高，影響力就越大。但隨著社會的發展，人們逐漸發現組織中有的人並無正式的職權，但卻擁有一定程度的影響力。這類人大致可以分為兩類：一類是領導人的秘書、司機，他們一般沒有或處於較低的職權層次，但擁有的權力或影響力卻超乎常人；另一類人則可能是因為專業、性格、愛好、談吐、信息或資源等方面佔有優勢，因而在一部分人中具有某種程度的影響力，大家都願意與之相處。因此，職權只是更為廣泛的權力系列中的一個要素。與職權和職位有關不同，權力可以與職位無關，不是管理者同樣具有某種權力。瞭解權力的這種概念對於組織的管理具有重要的意義。管理者一方面可以利用正式組織的正式職權結構進行管理，同時也可以通過對非正式組織中那些具有特殊影響力的「民間精神領袖」的激勵，以加強組織的管理。這樣，組織

的管理就有了兩個方面的保障。

(4) 管理跨度原則

管理跨度是指組織中管理者能夠有效的指揮和管理下屬的數量。管理跨度是與組織的層次和管理人員的數目聯繫在一起的。一般來講，跨度越寬，組織的層級就越少，效率也可能越高。扁平化組織就是典型的寬跨度結構。如果跨度窄，則層級就多，效率就可能會受影響。但也不是絕對的。對於不同的管理層次，跨度也是不同的。一些研究發現，高層管理人員的管理跨度一般是 4～8 人，較低層管理人員則為 8～15 人。另有人認為，一位管理人員可以管理多到 15～30 個下屬。在美國管理協會對 100 家大公司的調查中，向總裁匯報工作的人數從 1 人到 24 人不等，只有 26 位總裁擁有 6 人或不到 6 人的下屬，中間人數為 9 人。在被調查的 41 家小公司中，25 位總裁有 7 人以上的下屬，最常見的是 8 人。孔茨和韋里克認為，已有的一些關於跨度的數量統計調查和研究結果並不能真實地反應出實際的管理跨度。因為這些研究只是按企業的最高層或接近最高層來衡量的。特別是因為每一位組織者也都經歷過向最高層管理人員匯報工作等職能的壓力。這種在整個企業中可能實行的管理跨度，並不是典型的做法。最高管理層以下的跨度可能會小得多。事實上，對 100 多家各種規模公司的調研表明中層管理層的管理跨度比最高層窄得多。更重要的是一位管理人員能夠有效地管理下屬的數量並不是固定不變的，這一數量取決於多個因素，包括要求下屬所受訓練的程度、明確地授權、計劃的明確性、客觀標準的使用、發生變化的速度、溝通方式的有效性、所需要的個人接觸量以及組織中的層次等。[1]169 總的來講，組織扁平化和靈活性的要求可能會導致管理跨度出現更寬和更大的趨勢，這一觀點也得到了一些最新研究的證實。如許多的精益組織（Lean Organization）的管理跨度高達三四十人甚至更多。在 Consolidated Diesel 公司基於團隊的引擎裝配廠，管理跨度為 100 人。達夫特和馬西克認為，當管理者必須專注於員工時，管理跨度應該小；當管理者很少需要介入員工的工作時，管理跨度就可以大。在以下情況下，管理跨度可以較大：下屬從事的工作是穩定的、下屬完成相似的工作任務、下屬都集中在一個地方、下屬訓練有素而能夠不需要指導就完成任務、詳細說明任務活動的規則和程序是現成的、管理者可以利用支持系統和人員、幾乎不需要花費時間從事非管理活動、管理者的個人偏好與工作方式喜歡大跨度等。[2]146

(5) 部門化

所謂部門化，是指將組織的工作或活動通過專業化分工而組合到部門中，使其在管理者的領導下工作，同時促進專業化分工的協調。目前比較流行的部門化主要有以下幾種形式：[3]229

職能部門化：在勞動分工的基礎上，按照所履行的職能和要從事的工作將人們組織在一起，建立起相應的部門，如人力資源部、財務部等。按職能劃分部門化廣

泛存在於組織的結構中，並成為其他部門化的基礎。職能部門化也稱為職能制結構，是目前應用最為廣泛的一種組織形式。

產品部門化：按產品或服務的生產過程劃分部門。這種結構多為生產多種產品或提供多種服務的大中型企業所採納，大多數的事業部制就是按照產品或服務的過程來建立的。在這類企業中，大多以產品為主線，各個產品線以下仍然按照專業化的要求，建立起相應的職能部門。因此，產品部門化或事業部制是一種按職能和按產品建立部門的綜合形式。與職能制結構一樣，這種以產品為導向的事業部制結構也是目前比較流行的組織形式。

顧客部門化：按顧客或服務對象劃分部門。近年來，「二八原理」、「顧客並不都是上帝」等觀念得到越來越多企業的重視，使按顧客劃分部門的方法得到了較大程度的普及。「顧客並不都是上帝」主要是基於以下三個方面的原因：第一，企業不可能滿足所有顧客的需求，有時要滿足顧客某一方面的需求要耗費大量的資源，而企業是一個要講求投入產出關係和經濟利益的實體，不但要考慮顧客的需求，還要考慮股東、員工等相關利益群體的要求，這之間存在一種平衡比例關係，越過這一比例關係企業是承受不了的。第二，企業要根據自己的優勢、專長和資源條件，為特定的顧客提供特定的產品和服務。第三，不同的顧客對企業價值的貢獻度是不一樣的，企業有必要根據顧客的價值貢獻，為其提供不同的產品和服務。這就是在市場細分基礎上的顧客細分，細分的結果就是很多企業設立了「大客戶事業部」這一部門化形式。目前，按照特定顧客群的特點提供與之相適應的服務已成為企業部門化的重要指導思想。

地區部門化：按地理位置劃分部門。這種劃分形式適合在較大地理範圍內銷售產品和服務的公司，而且多為其銷售團隊採用。

過程部門化：按照生產或工作流程劃分部門。製造類企業大多都採用這種形式。

在以上五種部門化形式中，職能部門化應用範圍非常廣泛，不論是政府行政事業單位，社會法人、宗教團體，還是企業，按職能劃分部門已經成為一種重要的指導思想。這反應了組織結構的設計者們對專業化分工優勢和效率的考慮和看重。此外，事業部制形式也非常流行，世界 500 強的很多企業就採用了這種形式。很多企業都按照產品、地區和顧客部門化的形式來建立和完善自己的事業部制組織結構。

1.3 影響組織結構設計的思想

1.3.1 影響組織結構設計的思想

湯姆・伯恩斯和 G. M. 斯托克在調查了 20 家英格蘭公司和蘇格蘭公司的主要領導後，提出了兩種不同系統的管理實踐為內容的組織結構設計思想，[1]218~219 第一種

是機械式組織結構，其基本特徵是：①適用於穩定的組織環境；②強調統一指揮，嚴密的等級制結構和垂直的上下級；③較窄的管理跨度和金字塔型的組織架構；④非人格化的管理特徵，嚴格的工作規範，以標準、規則和條例達到效率；⑤具有高複雜性、高正規化和高集權化的特點。第二種是有機式組織結構，其基本特徵是：①適用於變化和不穩定的環境；②強調靈活性和鬆散的結構形式；③勞動分工並不是建立在標準化基礎之上，員工具有多種技能，能處理多種問題；④大量的橫向交流和協調，不需要過多的規則和條例。

英國不列顛大學的伍德沃德對 100 家英國公司的研究成果表明，技術類型和組織機構設計有一種內在的關係。他按技術複雜程度的遞增將企業分為三類：①小批量和單位生產（如定製產品）；②大批量和大量生產（如生產電冰箱和汽車）；③連續生產（如煉油廠的過程或流水作業）。研究結構發現，在大批量和大規模生產的那組企業中，成功企業大多是按照機械式結構組織的；在單件生產和連續生產的組織企業中，成功的企業大多採用有機式的結構。[3]244-245

羅賓斯認為，機械式組織是綜合使用傳統設計原則的自然產物。其特徵表現為統一的指揮鏈、狹窄的管理跨度，最後形成高聳的、非人格化的結構，隨著跨度的增加，高層管理者通常採用增加規則條例來保證對組織的控制，具有高複雜性、高正規化和高度集權化特徵。而有機式組織是一種鬆散、靈活的具有高度適應性的形式，不具有標準化的工作和規則條例。由於主要是依靠員工的職業化精神和經過訓練的熟練的技巧完成工作和任務，因此低複雜性、低正規化和分權化是其基本特徵。[3]241-242

明茨伯格提出了五種組織類型，即簡單的組織結構、機械式的官僚組織結構、專業化的官僚組織結構、分部型組織結構和靈活的組織結構。其中第一種和第五種是有機的和新型的組織結構，第二、三、四種為機械的官僚組織結構。簡單的結構多適用於企業家直接作為管理者的企業；機械式的官僚組織結構適用於具有若干特定部門的企業，如鋼鐵企業、工程製造以及小汽車製造業；專業化的官僚組織結構則適用於公共服務部門，如城市服務、教育以及醫院等部門；分部型組織結構適合於具有一個總部以及由若干個公司組成的分部的企業，在任何一個產業或經營部門均存在這種形式；而靈活性的結構一般指創新型企業，如研究與開發企業、設計部門、計劃項目部門以及諮詢部門等。[4] 其中，明茨伯格對機械式的官僚組織結構和靈活性的組織結構的評價與上述學者的觀點大致一致，即機械式的官僚組織結構強調程序和控制，帶來衝突和抵制變化，從而降低企業的競爭力，並缺乏對企業家的驅動。靈活性的組織結構則是一種高度有機性的組織結構，主要依賴專家工作之間的協調，並按照矩陣式的結構進行組織。複雜性、標準化、層級制等讓位於管理者的協調、分權和窄跨度。

1.3.2 對科層制組織結構的評價

目前大多數的企業都實行的都是科層制的組織結構。科層制是傳統組織理論的基礎，它強調組織效率的基礎是權力，只有在一定的權力結構安排下，才能夠為管理者提供控制企業活動決策及運作的秩序問題，其主要目的是企圖解決組織內部的協調和效率問題。

自科層組織誕生以來，對於其功能和作用就一直處於爭論之中。持評判意見的人認為，既要指望人們只做到服從命令，同時又希望他們承擔應承擔的一定責任是非常困難的。[5]他們認為，由於受到組織中各部門之間的目標衝突和管理者個人的局限等方面的原因，造成組織更多的是表現為一個競爭性和多種相互衝突利益的聯合體，因此科層制並不是理性的組織類型。[6]法國著名社會學家米歇爾·克羅茲耶在實證調查分析的基礎上指出，科層制組織中的每個管理者都面臨著集權和放權的兩難困境：在集權的情況下，管理者由於無法掌握大量的第一手信息而做出最優決策；反之，在授權的情況下，由於難以保證被管理者會把組織目標最大化作為決策的標準，同樣也難以做出最優決策。其結果必然是：要麼管理者失去對下屬的控制權力，只能夠對其進行監督；要麼下級因受制於規則而失去與對上一級管理者談判的權力。這也就是我們經常談論的：決策的人並不直接瞭解他真正應該要解決的問題，知道應該如何解決問題的人又沒有決策的權利。因此科層制是一種低效率的組織形式。[7]美國哈佛大學經濟學家哈維·萊本斯坦認為，科層制組織會導致組織的非X效率。[8]所謂非X效率，是指組織因錯過利用現有資源的機會而造成的某種類型的低效率。造成這一現象的原因是由於完全或部分地缺乏力所能及地和有效地利用各種經濟機會的能力。他把企業組織內部的人力資源要素稱為影響企業經營的X要因和X效率（X-Efficiency），與其他的物質要素相比，具有很高不確定性。他指出，組織員工的工作努力水準（X要因）由其勤勞意願所決定，由於各種因素的制約，員工不一定能夠發揮出最大限度的努力，其發揮作用的最大努力與現實的差距就是非X效率。科層制組織中員工在組織認同感、信任、工作動機、協調、信息和目標等方面的分化以及由此形成的不同的利益團體和關係網，是非X效率的產生的主要原因。非X效率可能來自企業組織內各種慣例的束縛、作業團隊內同事的牽制、科層制組織結構對信息的扭曲和反應遲緩等多個方面，從而使企業組織無法達到理論上的效率。[9]美國著名組織行為理論家沃倫·G. 本尼斯反對科層制組織的態度可以說達到了頂峰。他指出，科層制組織是在穩定和可預見的環境中發展起來的，而現在的環境變化常常無法預期。環境的變化給科層制組織帶來的問題混不可逾越的和無法避免的，這預示著它的末日來臨了。[10]他認為，科層制組織根本不能適應專業人員力量的增長、參與式管理的發展和快速的組織變遷，並預測：「在未來的

25～50年間，我們將加入為科層制組織送葬的行列。」[11]

儘管如此，仍然有不少人表示支持科層制組織結構。美國社會學家羅伯特·K.默頓雖然認為科層制組織存在著組織內部各部門的自我保護行為，可能表現為組織整體可能出現低效率，但科層制組織結構一般有助於管理效率的提升。他指出：科層制組織強調紀律就是效率，社會結構的效率最終依賴的，是帶著合適的態度和情感並受到鼓舞的團體參與者……這些情感常常比技術要求更令人緊張。因為模式化的職責對科層人員來說就是情感壓力，而這樣的壓力是有安全線的；而且將導致情感從組織的目標轉移到組織所要求的細節。規則原本是手段，現在卻變成了終極目標。在此情況下，紀律（或規則）不被看成是針對具體目的的手段，而是變成了科層制人員的直接價值觀。[12]美國社會學家麥爾文·科恩也發現，科層制原則嚴格組織的員工，比未形成科層制度組織的員工頭腦靈活、思想開明、自覺性強。科恩發現，這種科層制原則嚴格的組織對員工教育背景要求較高，同時也提供了更多的工作保障、較高的工資以及複雜的工作。[13]這說明，工作條件與人們的心理活動是相互影響的。對員工個人來說，在科層制組織中工作，並不一定都是令人窒息的，而往往意味著富有挑戰性的工作和晉升的機會。[14]

綜上所述，儘管學者和專家們對科層制組織結構有各種各樣的觀點，但在實踐中，科層制組織結構得到廣泛應用卻是一個不爭的事實。我們認為，組織結構的設計不僅要考慮結構本身的效率和合理性，還要考慮組織的複雜性以及組織成員的綜合素質。也就是說，任何一種組織結構的效率不僅取決於結構本身，還取決於組織成員的狀況。因此，組織結構設計必須考慮結構與「人」的和諧搭配。

1.3.3　21世紀的組織形態

為了提高組織的靈活性和反應程度，從20世紀開始，出現了許多新的工作形式，包括矩陣結構、工作團隊形式和網絡組織等。鑒於矩陣結構和工作團隊形式已經非常流行，這裡只對網絡組織形式做較為深入的討論。

所謂網絡組織結構，主要是指企業或公司將自己的部分業務或職能分包給其他獨立的公司，並從總部組織協調這種公司的活動。有學者將網絡結構劃分為三種形式，即內部的網絡結構、穩定的網絡結構和動態的網絡結構。[15]內部的網絡結構是指其企業具有與特定業務相關的大量資源，並按照市場價格運行，通過不斷創新來改善個體業績和整體績效。這種結構常見於由個別的戰略經營單位（SBU）組成的大型跨國公司或者以各個不同的組織職能單位為利潤中心的企業。穩定的網絡結構主要適用於領導企業或母公司，其業務所需的要素主要從外部獲取。其優點在於資產是由各個分公司所有，這樣就可以分散風險，同時還可以增加靈活性。不足之處在於當企業面臨危急時，所屬企業往往需要來自「母公司」的保護。另外，按照規

劃進行密切合作以及確定質量標準往往會減弱企業的靈活性。動態的網絡結構涉及更廣泛的外部來源。在網絡中，往往有一家領導企業作為網絡的經紀人，這家企業可以根據任何一項交易，在任何時候確定哪家合作企業可以進入網絡，哪家企業必須退出網絡。這樣就能夠確保網絡協作的流動性，並使網絡始終具有動態性。不論是哪種形式，網絡結構都是與知識經濟、工作和業務的外包緊密聯繫在一起的。由英國經濟學家情報社、安達信諮詢公司所做的「展望21世紀：設計未來的組織」研究報告，通過對350位來自總部設在世界各地的全球性、跨國性和國際性公司的董事級別的人員和高級管理人員的問卷調查和個別採訪，提出了未來的組織形式的發展趨勢的調查結論。[16]4-55在這項調查中，所有接受調查的經理們預言，到2010年，變革的節奏將加快，因此只有那些最有彈性的組織才能經受這種壓力。這一報告的結論包括：第一，企業正在準備迎接更多變革，這種變革將是迅速的和富有挑戰性的。第二，公司正準備應對更多的競爭以及更多變化形式的競爭壓力。第三，變革將由公司內部和外部的多重因素推動。第四，所有公司正在它們的核心競爭力之外尋找競爭優勢的新資源，而最重要的新資源包括更有彈性的組織結構和最大限度地利用技術。第五，經理們將使用一系列範圍廣泛的組織模型和管理方法來應對變革。其中，外包、合資企業和戰略性聯盟將呈現出顯著的增長。《展望21世紀》調查要求經理們揭示哪種管理結構與成功完成其商業戰略最為相關，儘管只有18%的調查對象認為，外包是公司目前商業活動中非常重要或重要的組成部分，但認為到2010年時外包極其重要或重要的經理人數增加到52%，為調查時的3倍。報告指出，外包具有一種強烈的戰略性指向，使得首席執行官們可以全神貫註於競爭的關鍵問題。由於被認為是達到專注於核心競爭力的最短途徑，外包越來越被當成獲得戰術性收益（以更低成本的形式）和公司地位戰略性提高的有力工具。

由於經濟的不確定性、迅速的變革以及企業間不斷增長的相互依賴性，遠離孤立的、龐大的組織形態，將趨向更平展的、更富有彈性的結構形態。因此保持最小的企業規模及更多地依靠外部合作者，對企業的發展具有重大的戰略意義。一個公司必須通過與其他公司聯合起來，以利用其現有力量適應特定的市場，成為企業間聯盟、外包和虛擬化趨勢的重要原因。1/4的被調查者預測，到2010年，他們的公司將成為「由戰略聯盟和一套共有的商業價值觀聯繫在一起的一個大的網絡組織」的成員。與之形成對比的是，1/3的被調查者將他們的公司描述為「權利與戰略集中於公司總部而由公司部門與子公司具體實施執行」的公司。

外包正在快速發展，根據位於美國紐約的外包研究所（Outsourcing Insititute）的研究，1996年的美國外包合同總價值達到了創紀錄的1000億美元。美國公司比歐洲公司更傾向於在除製造業之外的一切領域實行外包，而在亞洲和地中海國家，外包則與企業的家族文化相違背。

業務和工作外包之所以能夠得到如此大範圍的應用和利益，自然有其原因。占

被調查人數的 68% 的人認為是能夠降低成本，以下分別是：能夠全面提高經營效益（62%）、更集中於核心業務（57%）、獲得外部專業知識和技能（53%）、提高外包工序質量和效率（52%）、獲得競爭優勢（44%）、創造新的收益來源（18%）。但成本並非是公司實行外包的最重要的原因，還有其他方面的因素。①技術的缺乏。對那些既無特定技能也無人力資源優勢的公司來講，通過外包能夠彌補其不足。②專註於核心業務的考慮。由於公司之間的相互依賴度越來越高，公司的經理們不得不在競爭力與增長之間取得平衡，因此將一部分能安全地交給其他公司處理的業務外包出去的吸引力越來越強。③注入新思想的需要。該報告研究發現，外包是克服內部變革阻力的一種方法，並能夠激勵員工產生新思想，「外包就像在牆上捅了個洞，保證了空氣的流通」。④業績增長的壓力。對於小公司來講，通過外包不僅能夠節省開支，而且還能使經理們免除企業創立時建設基礎設施的巨大壓力而集中精力創業。⑤缺乏技能。隨著知識經濟的發展，對具有特定知識和技能的專家的需求將會越來越大，而每一個公司都不可能也沒有必要保持一批這樣的專家。通過外包，企業將自己的部分業務交給專家處理，就能夠獲得專業化的技術優勢而專注於自己最擅長的業務。⑥提高最佳服務的壓力。當公司付出了服務成本而又未能取得與之適應的收益，包括顧客的滿意度和公司財務兩方面，最恰當的做法可能就是通過外包解決。⑦透明度和靈活性。不同的公司有不同的資源優勢和對市場的信息反應渠道，通過外包能夠及時地吸收市場變化信息。外包還是一種利益和風險分擔的機制，即通過合同的形式將雙方的責任和績效標準進行嚴格的規範。而在公司內部則難以做到這一點。即使有規範，但一旦造成損失，往往公司承擔全部責任。當然，外包也有不利的一面，比如可能喪失控制權、互相衝突的目標與文化以及可能喪失發展機會等。

1.4 不同的組織結構對人力資源管理的影響

不同的結構和部門化形式各有利弊，在現實中並不存在一種「理想」的模式或標準。不同經濟發展水準、企業不同的發展階段、不同的顧客需求以及組織的資源條件等都是決定採用具體的組織形式的制約因素。

1.4.1 中國企業組織結構的一般特徵

在發達國家，其經濟形態正在從製造業向以知識為基礎的工業和服務業轉移，由於製造業的基本產品如鋼鐵、化工等產品需要大量固定資產投資，而且一旦這些固定資產建成後就難以改變和移動。由於經濟環境的波動，原料資源沒有保障，也沒有卡特爾能支配資源，因此控制整個價值鏈是至關重要的。在這種情況下，越來越多的公司開始投入新的力量，尋找其他具有競爭優勢的資源，以評價和發展並更

有效地利用其巨額的知識資產。與這種經濟形態相對應的，就是其組織結構開始向有機的和更加靈活的方向轉變。有人預言，在20年內，「未來的公司」將由一個從單個辦公室開始經營業務的小組組成，這個小組將建立和運用其關於市場需求與客戶要求、潛在供應商與合作者的知識，並通過複雜的電子聯繫將這些知識融合在一起，以迅速地、無痛苦地對時尚和經濟環境的變化做出反應。價值創造過程將從所有不必要的活動中解放出來，並因此而更加有效率。[16]16-18 中國的經濟形態還遠未達到發達國家的階段，因此其組織結構可能更多的具有機械、官僚式結構的特徵。特別是在製造業等基礎性產業中尤其如此。在高科技行業中，由於分工的關係，也有相當部分處於這種組織形態。

研究組織結構和部門化形式的特點，在於為人力資源管理提供決策依據。正如上述研究報告指出的：當前企業面臨著包括從國際競爭對手到知識豐富的、以因特網為基礎的對手的競爭，因此，客戶對更高質量和服務的需求、吸引和留住最好人才的能力、國際競爭、新的和不斷變化的技術，將成為公司商業戰略驅動的四種主要力量。這些力量之間的對比和變化，對組織戰略的要求、組織結構以及在此基礎之上的人力資源管理實踐具有決定性的意義。

如前所述，組織戰略、結構與人力資源管理之間存在一種十分密切的關係。不同的戰略要求不同的結構，不同的結構又使管理者和員工行為、完成工作的方式以及其他人力資源管理實踐活動表現出不同的特點。儘管組織的形式和結構多種多樣，但最基本的形式仍然主要是職能制和事業部制這兩種。職能制結構的主要特點在於具有專業化優勢，不足則是缺乏靈活性，它比較適合穩定和可預測的環境以及以低成本競爭為目標的企業。事業部制具有靈活性和創新性，但由於各事業部又擁有職能部門，特別是以產品為導向的事業部制形式，往往會造成資源的浪費，因此效率方面可能會受到一定影響。（參見專欄1-1用友公司的案例）我們下面就以成本領先、差異化以及外包等組織形式為基礎來討論不同戰略、結構下的人力資源管理實踐活動。

1.4.2 成本領先戰略和職能制結構

成本領先戰略可能最適合職能制組織結構，因為成本領先戰略一般是與環境的穩定性和變化較少相對應的，而職能制組織結構就最適合穩定的和可預測的環境。[17]143職能制結構的特徵主要有以下方面：①追求規模經濟和生產的高效率，對產品數量、成本和財務、管理、銷售三大費用給予高度關注，盡可能地減少研發、服務、推銷、廣告等方面的成本開支。②績效目標方面，一般比較注重短期成效，盡可能地規避風險。③員工專業技能要求較為單一，但熟練程度要求較高，員工具有獨立完成本職工作的能力。④中層管理者以下基本沒有決策的權利，對自己與其

他人員之間的合作也不承擔什麼責任。⑤大多數的職能制結構都具有較窄的跨度、垂直嚴格的等級以及高複雜性、高正規化和集權的特徵。

　　職能制結構的人力資源管理實踐。①職能制結構強調專業化分工的優勢和效率，反應在人力資源管理實踐上，由於強調員工獨立完成工作的能力，因此特別強調嚴格的工作分析、職位描述和任職資格非常詳細；同時工作（崗位）的界定一般比較狹窄，對崗位和任職者有明確的技能和專業化程度要求。②在招聘選擇方面，往往會採用多種方法，嚴格按照崗位要求和任職資格進行人員的選拔。③培訓開發上，員工技能和效率的提高大多依賴不脫產的在崗技能培訓，特別是同一職能塊或部門崗位內部經驗的交流和累積，包括「以老帶新」的模式。對管理人員逐步開始進行包括溝通、協調、處理衝突等基本管理技能方面的培訓和開發，以提高管理人員在新形勢下的工作效率和管理水準。④績效考評方面，主要依賴以員工行為為基礎的績效管理系統，這種系統一般強調行為與結果之間的關係。但對要求技巧的管理性崗位和要求技術水準的研發性崗位，則有不同的特點。⑤薪酬體系方面，績效工資的比重較大。由於是成本領先，因此比較強調內部一致性；由於強調專業化，因此工作都盡可能進行分解，在製造業和勞動密集型等生產型企業中，大多分解為由較低的工資和不需太高技能的員工來完成的細微和簡單的工作要素，而且報酬的大部分與績效掛勾。但在專業崗位上，則強調專業化、效率、績效、報酬之間的正相關關係。⑥在組織接班人計劃方面，晉升通道比較狹窄，而且主要實行內部晉升。

　　以上只是在成本領先戰略下的職能制結構對人力資源管理實踐的一般要求，並不是在所有的情況下都是如此。職能制結構的適應性是比較寬泛的，而且職能制結構本身也在變化，以適應不斷發展的環境。有很多按照職能制架構建立起來的組織，可能並不具有上述特點。其實這並不奇怪，這個世界上本來流行的就是相對而非絕對的東西。

1.4.3　差異性戰略和事業部制結構

　　事業部制結構最適合不穩定和具有不可預見性的環境，這種類型的組織結構對於那些依靠差異性或者創新進行競爭的企業來講尤為重要。[17]143事業部制的特點包括：①企業的產品、技術水準、服務水準、品牌與競爭對手有差異性，表現為「人無我有」或「人有我更精」。這種差異性不僅對產品有保護作用，而且不會產生價格敏感性。②與成本領先不同，對產品數量只是適度關注，主要著眼於企業的長遠發展。③在績效目標上，強調短期和長期目標的結合，鼓勵適度冒險，員工的創新觀點和能力得到鼓勵和提倡，同時強調過程和結果的統一與平衡。④有大量的橫向交流和協調，不需要過多的規則和條例，因此強調高度的創造性和協作精神，喜歡冒險並願意成為風險承擔者的員工往往受到組織的鼓勵。⑤對市場的反應靈敏，一般不具有高複雜性、高正規化和高集權化的特徵。

事業部制結構的人力資源管理實踐。①事業部制的組織結構特別強調對市場和客戶的反應，主張員工的冒險和創新精神，以適應不斷變化的環境。因此對工作說明書和任職資格的要求比較寬泛，不太注重專業職能的限制，員工具有多種技能，能處理多種問題。②招聘選擇著重不拘一格的思維方式、創新精神和合作態度。③培訓開發是尤其注重強化員工間的溝通合作關係，對員工協作和對團隊精神的培訓投入了大量精力。④績效管理方面，主要以結果為基礎，兼顧對過程的考慮。為了維護創新和冒險精神，可能更傾向於對部門和公司整體績效的評價，以鼓勵各個人敢於承擔風險。⑤為了支持和鼓勵創新，需要不斷招募具有新思想、新觀念的人進入企業，因此薪酬系統更傾向於外部的公平性或具有競爭性的薪酬水準。⑥在職業通道方面，通過建立具有相對獨立的支持系統和決策權利的跨職能工作小組，完成超職能範圍的工作任務並提供較為寬廣的職業通道。

1.4.4　網絡化組織結構對人力資源管理實踐的要求

網絡化組織主要是以工作和業務的外包為基礎的。從目前的情況看，業務和工作的外包還主要是從發達國家向發展中國家轉移，這種轉移雖然給發展中國家帶來了資金、技術以及大量的工作機會，但同時也引發了跨國公司與本國企業在人力資源方面的競爭。中國還是一個發展中國家，有著巨大的市場機會和發展空間，一直就是跨國公司競爭的重要市場。對中國的企業來講，一方面要適應發達國家工作外包帶來的挑戰，另一方面要採取正確的措施應對這種挑戰。所謂適應是指要瞭解這種變化是一種趨勢，由於中國企業目前還難以在高薪酬方面與跨國公司競爭，因此人員的流動是不可避免的，重要的是採取正確的措施來應對。特別是隨著外包這種形式對企業的核心競爭力的構建越來越重要，中國企業業務的外包也將得到普及，因此瞭解和掌握外包對人力資源管理實踐的影響，對中國企業來講具有十分重要的意義。網絡化結構對人力資源管理實踐主要包括以下方面：①企業的管理者要隨時掌握員工對企業的貢獻，在此基礎上確定人力資源管理開發的重點，根據環境變化和企業發展要求制定有效的人力資源規劃。規劃的核心既包括現有人員的狀況，更重要的是未來企業發展對人力資源的需求，核心是做好對核心崗位和核心員工的識別和管理。即做到兩個「識別」，一是對高績效員工的識別，二是核心競爭力的識別。②根據不同情況制定不同的人力資源戰略。有學者在對「防禦者」、「探索者」和「分析者」等戰略行為的分析中，對企業戰略與人力資源政策的整合問題進行了例證分析。[18]其中，防禦者傾向於在一個穩定的產品市場環境下經營，其人力資源管理政策主要是如何選擇與開發員工，即淘汰業績差的員工，同時培養有潛力的員工，其核心是「建設」人力資源。探索者則不斷招聘新員工，將工作重點集中在「收購」優秀人才上，不願意花時間和精力去培養和開發人才，核心是「獵取」人力資源。分析者傾向於在一個多樣化的產品市場中經營，其人力資源政策的核心則

技術性人力資源管理：
系統設計及實務操作

主要是「配置」人力資源。其實不論是「建設」、「獵取」還是「配置」，這些不同類型的人力資源政策都很難單獨的實施，例如，「建設」型人力資源的方法也是探索者和分析者要重點考慮的問題。因為對於任何企業來講，根據崗位要求對員工進行嚴格篩選，根據企業發展要求對員工進行培訓和開發，淘汰低績效員工，培養有潛力的員工，重點激勵高績效員工永遠都是一個重要的任務；探索者雖然可以「收購」所需人員，但重點收購的可能是高級管理人員，而不太可能收購企業所需的所有人才；同樣，防禦者和分析者對高層管理人員也可能採取收購的方式。③根據公司的性質、具體業務、資金狀況等做好人力資源管理的外包規劃工作。外包固然有利用專業優勢和提高效率等優點，但也存在問題，比如控制的問題、成本的問題以及人力資源政策的溝通等。因此，企業人力資源管理職能的外包一定要考慮自身實際和需求。一是要考慮企業的承受能力，因為外包通常意味著較高的費用，而大企業和小企業、初創企業和成熟企業的承受能力是不一樣的，在考慮外包時一定要研究是否有足夠的資金支持。二是要考慮外包的範圍，不同的企業對外包的範圍有不同的要求。如績效管理的問題，績效管理涉及長時間的溝通、反饋以及在此基礎上的績效改善問題，需要企業和員工之間進行經常性的溝通和反饋，企業的人力資源部門和人員在這種溝通和反饋中往往起著十分重要的作用。這部分業務如果外包給專業諮詢公司，則有可能在人力資源政策方面產生溝通不暢和信息滯後的問題，人力資源專業人員作為企業和員工之間橋樑的作用就會大大減弱。而且諮詢公司的人員不太可能長期留在公司，即使可以留，也會帶來費用的問題。此外，諮詢公司不太熟悉公司的業務流程，如果全部外包，也有可能帶來專業化與實際業務要求不相匹配的問題。再比如薪酬，對於很多企業來講，保持一種具競爭力的薪酬水準是企業競爭力的重要內容，由於薪酬的這種重要性，大多數企業對薪酬都是持保密的態度，中國企業的薪資水準尤其如此。在這樣的情況下如果外包，對薪酬的控制力就會大大減弱，可能對企業的競爭力產生不利的影響。④網絡組織結構人員招聘方面。⑤培訓和開發方面，注重對員工多種技能的培養，

註釋：

[1] 哈羅德·孔茨，海因茨·韋里克. 管理學 [M]. 10版. 張曉君，等，譯. 北京：經濟科學出版社，1998.

[2] 理查德·達夫特，多蘿西·馬西克. 管理學原理 [M]. 4版. 高增安，等，譯. 北京：機械工業出版社，2005.

[3] 斯蒂芬 P 羅賓斯. 管理學 [M]. 4版. 黃衛偉，等，譯. 北京：中國人民大學出版社，1997.

[4] MINTZBERG H. Structure in Fives: Designing Effective Organizations [M]. Englewood

Cliffs, New Jersey: Prentice-Hall, 1983.

[5] FOLLETT, MARY PARKER. Dynamic Administration: The Collected Papers of Mary Parker Follett [M]. Edited by Henry C. Metcalf and Lindall F. Urwick. New York: Harper & Row, 1940, 50-70.

[6] CYERT, RICHARD M, JAMES G MARCH. Behavioral Theory in the Firm [M]. Englewood Cliffs, New Jersey: Prentice-Hall, 1963.

[7] CROZIER, MICHEL. Le Phénomène Bureaucratique [M]. Paris, Seuil, 1963.

[8] LEIBENSTEIN, HARVEY. Aspects of the X-Efficiency Theory of the Firm [J]. Bell Journal of Economics, Vol. 6, 1975 (2): 580-606.

[9] LEIBENSTEIN, HARVEY. Inside the Firm: The Inefficiencies of Hierarchy [M]. Cambridge, Massachusetts: Harvard University Press, 1987: 1-25, 177-242.

[10] BENNIS, WARREN G. Changing Organizations [M]. New York: McGraw-Hill, 1966.

[11] BENNIS, WARREN G. Organizational Developments and the Fate of Bureaucracy [M]. New York: McGraw-Hill, 1970.

[12] MERTON, ROBERT K. [Foreword,] Citation Indexing - Its Theory and Application in Science, Technology, and Humanities [M]. Philadelphia: ISI Press, 1979.

[13] COHN, MELVIN. Bureaucratic Man: A Portrait and Interpretation [J]. American Sociological Review, Vol. 36, 1971 (6): 461-474.

[14] COHN, MELVIN, CARMI SCHOOLER. The Reciprocal Effects of Substantive Complexity of Work and Intellectual Flexibility: A Longitudinal Assessment [J]. American Journal of Sociology, Vol. 84, 1978 (1): 24-52.

[15] Snow C S, Miles R E, Coleman H J. Managing 21st Century Network Organization [J]. Organization Dynamics, 1992 (20): 5-16.

[16] 經濟學家情報社（EIU）, 安達信諮詢公司, IBM諮詢公司. 未來組織設計 [M]. 王小波, 等, 譯. 北京: 新華出版社, 2000.

[17] 雷蒙德·諾依, 等. 人力資源管理: 贏得競爭優勢 [M]. 3版. 劉昕, 譯. 北京: 中國人民大學出版社, 2001.

[18] 伊麗莎白·切爾. 企業家精神: 全球化、創新與發展 [M]. 李欲曉, 趙琛徽, 譯. 北京: 中信出版社, 2004: 370.

本章案例：中銀香港人事制度改革

2004年9月，上市前夜的中國銀行將在進行一場其歷史上最大規模的人力資源重組，而首發站就是連續遭遇高層人事震盪的中銀香港。

2004年8月中旬，中銀香港的員工紛紛收到了來自董事會的定崗定薪通知，中銀香港的崗位重組亦塵埃落定。

技術性人力資源管理：
系統設計及實務操作

中銀香港新聞發言人葉麗麗表示，傳聞中的大裁員並沒有發生，中銀香港13萬員工中，僅10多人沒有得到崗位。與中下層職員崗位重組同樣吸引眼球的是中行緊鑼密鼓中的全球高管招聘。最新的進展是，中銀香港已委任頗具聲望的利豐公司主席馮國經為招聘小組主席，同時委託國際獵頭公司史賓沙公司甄選候選人，招聘兩個副總裁級職位，一個負責企業銀行業務，另一個專職風險總監。

自上而下，中銀香港進行著一場全面整編。作為中行國際形象的窗口，其舉動不僅意在投資者心目中重塑信譽，也預示著母公司中行更大規模的人力資源變革所可能出現的轉變。

1.3萬員工21個職級

2004年上半年，中銀香港淨利潤同比上漲85.29%，股東股息勁升64.1%。驕人的中期業績抵消了高管醜聞的影響，也給了總裁和廣北推進崗位重組的勇氣。

在重振投資者信心的同時，中銀香港和盤托出了崗位重組計劃。新的定崗定薪方案中，中銀香港全行職位被分為21級，級別越高，薪酬和福利就越高。每一個職級的薪酬差距幅度很大，最高上限與底線相差達一倍。

中銀香港財務部副總經理杜志榮解釋：「每個崗位都有一個薪酬範圍，如果你被定崗後的薪酬超過崗位上限，則需要做出配對安排。」

事實上，與2001年裁員400人的大動作相比，中銀香港此次的崗位置組顯得極為溫和。

「沒有獲得職位分配的僅10多人，被評定為薪酬高於標準的（薪酬高於崗位價值）大約就100來人，而且也不會立即減薪，目前的薪酬會維持到2005年底不變。」中銀香港人士向記者表示。

為了穩定軍心，和廣北進一步表示，崗位重組中一不減薪；二不裁員；三不減福利待遇。這一表態，與中行行長助理朱民「決不大裁員」的承諾如出一轍，似乎預示著中行人力資源重組也將平穩「落地」。

中銀營運總監李永鴻則表示，定崗計劃「並非加薪或減薪的行動」，旨在加強該行的資源管理機制，以便日後該行的獎勵機制按員工的表現及業績來厘定。

某外資銀行人士分析，受內地國有企業文化限制以及近期高層人事震盪影響，中銀香港沒有大刀闊斧地進行崗位重組是意料之中的事。但比起裁員或加薪，定崗行動的制度意義更為明顯，因為這有助於明確崗位職責，建立起更為有效的獎懲機制，為員工今後的升遷、加薪以至裁員，建立起了系統化機制。

全球招聘高管

比起醞釀了一年之久的員工崗位重組，因高層醜聞而出抬的全球高管招聘計劃顯得十分倉促，但卻促成了中銀香港自上而下的全面整編。

儘管連續的「醜聞」引發了縮小中銀香港高級人員薪酬與同業差距的呼聲，但對比各家在港上市銀行的去年年報可以發現，中銀香港總裁和廣北的年薪在250萬

至 300 萬港幣之間。但恆生銀行和東亞銀行最高行政人員的收入則各自在 750 萬港幣和 1650 萬港幣以上。

「事實上，這也只不過是名義工資，和廣北真實的實際收入也就 100 萬港幣左右。」中銀香港人士透露。

在新的崗位重組中，總裁級別被歸為 21～23 級，和廣北屬最高等級 23 級，但薪酬未被提高。

對此，有國內金融界人士向記者表示，作為國有銀行控股的企業，管理者不過是代國家行使管理權，因此，收入上理應要比香港私有化銀行管理者的低。

國際輿論的質疑令中銀香港迅速做出姿態，宣布在全球招聘企業銀行業務和風險總監兩個副總裁級職位，不再從內地指派高管，並表示將在薪酬上與市場價看齊。

為了增強公信度，8 月 31 日中銀香港又宣布，任命頗具威望的香港利豐有限公司主席馮國經為中銀香港招聘小組主席，同時委託國際獵頭公司史賓沙公司現選候選人。

對此，中國銀行新聞發言人王兆文表示：「希望借全球招聘解決以往用人制度難以解決的問題。」

「能否解決問題並不取決於人，關鍵問題是治理機制。」國內某銀行人力資源部人士向記者評論道，「要讓任何一個管理者到你這兒任職後都按照股東意志履行職責，不願、不敢、不能犯錯。高薪還是全球招聘都不是最主要的問題。」

描摹中行人事新框架

中銀香港的人事問題是母公司中行的一個縮影。由於身處境外，當前的人事改革方案具有獨立性。但對於中行來說，即將開始的人力資源重組無疑將與其所指向同一個方向——「市場為導向，客戶為中心。」

王兆文向記者表示，由國際知名的人力資源諮詢公司漢威特公司為中行度身定做的人事改革方案將在 9 月正式啟動。

記者從知情人士處瞭解到，這套方案將徹底打破中行舊有的「官本」體制，以崗位為核心的多層職級體系取代以往「員工—幹部」的行政級別劃分。「很多內容、原則都與中銀香港的定崗重組方案相類似。」

「表面上現存的處長、科長等行政級別將被取消，背後真正的變化是銀行內部的管理將不再跟著行政級別走，而是圍繞著崗位進行。」這位人士表示，也就是說通過定崗將全行的職責崗位化，這包括按需設崗、定出崗位職責、明確崗位價值並且在上崗前對員工進行培訓等。

相關的業績考核、薪酬、福利待遇也將圍繞崗位進行。中行也將採取類似中銀香港的崗位級別劃分。如此一來，「崗位評估後，一個普通員工的薪酬也許會高於另一個部門的領導。」

技術性人力資源管理：
系統設計及實務操作

「要成功實現上述人力資源體制的轉軌，組織架構的調整是前提。」上述人士指出，當前條塊分割的總行—分行—支行的管理架構，將按照客戶服務和風險控制的需求，重新遵循業務、客戶、產品、職能等領域，進行自上而下的垂直劃分。「這就好比，以往要聽省長的，如今要聽部長的。」最終是形成大總行—小分行—大部門的管理體系。

但中行不可能一步到位，這位人士形容其改造過程「任重而道遠」。

按照《中國銀行股份有限公司掛牌前後對內宣傳教育指引》所列時間表，「總行本部將率先進行改革，計劃從 2004 年 8 月開始，爭取年底前基本完成。境內分行人力資源管理改革分兩個階段推進：2004 年 7～11 月，選擇 14 家分行進行試點；2004 年 12 月～2005 年 6 月，各分行在總行的統一指導下，按照試點分行的樣板，全面實施人力資源改革。」

資料來源：經濟觀察報，2004 - 09 - 06（11）．

案例討論：

1. 組織結構設計在戰略實施中的地位和作用是什麼？
2. 為什麼組織結構調整是人事制度改革和人力資源管理的基礎？
3. 工作分析和崗位評價在中銀香港的勞動人事制度改革中發揮了什麼作用。
4. 為什麼經過崗位評估後，一個普通員工的薪酬會高於另一個部門的領導？它主要想解決什麼問題？

第 2 章　工作分析與組織競爭優勢

　　在人力資源管理的相關職能中，工作分析是最基礎、最核心的職能之一，其他相關的人力資源管理職能大多都是在這一職能基礎上建立並發揮作用的。比如，當員工抱怨不知道應該幹什麼，或對工作的內容產生衝突和誤解，或出現同一部門或不同部門的職責重疊導致重複性工作時，原因可能是工作分析不細緻，崗位職責不明確；當組織招聘、選拔和錄用的員工與工作崗位要求存在較大差距時，可能是沒有按照崗位描述的要求制定相應的招聘、選拔和錄用的標準；當培訓和開發方案與員工的工作要求不相符時，可能是培訓和開發計劃的設計沒有體現崗位職責的要求；當組織因實行「末位淘汰」導致員工與組織的訴訟官司時，可能是績效考核指標的制定與員工的崗位職責脫節；當員工感到薪酬政策不公平時，可能是職位描述和職位評價中的標準和依據出現了問題；等等。因此，充分理解和認識工作分析的作用，對於提升組織人力資源管理系統的有效性，具有十分重要的意義。

　　通過本章的學習，需要瞭解和掌握以下問題：
1. 工作分析的內容、目的和意義。
2. 工作分析的主要方法。
3. 工作分析需要收集的信息。
4. 工作分析的步驟。
5. 人力資源專業人員與業務部門在工作分析中的關係。
6. 工作分析職能與組織競爭優勢之間的關係。

專欄 2-1：美國聯合郵包服務公司（UPS）送貨司機的工作

　　美國聯合郵包服務公司共有 15 萬名員工，平均每天將 900 萬個包裹送到美國各地和 180 個國家。為了實現公司「在郵運業中辦理最快捷的運送」的宗旨，公司的管理層建立了一個高效的管理系統，其中一項重要的工作就是建立嚴格的工作分析，並在此基礎上對員工進行系統培訓，使他們能夠高效率地從事工作。

　　以下是 UPS 對送貨司機的工作信息收集、分析、標準以及效果：

1. 信息收集

　　UPS 的工程師首先是對每一位司機的工作流程即行駛路線都進行了時間研究，並對每種送貨、暫停和取貨活動都設立了標準。工程師們詳細地對以下情況進行了

記錄和研究：行駛路線和時間、紅燈停留時間、通行行駛時間、按門鈴、穿過院子、上樓梯、中間休息喝咖啡、上廁所等的時間。然後將這些數據輸入計算機中，從而得到每個司機每天工作的詳細時間標準。

2. 制定標準

為了實現「在郵運業中辦理最快捷的運送」的宗旨，根據競爭對手的狀況，公司制定了每個送貨司機每天運送 130 件包裹的工作標準。

3. 工作程序

為了達到 130 件包裹的目標，公司為送貨司機們制定了嚴格的工作程序並要求司機們嚴格遵守：

步驟 1：當送貨卡車接近目的地時，鬆開安全帶，按喇叭，關發動機，拉起緊急制動，把變速器推到 1 擋上，為送貨完畢的啟動離開作好準備。

步驟 2：司機從駕駛室出來，右臂夾著文件夾，左手拿著包裹，右手拿著車鑰匙。看一眼包裹上的地址並記住，然後以每秒鐘 3 英尺的速度快步走到顧客的門前，先敲一下門以免浪費時間找門鈴。

步驟 3：送貨完畢後，司機們在回到卡車上的途中完成登錄工作。

4. 效果

UPS 通過嚴格的工作流程分析和標準，以及對司機進行培訓，為公司帶來了巨大的競爭優勢。其競爭對手聯邦捷運公司（Federal Express）平均每人每天只取送 80 件包裹，而 UPS 卻是 130 件，即 UPS 公司每天每個司機比競爭對手多運送 50 件包裹。由於在提高效率方面的不懈努力，使 UPS 被公認為是世界上效率最高的公司之一。雖然未上市，但人們普遍認為它是一家獲利豐厚的公司。

資料來源：斯蒂芬 P 羅賓斯. 管理學 [M]. 4 版. 黃衛偉，等，譯. 北京：中國人民大學出版社，1997：23.

2.1 工作分析與組織競爭優勢

《世界經理人》（中文）網站在 2003 年 4 月 7 日～5 月 14 日曾以「員工工作表現不理想的主要原因是什麼」為題進行過一次網上調查，共有 967 人參與網上投票，在提出的四個因素中，認為「缺乏工作積極性」的占 41.88%，認為「工作指導不明確」的占 39.40%，「團隊支持不夠」的占 14.17%，「相關技能低下」的占 4.55%。其中，「工作指導不明確」居第二位，成為影響員工表現不理想的重要因素。這裡的「工作指導不明確」，就是工作流程與工作分析要解決的問題。

2.1.1 組織結構與工作流程分析

與傳統的工作流程分析不同，以戰略性人力資源管理為指導的工作流程分析，強調在特定環境、戰略和組織背景下對流程進行梳理，即按照自上而下的原則，首先分析要生產的產品或提供的服務必須完成的工作和程序，然後再將具體的工作或任務分配給崗位和員工。

工作流程包括工作本身的過程、信息與管理控制過程，同時還規定組織的部門內部、部門與部門之間如何建立職責的聯繫、規章和規範。工作流程分析是對完成某項工作的投入和產出過程的分析和描述，分析的目的在於明確在製造產品或提供服務的過程中，哪些程序、行為、崗位是必需的和有價值的，哪些程序、行為、崗位是多餘的和沒有價值的。工作流程分析包括投入分析、過程分析和產出分析三個環節。這裡所講的「完成」是一個關鍵的中間環節，它是指通過組織提供的資源支持，促使員工有效率地工作，最終完成組織的目標。這三個環節的關係十分緊密，環環相扣。投入分析主要是對為完成工作所需的資源條件進行的分析，包括人、財、物、信息等資源條件。當組織目標落實到崗位後，必須向所在崗位的員工提供完成任務的基礎條件。專欄 2－1 中 UPS 的工程師們所做的大量調查以及分析，就是投入分析的重要內容。前述蓋洛普公司關於一個良好的工作場所的「Q12」中的第二項「我有做好我的工作所需要的材料和設備」也是投入分析要解決的問題。過程分析主要是指在實現組織總體目標的過程中，通過組織結構設計、崗位設置和職位分析，將總體目標分解細化為每個崗位的具體目標，提出完成崗位目標必須具備的任職資格條件以及完成這些工作應遵循的程序。如專欄 2－1 中 UPS 公司為送貨司機制定的 3 個工作程序。「Q12」中的第一項「我知道對我的工作要求」也是指的這項工作。在《世界經理人》網站對「員工工作表現不理想的主要原因是什麼」的調查中，認為「工作指導不明確」的占 39.40%，排在第二位，充分說明了過程分析的重要性。所謂產出是指個人在組織提供的資源支持下，通過自身努力所得到的工作成果。產出分析包括個人產出、部門產出和組織總的產出三個方面的分析。每個員工的產出都只是總產出的一個子集，若干個子集匯集成一個次子集，即一個生產單位或部門的產出，這些次子集最後匯集成組織總的產出。因此，對於任何一個組織來講，根據組織戰略確定具體目標，通過組織結構設計將目標進行分解，最後確定每個員工產出的數量和質量標準，如 UPS 制定的每個送貨司機每天取送 130 件包裹的目標。

2.1.2 工作分析

工作分析又稱職務分析，是指採用相關的方法，對組織中各個工作職務或崗位

的目的、任務、職責、權利、隸屬關係、工作條件和完成某項工作所必須具備的知識、技能、能力以及其他特徵進行描述的過程。通過這種描述，找出工作的相似性和差異性，為人力資源管理的其他職能奠定基礎。因此，工作分析是人力資源管理最基本的職能，是企業人力資源管理的基礎平臺和基礎設施。

工作分析的歷史由來已久。最早進行這項工作的被認為是科學管理之父泰勒。為了證明他提出的科學管理的原理及其作用，泰勒做了很多試驗，其中被廣泛引用的兩項試驗是生鐵裝運試驗和確定鐵鍬的大小試驗。這兩項試驗基本奠定了當今工作分析的基礎。[1]

試驗一：生鐵裝運試驗

工人們要把92磅（1磅≈0.4536千克）重的生鐵塊裝到鐵路貨車上，他們每天的平均生產率是12.5噸。泰勒認為，通過科學地分析裝運生鐵工作以確定最佳的方法，生產率應該能夠提高到每天47~48噸之間。

為了驗證其方法，泰勒對搬運生鐵塊的過程進行了詳細的分析，包括彎下膝蓋搬運生鐵塊和伸直膝蓋彎腰去搬運生鐵塊。然後還試驗了行走的速度、持握的位置和其他變量，經過長時間地科學地試驗各種程序、方法和工具的組合，通過按照工作要求選擇合適的工人並使用正確的工具，讓工人嚴格遵循他的作業指示，大幅度提高日工資以激勵工人等方式，最終達到了每天裝運48噸的目標。

試驗二：確定鐵鍬的大小試驗

泰勒注意到工廠中的每個工人都使用同樣大小的鐵鍬，不管它們鏟運的是何種材料。這在泰勒看來是不合理的，如果能找到每鍬鏟運量的最佳重量，那將使工人每天鏟運的數量達到最大。於是泰勒想到鐵鍬的大小應當隨著材料的重量而變化。

經過大量試驗，泰勒發現21磅是鐵鍬容量的最佳值，為了達到這個最佳重量，像鐵礦石這種材料應該用小尺寸的鐵鍬鏟運，而像焦炭這樣的輕材料應該用大尺寸的鐵鍬鏟運。這樣，按照要鏟運的材料性質，決定工人使用何種尺寸的鐵鍬完成工作，結果大幅度提高了工人的生產率。

在泰勒之後，弗蘭克和莉蓮·吉爾布雷斯夫婦在採用適當的工具和設備以實現工作績效的優化也進行了大量試驗，最著名的就是省略砌磚動作的研究。前輩們進行的這些試驗和研究，為今天的工作流程分析和工作分析奠定了堅實的基礎。

2.1.3 工作分析的原則、條件和作用

合理的組織結構設計是進行工作分析最基礎的條件。不論是直線職能制、事業部制、還是網絡組織，都存在一個基本的組織架構，即使在一個倡導員工具有多種技能並能從事多種工作的靈活性的組織中，也必須按照不同崗位的要求對員工進行培訓，使其能夠準確地掌握不同崗位的要求。工作分析的原則可以用兩個「斤斤計

較」來形容,即崗位設置「斤斤計較」和人員配置「斤斤計較」。崗位設置「斤斤計較」的目的在於使組織內部的每一項工作(崗位)對實現組織的目標都具有價值;人員配置「斤斤計較」的目的在於使每一個人都盡其能,善其事。組織和部門目標的差異性則是進行工作分析的必要條件,只有分辨出這種差異性,才有可能根據差異性質的不同以及對實現組織目標的相對價值和重要性程度決定相關的人力資源管理決策。

如前所述,工作分析是人力資源管理的基礎平臺,同時也是企業管理的重要環節。這是因為人力資源管理的其他職能都是在工作分析的基礎上構建和實施的,而企業的工作是由人來完成的。通過工作分析明確崗位和員工的責任,落實企業的經營目標,為管理者提供決策依據,減少盲目性,提高工作效率。具體來講,工作分析的作用包括以下方面:

(1) 選拔和任用合格人員

工作分析可以為選拔和任用合格人員提供標準。通過工作分析可以得到兩個結果:一是崗位描述;二是任職資格。前者是對某一崗位要做的工作或完成的任務的描述;後者是要完成此項工作或任務必須具備的資格或條件。然後企業以此為依據,制定人員招聘的原則和政策,並將這些原則和政策具體化為有關的標準,通過信息的發布和測試方法的選擇,對應聘人員進行篩選,通過面試、筆試、人格測試、試用期等方法錄用企業所需的合格人員。此外,建立在嚴格的工作分析基礎上的招聘和選擇,還具有法律上的考慮,這就是人力資源管理的法律背景問題。在發達國家,公司為了避免所謂的工作歧視指控,必須要能夠說明其對人員的挑選標準與工作的要求之間是有直接關係的,因此工作分析的重要性就顯得更為突出。如為了支持美國第36任總統林登·約翰遜在20世紀60年代創造的「偉大社會」的嘗試,美國國會通過了一大批保護工作場所的平等就業機會的法律,如《1964年的民權法案》、《1967年的雇傭年齡歧視法案》、《1978年的懷孕歧視法案》等。《1964年的民權法案》規定,如果一個雇主出於任何個體的種族、膚色、宗教、性別或來源國別的原因而不雇傭或拒絕雇傭或解雇,或者在報酬、期限、條件或就業特權方面歧視,那麼就將構成一種違法的雇傭實踐。《1964年的民權法案》已經成為雇員們擁有的糾正工作場所歧視的最有價值的工具,因為它包括了最大數量的保護類別。如果某個法庭確定歧視已經發生,這項法律就賦予此人以法律成本和返還薪金的形式申冤的權利。該項法律還對許多美國公司的人力資源管理實踐產生過巨大影響。例如它曾經迫使這些公司能夠格外密切地考察雇傭、晉升、提薪、獎勵以及懲戒其雇員們的方式。[2]22-23美國的聯邦準則和法庭裁決告誡雇主在運用篩選工具對工作績效進行預測和估計之前,必須進行完整的工作分析。雇主必須能夠證明其所選定的篩選工具和工作績效評價方法同工作績效本身確實是有關係的。為了做到這一點,就要求雇主必須進行對工作性質加以描述的工作分析。[3]80在中國,隨著「立黨為公」、「執法

為民」和科學的發展觀的確立，規範化和法制化的建設開始向各個方面普及，各類組織的用人標準也開始面臨如何處理諸如實用、效率、科學、合理等一系列的關係問題。發達國家今天遇到的問題可能就是我們明天將要解決的問題。因此，對工作分析的重要性及其意義必須引起高度的關注。

（2）設計科學合理的員工職業生涯規劃

工作分析所提出的崗位描述和任職資格主要包括兩個部分：第一個部分是知識、能力和技能等要求；第二個部分是價值觀、動機、態度等要求。第一個部分比較直觀具體，並且也比較容易判斷；第二個部分則比較主觀且難以把握。在實際工作中，要想找到這兩方面都完全符合要求的人員是比較困難的。而且一個人的能力往往需要經過一段時間的檢驗才能得到證實。因此，在員工錄用後，很可能會出現實際能力與崗位要求之間不匹配的問題。在這種情況下，就可以將工作分析信息用於培訓和開發等職業生涯規劃，通過識別工作任務、識別人、崗差距，明確工作程序和效率的關係以及職業生涯規劃的設計來解決能力與崗位的匹配問題。如果發現員工某方面的技能與崗位要求有差距，可以按照工作分析的結果，通過有目的的培訓開發使其達到崗位的要求。如果仍然不能適應，可以考慮轉崗的方式解決。如果發現員工具有發展潛力，則可以根據企業的需要和員工個人的意願，在管理者繼承計劃中進行重點培養，如可以通過輪崗，使員工具備不同崗位的要求，為今後的發展奠定基礎。

（3）為績效考評提供標準和依據

作為人力資源管理的基礎平臺，首先，工作分析的結果不僅為招聘、選擇、培訓、開發創造條件，而且還為績效管理提供依據。工作分析所得到的職位描述，一方面明確任職者應該完成的任務或達到的目標，另一方面要將職位描述細化或量化為任職者的考評指標體系。前面對工作流程進行的分析中，產出環節最重要的任務就是通過組織結構設計和工作分析，把組織戰略分解到各經營單位和員工。這個環節最重要的一項工作就是把工作分析的結果與績效管理實踐聯繫起來，提出生產經營單位和員工個人產出的數量和質量目標，即績效標準。當這些員工和生產經營單位完成了規定的目標後，就意味著組織總體經營目標的完成，企業也就獲得了與競爭相比較的競爭優勢，最終達到績效管理的戰略一致性要求。通過組織的期望績效與實際達到的績效的比較，為最終的管理決策提供依據。其次，以工作分析為基礎的績效考評指標體系反應的是企業和員工之間權利、責任和義務的一種契約關係，如果企業的績效指標和績效考評方法沒有體現或反應工作分析的結果，即員工的考評指標與其崗位工作職責沒有或缺乏實質性的聯繫，而企業又採用「末位淘汰制」一類的考評方法時，就可能激化員工與企業之間的關係甚至出現員工與企業對簿公堂的情況。近年來類似事件頻繁的發生，反應出企業在人力資源管理的基礎工作方面缺乏細緻和專業化的工作，以及缺乏法律等更深層面的系統思考能力。

（4）根據工作的相似性和差異性實現公平報酬

區分出不同崗位的相似性和差異性是進行工作分析的一個重要目的，通過這種區分，發現不同崗位對企業內價值貢獻的程度大小，然後按照這種衡量標準，綜合考慮其他相關因素，決定不同崗位薪酬的支付標準和水準。本系列叢書第一部《戰略性人力資源管理：系統思考及觀念創新》第一章在分析傳統人事管理與現代人力資源管理的異同時，曾對財務部門的財務分析崗位和財務出納崗位做了詳細的分析，由於面臨的環境、決策的性質、腦力勞動的強度等方面的差異，財務分析崗位對企業的重要性和價值貢獻可能就大於財務出納崗位的重要性和價值貢獻。這種區分主要是通過職位評價來獲得的，而職位評價的基礎就是工作分析。因此，工作分析是實現企業公平報酬的先決條件。企業的管理者和人力資源專業人員應當對這個問題予以高度的關注。

（5）為實現人力資源相關職能調控提供制度保證

工作分析除了能為以上人力資源管理的職能提供支持之外，在支持其他職能方面也具有重要的作用，如制定組織規範和懲戒標準等。本書將在後面的有關章節中做詳細的論述。

以上關於工作分析的作用不僅對人力資源專業人員來講非常重要，而且對組織的管理者特別是部門的直接主管同樣很重要，必須要瞭解和掌握。因為無論是招聘、選擇、培訓、開發，還是績效、薪酬、職業生涯規劃，這些人力資源管理職能的應用都不是人力資源部門能夠單獨完成的，而是在業務部門主管的直接參與下開展的。主管最瞭解自己的部門需要完成什麼任務，以及要完成這些任務需要員工具備什麼樣的知識、能力和技能要求，因此能夠提出有效的人員聘用意見和建議；由於與員工一起工作，因此對每一位員工的表現、業績都了如指掌，因而能夠做出正確的判斷，並能夠根據所在部門的工作任務提出有針對性的培訓和開發目標以及相應的績效和薪酬標準。因此，通過人力資源專業人員和部門主管的共同協作，能夠從一開始就建立起一整套規範的標準和制度，使員工瞭解自己的工作職責和工作範圍，使管理者明確工作的目標，當組織內部的所有人員都能夠各盡其職、各負其責，組織競爭優勢的建立也就有了保障。

2.1.4 工作分析與組織競爭優勢之間的關係

一個科學合理的工作分析能夠為組織帶來良好的工作場所滿意度指標，而這一指標往往又是與組織競爭力的提高聯繫在一起的。美國蓋洛普公司完成的一次耗時25年、涉及1000多個部門、100萬名員工和8萬名經理的兩項大規模調查中，「最有才幹的員工希望從他們的工作單位得到優秀的經理」和「世界上的頂級經理們是通過創造一個良好的工作氛圍（Q12）去物色、指導和留住眾多有才幹的員工的」的兩項結論，充分說明了工作分析、工作場所滿意度與組織競爭優勢之間的關係。

其中，「一個良好的工作氛圍」主要包括12個方面的內容，即「Q12」：
1. 我知道對我的工作要求。
2. 我有做好我的工作所需要的材料和設備。
3. 在工作中，我每天都有機會做我最擅長做的事。
4. 在過去的七天裡，我因工作出色而受到表揚。
5. 我覺得我的主管和同事關心我的個人情況。
6. 工作單位有人鼓勵我的發展。
7. 在工作中，我覺得我的意見受到重視。
8. 公司的使命/目標使我覺得我的工作重要。
9. 我的同事們致力於高質量的工作。
10. 我在工作單位有一個最要好的朋友。
11. 在過去的六個月內，工作單位有人和我談及我的進步。
12. 過去一年裡，我在工作中有機會學習和成長。

從以上12個問題可以看出，「Q12」實際上反應的是一個良好的工作氛圍所應具備的基本條件，其中的1、2、3個問題，講的是人崗匹配、人盡其能和人善其事，其他方面則更多涉及工作分析與工作場所滿意度之間的關係。蓋洛普公司的調查表明，如果一線經理能強烈關注這12個方面的問題，就能夠推動生產效率、利潤率、顧客滿意度和員工保有率等重要經營指標；而如果對上述各項答「非常同意」的員工越多，其所在部門、班組的業績越優秀，而這樣的部門、班組越多，企業的整體競爭力就越強。在專欄2-1中，美國UPS公司也正是通過嚴格的工作分析，制定出了科學合理的送貨司機的工作流程，最終取得了超過競爭對手的優勢。

員工對工作場所滿意度的提高與所在織競爭力的高低有著非常直接的聯繫。華信惠悅在全球的調查表明，忠誠度指數得分較高的公司在過去3年內，其股東回報幾乎比忠誠度指數較低的公司高200%。在中國，員工越來越希望上司不僅僅是分配工作，而是創造一個良好的環境，以激勵員工創造高績效並充分展示自己的才華。調查還表明，薪酬非常重要，因為它是基礎。一旦基礎得以建立，要培育長期忠誠度時，鼓舞人心的領導與管理，積極的工作環境，較高的工作滿意度，有效的溝通和交流等因素就變得非常重要。[4]

良好的工作氛圍和員工對工作場所的滿意度往往成為健康組織激勵評價的重要指標。對於各種各樣不同性質的組織來講，應當重視的一件重要工作就是如何在千頭萬緒的相關因素中找出最直接的方面，並且將它們量化，以達到對組織激勵效果的客觀評價。表2-1的組織環境評價表就能夠提供這方面的信息和標準。

表 2-1　　　　　　　　　　　　組織環境評價表

環境因素	較完善狀態（5分）	一般狀態（3分）	不良狀態（0分）
交通便利度	處於市中心	處於便利的市區位置	處於不太便利的市郊
環境美化度	有好的局部景觀和設施	有一般的環境佈局和設施	沒有適宜的環境設施
工作的物理空間	有寬敞明亮的工作和交流空間	有較為適宜的工作空間	工作空間局促
工作的發揮空間	有充足的資源和計劃開展工作	有必要的資源和機會	較少資源和機會
提供住房或條件	提供適宜的住房和相當的補貼	提供居住的宿舍和補貼	象徵性的補貼或沒有
提供的福利待遇	滿意的工作餐、完善的保險體系、良好的衛生設施、定期的健康檢查、合理的休假制度（每項一分）		
評價和晉升制度	公開公平的評價晉升制度	有評價和晉升制度	基本上沒有
市場競爭力	市場競爭力的起薪和獎勵政策	不低於平均水準的薪酬/獎勵	較市場平均水準低
績效考核	有完備的績效考核方案	有考核方案	臨時決定
縱向關係和諧度	員工與上司關係和諧融洽	員工與上司有一定距離感	員工無法與上司接近
橫向關係和諧度	員工之間關係融洽	員工之間有一些隔閡	內部爭鬥

評價說明：

得分合計在 50 分以上的，為最適宜的組織環境。

得分合計在 30~50 分的，為一般的組織環境。

得分合計低於 30 分的，為較差的組織環境。

資料來源：丹紐．中興通訊，營造一個健康組織［J］．人力資源開發與管理，2003（3）．

　　與一個良好的工作環境相反的是不好的工作環境。不好的工作環境將導致高績效員工的流失和組織的混亂。所謂不好的工作環境，首先就是指員工沒有明確的工作指導。1997 年，英國民意調查機構 MORI 公司對新的內部顧客否對工作感到滿意和開心所做的調查報告指出：「在每 5 名全職員工中，至少有一人從未見到過有人向他們正式介紹工作的內容。而針對英國企業員工所做的調查顯示，也有類似比例的員工僅得到工作內容的口頭介紹。」報告還指出：「員工需要明確的工作任務和努力方向，並取得工作成果的反饋。上述報告顯示，大多數企業在布置工作方面還亟待改進。」[5]83 其次是部門主管的個人素質問題，蓋洛普公司的調查表明，一個有才幹的員工之所以會加入一家公司，可能是因為這家公司既有獨具魅力的領導人，又有豐厚的薪酬和世界一流的培訓計劃。但這個員工在這家公司究竟能幹多久，其在職業績如何，則完全取決於他與直接主管的關係。如果能夠形成一種好的關係，就能夠提高員工的滿意度並進而創造更多的價值，反之則造成人員的流失。最後是存在較多的公司政治活動。下面這段話可以比較準確的表現出人們對什麼是不好的工作場所的判斷：「我幾乎從來就不知道，在我所在的部門以外的其他部門還有或將

會有什麼樣的職位空缺。只是有關信息從來就不向我們這個層次上的人公布。這樣，我能否在公司其他部門獲得一個好機會的資格，就幾乎完全控制在我上司手裡。不幸的是，他們並沒有多少動力去為我尋找這些機會。因此，我被限制在一個狹窄且垂直的晉升道路上了，這不利於我今後的發展。而且，我沿著這條道路前進的速度，又要受多種我無法控制、力量強大的因素作用。這不是一個好的工作環境。它迫使我向其他公司尋找機會。」[6]98這裡所講的「無法控制、力量強大的因素」大多就是指的公司政治活動。公司政治有積極和消極之分，積極的公司政治能夠促進組織內部的良性競爭，而消極的公司政治則往往造成緊張的人際關係，進而影響到工作的氛圍和企業的績效。現實中，很多企業的經營績效差，原因並不在於這些企業因為缺乏在產品、市場、管理體制、戰略計劃和投資管理等方面「好」的或「現代」的觀念，而在於他們不能將這些「好」點子和「現代」的觀念付諸實踐，官僚主義和政治障礙扼殺了他們的創造性和革新精神。[6]8因此，判斷一個領導是否得力和有效，就是要看其是否能夠創造出一種良好的工作環境，在這種環境中，員工的合作可以化解內在的衝突，從而產生創造性的決策，使危害極大的權利鬥爭、官僚主義的鈎心鬥角和本位主義的做法減少到零，[6]45在此基礎上帶來企業整體績效的提高。

2.2　工作分析的信息收集和方法選擇

要進行科學合理的工作分析，有幾個基本的前提條件是必須具備的，首先是對工作定性，要能夠獲得有關工作本身的信息，即一項工作或一個崗位是否有存在的必要，是否是整個工作流程或價值鏈中不可缺少的重要環節。其次是能夠對這項工作進行比較準確地描述，即這項工作是做什麼的，需要完成什麼任務以及完成這些任務必須具備什麼知識、能力和技能。再次是通過描述，能夠將這項工作與其他工作準確地區分開來，這種區分不僅涉及不同部門之間的工作，而且涉及同一部門中的不同工作。最後是在工作區分的基礎上，能夠根據工作的價值貢獻大小和重要性程度進行公正的評價，並以此為基礎制定人力資源的相關政策。

2.2.1　工作分析的信息收集

要進行工作分析，首先要做的一項工作就是信息的收集。工作分析信息一般應包括兩個大的方面：與工作有關的方面和與人有關的方面。

（1）與工作有關的信息

包括工作內容、工作特點、工作背景和條件、工作的績效標準等，工作內容方面的信息包括工作（崗位）的職責範圍、工作任務、工作活動、擔任角色等。如大學教師的工作內容主要就是搞好教學和科研，同時利用自己的知識為社會服務，做好相關的諮詢工作。

工作特性是指工作本身的冒險程度、曝光程度、發生衝突的可能性以及選擇的

自由度等。有的工作是需要冒風險的，如在政治不太穩定的國家投資、新聞記者到動盪的國家或地區採訪等，其從業人員的生命安全有可能受到威脅，這就要求對這類人員提供特殊的風險安全保障。此外，從事野外工作和辦公室工作的人員之間、高溫工作條件和常溫工作條件之間的差別等都表現出不同的工作特性，因而在身體條件、工作標準、勞動保障以及待遇等方面都應有所區別。

工作背景或條件是指完成工作的條件和此項工作對人的要求，完成工作的條件包括完成工作必需的設備、工具、服務等，如財務分析人員完成本職工作所必需的設備和服務可能包括高質量的電腦、相關的軟件資源、與相關部門和經營單位的聯絡和得到的支持程度等。工作背景包括工作的職權範圍、工作條件、工作時間、工作對人的生理要求等。

工作的績效標準包括產出的數量和質量要求、服務的水準、投訴率等。通過對這一標準的界定，以及與之有關的激勵與約束機制的相關內容，能夠給員工一個準確的導向，使其實際績效能夠與期望達到的績效相吻合。

（2）與人有關的信息

與人有關的信息主要包括以下方面：

崗位技能要求：指完成某項工作所應當具備的知識、能力、技能等。在與人有關的信息方面，這是最為重要的一個內容，因為這是完成崗位目標最基本的條件。

工作聯繫：主要指組織內部的關係和外部的聯繫兩個方面。內部關係中，主要指上下級關係和同事關係，這些關係主要反應組織中正式的權利等級層次以及不同的責任和義務，包括匯報對象、監督對象等；外部聯繫中主要指與客戶的關係、與主管部門（如工商、稅務部門）的關係以及其他社會方面的關係。

工作權限：工作權限是與崗位或職務相聯繫的，這些權限主要包括人事、資金、監督以及其他方面的權限。

個性特徵：個性特徵也是影響工作的要素之一，因此也要對這方面的信息進行收集和整理。個性特徵主要包括對工作及變革的適應性、工作的主動性、助人為樂和互助精神等方面的價值取向。

工作經歷和資格條件：主要包括工作經驗、職業生涯或從業經歷等方面的要求。資格包括學歷、獲獎證書等。

2.2.2　工作分析的步驟

如前所述，工作分析是人力資源管理的基礎平臺，同時也是企業管理的基礎工作，各級管理人員必須對此予以高度的關注，並按照相關的程序和步驟開展這項工作。

（1）組建工作分析領導小組

創建一個新的臨時性的部門是保證工作分析順利進行的首要任務。因此，第一個步驟是組建專門的工作分析領導小組，並賦予其特定的權利和責任，以便為該項工作的順利開展提供組織保障。由於小組的工作需要隨時調配組織內部資源以及得到

各個生產經營管理單位的支持，因此小組的負責人最好是應由企業的一把手親自擔任，人力資源部主管擔任副職。同時為了保證分析工作的科學性和合理性，小組成員應包括企業各有關部門的管理人員和有經營的員工參加，如果有可能，還可以聘請人力資源管理方面的專家，這樣可以保證工作分析的專業性要求與企業自身的實際相吻合。

(2) 確定工作分析信息的用途以及分析方法的選擇

當工作分析小組組建後，所要開展的第二項工作就是要根據工作或崗位的要求確定所獲取的信息將用於什麼目的，以及應採用什麼技術或方法來獲取這些信息。信息收集的方法有很多，如資料分析法、問卷調查法、訪談法、現場觀察法、職位分析問卷等。這些方法有的側重定性和描述性分析，有的則側重量化的排序。企業應當根據工作的實際要求決定採用什麼方法。如訪談法，就是通過與任職者的對話，請其對所從事的工作、應達到的目標、所需的知識和技能要求等進行詳細的描述，然後將這些信息記錄下來，經過歸類整理，成為工作分析的原材料。

(3) 收集信息

工作分析的第三個步驟是收集信息，包括與工作有關的信息和與人有關的信息，這兩個方面的具體內容前面已做了介紹。這裡需要強調的是，由於涉及一項工作的信息很多，因此在工作和信息的選擇上要有側重，同時要善於找出有代表性的基準職位。首先，工作分析的針對性要強。如當工作分析的主要目的是改善和提高員工的績效水準時，這時信息收集的重點就是達到這一水準要求任職者必須具備的知識、能力和技能要求，並根據這些要求制定有效的培訓和開發計劃，幫助任職者盡快地達到這一目標。其次，並不是所有的工作都是需要進行分析的，當組織中的一些工作存在較大相似性的時候，可以找出一個有代表性的職位進行分析，這樣可以節省時間和精力，提高分析的效率。同樣，也不是所有的信息都是必需的，要善於對信息進行篩選，即抓住那些最具有代表性和最重要的信息，這樣得到的分析結果就能夠比較準確，並且具有合理性。

(4) 查看工作現場，瞭解工作流程

對於那些生產具體產品的工作，不僅需要進行訪談，而且還需要通過對生產現場的直接觀察，以準確地瞭解產品生產流程的詳細步驟。在查看生產現場時，最好是選擇一個具有熟練生產技能、有良好產品數量和質量記錄的員工的生產過程進行觀察。這樣就能夠通過觀察，完整的記錄下達到一個高品質產品要求的步驟和過程。如果有條件，還可以借助現代化的手段，如通過攝像記錄整個生產過程，然後經過編輯和整理，完整地展示出來。

(5) 記錄收集到的各類信息

在工作分析的過程中，要隨時記錄有關的重要信息，同時還要對這些信息進行驗證，如通過對一個員工的訪談獲得的信息，要與其所在部門的主管驗證，以保證信息的科學性、合理性和權威性。

(6) 信息的歸類、匯總和分析

工作分析小組將收集的信息進行歸類、分析和匯總，得到一個初步的結果後，

用書面的形式將結果送有關人員核實,或重新按照分析結果進行現場操作示範,找出其中不合理的地方並加以改進。

(7)編寫工作說明書(職位描述)和工作規範(任職資格)

經過第六個步驟後,就可以進行工作分析的結果總結,即編寫工作說明書(職位描述)和工作規範(任職資格)。工作說明書的內容主要是確定工作的具體特徵,包括工作名稱、內容、責任、權利、目的、標準、要求、時間、地點、崗位、流程、規範等方面的內容。工作規範(任職資格)的內容主要包括任職的資格和條件,如年齡、性別、學歷、工作經驗、健康狀況以及領導、學習、觀察、理解、語言表達、溝通解決問題等各種心理能力要求。

(8)將編寫的工作說明書和任職資格經組織高層會議審定後,以文本或工作手冊等形式詳細列出該工作的任務或行為以及每項任務應當達到的績效水準,然後發放至各部門執行。

表2-2　　　　　　　　職位說明書和職位規範　範本

一、崗位標示

崗位名稱:　　　　　崗位代碼:　　　　　所屬部門:
定編人數:　　　　　崗位等級:　　　　　編寫日期:

二、崗位總體目標

三、職責

四、工作聯繫
1. 匯報對象:　　　　　　　　2. 監督對象:
3. 內部聯繫:　　　　　　　　4. 外部聯繫:

五、工作權限
1. 人事權限:
2. 監督權限:
3. 資金權限:

六、任職條件
1. 年齡:
2. 學歷:
3. 經驗:
4. 培訓:
5. 技能:

七、工作時間:

八、本崗位描述有效期限

有效期限:　年　月　日—年　月　日

九、任職者、直接主管、審批者簽字、日期

任職者:　　　　　直接主管:　　　　　審批者:
日　期:　　　　　日　期:　　　　　日　期:

2.2.3 工作分析的方法

工作分析的要點在於找出在實現組織目標和崗位目標的過程中具有關鍵作用的生產或工作流程、能力及技能要求。而要獲得這些信息，可以通過調查訪問、填寫調查表格、現場觀察工作行為與工作效果之間的關係等方式方可達到目的。人們在長期的工作實踐中，對這些不同的收集工作分析信息的方式進行了總結，如資料分析法、問卷調查法、面談法、現場觀察法、關鍵事件記錄法、職位分析問卷法等，下面分別對這些方法做一介紹。

(1) 資料分析法

所謂資料法主要是指利用組織原有的有關工作或崗位的資料進行分析的方法。對任何一個組織來講，或多或少都有一些關於工作或崗位的資料，這些資料對於工作分析來講仍然具有一定的價值。如果沒有相關的資料，可以利用組織的各種社會關係獲取所需要的資料。此外，隨著人力資源管理的重要性和專業性越來越凸顯出來，人力資源的專業工作者們也編寫了大量的關於如何進行工作分析的書籍和案例，企業可以根據這些資料，結合自身的實際，並請教有關的專家，也可以完成工作分析的工作。

(2) 問卷調查法

通過問卷調查瞭解和獲取工作分析信息是一種比較廣泛採用的方法。問卷的設計有兩種形式，一種是開放式的問卷，另一種是結構式即封閉式的問卷。開放式問卷是指由問卷設計者提出問題，如「你認為一個合格的財務分析人員必須具備哪些知識、能力和技能」，由答卷者根據自己的經驗和體會做出回答。結構式或封閉式問卷是由問卷設計者提出問題並給出若干答案，由答卷者選擇並做出回答。如「你認為以下哪些條件是一個合格的財務分析人員必須具備的」，下面列出若干條件，由答卷者自己選擇。不論是哪種形式，問卷涉及的內容仍然主要是與工作有關和與人有關兩個方面。這種獲取工作分析信息的方法的優點在於能夠在較短的時間得到大量的信息，而這恰恰是訪談方式所不具備的。不足之處是問卷的設計難度較高，員工的理解能力對問卷的質量約束較強。

(3) 訪談法

訪談法是指通過與組織中一線員工、部門主管以及其他有關人員的談話，瞭解和收集工作分析信息的一種主要的方法。該方法的操作程序是：工作分析小組首先向接受訪談者介紹開展工作分析的目的和意義，以獲得其信任和配合；然後要求接受訪談者詳細地描述自己所從事的是什麼工作、需要完成的任務和達到的目標、完成這些任務和達到這些目標需要具備什麼知識和技能、自己是如何完成這些任務和達到這些目標的、完成這些任務和達到這些目標需要組織提供什麼資源支持等方面的問題；請交談對象詳細描述所從事的工作是否可以單獨完成，如果需要協助，需

要組織的哪些部門和崗位的協助；將與訪談者的談話整理後，工作分析小組與接受訪談者的主管進行訪談，以驗證信息和資料的準確性。當採用訪談的方式時，要注意提出問題的方法和內容一定要將工作與任職者聯繫起來，包括工作任務、工作職責、工作條件、資源支持、績效標準以及任職者必須具備的條件等。

訪談法最具積極意義的是它能夠從訪談中獲得在其他正式場合難以獲得的重要信息，特別是對於那些平時缺乏在上下級之間、同事之間信息交流的組織來講，訪談不僅可以獲取大量工作分析的信息和資料，而且能夠增進不同層級之間和不同部門之間對不同專業或工作重要性的溝通和理解。正因如此，這種方法被認為可能是最廣泛運用於以確定工作任務和責任為目的的工作分析方法，[3]81 甚至被認為是用於收集所有類型的工作分析信息並且是收集某些類型信息的唯一方法。[2]75 但這種方法也有不足，如需要耗費大量的時間做訪談，當訪談對象意識到談話結果可能會對工作的績效、薪酬等有直接的利害關係產生實質性影響時，可能會出現有意或無意的誇大或縮小某方面的信息，從而導致信息的扭曲和失真。

（4）現場分析觀察法

現場觀察法是指通過對某種產品或服務的生產過程的觀察獲取工作分析信息的一種方法。這種方法特別適用於需要操作機械或使用某種設備進行生產，且可以進行直接觀察的工作，如生產流水線上的工作，機器設備的裝配工作，電器的安裝程序、電工的操作程序等。這種分析觀察可以從兩個方面進行：一是由工作分析小組的人員進行觀察和記錄；二是由崗位任職者自己進行觀察，並通過工作日誌等形式將操作的程序記錄下來。

（5）職位分析問卷法[2-3,7]

職位（崗位）分析問卷法（Position Analysis Questionaire，PAQ）是一種量化的工作分析技術，它一共測量了可以被劃分為13個總體性維度的32個維度，包括了194個問項，是一個標準化的工作分析問卷，結構嚴密，專業性較強。這194個問項中的任何一個問項所代表的都是在工作中起重要作用或不太重要作用的某一個方面。工作分析人員的工作是要確定這些因素是否重要，如果重要，其程度如何。這種分析方法的優點在於將工作按照五個基本領域進行排序並提供了一種量化的分數順序或順序輪廓，即：①是否具有決策、溝通、社會等方面的責任；②是否執行熟練的技能性活動；③是否伴隨有相應的身體活動；④是否操作機器和設備；⑤是否需要對信息進行加工。

職位分析問卷法的最大優點在於劃分了工作的等級，從而為根據這五個方面的具體特點給每一項工作分配一個量化的分數、通過分析結果與工作的對比確定哪一種工作更具挑戰性以及根據這些信息來確定每種工作的薪酬水準提供了可供操作的條件。另一個優點是它不僅涵蓋了工作環境，而且涵蓋了投入、產出和工作過程。該方法的不足，首先在於填寫問卷的要求較高，而且比較複雜，要求填寫人具備一

定的文化水準和閱讀能力；其次是其通用化和標準化的格式可能導致工作特徵的抽象化，從而失去工作分析的合理性和工作分析本身的目的及樂趣。

以上介紹的各種方法各有利弊，因此在使用時應該綜合考慮這些方法的效果。一般來講，根據組織的實際採用多種方法組合使用，如訪談法和觀察法的組合就是一種很好的選擇。

表 2-3　　　　　　　　職位分析問卷的 13 個總體性維度

決策、溝通及一般責任
事務性活動及其相關活動
技術性活動及其相關活動
服務性活動及其相關活動
常規性工作時間表及其他工作時間表
例行的、重複性的工作活動
環境知覺性
一般身體活動
監督、協調或其他人事活動
公共關係、顧客關係以及其他接觸活動
令人不悅的、傷害性的、高強度要求的環境
非典型工作時間表

資料來源：雷蒙德·諾依，等. 人力資源管理：贏得競爭優勢［M］. 3 版. 劉昕，譯. 北京：中國人民大學出版社，2001：151.

一項對中國 31 家企業集團人力資源管理現狀調查的研究發現，絕大多數企業集團都有工作細則、工作評估，都有完備的書面職責描述，80% 的公司有工作評估制度。從公司規模看，規模越大，工作評估的規範性越強。中國企業集團在人力資源管理中採用多種不同的方法進行工作評估。最常用的評級、評分和因素比較方法，分別 93.5%、80.5% 和 16.7%。[8]

2.3　管理實踐——業務部門經理和人力資源部門的定位

作為企業人力資源管理的基礎平臺和企業經營管理的基礎性工作，工作分析的重要性在本章已經展示得非常清楚了。那麼應該由誰來做工作分析的工作呢？傳統的觀點認為這應該是人力資源部的工作，而在戰略性人力資源管理中，工作分析不僅需要人力資源部門的參與，同時也是企業的各級管理者和一般員工的共同工作。

2.3.1　業務部門經理在工作分析過程中的作用

（1）提供工作分析信息

與員工一樣，業務部門的經理或負責人也是工作分析的參加者，他們也要接受訪談，參加問卷調查，闡釋本部門的目標、任務、員工的知識、能力和技能要求等

方面的情況。而且作為部門負責人，他們的優勢在於熟悉本部門的工作流程，瞭解部門每一個員工的知識、技能水準以及工作與員工的匹配情況，因此他們提供的信息對工作分析小組能否提出一個完整的工作分析報告具有非常重要的意義。但其劣勢是可能不太熟悉工作分析的方法和技術要求，需要人力資源專業人員的支持和幫助。

（2）鑒定工作分析結果

工作分析小組在對員工提供的分析信息進行總結和歸納後，還必須與該員工所在部門的經理進行溝通，這一方面是因為經理是部門工作的最後責任人，同時也是部門業務權威的代表，而且員工可能由於各方面的原因對所提供的信息進行有意的放大或縮小，因而需要由經理對這些信息進行最後的驗證和鑒定，以保證所獲取信息的公正性和合理性。

（3）貫徹工作分析的結果

當工作分析小組完成工作說明書和工作規範並經研究通過後，就需要在管理活動中貫徹工作分析的結果，即依賴於工作分析的信息進行管理決策，如根據工作說明書和任職資格擬定部門的人力資源規劃方向和人事招聘政策，向新員工傳達工作崗位的責任、要求和標準。不單如此，工作分析的結果還應用於人力資源的其他各項管理實踐。

2.3.2　人力資源部門在工作分析中的作用

（1）宣傳工作分析的重要性，取得領導和各級管理人員的支持和配合

組織結構和崗位分析是傳遞組織戰略目標的橋樑，因此任何涉及勞動人事制度方面的改革，大多都是從組織結構調整和崗位分析入手和開始的。在第1章的案例討論中，中銀香港的人事制度改革也清晰地表明了這一點。作為該行歷史上最大規模的人力資源重組，改革的核心內容和基礎就是通過崗位重組，明確崗位職責，建立起定崗定薪、升遷、加薪以至裁員等系統化的人力資源管理體制，為企業的經營管理創造條件。對於這一點，不僅人力資源專業人員自身要有清醒和正確的認識，而且還應當通過宣傳，使各級管理人員特別是中高層管理人員認識到工作分析的重要性，取得他們的支持和配合，然後通過他們的工作，在整個組織內部建立起尊重工作分析的氛圍，只有這樣才有可能比較順利地完成與工作分析有關的各項工作。

（2）負責組建工作分析小組

工作分析往往涉及和牽涉到組織內部的多個部門，需要調動各方面的資源予以支持，因此應組建由組織主要領導擔任負責人的工作分析小組。從專業分工的角度考慮，工作分析本身既是人力資源管理的基礎職能，也是人力資源部門的主要工作，因此由人力資源部負責組建工作分析小組並擔任小組的主要成員可能是比較合適的。然後根據工作分析涉及的單位或部門，再確定吸收相關業務部門的負責人參加。

(3) 為業務部門的工作分析提供技術和方法支持

人力資源部的優勢在於瞭解和熟悉工作分析的技術和方法，劣勢是對業務部門的工作流程、業務狀況和人員狀況不太瞭解，對員工的知識、技能水準的瞭解程度以及員工與工作的匹配度不如業務部門的經理。而業務部門的優勢在於瞭解熟悉部門的業務要求和人員素質，劣勢是不熟悉工作分析的技術和方法。因此人力資源部門的作用就是為業務部門的工作分析提供技術和方法支持，業務部門的作用是提供信息資源，通過這種合作，發揮人力資源部戰略合夥人的影響和作用。

(4) 規劃工作分析過程

在工作分析小組中，人力資源專業人員不僅要參與信息的收集整理等工作，而且要承擔工作分析過程的規劃等事務性工作，這些工作主要包括：①確定工作分析的目的和範圍；②提出收集和記錄工作分析信息的方法的建議；③負責挑選和聘請有關專家參加工作分析小組的工作；④根據組織的實際情況，在與各有關部門協商的基礎上擬定工作分析的時間安排；⑤資料的收集、整理和反饋。

(5) 貫徹工作分析結果

當完成工作分析的工作後，人力資源部要負責把資料編輯成文件，並提交組織高層會議討論並通過，最後印製成正式文件下發給有關單位和部門，並根據工作分析的結果制定招聘等人力資源政策。

註釋：

[1] 斯蒂芬P羅賓斯. 管理學 [M]. 4版. 黃衛偉，等，譯. 北京：中國人民大學出版社，1997：27.

[2] 勞倫斯S克雷曼. 人力資源管理：獲取競爭優勢的工具 [M]. 吳培冠，譯. 北京：機械工業出版社，1999.

[3] 加里·德斯勒. 人力資源管理 [M]. 6版. 劉昕，吳雯芳，等，譯. 北京：中國人民大學出版社，1999.

[4] 劉莉莉. 領導力決定員工忠誠 [J]. 人力資源開發與管理，2004 (8).

[5] 凱文·湯姆森. 情緒資本 [M]. 崔姜薇，石小亮，譯. 北京：當代中國出版社，2004.

[6] 約翰·科特. 企業領導藝術 [M]. 史向東，譯. 北京：華夏出版社，1997.

[7] 雷蒙德·諾依，等. 人力資源管理：贏得競爭優勢 [M]. 3版. 劉昕，譯. 北京：中國人民大學出版社，2001：151.

[8] 趙曙明，吳慈生. 中國企業集團人力資源管理現狀調查研究 [J]. 中國人力資源開發，2003 (2-5).

本章案例：一項做得很好的工作

當李教授到川弘鋁合金公司參觀訪問時，接待並陪同他訪問的公司人力資源部經理助理吳華給他留下了深刻的印象。吳華主要負責公司工作分析方面的工作。為了做好這項工作，公司還專門指派了一位熟悉業務的工程師張馨到人力資源部門，協助吳華進行工作分析和設計。李教授也曾被該公司人力資源部聘為顧問，幫助研究公司的工作分析體系，並與公司人力資源部的人員一起瀏覽了工作說明的所有文件，並發現這些說明總體上是完整的，而且與所完成的工作是直接相關的。

參觀訪問的第1站就是焊接分廠劉軍副廠長的辦公室。這是一間十幾平方米的房間，位於廠房一樓，四周都裝了玻璃窗。當吳華走近時，劉軍正站在辦公室外。「您好，吳助理。」他說。「您好，劉廠長，」吳華說，「這是李教授。我們能看一看您的工作說明並跟您聊一會兒嗎？」「當然，」劉軍說著打開了門，「進來吧，請坐。我就把它們拿來。」從他們坐的地方恰好能看到工作現場的工人。在他們查閱每項工作說明時，都有可能觀察到工人實際中的工作。劉軍很熟悉每項工作。「這兒的工作說明是怎樣與業績評價相聯繫的呢？」李教授問道。「是這樣，」劉軍答道，「我只是根據工作說明中規定的項目來評估工人業績，而這些項目是由具體的工作分析來決定的。用這些項目來評價業績能使我在工作發生變化、以前的說明不再能夠準確反應現有工作情況時，及時修改工作說明。吳助理已經為所有中層以上幹部制訂了培訓計劃，所以我們都瞭解工作分析、工作說明和業績評價之間的關係。我認為這是一個很好的系統。」

資料來源：張德. 人力資源管理 [M]. 北京：清華大學出版社，2001：85. 個別文字有調整。

案例討論：

1. 川弘公司工作分析的顯著特色是什麼？
2. 試述工業工程師與人力資源經理助理在工作分析中可能存在的關係。
3. 在案例中劉軍說：「我只是根據工作說明中規定的項目來評估工人業績，而這些項目是由具體的工作分析來決定的。用這些項目來評價業績能使我在工作發生變化、以前的說明不再能夠準確反應現有工作情況時，及時修改工作說明。吳助理已經為所有中層以上幹部制訂了培訓計劃，所以我們都瞭解工作分析、工作說明和業績評價之間的關係。我認為這是一個很好的系統。」你認為劉軍的觀點是正確的還是錯誤的，為什麼？

第二篇 人力資源規劃、招聘和選擇

在第 2 章中我們討論了工作分析的有關問題，當工作分析完成後，組織就需要根據分析的結果即工作說明書（職位描述）和工作規範（任職資格），考慮組織內部各部門的職位空缺情況、崗位人員安排、新增人員來源以及對新增員工的招聘、選擇等事宜。本篇我們就將討論關於人力資源規劃、招聘和選擇的問題。

第3章　人力資源規劃

　　任何一個組織的工作都是由人來完成的。但由於人們所處的背景、學習機會、工作閱歷、創新精神和價值觀等方面的差異，人們創造價值的能力是不一樣的。而且一個人要處在一個能充分發揮其優勢的崗位上，才可能提高工作的滿意度並創造出組織期望的績效水準。一般來講，在大多數的情況下，通常都是按照崗位的要求進行人員的安排和配置的。有的工作需要能夠打破常規，極具創新精神和冒險精神的人；有的崗位則要求任職者穩妥可靠，嚴格遵守制度和規範。這就是上一章工作分析強調的人員配置「斤斤計較」的原則，即人、崗匹配的關係。以前人們常常認為人是最重要的競爭資源，而現在最合適的人才是最重要的競爭資源的觀點逐漸被人們接受。著名商業暢銷書作者吉姆‧科林斯及其研究團隊在長達5年的時間裡對11家實現了從優秀到卓越跨越的公司進行了研究，在此基礎上總結出了一套不受時間、地域的限制，普遍適用於任何機構的具有規律性的答案，「先人後事」就是答案之一，即先選人，再做事。用第五級經理人的話來講就是：讓合適的人先上車，將不合適的人請下車，然後再決定汽車去向何處。[1] 這些合適的人包括瞭解路況、懂得維修、知道到達目的地最佳路線的司機和為顧客熱情服務的售票員等。有了這些人，不用擔心迷失方向，而且這些人有責任心，能夠嚴格地履行自己的職責，不需要對他們嚴加管理和勉勵，他們依靠內在的驅動進行自我調整，以期取得最大的成功。人力資源規劃的目的就是為組織尋找這種最合適的人。

　　本章的學習重點：
1. 瞭解掌握組織戰略與人力資源規劃之間的關係。
2. 瞭解掌握組織結構、工作分析與人力資源規劃之間的關係。
3. 瞭解掌握人力人力資源規劃的意義，掌握相關的方法。
4. 應當如何做好裁員工作。
5. 應如何看待組織穩定與裁員之間的矛盾。

專欄3-1：美國電話電報公司(AT&T)通過人力資源規劃贏得競爭優勢

1. 背景

　　美國電話電報公司（AT&T）在1982年被剝奪了對電話公司的操縱權，失去了已持續一百年的在這一領域中的穩定的壟斷地位。對AT&T來講，這是一次根本性

的轉變，公司開始由專營電話業務變成一個在全球市場提供多樣化產品與服務的企業，開始與新的顧客和供應商做生意；由於一系列的併購，需要和新的夥伴合作。所有這些變化導致了公司關鍵領導崗位的選擇困難。為了適應變化，公司必須對人力資源管理實踐進行調整，包括按照新的戰略調整職員的配備，尤其是對高層管理人員來講，公司的新業務需要一種「新類型」的經理，他們對公司新的產品和服務有豐富的知識，有能力對收購與合併進行管理，並有能力在不確定的環境中有效地行使其職能。

2. 解決方案

為了解決人力資源管理實踐與公司新戰略要求之間的矛盾，AT&T公司建立了一套職業生涯電腦系統來解決職員配備的管理問題。該系統有兩個目的，一是確認實現公司新的全球商業計劃所要求的管理技能；二是追蹤公司內部所有有志於高層管理職位的現有經理的技能水準。系統可以通過排隊，使公司在出現職位空缺時去「推薦」並最終選擇就任人選。

AT&T公司電腦管理系統具有以下的功能和特點：

（1）儲存公司有關人員和職位的大量信息。在「人員檔案」裡就包括了每一個經理的信息，包括：工作歷史、教育程度、優點和缺點、領導開發需要、領導開發計劃（參加過的和計劃參加的）、培訓和特殊技能（如對外語的精通程度）等。

（2）對於每個作為選擇目標的高層管理職位，「職位檔案」都列出了以下內容：職位頭銜、就任地點、不同高級職位所需的領導技能（現在的和將來的）、該職位的可能的繼任者名單、每個候選人的必要開發活動等。

3. 職業生涯系統幫助公司提高競爭優勢

使用這一系統能夠幫助 AT&T 公司保持其組織的高層領導的連續性，包括：

（1）對於不同的高級職位所需的領導技能；

（2）特殊的有資格升至某個確定職位的雇員；

（3）具有足夠數量的「當地」內部候選人的職位；

（4）每個候選人的必要開發活動。

通過這些資料，AT&T 公司現在已經掌握了一個在高級職位出現空缺時可以從公司分佈在全世界的合格內部候選人進行挑選的後備庫。而且系統具有相當靈活性，公司可對突然的人員變化需要作出快速反應。如當巴黎的高層管理職位由於合併而突然出現懸而未決的情況時，這一系統會迅速地確定一個能流暢地使用法語的合格候選人。

資料來源：勞倫斯 S 克雷曼. 人力資源管理：獲取競爭優勢的工具 [M]. 吳培冠，譯. 北京：機械工業出版社，1999：50.

3.1 人力資源規劃流程

3.1.1 定義和流程

所謂人力資源規劃，是指根據組織戰略的要求，通過對組織內部人力資源的需求和外部勞動力市場供給狀況的系統評價，以保證企業在當前和未來能夠獲得實現組織目標所需要的一定數量和具有特定知識、能力、技能的員工的過程。

一個有效的和系統的人力資源規劃能夠為組織帶來競爭優勢。這主要是通過人力資源規劃的作用，將人力資源管理目標與組織戰略結合起來，在對環境的變化進行有效的監控基礎上，設計相應的人力資源管理策略來處理遇到的問題，並為其他的人力資源管理實踐奠定基礎。比如，當組織能夠通過對以往規律的總結，預計未來的某個階段會出現產品銷售的高峰，那麼提前儲備必要的生產和銷售人員就能夠幫助組織順利地實現目標。反之，如果不能夠做到這一點，就會失去已有的客戶和市場。在這個過程中，人力資源規劃發揮著重要的作用。正如在專欄3-1中看到的一樣，當AT&T公司被迫由單一產品和服務轉向為一個在全球市場與新的顧客和供應商做生意，並提供多樣化產品與服務的企業的新形勢時，公司通過建立一套完整的職業生涯管理系統來支持公司的戰略要求，最終保證了公司業務轉向的成功和新的競爭優勢的確立。

圖3-1所展示的是人力資源規劃的設計流程，大致包含了六個方面的內容：第一，按照戰略性人力資源管理的觀點，人力資源規劃的設計應當反應組織環境和組織戰略的要求，即強調人力資源規劃的設計者們一定要認真審視組織所面臨的各種環境要素以及與組織戰略的內在聯繫。對這些要素和聯繫的分析和總結，最終形成組織人力資源規劃的指導思想和原則。第二，根據對組織戰略中所要求的人力資源要素的分析，對現有人力資源狀況進行全面盤點，以決定人力資源規劃的方向。第三，在盤點的基礎上，進行需求和供求預測。第四，根據需求預測和供求預測的不同結果，制定相應的人力資源規劃，包括人員的增加和減少。這兩項是規劃最重要和最核心的部分。第五，實施規劃。第六，對規劃效果進行評價。

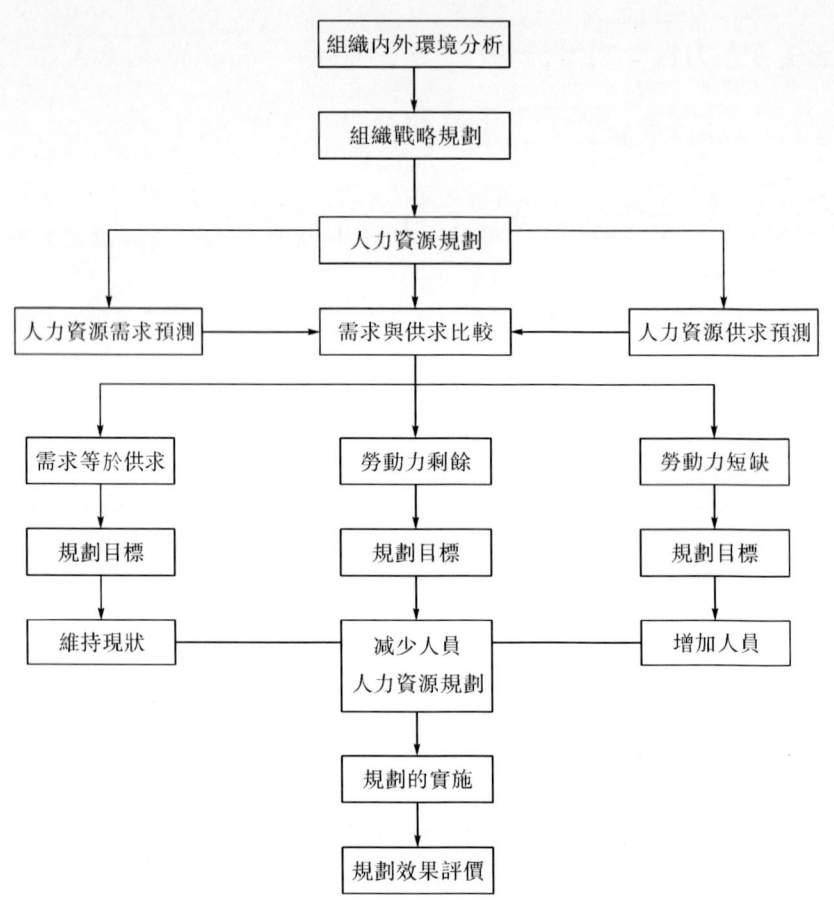

```
                    ┌─────────────────┐
                    │ 組織內外環境分析 │
                    └────────┬────────┘
                             ↓
                    ┌─────────────────┐
                    │   組織戰略規劃   │
                    └────────┬────────┘
                             ↓
                    ┌─────────────────┐
         ┌──────────│   人力資源規劃   │──────────┐
         │          └─────────────────┘          │
         ↓                   ↓                   ↓
┌─────────────────┐ ┌─────────────────┐ ┌─────────────────┐
│ 人力資源需求預測 │→│  需求與供求比較  │←│ 人力資源供求預測 │
└─────────────────┘ └─────────────────┘ └─────────────────┘
```

圖 3-1　人力資源規劃流程

3.1.2　人力資源預測

　　人力資源預測是在組織既定的目標下進行的，主要包括三個方面，即需求預測、供求預測和組織管理者繼承計劃預測。

　　需求預測是指企業為達成經營目標對所需員工的數量、質量（能力）、專業等所做的評價，其目的在於保障組織的重要或關鍵崗位不至於產生空缺。在需求預測中，既有對組織當前人員需求的預測，也有對未來所需人員的預測；既有對數量的預測，也包括對實現組織目標所需的質量（能力）的預測。在專欄 3-1 中，AT&T 公司的人力資源規劃，就是根據公司新的環境和戰略要求，通過建立管理信息系統，首先確認實現公司新的全球商業計劃所需要的管理技能，然後在此基礎上，追蹤公

司內部所有有志於高層管理職位的現有經理的技能水準，以保證公司在出現職位空缺時該系統能夠「推薦」並最終選擇最適合的人選。

當需求預測完成後，組織就得到了一個在未來某個時期達成目標所需要的崗位及相關數量和質量的框架。下一步就是供求預測，即對勞動力市場能夠提供的組織所需要的勞動力的數量、質量、專業、所需的人工成本及組織承受能力等方面的評價。供求預測主要從兩個方面進行：一是組織內部預測，即內部勞動力市場能夠提供的人力資源的數量和質量；二是外部勞動力市場預測。在供求預測中，除了數量、質量等指標外，一個重要的工作是分析組織所需人員的勞動力市場薪酬水準，以便對其承受能力做出評價。

組織的管理人才儲備和繼任計劃預測主要是指確定哪些人有發展潛力並可升遷至更高層次職位的人的培訓、開發、職業生涯規劃以及檔案資料的保存和管理過程。在預測過程中，首先，要求組織將工作或職位按照職務、職能、責任等進行分組，這些分組應反應組織能夠提供而又是員工期望升遷的職務或職位級別。其次，還要預測在計劃期內，每個職位、職務級別有多少人將留任，多少人將調任、晉升或降職，多少人將離職（流動、退休）等。

任何一個組織都在某一個產業或行業中扮演著不同的角色，這種角色在一定程度上決定了人力資源規劃的制定過程。比如，B 是一個汽車零部件生產製造廠商，它扮演的是供應商的角色。因此，該廠商的人力資源規劃的制定，主要就應該通過對自己產品的顧客 A（一家或多家汽車生產製造廠商）的發展戰略的瞭解和經營狀況（產量、利潤、庫存、雇傭人數、銷售量、對零部件生產製造廠商的要求）等指標的監控來確定自己未來對勞動力的需求。B 同時還要扮演另外一種角色，即汽車零部件生產製造工業中的競爭者，這意味著 B 還要與行業裡的對手展開競爭。在這種情況下，B 就還要通過對其他零部件生產製造廠商發展戰略的瞭解、技術水準和經營狀況（利潤、庫存、雇傭人數、銷售量等指標）的監控來確定自己未來對勞動力的需求。

當需求和供求預測完成後，就需要按照對組織生產經營情況的預測，確定具體的勞動力增加或減少的指標。同時，為了防止意外情況的發生，還需要制定對因預測失敗而出現的人員短缺或人員過剩情況的備選方案。

人力資源規劃效果的評價包括實施過程中和過程後兩個部分。實施過程中的評價主要是對實踐中由於各種原因導致的可能發生或將要發生的事件對規劃執行產生的消極影響進行分析，並提出解決的辦法，它強調的是過程控制。實施後的評價則是對整個人力資源是否有效地支持了組織目標作出評價，以便為以後的規劃提供參考依據。

3.2 人力資源規劃的方法

人力資源規劃主要有兩種方法，一種是定性的主觀分析判斷，一種是定量的統計分析。無論是哪種方法，都是建立在對過去勞動力流動趨勢和市場判斷基礎之上的。

3.2.1 需求預測分析方法

需求預測方法包括統計的方法和判斷的方法兩種類型。統計方法主要有對比分析法、比例分析法和迴歸分析法等，主觀方法主要有銷售業績判斷、經驗判斷等。[2]

（1）統計方法

在進行需求預測統計時，可以通過對過去某個商業要素或目標（如生產量、工作額度、銷售額等）與勞動力數量的比例關係來預測未來對勞動力的需求。在使用這種方法時，必須借助於組織以往的人員數據，因此組織過去的勞動力記錄是非常重要的資料。

對比分析法。對比分析法的預測思路和假設是：根據過去某個商業要素或目標與勞動力數量之間的關係，經過比較和對比，確定未來實現某個商業目標對勞動力需求。在表3-1中，使用了產值這一商業要素與勞動力規模之間的關係。該公司想預測的是，如果要在2006年完成產值11,500單位，需要多少生產線工人？從表3-1可以看出，公司在2002年完成的產值為11,000單位，生產線工人為160名。因此，要完成2006年11,500個單位的產值，需要的生產線工人應該是多少？根據比較和對比，我們發現2002年的產值與2005年大致相同，因此，160個生產線工人可能是合適的規模。當然，最後具體人數的確定還需要考慮兩個要素：一是近四年來該企業生產線自動化的提高或完善程度；二是生產線工人素質和能力提高的水準。如果這兩方面都得到了較大幅度的提高，那麼實際需要的工人人數可能還低於2002年的規模。

表3-1　　　　　　　　對某公司人力資源的趨勢分析

	2002	2003	2004	2005	2006
生產額	11,000	14,500	13,000	9000	11,500
生產線工人	160	210	185	130	?

比例分析方法。這種方法與對比法類似，也是通過計算某種商業要素與所需員工數目之間的比例來確定未來人力資源需求的方法。唯一的區別可能是這種方法的精確度較高。以高校為例，假設高校的教師/學生比有一個科學合理的比例，如1：25，那麼對教師的需求就可以通過這個比例進行預測。假如某學校有15,000名學

生，那麼就意味著有 600 名老師。這一比率表明每 25 名學生就需要 1 名老師。如果某高校下一年度要擴招 3000 名學生，那麼按照 1：25 的比例，要保證教學的正常進行，就還應當增加 120 名老師。

迴歸分析法。迴歸分析法是一種運用數學統計方法對組織所需勞動力數量進行預測的技術，其基本原理與前兩種方法相同，即通過對勞動力數量與相關影響要素的函數關係的描述，預測出未來的勞動力需求規模。由於採用了數學方法，因而其精確度更高。

對統計方法的評價。統計方法的使用需要具備一定的條件。首先，組織必須要有關於人員的歷史經驗數據，以上三種方法的運用，都是建立在這些數據基礎上的。其次，相關的環境要素具有長期的穩定性，比如，某種商業要素與勞動力之間的關係始終保持一定的比例，而這種比例關係不受環境要素的影響。如果不具備這些條件，統計方法就會失真。比如當採用電視教學或函授教學的方式時，由於教學方法和學習形式的變化，上述教師與學生 1：25 的比例的預測顯然就是有問題的。

（2）判斷方法

所謂判斷方法，是指主要依靠人的判斷力而不是依靠歷史數字進行預測的方法。在工作中使用最多的判斷方法包括銷售業績判斷、經驗判斷、行業標準或競爭對手判斷等。

銷售業績判斷。在這種方法中，主要是依靠企業的銷售人員根據對企業產品、服務銷售狀況的判斷和顧客喜好程度的感悟，對企業產品或服務項目未來的銷售情況的估計。然後企業再根據這些估計，對滿足這些需求所必需的生產、市場開發和銷售等人力資源數量做出預測。在這種方法中，特別適用於企業新的產品或服務投入市場後帶來的新增員工的需求。

經驗判斷。經驗判斷的使用方法是，組織的領導者、管理者以及組織一批瞭解企業戰略目標、經營管理水準、產品和服務特性以及市場需求、市場競爭態勢、企業人力資源管理等方面的專家，通過假設，對組織將要發生的變動進行討論並達成共識所得到的預測結果。在採用這種方法進行預測時，需要隨時根據環境的變化對預測的結果進行監控和調整，盡可能提高準確性，減少盲目性。

行業標準或競爭對手判斷。當組織準備進入一個新的產業或行業、或將生產新的產品或提供新的服務項目時，這時組織對人員的需求沒有歷史數據和經驗可循，唯一的參照數據就是行業標準和競爭對手的人力資源配備情況。這時組織的人力資源管理專業人員的一項重要工作就是要招聘一批從事過相關行業或生產過類似產品的人員，然後根據他們提供的信息，描繪出相關的人力資源需求。

對判斷方法的評價。總的來講，判斷方法主要是依靠人的判斷力而非具體的數字對需求進行預測，如經驗判斷依賴假設的準確性，銷售業績判斷依賴銷售人員對產品需求的正確估計等。這些判斷固然有可能發生一定的偏差，從而使這種方法具

有一定的主觀性，但不能夠據此而否定這種方法的科學性和合理性，因為這種判斷是建立在相關人員長期的經驗和閱歷基礎上的，特別是當環境要素變化導致的無規律的重大事件的發生的情況下，這種方法通常會成為組織人力資源需求預測的唯一正確選擇。比如，當企業的股東、董事會或主要領導發生變更時，通常會導致戰略的變化，這種戰略的變化或調整要麼是由大規模擴張轉為大規模縮減帶來的勞動力的減少，或由大規模縮減轉為大規模擴張帶來的勞動力的增加，要麼是一種新產品的上馬對勞動力的需求判斷，甚至是進入一個新的產業或行業，在這些情況下，統計預測方法就不再適用，只有判斷方法可供選擇。此外，在很多時候，判斷方法的使用也是建立在歷史數據基礎上的，特別是對一些小型組織來講，常常是根據歷史數據進行判斷。

需求預測的重點。如前所述，由於資源的限制，任何組織的人力資源管理都是有重點的，在進行人力資源需求預測時同樣也要遵循這一原則。也就是說，在進行預測時，重點是掌握能夠保證自身研發、生產、銷售以及經營管理所必需的關鍵崗位的最低限度的人員規模，這一規模可視為組織的核心團隊，或構成核心團隊的核心成員，因此對這類人員的預測，是整個預測的關鍵和最重要的部分。

3.2.2 供求預測

在供給預測方面，同樣可以使用歷史資料分析方法和主觀判斷技術方法兩種形式。在依靠歷史資料分析方面，轉移矩陣是一種比較常見的用於勞動力供給預測的統計方法，[3]184它可以表示在不同的時期和階段中，企業有關崗位或工作類型的在職人員數量和離職人員數量等。這種方法不僅能夠顯示出在一年內員工從一種工作類型向另一種工作類型流動的情況，還能夠用來預測未來工作崗位的員工供求狀況，而且還可以觀察到企業不同管理層級的晉升路線。

表3－2　　　　　　　　　某企業虛擬的員工流動情況表

2009年	2012年							
	1	2	3	4	5	6	7	8
1. 銷售管理人員	0.95							0.05
2. 銷售代表	0.05	0.60						0.35
3. 見習銷售員		0.20	0.50					0.30
4. 助理管理人員				0.90	0.05			0.05
5. 生產管理人員				0.10	0.75			0.15
6. 生產操作工人					0.10	0.80		0.10
7. 事務性工作人員							0.70	0.30
8. 離職人員	0.00	0.20	0.50	0.00	0.10	0.20	0.30	

資料來源：雷蒙德·諾依，等．人力資源管理：贏得競爭優勢［M］．3版．劉昕，譯．北京：中國人民大學出版社，2001：184．個別地方有調整。

在表 3-2 中，共列舉了七個工作崗位，我們可以從橫軸和縱軸兩個方向來進行觀察，並得到不同的結論。根據對橫軸的觀察，可以瞭解七個工作崗位在 3 年中的在職率和離職率情況。比如，2009 年從事事務性工作的人員（第七行）在 2012 年還有 70% 仍然在職並繼續從事原來的工作，其他 30% 的人員則已離職。2009 年從事生產管理的人員（第五行）在 2012 年還有 75% 仍然從事原來的工作，其中有 10% 的人員被提拔為助理管理人員，另有 15% 離職，以此類推。最後我們可以得到的結論是：以上七個工作崗位每 3 年都會有一定比例的人員晉升或離職，如果公司以往的歷史資料和數據也能夠證明這一情況的話，就表明公司的人員流動存在一種時間上的規律或者趨勢（這裡是 3 年），公司就可以根據這種趨勢來進行人力資源的供求預測。比如，對生產操作工人來講，如果預計未來 3 年產品的銷售可能會有一定程度的下降，經過供需比較分析，對這類人員的需求也會下降，這時企業的人力資源規劃目標就是停止招聘新的生產操作人員，因為每 3 年約有 20% 的人員自然流失。在銷售人員方面，如果經過分析認為未來企業的銷售代表崗位可能出現短缺，那麼人力資源規劃的目標可能就是以下幾個方面：一是分析流失原因，找出留人的辦法；二是加快從見習銷售人員到銷售代表的培養時間；三是增加從外部招聘的數量。

有組織的員工職業發展規劃和管理者繼承計劃也可以用於進行供求預測。在這兩類計劃中，都可能出現因人員的輪崗或晉升等原因產生的職位或職務空缺，組織可以根據規劃的要求，制定相應的人員補充計劃。

3.2.3 注意事項與實踐應用

管理就是規範，管理就是從小事做起。在人力資源規劃上同樣如此。以上介紹的需求預測和供求預測的方法，看起來都比較簡單，但並不是所有的企業都能夠使用的。企業要使用這些方法並想取得一定的效果，首先必須要有一系列的歷史資料或基礎數據，而這又是與企業平時規範的基礎管理工作的質量和水準聯繫在一起的。以上的比例分析、趨勢分析和轉移矩陣等方法，就是建立在對歷史資料和數據的分析基礎上的。如果平時不注意這些資料及數據的收集和累積，就不可能使用這些方法，人力資源的規劃也就無從談起。因此，企業的各級管理者特別是人力資源管理專業人員對員工流失率、流失原因分析、企業產品或服務的市場份額和未來趨勢等方面的情況要有一個全面詳細的瞭解，只有這樣才有可能做好人力資源管理的各項工作。

本節所討論的預測方法，只是對相關預測技術使用的一個說明和介紹，在實踐中，還必須綜合考慮組織面臨的具體環境以及規劃對組織未來發展的影響，才能夠做出符合實際的規劃和招聘決策。以中國高校的教師需求預測為例，根據前面在介

紹比例方法時得到的結論，按照每 25 名學生需要 1 名老師的比例，如果某高校下一年度要擴招 3000 名學生，那麼要保證教學的正常進行，就還應當增加 120 名老師。但在實際的招聘中真正需要招聘 120 名老師嗎？這時高校必須考慮這一規劃和隨後的招聘對本高校未來發展的影響。這些影響因素可能包括：

　　第一，中國人口出生率和生育高峰的歷史和現狀。目前每年應屆高中畢業生人數的增加源於當年的人口生育高峰，這些人到現在正值就讀大學的年齡。隨著這一高峰的回落，今後的應屆高中畢業生的數量會減少，對大學來講，不可避免地會出現生源的下降。

　　第二，近幾年來，不僅中國大學的數量和規模在不斷增加，而且很多高校還舉辦了所謂的「二級學院」，此外還有大量的民辦高校，這些都造成現有高校生源的分流，使高校面臨巨大的競爭壓力。

　　第三，現有教師的工作量是否合適？有多少教師的工作量是可以適當增加的？學校可以出抬哪些激勵教師多從事教學的手段和方法？

　　第四，招聘的這 120 名老師所花費的成本，包括工資、福利等。

　　第五，如果招聘了這 120 名教師，當出現生源下降，如何解決老師不能完成工作量而導致的惡性競爭和成本及效率損失等問題。

　　如果某高校認真分析了這一系列問題，那麼在規劃的具體實施時就會有不同的選擇。假設某高校的教師的工作量還可以適當增加，那麼該高校的選擇可能就是只招聘 30 名老師，另外適當增加現有老師的工作量，將招聘 120 名老師的部分費用用於對老師新增工作量的激勵。

　　以上思路對企業也同樣適用，本章案例講述了由於對個人電腦高增長的預測，聯想提前招聘了大量員工，希望能夠在以後公司高速增長開始時，不需要四處挖人。但正是由於這次預測和大規模招聘，為 2004 年聯想的裁員埋下了伏筆。市場的變化往往是難以準確預計的，這就要求組織對市場的變化應保持高度的敏感，戰略的制定要能夠反應市場的要求，這樣制定的規劃才能夠真正發揮應有的作用。

3.2.4　人力資源規劃的重點轉移

　　企業都是在一定的環境中生存和發展，當環境發生變化，企業的戰略也要隨之改變，而這又會影響人力資源規劃的制定。因此，企業在制定人力資源規劃時，要善於解讀企業所處的環境、產業或行業的特點以及企業戰略的要求，並根據這些要求確定規劃的性質、時間和類別。一般來講，當企業所處的環境比較穩定，行業的發展空間較大時，可以考慮和制定中、長期的人力資源規劃；如果環境不穩定，變化較大，行業發展受外部因素的影響較大時，過於長期的規劃就可能失效。就像約翰・科特指出的：當今商業世界的特點是變化越來越快，要想準確地進行預測和規劃是非常困難的，這就要求隨時對規劃做出及時的調整。如果你以 30 英里（1 英里

≈1.61 千米）的速度開車，你可以創造一個持續 20 年的遠景規劃，因為你需要 20 年時間才能達到下一座城市，你只需要在少量地方調整方向。但如果您現在以 100 英里的速度行進，你只用 10 年或 5 年就達到了，所以你必須考慮 5 年或 10 年的遠景規劃，你必須更多地調整自己，因為高速公路上很容易致死。當世界加速時，長期規劃的時間段被縮短了。[4]對於企業來講，首先，重要的不是一開始就考慮要制定一個長期的和非常詳細的規劃，而是將主要精力放在考慮並提出各種能夠面向未來和適應行業和企業特點的多種方案。其次，隨著企業對優秀員工的貢獻的認可，人力資源規劃的重點應從傳統的數量預測和規劃，開始向注重人力資源質量的方向轉移，在關注數量的同時，重點關注質量。再次，將人力資源規劃與企業的招聘、培訓、開發等人力資源管理實踐有機地結合起來，為使人力資源戰略能夠支持和配合企業經營戰略奠定基礎。

對於中國企業來講，制定一個有效的人力資源規劃以幫助企業贏得競爭優勢，開始得到越來越多的企業的重視。根據對中國企業集團人力資源現狀的調查，針對組織的發展目標和環境要求而進行人力資源需求、供給設計，並通過有關的人力資源管理項目在供求兩者之間進行協調，已經成為中國企業集團人力資源管理的一項基本工作。如表 3-3 所示，67.7% 的公司都制定了基於工作分析的人力資源規劃體系，54.8% 的公司以銷售計劃訂單為依據，但也有一些集團僅依賴於保持現有員工比率或估計等簡單方式。

表 3-3　　　　　　　　　中國企業集團人力資源現狀的調查

方法	基於銷售（計劃/訂單）	保持現有員工比率	分析工作需要	詳細預計	統計方式	其他
百分比（%）	54.8	32.3	67.7	22.8	16.3	6.5

資料來源：趙曙明，吳慈生. 中國企業集團人力資源管理現狀調查研究 [J]. 人力資源開發與管理，2003 (7).

3.3　人力資源規劃的制定和實施步驟

管理理論和實踐告訴我們，一個有效的戰略管理體系是幫助企業贏得競爭優勢的重要手段。通過對外部機會與威脅、內部優勢與劣勢的分析，通過對人、財、物、信息等資源的合理配置，企業就能夠達到競爭的最高境界。戰略管理是一個過程，包括戰略制定、戰略實施、戰略評價三大步驟。人力資源規劃的制定同樣可以遵循這一思路。

企業人力資源規劃的制定主要包括九個方面的內容，為了使讀者對分析過程有一個比較直觀的感覺，我們結合汽車零部件工業的情況，從供應商的角度來簡要說

技術性人力資源管理：
系統設計及實務操作

明其人力資源規劃的制定和實施。

步驟一：確定企業宗旨、目標和使命

組織的宗旨、使命和目標對認識和理解其主要業務和戰略管理要點具有非常重要的意義。通過規定組織的宗旨、使命和目標，能夠確定組織存在的目的，明確組織的價值導向和績效導向，使管理者確定產品和服務的範圍，使顧客、股東、員工瞭解和明確企業產品和服務的範圍以及奮鬥的目標，為公司的經營管理提供指導方針。清晰的宗旨、使命和戰略邊界意味著明確的績效標準和工作要求，當這種標準和要求為員工所認識和接受時，也就意味著組織確定了資源配置的方向和重點，員工獲得了明確的工作方向，並為最終獲得良好的個人績效和組織績效奠定了基礎。戰略性人力資源管理就要求能夠根據宗旨、使命和目標所包含的人力資源內涵，發揮人力資源管理職能對企業戰略的影響。這種影響主要是通過兩種途徑來實現的，[3]54一種是通過對戰略選擇的限製作用來實現的，如專欄3-2中，德爾塔航空公司人力資源的限制性角色所能夠發揮的作用就應該是，公司的高層管理中應該認識到、或者人力資源的高級管理者應當告訴公司的高層主管：解僱經驗豐富的顧客服務代表、用工資較低且沒有什麼經驗的非全日制工人取而代之的做法，等於是在拋棄能夠給自己帶來持續性競爭優勢的源泉，對公司來講無疑是一種自我毀滅的行為。另一種是高層自身認識或通過迫使高層管理者考慮企業應當怎樣以及以何種代價去獲取或者開發成功地實現某種戰略所必需的人力資源。比如，如果一家企業要進入汽車零部件行業，公司的人力資源管理專業人員就應當向企業高層轉達這樣的信息：勞動力市場缺乏從事汽車零部件生產專業技術人才和高級技工，要招聘足夠的人員可能面臨很大的困難，並會大大增加企業的財務成本。

專欄3-2：美國德爾塔航空公司的戰略與人力資源管理

1994年的時候，德爾塔航空公司（Delta Air Line）的高層管理者們面臨著一個至關重要的戰略決策。德爾塔航空公司此前曾經依靠富有高度獻身精神的員工所提供的最高品質客戶服務在行業內贏得了至高無上的聲望，然而，在那幾年內，由兼併、海灣戰爭、經濟衰退導致的油價上漲等原因，使該公司的股票價格卻每股下跌了10多美元，並陷入了財務困難。這造成每一可用座位每公里的運輸成本（載運1名乘客1千米的成本）達到9.26美分，這種成本算是該行業中最高的了。除此以外，它還受到了許多成本低得多的新的競爭對手的威脅。在這樣一種環境中德爾塔航空公司怎樣才能幸存下來並且發展壯大呢？顯然，制定戰略是其高層管理人員所面臨的一個重大挑戰。

公司董事會主席和首席執行官羅恩·艾倫制定並實施了「領導7.5」

(Leadship7.5)戰略，這一戰略的目標是：把每一可用座位每公里的成本降低到7.5美分，從而達到能夠同西南航空公司持平的水準。實施這項戰略需要在未來的3年內進行大規模的人員裁減，從公司當時的69,555名員工中裁減掉11,458名員工（前一個數字實際上意味著該公司已經在前兩年的雇員人數基礎上裁減了8%）。許多經驗豐富的顧客服務代表遭到瞭解雇，取而代之的是工資較低、沒有什麼經驗的非全日制工人。飛機的清潔工作和行李裝運工作都外包給其他公司了。結果導致許多為德爾塔航空公司服務時間已經很長的雇員都遭到解雇。保養維修人員和空中服務人員的數量也大幅度減少了。

這種戰略所造成的結果是兩方面的，一方面，公司的財務狀況得到了改善；但是另一方面，公司的營運績效卻驟然下降。事實上，僅僅在它開始削減成本之後的兩年時間裡，公司的股票價格翻了一番，並且公司的負債情況也有所好轉。可是在另一方面，關於飛機清潔度較差的顧客投訴也從1993年的219次上升到1994年的358次以及1995年的634次。公司班機的準點績效如此之差。在前十大航空公司中，德爾塔航空公司的行李裝運量從以前的排名第4位滑落到了第7位。在此期間，公司員工的士氣一落千丈，並且工會也開始努力把德爾塔航空公司中的某些雇員群體組織起來。1996年時，首席執行官艾倫指出：「這確實考驗了我們的員工。一些士氣上的問題也是存在的。但是事情也只不過如此嘛。只要你考慮到生存的問題，那麼怎樣做決定就變得很容易了。」

艾倫說完上述一番話之後不久，德爾塔航空公司的員工們就開始對「也只不過如此嘛」進行冷嘲熱諷了。公司董事會也開始注意到工會組織者在煽動藍領工人的不滿，員工的士氣遭到了徹底的破壞，顧客服務方面的聲譽更是幾近掃地，一些資深的管理人員成批地離開公司。不到一年之後，艾倫就被解雇了，儘管那時公司的財務狀況已經得到了扭轉。他之所以被解雇，「不是因為公司要破產了，而是因為公司的精神就要崩潰了」。

德爾塔航空公司及其人力資源在戰略形成過程中應當扮演的角色。德爾塔航空公司的人力資源高層管理者在該公司作出上述戰略決策的過程中能夠怎樣發揮自己的影響呢？她實際上應當指出，德爾塔航空公司擁有一種保持持續競爭優勢的源泉，這種源泉是能夠創造價值的、是稀缺的，並且是其競爭對手難以模仿或者模仿的代價極其昂貴的：即它的這支能夠為本行業客戶提供最高水準服務的、富有高度獻身精神的員工隊伍。事實上，德爾塔航空公司的員工對公司是非常忠誠的，他們甚至在20世紀80年代時合夥為航空公司投入了一架新客機。這樣，人力資源的限制性角色在這裡所能夠發揮的作用就是，它最起碼可以指出，公司拋棄一種能夠給自己帶來持續性競爭優勢的源泉這種做法是一種何等白痴的行為。因此，該公司的高層人力資源管理者就可以提出採用這樣的一種方法，即通過對對公司競爭優勢源泉的分析，高層管理人員就公司危機與員工溝通，求得員工的理解，提出一種有效利用

技術性人力資源管理：
系統設計及實務操作

而不是摧毀企業競爭優勢來源的戰略性建議，如必要的人員裁減、臨時性減薪等既能夠降低成本又不至於對公司員工精神和利益造成重大傷害。

研究表明，能夠將人力資源管理充分地融入到企業的戰略形成過程之中的公司在數量上是很少的。正像我們在前面所提到的，許多企業已經開始認識到，在一種競爭日益激烈的環境中，戰略性地管理人力資源能夠為企業提供一種競爭優勢。因此，那些仍然處在行政聯繫這種層次上的企業要麼會將這種聯繫提高到一個更具有綜合性的層次上來，要麼就是面臨消亡的結局。另外，為了從戰略的高度來對人力資源進行管理，許多企業也必然會向人力資源與戰略決策一體化這種聯繫層次過渡。

資料來源：雷蒙德·諾依，等. 人力資源管理：贏得競爭優勢［M］. 3 版. 劉昕，譯. 北京：中國人民大學出版社，2001：49－60.

步驟二：組織環境分析

組織環境分析的重點包括國家宏觀經濟政策、產業或行業競爭環境、產品市場環境等方面。分析的目的在於通過對環境的預測，瞭解國家的政策導向、市場競爭格局及發展空間，為企業的戰略決策提供依據。作為汽車零部件工業生產企業，首先應該明確汽車零部件生產企業與汽車生產製造企業之間的關係。中國有句古話，叫「皮之不存，毛將焉附」，如果打個比喻的話，汽車生產製造企業是「皮」，而零部件生產企業是「毛」。沒有汽車工業，汽車零部件生產企業也就失去了存在的必要性。因此作為汽車零部件生產企業，環境分析的第一步就是對汽車工業及其市場的分析，包括汽車工業的地位和作用，國家的產業政策導向、汽車生產製造廠家的戰略規劃、生產能力、消費者的購買能力等方面。汽車工業具有什麼地位和作用呢？根據資料統計，在美、日、德等發達國家，汽車產業的增加值都占到了 GDP 的 10% ～15%，汽車相關產業提供的稅收占財政收入的 10% 以上。在美國，汽車產業每增加 1 美元產值，其上游產業就能增加 0.65 美元，下游產業增加 2.63 美元。也就是說，它的每一美元增加值所能帶動的相關行業增加值是 1：3.28。從就業的角度看，汽車產業每增加一個崗位，就能帶動上游和下游 11 個就業崗位。[5] 由於汽車工業具有如此重要的地位和作用，自然會得到國家的大力支持。如 2005 年頒布的《中國汽車工業產業政策》（以下簡稱《政策》）就明確指出：要使中國汽車產業在 2010 年前發展成為國民經濟的支柱產業，為實現全面進入小康社會的目標做出更大的貢獻，在 2010 年前成為世界主要汽車製造國。這表明了國家將支持汽車工業的發展，而對汽車工業產業地位作用的支持，自然也會促進作為汽車工業的附屬工業的零部件工業的發展。

環境分析的第二步是對汽車消費市場前景和汽車生產製造廠商的發展戰略的分析。以 2003 年為例，2003 年的中國汽車工業產銷再創新高，累計產銷汽車 444.37 萬輛和 439.08 萬輛，同比分別增長 35.20% 和 34.21%。1992 年中國汽車產量突破

100萬輛後，經歷了一段緩慢發展時期，用了近8年時間，2000年達到200萬輛。進入新世紀後，步入高速發展階段，2002年產量突破300萬輛，2003年又比2002年產銷量分別淨增119.3萬輛和114.27萬輛。一年內產銷淨增100餘萬輛，在世界汽車工業發展史上十分罕見。[6] 2007年長安汽車集團發表的《長安科技宣言》宣稱，根據規劃，長安集團到2010年汽車產銷量達到200萬輛，其中擁有完全自主知識產權的自主品牌汽車占60%以上。長安總裁徐留平表示，在「十一五」期間，長安將投資120億元，以整車匹配、發動機、變速器等為重點，集中打造7個轎車平臺、5個微車平臺、3個全新發動機平臺，到2010年汽車產銷量達到200萬輛，自主品牌轎車年產銷量60萬輛。[7] 而促成這一態勢的則是建立在經濟發展和國家綜合實力基礎上的居民消費水準。據新華社2007年2月24日報導，隨著轎車進入家庭步伐不斷加快，截至2006年年底，中國私人擁有的各類汽車首次超過兩千萬輛。根據國家統計局發布的權威數字，2006年中國銷售了700多萬輛各類汽車，其中大約超過60%為私人購買。2006年，中國成為僅次於美國的全球第二大新車市場。業內人士認為，目前中國汽車保有量每千人不到30輛，約合60人一輛，與世界平均每千人120輛相差甚遠，中國汽車市場發展潛力巨大，特別是私人汽車消費，在未來20年將持續高速增長。這些都為中國汽車市場的進一步發展奠定了堅實的基礎。

環境分析的第三步是對零部件工業的分析，包括國家產業政策、零部件工業發展的指導思想、面臨的機遇和挑戰、市場容量、零部件廠商的數量、生產的主要品種以及國產化率水準等方面。如在市場方面，根據專家統計，2003年中國汽車市場保有量達到2383萬輛，汽車零配件產值達到3875億元，這其中還不包括車用發動機和整車廠零部件分廠生產的配件，中國汽車零部件產業未來的發展潛力要遠大於整車產業。[8] 對於零部件生產企業來講，這無疑是一個極好的機遇。但另一方面，汽車零部件工業的發展也面臨著極大的挑戰，這從汽車及零部件工業的產業政策以及與大型跨國零部件生產企業的實力對比就可以得出來。《政策》對零部件企業的發展提出了很多指導意見，如第二十四條規定，汽車、摩托車、發動機和零部件企業要增強企業和產品品牌意識，積極開發具有自主知識產權的產品，重視知識產權保護；第二十七條規定，國家支持汽車、摩托車、發動機和零部件企業建立產品研發機構，形成產品創新能力和自主開發能力；第三十條規定，汽車零部件企業要適應國際產業發展趨勢，積極參與主機廠的產品開發工作，在關鍵汽車零部件領域要逐步形成系統開發能力，在一般汽車零部件領域要形成先進的產品開發和製造能力，滿足國內外市場的需要，努力進入國際汽車零部件採購體系。這一系列規定中談到的品牌、知識產權、創新及研發能力等，都與汽車零部件企業的人力資源要素有著非常直接的關係。在競爭對手方面，據中國汽車技術研究中心有關人士介紹，中國現有零部件三資企業近1000家，如德爾福、李爾、博世、江森、天合、法奧雷、採埃孚等都在中國建立起多家合資公司，其中德爾福、博世和偉世通等正積極

技術性人力資源管理：
系統設計及實務操作

地在中國建立研究中心。這些公司在中國的市場份額已超過15%，其雄厚的資本與技術實力及豐富的運作經驗，已對國內零部件企業構成了極大威脅，其中也就包括人才競爭的威脅。

組織環境分析是建立戰略性人力資源管理體系的基礎，也是人力資源規劃的出發點。根據企業戰略與人力資源戰略「一體化聯繫」的要求，在這個步驟中，戰略性人力資源管理的主要任務就是要認真研究《政策》及其他方面所包含的人力資源要素。比如，上述《政策》一系列規定中談到的自主研發、創新能力、知識產權等內容，實質上反應的就是企業的人力資源狀況。因為創新、研發、知識產權等都是與人特別是技術人才的數量和質量聯繫在一起的。因此，作為零部件生產企業的人力資源管理人員就要充分瞭解、分析和掌握汽車工業和零部件工業的人力資源狀況，包括從業人員的薪資水準、流動率、相關人員來源渠道等方面，根據對以上要素的分析結果，為企業的戰略決策提供依據，發揮其對企業戰略決策的影響。

步驟三：組織人力資源現狀盤點

人力資源現狀盤點是指對企業現有各類人員的數量和質量的全面系統的審視，這也是人力資源規劃的一個重要基礎。當一個企業決定要進入汽車零部件的生產領域後，首先就要考慮企業自身條件是否能夠滿足生存和競爭的需要，而考慮的重點就是人。無論是第五級經理人的「先人後事」，還是前述《政策》要求所包含的人力資源要素，都表明了一個道理，即人在物質資料生產和精神文明塑造過程中的重要性。正如毛澤東指出的：在世間一切事物中，人是第一個可寶貴的。只要有了人，什麼人間奇跡都可以創造出來。因此，人力資源現狀盤點的核心在於發現企業內部是否具有能夠幫助企業實現其戰略目標的合適的人，包括管理、技術、研發、銷售、財務、生產等各個環節的人員。在盤點的過程中，要根據企業將要進入的行業或生產的產品的性質進行比較分析，同時開始著手建立人力資源管理信息系統，就如同專欄3-1中AT&T公司的電腦管理系統一樣，將現有人員的全部情況以電子文檔形式存儲下來，並進行動態的管理。盤點的最終結果要發現和找出企業人力資源在數量和質量方面存在的問題以及可能的解決辦法，在此基礎上做出企業的人力資源需求預測，並為規劃的制定創造條件。

步驟四：組織人力資源需求預測分析

在需求預測分析環節，主要內容包括預測分析的政策基礎、預測對象、能力和技能預測、管理者繼承計劃預測以及企業自身條件等方面。政策基礎是指影響產業或行業的國家產業政策、有關的法律法規以及產業或行業的有關制度規定，其中尤其重要的是國家產業政策方面的指導思想和具體規定，如《中國汽車工業產業政

策》對汽車零部件企業的有關規定和說明，這方面的內容在步驟二中做了介紹。預測對象與步驟三的內容相同，主要包括管理、技術、研發、銷售、財務、生產等各個環節的核心人員。對汽車零部件生產企業來講，重點是管理、研發和技術人員，這與《政策》對零部件企業在研發、創新及知識產權等方面的要求也是一致的。能力預測是指根據企業長遠發展的要求，對今後能夠鞏固、提升和增加企業核心競爭能力的一種預測，而要做好能力和技能預測的基礎是企業的人力資源盤點。管理者繼承計劃（又稱為接班人計劃）預測是指對企業各級管理人員的接替的預測，很多企業的人力資源規劃注重對研發、技術等方面的工作，但卻忽略對管理人員的培養和選拔。管理者繼承計劃是企業人力資源需求預測的一項重要內容，事關企業的長遠發展，人力資源部門及其各級管理人員一定要對此予以高度的重視。企業自身條件主要是指根據勞動力的市場價格、企業吸引力以及綜合實力等方面的情況，確定是否有能力招聘到企業所需要的人員。

步驟五：勞動力市場供給預測分析

需求預測只是對完成企業目標所必需的一定數量和質量的各類人員的預測，下一步就是進行供給預測分析。供給預測分析要解決的問題主要包括人員來源渠道、薪資標準、承受能力等方面。人員來源渠道主要有內部和外部兩個渠道。內部渠道即所謂的內部勞動力市場，企業在著手制定人力資源規劃時，首先應該考慮從企業內部解決人員短缺問題。企業內部招募有很多優點，一是員工對企業情況比較瞭解，不會產生個人期望值過高的問題，而且個人期望值與企業期望值也容易達到平衡，看問題比較客觀和實際；二是對企業文化、價值觀等比較認同，凝聚力較強；三是內部招募為員工輪崗創造了條件，使員工能夠具備和掌握不同的技能，等於增強了員工的競爭能力，因而能夠有效的激勵員工的工作熱情和獻身精神。但內部招募的缺陷在於可能造成近親繁殖，如果大多數人員通過內部解決，就難以接收外界新的思想和信息，思想一旦不能流動，企業就可能陷入被動。因此，要做好內部招募工作，避免其缺陷，關鍵是要建立完善企業的規章制度和管理信息系統，如建立企業崗位空缺公示制度，給員工一個公平的競爭空間，同時要做好工作分析等基礎工作，根據崗位要求和任職資格制定招募選聘等人力資源政策。比如，如果一個內部員工和外部招募員工在各方面條件一致時，可以首先錄用內部員工，這樣做的好處除了上面談到的幾個方面外，還有利於企業的人員分流，並減輕裁員的壓力。如果外部招募的人員明顯超過內部員工，則應首先錄用外部人員，這樣不僅可以招募到企業需要的人才，而且還能夠保證思想的流動，使企業隨時保持與環境的協調。

除了內部招聘渠道外，外部招聘也是企業獲取所需勞動力的重要途徑，而且在大多數情況下是最主要的途徑。外部招聘的主要形式包括媒體廣告、就業服務機構或人才市場、獵頭公司、校園招聘等，關於這方面的問題將在下一章做詳細介紹。

技術性人力資源管理：
系統設計及實務操作

這裡需要強調的是，與需求預測相同，企業人力資源供給預測的主要對象和重點也主要是針對核心崗位所需要的核心員工。比如對汽車零部件生產企業來講，供給預測分析的重點就是各類專業人才和高級技工的市場狀況。而現實情況是，中國這方面的專業人才不僅供不應求，而且很多汽車專業的畢業生畢業後卻很少從事與專業相關的工作。在從業人員中，整體知識水準不高，生產力水準相對較低。高級汽車開發型人才和高級技工嚴重短缺且後繼無人。而發達國家的人才建設的力量很強，如通用全球研發中心有16,000人，而中國的上汽才100來人，加上泛亞技術中心也就700來人。[9]這樣一種局面顯然很難與跨國公司競爭。因此，如果一家企業準備進入汽車零部件行業，首先應當考慮和解決就是人的問題，人力資源專業人員能夠對企業戰略發揮影響的地方也就在於向企業高層管理者闡明「先人後事」的道理，然後再考慮其戰略的取捨。

在供給預測分析中，薪酬水準是一個重要的內容。這裡所指的薪資標準和承受能力是指，企業在對所需人員的市場價值調查基礎上做出的能否支付其市場薪酬水準的一種判斷。需求預測主要解決是否需要新增人員的問題，供給預測分析則主要解決市場能否提供這些人員以及企業能否滿足這些人員的薪酬福利待遇等問題。要麼是薪酬低了，沒有人來；要麼是薪酬高了，企業的承受能力又有限；要麼是新員工要求按照市場價格支付薪酬，但企業要求按內部公平的原則解決。因此，企業在進行人力資源供求關係預測分析時，不單只是在做人力資源規劃，同時還涉及企業薪酬設計的指導思想和基本原則等方面的問題。「物以稀為貴」的道理同樣適用於人才市場，關於這一點，將在薪酬設計的有關章節中做詳細的論述。

步驟六：人力資源的需求與供給比較

在完成人力資源的需求和供給預測分析後，接下來就是對分析結果進行比較，以便為制定相應的對策提供依據。需求和供給比較的結果主要包括以下三種情況：①需求等於供給（既不缺人，也不用增加人）；②需求大於供給（勞動力短缺）；③需求小於供給（勞動力過剩）。在進行需求和供給比較時要注意兩個方面：第一，以上三種情況都只是一個相對而非絕對的概念，因此在進行比較時，既要注重數量，更要注重質量。如在第一種情況下，雖然表面上不需要增加人，也不需要裁減人，但這只是表明了對數量的一種判斷，可能在某些崗位上存在員工的知識、能力和技能與工作說明書和任職資格不相匹配的情況。在第二種情況下，雖然需求大於供給，但實際情況卻可能是企業內部沒有進行嚴格的工作分析和分工，因而各部門提出的人員需求計劃在一定程度上具有盲目性，從而帶來人工成本的上升和工作效率的下降。在第三種情況下，需求小於供給，似乎是人員超編，需要裁減人員，但對超編和裁減的估計可能只是考慮了當前的情況，沒有考慮到今後甚至未來一段時期的狀況。第二，企業在著手進行人力資源規劃時，通常都會遇到這樣一個矛盾，即在產

品或服務需求的旺盛時期，由於某些關鍵崗位的員工短缺，影響並限制了企業的成長；而在產品或服務需求的低迷時期，又面臨著員工過剩所帶來的人工成本的上升。這一矛盾始終貫穿企業人力資源規劃制定的全過程。要解決這個矛盾，就需要企業各級管理人員包括人力資源專業人員要準確地瞭解並通曉企業產品或服務的性質、市場份額、顧客喜好程度以及關鍵崗位和核心員工的識別，既考慮當前需要，又考慮未來需要，最大限度提高規劃的準確性，減少盲目性。表3-4列出了可以減少預期出現的勞動力過剩的方法，而表3-5列出的則是可以避免預期出現的勞動力短缺的方法。企業的各級管理人員及人力資源專業人員可以根據各自企業的實際情況決定採用哪種方法。

表3-4　　　　　　　　減少預期出現的勞動力過剩的方法

方法	速度	員工受傷害的程度
1. 裁員	快	高
2. 減薪	快	高
3. 降級	快	高
4. 工作輪換	快	中等
5. 工作分享	快	中等
6. 退休	慢	低
7. 自然減少	慢	低
8. 再培訓	慢	低

表3-5　　　　　　　　避免預期出現的勞動力短缺的方法

方法	速度	可回撤程度
1. 加班	快	高
2. 臨時雇傭	快	高
3. 外包	快	高
4. 再培訓後換崗	快	高
5. 減少流動數量	慢	中等
6. 外部雇傭新人	慢	低
7. 自然減少	慢	低

資料來源：雷蒙德·諾依，等. 人力資源管理：贏得競爭優勢 [M]. 3版. 劉昕，譯. 北京：中國人民大學出版社，2001：186.

步驟七：制定人力資源規劃

根據人力資源需求與供給比較的三種情況，得到三種不同的結果，在此基礎上，企業可以根據對生產經營情況的預測，確定對本企業勞動力增加或減少的具體指標，這就是人力資源規劃流程圖中的目標設定和戰略選擇環節。比如，當需求等於供給時，表明既不需要增加人員，也不需要裁減人員，這時企業的目標選擇就是維持現狀；當需求大於供給時，表明企業現有人員已不能滿足生產經營的需要，這時的目標選擇就是進行招聘，以保證獲得企業所需要的人員；當需求小於供給時，表明企業內部出現了人員過剩，這時的目標選擇可能就是減員，以降低人工成本。不論是哪種情況，當戰略既定後，還需要履行相應的人力資源管理實踐，即制定能夠支持企業戰略的招聘、選擇、培訓、開發、績效、薪酬等職能層次的戰略，包括確認公司戰略需要的組織結構、崗位、工作流程，與崗位或工作相適應的員工的知識、能力和技能要求，現有人員建檔，空缺位置說明，管理人才儲備和繼任計劃預測等方面的內容。

步驟八：人力資源規劃的實施

從這個步驟開始，人力資源規劃進入執行和實施階段。為了保證規劃得到有效的貫徹和落實，首先必須建立相應的責任制，由專人負責規劃中規定的目標的實現。由於規劃的實施牽涉到授權和資源配置等方面的問題，因此必須授予責任人實現目標所必要的權利和資源。其次，要建立規劃實施效果的信息反饋機制，一方面各級責任人要有定期或不定期的關於規劃執行情況的匯報和信息反饋，以便上級主管部門隨時根據情況的變化對規劃進行調整；另一方面上級有關部門也要隨時對規劃的貫徹進行監督和控制，以保證目標的落實和糾正執行過程中出現的偏差。最後，為了提高規劃的實施效果，建立對規劃實施責任人的獎懲機制也是不可少的一個環節。

步驟九：人力資源規劃實施效果評價

建立人力資源規劃的最後一個步驟是對規劃的實施效果進行總結和評價。在這一步驟中，主要工作是要建立或制定規劃的評價標準和對規劃執行過程中發生偏差的原因進行分析。在評價標準方面，對一個企業人力資源規劃最好的標準可以從兩個方面考察：一是考察企業是否有效地或最大限度地避免了現有員工和潛在員工的短缺；二是看是否出現了人員的過剩。在偏差原因分析方面，通過對企業戰略完成情況的總結和評價，找出是規劃的哪個部分導致了規劃的成功或失敗，以便在以後對規劃進行適當的修正或調整。

以上人力資源規劃的制定過程和步驟，但這只是一個大致的原則和框架。需要指出的是，由於企業的情況千差萬別，因此人力資源管理開發的側重點不盡相同，在制定人力資源規劃方面也會體現出各自不同的特點。但不管是什麼形式，有規劃

和沒有規劃的效果肯定是不一樣的。有很多的研究試圖檢驗計劃與績效之間的關係。根據這些研究可以得出這樣的結論：首先，一般來講，正式計劃通常與更高的利潤、更高的資產報酬率及其他積極的財務成果相聯繫。其次，高質量的計劃過程和適當的實施過程比泛泛的計劃更可以導致較高的績效。最後，凡是正式計劃未能導致高績效的情況，一般都是因為環境的原因。[10] 雖然這些結論主要是指組織的戰略計劃與績效的關係，但從計劃或規劃本身的意義和作用看，人力資源規劃與組織的績效之間大致也存在著類似的關係。

3.4 企業裁員分析

人力資源規劃的一個重要作用就是保持企業的人員需求與經營管理工作之間動態的相互適應關係。圖3-1人力資源規劃制定流程展示的三種不同結果中，需求等於供給是一種最理想的結果，但在現實生活中，這種理想的狀態是很難達到的，因為這種平衡所要求的不僅僅是數量關係，更重要的是質量上的平衡，即人員的綜合素質、知識水準、能力等方面與所從事工作之間的相互適應性和匹配性。其他兩種結果即需求小於供給和需求大於供給的情況則是比較普遍存在的。在需求小於供給的情況下，可以通過招聘和企業內部勞動力市場等方式解決，這方面的內容將在下一章做詳細介紹。這裡主要討論需求大於供給時人力資源規劃的總體目標，即減少勞動力供給的問題。其中，由於裁員涉及的範圍較廣，影響較大，本節主要研究裁員對企業人力資源管理的影響。

3.4.1 裁員原因分析

在表3-4減少預期出現的勞動力過剩的方法中，一共列舉了八種方法，表中的排序反應的並非是在實際工作中採用這些方法的順序，而是按照裁員的速度和員工受傷害的程度來排列的。其中，裁員、減薪和降級的速度最快，但員工受傷害的程度也最高。工作輪換和工作分享兩種方式的速度雖然也最快，但員工受傷害的程度居於中等。退休、自然減員和再培訓的速度則最慢，員工受傷害的程度也最慢。

企業之所以要進行裁員，主要是基於以下幾個方面的原因，第一是降低成本和提高競爭力的要求。如2004年聯想集團的裁員，目的就是在戰略調整和迴歸主業的基礎上恢復原有的競爭能力。中石化為了達到降低成本，減員增效，提高利潤的目的，也對業務進行了剝離，2004年上半年共裁員8000人，而且主要是公司的中層隊伍。從2000年到2003年間，朗訊在全球裁減了占公司原有員工總數近2/3的工作職位。歷時3年，裁員8萬，16億美元的投入，朗訊裁員終得以成正果，並最終贏得最新財季9900萬美元利潤。[11] 國外有學者將裁員看作是以強化企業競爭力為目

的而進行的有計劃的大量人員裁減。這些在裁員中被取消的工作不是在經濟週期的衰退階段才出現的暫時性損失，而是企業在所面臨的競爭壓力發生變化的情況下出現的永久性工作損失。實際上，在80%的情況下，進行過裁員的公司在那一時期都有盈利。[12]為了應對日益激烈的市場競爭，企業越來越注重採取業務或工作外包的形式，以達到既提高競爭能力和降低成本，又通過外包以擴大在新興市場佔有率的目的。據一項對美國公司CEO的調查顯示，42%的通信公司、40%的計算機製造公司和37%的半導體公司都採用了將業務外包給外國公司的做法。[13]工作的外包必然帶來人員的裁減，從而降低勞動力成本。如本章案例聯想的裁員一樣，有人算了一筆帳，聯想通過實行末位淘汰與戰略裁員，裁員總數超過1000人，如果每位員工的費用大概在20萬元左右，這將為聯想節省費用2億元。第二是企業戰略轉型的需要。轉型意味著企業業務的重大調整，這種調整必然帶來組織結構和工作崗位的變化，從而導致部分工作崗位的流失。在這種情況下被裁員的員工往往不是因為其能力問題，而是企業的戰略選擇問題。專欄3-3中安捷倫（中國）公司那位員工的離職，就是因為其所在的業務部門被剝離，而非員工的能力問題。第三是新技術帶來的挑戰。由於新技術的採用，舊的技術必然會被淘汰，使原有的一部分人員由於不能勝任新的工作要求而被調整，需要重新招聘具有特定知識和技能的員工來替代那些不能勝任新工作要求的員工，這樣就會使一部分人的工作受到影響。第四是企業之間的兼併、重組或倒閉，也會導致人員的重新配置和裁減。

專欄3-3：安捷倫：裁員的最佳實踐

安捷倫公司（Agilent）被翰威特和《哈佛商業評論》中文版評選為2003年度中國最佳雇主之一，但安捷倫最出名的故事卻是2002年2月號美國《財富》雜誌的一篇報導：2001年10月，已於三周前接到瞭解聘書的安捷倫員工謝里爾·韋斯，在正式離職前的最後一天晚上卻仍然在加班，直到晚上9點半才依依不舍地離開了辦公室。在這篇報導的導語裡，《財富》提出了一個所有公司領導人都希望獲得答案的問題：如何在削減工資並裁員8000人的情況下仍然使員工熱情不減？

在因經濟不景氣而哀鴻遍野的美國商界，裁員並不是一件醜事。幾乎每家公司都需要面對裁員的考驗，因此，怎樣才能像安捷倫那樣通過人性化的管理，使公司迅速從裁員遺症中恢復過來，已經變成了公司研究者們的新課題。然而，在中國，安捷倫面臨的卻不是同一個問題：中國經濟在全球暗景中逆市飄紅，要向員工解釋為什麼裁員顯然要比在美國難得多。

事實上，《財富》所提及的故事幾乎有同樣的版本也發生在安捷倫中國公司。2002年1月31日晚上，安捷倫中國公司人力資源總監盧開宇在辦公室開會直到晚上8點鐘，回到自己的座位後卻發現有人一直在等他。等待盧開宇的是一位第二天

就將正式離職的女員工，她將懷裡抱著的一束鮮花遞給了盧：「今天是我在這裡的最後一天，」她說，「這是我所支持的業務部門的同事送給我的花，我很感謝你為我們所做的一切。」

這其實僅僅是中國市場的問題，盧開宇認為。因為很少有中國公司能夠理解，裁員裁掉的並不一定都是能力不足的員工。前面提到的那位女員工的離職，就是因為其所在的業務部門被安捷倫整個都取消了。所以對盧開宇來說，給被裁掉的員工寫證明信是一件常事，有些時候盧開宇甚至樂意給被裁掉的員工簽離職書：「如果員工希望我們證明他們是主動離職，而非因裁員而被解雇，我們一樣會滿足。」

安捷倫的人性化管理自然並不僅僅體現在裁員上，否則這家公司也不可能連連在美國、中國等國家獲評為當地的最佳雇主。但的確在裁員問題的處理上，安捷倫的處理比誰都更顯體貼。比如，安捷倫不僅不會把即將離職者的消息告訴外界，公司的主管甚至會將此事瞞著其他員工。「除非他自己願意主動告訴同事。」盧開宇說，「我們不希望他因為即將離職而在同事當中被另眼相看。」

對安捷倫中國公司來說，只有業務部門的取消才有可能發生裁員，美國總部那樣的大面積縮減規模在中國公司並未出現。儘管如此，儘管過去兩年來安捷倫裁掉了最高峰時的五分之一的員工，解雇仍然是安捷倫最不情願做的事情。在2001年10月和2002年8月兩次宣布裁員之前，安捷倫都希望能夠通過減薪解決問題。公司於2001年5月宣布全球員工減薪10%，同年10月恢復；翌年2月再度宣布普通員工減薪5%、高級經理減薪10%，至8月開始第二輪裁員時恢復薪資。「公司告訴大家，我們不希望失去任何一個員工。」盧開宇說，「所以我們希望每個員工都替身邊的同事考慮，每個人都少拿一點，但是每個人都能留下來。」但即使不裁員，減薪本身對中國員工來說仍然難以承受，因為在中國市場上的其他大公司幾乎都在一路高歌猛進。

儘管目的是為了降低成本，減薪卻也變成了一個體現團隊協作、奉獻和信任的項目。甚至在宣布減薪的同時，安捷倫中國公司還同時發起了向貧困地區研究生助教事業捐款的活動。後來，這兩件事情都被列入了安捷倫員工的「犧牲與奉獻」精神的範例，「大家的薪水降低了，同時反而還要拿出一部分來扶貧，」盧開宇激動地說，「我們的員工多了不起啊。」

儘管後來還是發生了裁員，安捷倫的這種以減薪避免裁員的應對措施卻仍然被記錄了下來。在2002年3月的美國《商業周刊》上，安捷倫的這種方法被列為經濟趨勢之一。專事研究薪資的諮詢師史蒂芬・格羅斯（Stephen Gross）指出，減薪雖然無法根除裁員，但卻有效地緩解了裁員的幅度。

當所有的公司都不得不裁員時，或許被安捷倫裁掉可能是最好的選擇。安捷倫與DBM簽了一份合約，由這家著名的人力資源諮詢公司為全球所有即將離職的安捷倫員工提供就業指導，幫助員工迅速重建信心和能力。「DBM甚至會做一些模擬面

試，細緻地指導員工簡歷應該怎樣、態度應該怎樣、語氣應該怎樣……」離職的員工找不到工作，是盧開宇最擔心的問題之一，「因為我們有很多員工跟了我們很多年，我們擔心他們會一下子不適應。」

對員工的重視，這是所有高科技公司的「通病」，因為對於高科技公司來說，最重要的資產就是人。對於即使是在經濟不景氣時依然將10億美元投入研發的安捷倫來說，這一特點尤其明顯。事實上，2000年安捷倫從老惠普分出來，原因之一正是這個部門的研究者氣質已與老惠普不太相合。安捷倫中國公司幾乎所有的高層經理都是研究者出身。

出於信任和尊重，安捷倫將全球各分公司的薪資水準都公開在內部網上。「我們曾經擔心這樣公開會不會讓員工有想法，但是有的事情的確沒有必要隱瞞。」盧開宇說，「國內與國外的工資的確有差異，但這是各地的工作環境決定的。」也同樣是出於信任和尊重，在安捷倫，不論普通員工還是中國區總裁，一律都是格子間，沒人有單獨的辦公室，目的並不僅僅是為了顯得平等，更重要的是可以加強員工與管理者的對話，同時提高工作效率。能夠這樣做的也只有技術至上的公司，英特爾的辦公室也同樣如此。

這種安排，也方便了安捷倫在辦公室內部推行其「走動管理」（Wandering Around）的溝通方法。將其推廣開來，即是各級管理人員到各個部門、各家分公司去走動，在走動的過程中與員工面對面接觸，得到員工對公司的建議，聽取員工的心聲。

所以，速度（Speed）、專注（Focus）和責任（Accountability），正是告別惠普後的安捷倫，在原先的基礎上賦予自己的新價值觀，也正是這家年收入60億美元的科技巨頭挺過這場衰退浪潮的信心之源。

資料來源：黃繼新. 人力資源管理：人性化與多元化［N］. 經濟觀察報，2003-06-09.

3.4.2 裁員的影響與企業文化塑造

對於任何一個企業來講，裁員都是不得不面對的一個難題。之所以說是一個難題，是因為裁員雖然具有積極的作用，但同時也有消極的影響。積極的方面主要是指對提高和增強企業競爭力的貢獻，這方面的內容在裁員原因分析中已經做了論述。消極的方面主要是指裁員對企業造成的損失和負面影響，包括直接成本損失、間接（隱性）成本損失以及對企業文化的破壞。

裁員造成的直接成本損失包括兩個方面。第一是在裁員中流失的員工可能是企業無法被替代的優秀資產，國外的大量調查都表明，很多被裁減對象被證明是不可替代的，在多數情況下，裁員後的企業不得不重新花錢來招聘在裁員中被放走的某些人。由於這些人員的流失，可能會給企業帶來災難性的後果。在專欄3-2中，被

德爾塔航空公司裁減的就是這些具有豐富經驗和對公司極為忠誠的員工。裁減的結果使員工的士氣遭到了徹底的破壞，顧客服務方面的聲譽掃地，資深管理人員成批地離開公司，取而代之的是工資較低、沒有什麼經驗的非全日制工人。這樣一支勞動力隊伍顯然不能適應航空業激烈競爭的需要。儘管通過裁員，使公司的財務狀況在短期內得到了一定程度的改善，如在公司開始削減成本之後的兩年時間裡，公司的股票價格翻了一番，公司的負債情況也有所好轉。但另一方面，公司的營運績效卻大幅下降，關於飛機清潔度較差的顧客投訴從 1993 年的 219 次上升到 1994 年的 358 次以及 1995 年的 634 次。公司班機不準點，以至於乘客們將德爾塔公司的名稱看作是「從來不會離開機場」的代名詞，公司員工的士氣也一落千丈。眾所周知，組織的相對穩定性要求和組織成員流失之間的矛盾，是影響和制約組織發展的一個關鍵因素。要處理好這個矛盾，不僅需要企業能夠正確識別不同績效水準的員工，而且要真正樹立能夠為組織創造價值的員工是最大的競爭優勢的觀點。對於任何一個組織來講，最大的失敗莫過於核心員工的流失。德爾塔航空公司為了實現其戰略目標完全可以有其他方面的選擇，以沒有經驗的新人替代具有豐富經驗的老員工無疑是一種自殺性的方法。第二是企業向被裁員工支付的賠償，也可能超過企業的承受能力。以朗訊為例，2000—2003 年，朗訊裁員 8 萬人，共花費 80 億美元來處理善後事宜。員工離開朗訊除了獲得一筆較為豐厚的補償金外，如果他在 3 個月沒有找到新的工作崗位，還可以享受朗訊提供的就業培訓。[14]這筆巨大的費用並不是所有的公司都能夠承受的。

企業間接（隱性）成本損失主要包括以下三個方面：第一個方面是對裁員中僥幸留下來的員工士氣的打擊，特別是當企業裁員的原因是因為企業的經營決策失誤而非員工的過失時尤其如此，員工們會認為自己是企業決策失誤的替罪羊，從而產生強烈的抵觸情緒，「當一天和尚撞一天鐘」，當這種觀點為企業中大多數人的共識時，員工對公司的信任度就會大打折扣，工作的積極性和創新精神也會大大降低，即使未被裁減的員工也會考慮自己的出路，不會再全心全意的努力工作，這勢必會影響企業的凝聚力和穩定，成為企業發展的隱患。本章案例中聯想集團 2004 年的裁員就是這種情況。第二個方面是裁員對企業所倡導的以企業為家的文化和企業形象的負面影響。講到文化，有必要特別強調企業的性質以及企業和員工之間的關係問題。企業是一個追求投入產出關係的經濟實體，企業不是慈善機構，也不是員工的家。企業除了員工的利益之外，還要關注顧客、股東以及社會各相關利益群體的利益，這是由市場環境、企業使命所決定。企業需要向社會提供消費者需要的服務和產品，需要解決就業、繳納稅收、促進經濟發展，同時還要應對競爭的壓力。因此，企業不可能成為員工的家，不可能對所有的員工都提供長期雇傭的承諾。過分強調「家」的文化，往往只能適得其反的效果。「家」文化強調的只是員工進入企業的機制問題，而沒有解決退出機制的問題。當聯想 2004 年的裁員後，一張《聯想

技術性人力資源管理：
系統設計及實務操作

不是我的家》的帖子迅速在網上流傳，引起了人們不同的猜想。不論人們怎麼去看到和評論這一點，客觀上對聯想產生了極大的負面影響。正如本章案例所揭示的，柳傳志時代的聯想，要求幹部「既當好經理，又當好兄長」，提倡集團成員都是「兄弟姐妹」關係，並通過各種業餘文化活動來增強企業的「家庭氛圍」。楊元慶時代的聯想又帶入了親情概念，要求員工「相互尊重，相互包容」。但聯想在提倡「親情文化」的同時，卻缺乏「風險文化」的預防針，而且當需要裁員時，聯想又始終沒有用聯想文化的語言來詮釋這種行為，這可能就是聯想戰略裁員中的敗筆。對這一點我們還可以從心理契約（游戲規則）的角度來分析。所謂心理契約是指勞資雙方彼此對對方的一種期待。原來的游戲規則是，員工只要努力工作，保持對企業的忠誠，就能夠換來企業對其工作的報酬和對未來工作的保障的承諾。隨著環境的變化和競爭的加劇，心理契約和游戲規則也發生了變化，企業也要為員工提供成長和發展的機會，同時通過有效的激勵來調動員工的工作積極性和敬業精神，不同的是企業不再向員工承諾長期的工作保障。員工的忠誠也由原來對某一企業的忠誠轉變為對職業的忠誠和職業化精神的忠誠。之所以會出現這種心理契約的變化，歸根究柢在於商業競爭的加劇和公司競爭壓力的增加。在這樣的形勢下，「家」文化也就失去了存在的基礎和條件。即使企業向員工提供長期工作的承諾，員工也不會相信。第三個方面是替代流失的關鍵人才的成本，包括對新員工的崗位技能培訓、專項技能開發等方面的工作。這些都會增加企業人力資源方面的支出，從而帶來人力資源成本的增加和企業競爭力的下降。

3.4.3 裁員的原則、程序和範圍

裁員的原則。人員的增加和減少是企業發展階段中不可避免會遇到的問題。正如前述人力資源規劃制定步驟中的供給和預測比較時指出的，企業在制定人力資源規劃時通常都會遇到這樣一個矛盾，即在產品或服務需求的旺盛時期，由於某些關鍵崗位的員工短缺，影響並限制了企業的成長；而在產品或服務需求的低迷時期，又面臨著員工過剩所帶來的人工成本的上升。當企業處於高速成長期時，需要大規模的招聘新的員工；而當企業的經營出現困難時，往往會通過裁員來降低成本和渡過難關。這表明裁員是企業經營管理過程中不可避免的事件。此外，裁員還和企業的戰略選擇有密切的關係，特別是當從事多元化經營的企業在發現自身的資源難以繼續支持多元化的戰略要求，或多元化經營影響了公司的主業時，唯一的辦法就是進行戰略調整，而通常的辦法就是轉讓或退出，隨之而來的就是人員的裁減，而這種人員裁減通常被稱為戰略性裁員。近年來中國企業戰略性裁員的消息頻頻見諸各類新聞媒體，說明了企業的戰略選擇對人力資源管理帶來的影響和挑戰。聯想集團2004年的裁員就屬於這種情況。企業的各級領導和人力資源專業工作者應當明白，裁員並不是一件醜事，裁員是企業人力資源規劃的重要內容，任何一家公司都需要

面對裁員的壓力和考驗。雖然可以通過制定人力資源規劃來保證企業的用人需求，但規劃本身是在一定的環境條件下的產物，當環境要素改變後，在原來基礎上制定的規劃也就失去了其合理性。聯想集團的人力資源規劃也是在原來的戰略基礎上制定出來的。但在多元化戰略遭遇不利困境時，就必須做出新的選擇，伴隨著選擇，必然會產生新一輪的人員調整。問題的關鍵不在於該不該裁員，而在於怎樣才能通過人性化的管理，提高公司的應變能力和處理危機能力，使公司迅速從裁員的消極影響中恢復過來，就像專欄3－3中安捷倫公司那樣，在削減工資並裁員8000人的情況下仍然使員工熱情不減。

　　裁員的程序和方法。雖然企業都可能面臨裁員的選擇，但裁員卻並非是唯一的選擇，還有其他一些有效的方法可以起到減員增效的作用。即使必須裁員，也要瞭解和掌握裁員的技巧。

　　首先，企業應當制定一個有效的人力資源規劃，盡可能準確地對人員的需求做出科學的預測。而要做到這點，就需要人力資源專業工作者對企業的戰略、市場、顧客、產品、服務等都要有一個比較詳細的瞭解。

　　其次，在必須通過裁員才能解決問題的情況下，應在預測的基礎上一步到位。如果沒有準確的預測和計劃，經常性和隨意性的裁員，就會在員工中引起不安和混亂。每一個人都不會把心思放在工作上，而會考慮明天又該輪到誰，從而影響工作的正常開展。

　　再次，通過多種方式的組合降低裁員的消極影響。裁員的目的在於降低成本和提高競爭力水準，達到這一目的的途徑和手段還有很多，比如將業務部門整體剝離、員工提前退休或「自願離職」、工作或業務外包、減薪等。在這方面，跨國公司的經驗值得我們借鑑。跨國公司在裁員問題上的通常做法是，當企業需要通過降低成本來提高或增強企業競爭力時，第一步通常就是減薪，不同的級別規定不同的減薪標準。通過減薪，一方面降低營運成本，另一方面也是向員工傳遞企業遭遇困境的信息。如果多次減薪都不能解決問題，再進行裁員時，員工們就已經有了思想上的準備，從而能夠比較冷靜地對待。專欄3－3中安捷倫公司就是這樣做的。該公司在全球網絡經濟低潮來臨時沒有裁員，而主要是通過壓縮開支、全員減薪等方式渡過難關的。安捷倫公司行政總裁明確表示：「我們不贊成在公司困難時裁員。如果我們退出某個商業領域或決定將製造業務外包，這都屬商業決策。企業在興盛事情不斷招人，到蕭條期就大肆裁員，不是最佳的解決辦法。」此外，自願離職也是一個普遍採用的方法，即讓員工主動提出退休，公司在退休金上給予優惠的條件。據統計，在20世紀末到21世紀初的5年內，日本100家企業中有78家裁減了員工，其中一個最有效的辦法就是自願離職。2001年9月，美林證券公司向其全球6.59萬名員工提出了一項自願離職計劃。根據計劃，凡接受該計劃的員工根據其在公司的

服務年限，將獲得相當於一年的薪金以及 2000 年獎金的 1%。之所以這樣做，主要是考慮到公司的形象和對人才的影響。[15]

最後，企業的各級管理者在平時要注重對核心員工的識別和管理。核心員工隊伍是否穩定，直接關係到企業的穩定。企業在決定減薪和裁員之前，首先應得到各級管理骨幹和核心員工的理解，一旦出現什麼問題，由於骨幹隊伍比較穩定，就不至於發生大的亂子。

裁員並不是一項工作的結束，而是意味著一項新的工作的開始。朗訊之所以能夠在大裁員後取得較好的業績，一個重要的原因就在於沒有讓裁員成為公司的唯一行動。在裁員的同時又開始新的工作的部署。如在中國市場，朗訊配合裁員進行了幾個方面的工作：一是在中國進行了大範圍的重組，將原來以產品為核心的組織模式調整為五大行政區的區域化運行模式，實行更為嚴格的財務控制，降低生產和運行成本；二是在業務結構上，分拆、剝離、出售了部分業務，同時挺進新的業務領域；三是在人力資源戰略上大力推行本土化，一大半的外籍經理被調離中國，各大區的領導全部換成中國人，同時不停止吸納新鮮血液；四是隨著朗訊業績的抬頭，朗訊在全球各地開始更大力度的招聘工作。2003 年 6 月，朗訊宣布在中國投入 5000 萬美元設立研發中心，並在北京、上海、南京、青島等地舉行了多次大型的招聘會。一些被裁減的員工這時又回到了朗訊。此外，朗訊的文化很有吸引力，那些回到朗訊的員工認為，朗訊是比較傳統的公司，做決定很慎重，相對比較穩健。員工之間、上下級之間氣氛比較融洽，公司對員工比較關心。[11]

要降低裁員的負面影響，除了要塑造正確的企業文化氛圍以及做好人力資源規劃外，還必須加強企業的培訓開發體系，做好工作分析等人力資源管理的基礎工作，同時在裁員的程序、對象和範圍等方面作出正確的選擇。①企業應建立和完善自身的培訓開發體系，通過對員工有目的的培訓和開發，增強和提高其創造價值的能力。比如，可以通過輪崗或換崗等方式，使員工具備從事多種不同工作的經驗和勝任能力。這樣做的好處在於，一方面可以增強員工或工作之間的相互替代，使企業不至於因某個員工的離職而造成工作的中斷；另一方面，當需要裁員時，由於這些員工具備從事多種不同工作的能力和經驗，可以比較容易地在勞動力市場上找到新的工作，從而可以降低企業的裁員成本。②建立和完善企業員工的退出機制。這一機制建立的前提是做好工作分析等人力資源管理的基礎工作，通過這些工作建立起符合企業要求的工作標準。比如，「末位淘汰」是很多企業都在採用的一種裁員方法，也是企業建立退出機制的一項主要內容。當企業認定某位員工因為個人的知識、能力和技能水準不能適應和勝任工作崗位要求而需要做出調整時，所依據的標準就是工作（崗位）說明書、任職資格等工作分析的結論。因此，在新員工進入企業時，企業要做的一項重要工作就是向員工明確提出企業對員工工作的績效要求。其實員工對這一點也同樣非常重視，在蓋洛普公司的「Q12」中，第一條就是「我知道對

我的工作要求」。這說明員工同樣關注的是自己的工作和角色定位。③在裁員的程序問題上，一定要嚴格遵守國家的有關法律法規和有關的規定。比如，首先應該確認員工是否勝任本職工作，如果不能勝任，標準和依據是什麼？這就是上述建立和完善企業員工的退出機制的內容。其次，如果確定不能勝任本職工作，必須給予其培訓或者調整工作崗位的機會；再次，如果還不能勝任工作，則可以與其解除勞動合同；最後，解除勞動力合同應提前30天通知勞動者本人。《中華人民共和國勞動法》第四十條明確規定，在法律規定的三種情形下，用人單位提前三十日以書面形式通知勞動者本人或者額外支付勞動者一個月工資後，可以解除勞動合同。此外，還要注意宣布裁員的方式和對未被裁減員工的安撫。在裁員的方式上，有的企業採用電子郵件方式，有的企業則採取主管或人力資源部與員工面對面的溝通方式。建議最好採用後一種方式，因為面對面的溝通能夠給員工一個申訴或發泄的機會，儘管這種申訴和發泄可能只是一種徒勞，但和冷冰冰的電子郵件相比，員工仍然希望從他們的主管那裡獲得一絲離職前的安慰。④確定裁員的對象。企業裁員的性質不同，裁員的對象和範圍也不相同。當企業進行戰略性裁員時，往往是整個業務部門的出售或退出，這時部門的員工可能也會全部或部分的裁減或離職。由於戰略性裁員主要是基於企業的戰略選擇而非員工的勝任能力問題，因此企業一般需要支付較高的裁員費用。除戰略性裁員外，企業需要隨時做好對有關人員裁減的準備，如對違反規定造成重大損失的，拒絕參與組織變革的，即不勝任本職工作要求又不願輪崗換崗的等，要及時地進行處理和調整，這一方面可以保證各項工作的穩定性，同時還能夠起到警示作用。

對於中國企業來講，裁員問題也是必須引起足夠重視的一項重要工作。根據不完全的數據統計，2002年，全國勞動爭議案件已近20萬件，其中因裁員或解除勞動關係而導致的勞動爭議案件占了近40%。[1]這說明裁員問題已成為影響企業勞動關係和穩定的重要因素。隨著經濟的發展、法制建設的日趨完善以及勞動者素質的提高，勞動者自我保護的意識也不斷增強，企業也將會遇到越來越多的勞動爭議案件，企業內部的勞動關係面臨著新的壓力，人力資源管理工作如何在新形勢下適應企業戰略經營的要求，通過構建有效的人力資源管理平臺和體系，解決因裁員產生的員工關係，已成為中國企業戰略性人力資源管理面臨的新的重要課題。

3.5 管理實踐——業務部門經理及人力資源部門的定位

3.5.1 部門經理在人力資源規劃方面的作用及技能

企業人力資源規劃是否能夠有效的支持組織的戰略目標，在很大程度上取決於企業各級管理人員對規劃的重視程度和努力程度。特別是對各業務部門的負責人

（經理）來講尤其如此。因為他們最瞭解組織的戰略目標及對部門工作的要求，最清楚要完成部門工作人員所必須具備的勝任能力以及員工的績效水準和工作表現，因此，他們在人力資源的預測和規劃的制定上應當發揮重要的作用。

工作崗位勝任能力識別和人員配置。不同的部門有不同的人力資源需要，部門負責人參與制定人力資源規劃的第一項主要工作就是根據組織戰略目標的要求，提出完成本部門工作對人力資源的數量和質量要求。這就要求一線經理們首先必須對組織戰略有充分和詳細的理解，在此基礎上提出本部門的人力資源計劃安排，並將關於本部門的未來需要和工作性質需求的有關信息傳遞給人力資源部門，使其能更好地幫助識別、挑選和培訓員工。通過這些工作，確保本部門的各個崗位上能夠配置最合適的人員，使員工們能夠各盡其責，各盡其職，完成各自的本職工作。

預測和進度安排。要做好本部門的人力資源規劃，部門負責人或一線經理還必須準確預測部門的工作量和相關的工作要求，提出完成各項工作的時間進度安排，並根據預測結果向人力資源部門提出增加或減少人員的申請。要做到這一點，就要求經理們必須瞭解和掌握行業競爭態勢、環境要素及其變化對組織各部門工作可能造成的影響、完成任務需要做出的調整、未來可能增加或減少的崗位數量以及為適應變化必須進行的培訓和開發需求等方面的信息。為了獲得這些信息，部門負責人就必須加強組織內部的橫向聯繫，經常性地與人力資源部、其他業務部門負責人以及組織的高層管理者保持聯繫和進行信息的溝通。

留住高績效員工。經理或部門負責人的管理風格和能力往往是影響員工工作態度和工作熱情最重要的因素。正如蓋洛普公司的調查所揭示的那樣，對員工們來講，一個良好的工作場所是非常重要的，而正是經理們——不是薪酬、福利、補貼或某個有魅力的公司領導——是創造良好工作場所的關鍵人物。企業的員工之所以會離職，其根本原因就在於經理的工作方式或工作態度，而不是公司本身。[16]這表明在組織的人力資源管理工作中，經理的作用至關重要。卓越的領導才能、有效的溝通和激勵技能，言行一致、遵守承諾、公平對待並關心核心員工，已成為經理或部門負責人提升部門競爭力的重要手段和途徑。在瞬息萬變的商業社會中，需要能夠隨機應變和敢於負責的能夠為組織創造高績效的員工，經理們只有具備以上這些技能，才有可能為企業吸引和留住這些員工。

3.5.2 人力資源部在規劃中的作用和技能

全面參與組織的戰略管理過程，從貫徹組織的戰略向幫助塑造組織的戰略轉變。與部門負責人的作用一樣，要體現人力資源戰略對組織戰略的支持，人力資源部及其專業人員必須瞭解和掌握組織戰略的基本要求，參與組織戰略規劃的制定，並通過對戰略中所包含的人力資源要素的分析，為組織的戰略（如新項目的投資）提供人力資源數量、質量以及市場薪酬待遇等方面的人力資源問題的建議和決策。在傳

統的人事管理中，人力被視為一種成本，人事管理職能所表現出的是一種被動的適應狀態，始終在追趕組織戰略的步伐。而現代人力資源管理則認為人力是一種資源或資本，強調通過有效的人力資源管理實踐調動員工對工作的熱情和煥發其創新精神，強調人力資源管理的基本職能要從單純的貫徹組織戰略向幫助塑造組織戰略轉變，即實現從行政聯繫向一體化聯繫的轉變。而實現這個轉變的重要條件，不僅需要組織高層管理人員對人力資源管理工作的重視，而且對人力資源專業人員也提出了更高的要求，即不僅要瞭解和掌握自己的專業知識，還必須瞭解和掌握與組織戰略相關的各個要素及其之間的關係，以及不同業務崗位、不同工作性質的員工的特點，並能夠在此基礎上提出能夠支持組織戰略目標的人力資源政策，否則就難以達到一體化聯繫的要求。

制定和開發人力資源計劃。儘管業務部門負責人或經理在制定開發人力資源規劃方面負有重要責任，但人力資源部作為組織人員招聘、選擇、培訓、開發、激勵的主要責任部門，是人力資源規劃的主要參與者，在制定和實施人力資源規劃中發揮主導作用。這種主導作用的發揮是通過以下方面實現的：幫助各業務部門提出與崗位要求相匹配的人員技能要求，包括人員的數量、質量以及與之匹配的績效薪酬方案；審查各業務部門提出的人員需求計劃是否與組織戰略的方向一致；考慮人力資源規劃要點與組織總體戰略是否平衡；協調組織內部各個業務部門的工作關係和工作任務，倡導並體現組織文化的要求，如團隊精神、員工參與、組織變革、進入和退出機制的建立以及與之相適應的其他人力資源的職能。在這一階段，人力資源部最重要的工作之一就是協調和處理與個業務部門之間的關係。比如，各部門為完成各自的任務和目標，可能都會競相提出有利於本部門的方案，包括更多的人員、更高的薪酬標準等。人力資源部門這時就要向這些部門說明組織戰略目標的取向和由此決定的組織戰略要求的資源配置重點、組織的人員編製和薪酬總量以及當環境變化或組織戰略調整時可能帶來的減員的壓力等。

執行和實施人力資源規劃。人力資源規劃制定並經組織高層討論通過後，就開始進入實施或執行階段。在這個階段開始時，首先應當將人力資源計劃以各種制度、規章和政策的形式表現出來，並成為組織控制系統的重要組成部分，包括組織目標設定、測量和績效監控有關的活動。為保證規劃的實施和落實，必須賦予人力資源部門或其他實施單位一定的權限和資源。同時，為保證上一級能夠隨時瞭解規劃是執行情況，還要建立規劃執行的定期報告制度。在這一階段中，人力資源部門的主要任務和工作是隨時保持對環境的監控，並根據變化的程度以及對組織戰略目標的影響程度，隨時對人力資源規劃進行修正和調整，如生產的擴張帶來的人員需求和生產的緊縮造成的減員要求等。

評價人力資源計劃。評價人力資源規劃是否有效的一個最重要的指標就是看它是否支持或幫助組織成功地實現了自己的戰略目標。比如，當組織考慮由於有限的

資源難以滿足戰略的要求而需要將某些業務或職能外包時，人力資源部能夠根據組織人力資源的優劣勢分析，提出適合外包的業務或職能範圍；或當組織根據市場或競爭狀況決定擴大生產時，人力資源部門能夠依據規劃迅速的提出招聘新的人員；而當市場萎縮時，又能夠在減產甚至停產時提出調整或裁減現有人員的計劃或方案等。

註釋：

［1］吉姆・科林斯. 從優秀到卓越［M］. 俞利軍，譯. 北京：中信出版社，2002：50.

［2］勞倫斯 S 克雷曼. 人力資源管理：獲取競爭優勢的工具［M］. 吳培冠，譯. 北京：機械工業出版社，1999：55.

［3］雷蒙德・諾依，等. 人力資源管理：贏得競爭優勢［M］. 3 版. 劉昕，譯. 北京：中國人民大學出版社，2001.

［4］約翰・科特. 總經理［M］. 李曉濤，趙玉華，譯. 北京：華夏出版社，1997：14.

［5］李清宇. 三地調查：誰為汽車造零件［N］. 經濟觀察報（電子版），2003－10－17.

［6］中國汽車工業協會. 產銷猛增，轎車最火，效益提升——2003 年中國汽車工業產銷形勢分析［N］. 經濟日報，2004－01－30.

［7］楊開然. 長安汽車發表科技宣言 計劃三年後產銷200 萬輛［N］. 經濟觀察報（電子版），2007－05－31.

［8］陳雲. 中國零部件企業身陷「十面埋伏」［N］. 經濟觀察報（電子版），2004－12－13.

［9］韓彥. 誰在補中國汽車人才的短板？［N］. 經濟觀察報，2004－06－28.

［10］斯蒂芬 P 羅賓斯. 管理學［M］. 4 版. 黃衛偉，等，譯. 北京：中國人民大學出版社，1997：151.

［11］段曉燕. 朗訊「涅槃」之道［N］. 21 世紀經濟報導（電子版），2003－12－23.

［12］W E CASCIO. Whither Industrial and Organizational Psychology in a Changing World of Work?［J］. American Psycholoist 50，1995：928－939.

［13］R A BETTIS，S P BRADLEY，G HAMEL. Outsourcing and Industrial Decline［J］. Academy Of Management Executive 6，1992：7－22.

［14］於保平. 強制性裁員：教練的錯還是球員的錯？［N］. 21 世紀經濟報導，2004－03－31.

［15］王強. 裁員，砍好溫柔一刀［J］. 人力資源開發與管理，2003（3）.

［16］馬庫斯・白金汗，柯特・科夫曼. 首先，打破一切常規［M］. 鮑世修，等，譯. 北京：中國青年出版社，2002：45－47.

本章案例：聯想裁員的影響

　　2004年2月，聯想3年的多元化戰略嘗試失敗，被迫進行戰略收縮，重回PC市場；3月份，聯想裁員10%，這1000多名員工最先嘗到了聯想多元化的苦果。而此舉將為聯想每年省下2億元人民幣的財務預算。而在另一個層面上，聯想文化正經歷著不小的震盪：從楊元慶的《狼性的呼喚》到被裁員工《聯想不是我的家》，新舊文化的撞擊中，聯想正經歷浴火重生的陣痛。僅僅5天之內，聯想宣布完成了戰略裁員5%（600人左右）的任務，而在此之前，聯想已經完成了末位淘汰5%。聯想的出手很快，也是無奈。

　　一篇《聯想不是我的家》的帖子，卻在網上以驚人的速度被閱讀被議論。那是此次裁員風波中，聯想員工自己的故事。真實的故事裡夾雜著真實的失落與憂傷，像流行感冒一樣傳遞著，傳染著。「3月6日啓動計劃，7日討論名單，8日提交名單，9-10日HR審核，並辦理手續，11日面談。整個過程一氣呵成。」《聯想不是我的家》非常簡潔地描述了聯想的裁員過程。「在面談之前，他們的一切手續公司都已經辦完，等他們被叫到會議室的同時，郵箱、人力地圖、IC卡全部被註銷，當他們知道消息以後，兩個小時之內必須離開公司。所有這一切，都是在高度保密的過程中進行。」所有尖銳的問題像一張網一樣緊緊纏繞著聯想，媒體甚至開始關注裁員的細節：「為什麼被裁員工必須兩小時走人？」「為什麼他們的郵箱、人力地圖、IC卡全部被註銷？」「為什麼不提前告訴員工被裁的消息？」

　　聯想以前也沒有間斷過裁員，每年都有5%的末位淘汰，裁員方式大致相同，只是這種「例行」裁員沒有引起太多的關注。甚至聯想的一位高級主管有些不明白：人們為何沒有在意前幾年聯想的裁員？

　　2001年正值互聯網的嚴冬，聯想網站FM365就曾經歷一次，也是第一次戰略性的大裁員。儘管員工有些接受不了，但反響還在意料之中。那是聯想第一次經歷了信息技術（IT）的冬天，也是楊元慶正式執掌聯想第一年。由於對個人電腦（PC）高增長的預測，聯想提前招聘了大量員工，希望能夠在第二年150%的增長開始時，不需要四處挖人。儘管後來的突變迫使聯想踩了煞車，但並沒有裁多少人，而且只在局部。

　　2004年，經歷了3年多元化嘗試的聯想從PC市場的領導者，變成了手機、互聯網以及信息技術服務市場等多個市場的跟隨者；而2001年的聯想，還是中國PC市場裡不折不扣的領袖。就在各界為聯想戰略本身的遲鈍與滯後而大加指責時，不如人意的市場進一步打亂了聯想的戰略部署，甚至連聯想原先最得意的執行力，也似乎一下子成了短板。於是，開始戰略調整的聯想，經歷著第二次大裁員。聯想要

技術性人力資源管理：
系統設計及實務操作

專注個人電腦，要提高效益；聯想要降低成本，要提高競爭力。

在裁員之前，聯想也考慮過其他提高效益的辦法。聯想已經做了5%的末位淘汰，然而人力資源的費用依然居高不下，甚至已經占了整個公司費用增長的一半以上，儼然成為聯想決策者的心頭之痛。再增加5%的戰略裁員，無疑是一步痛招。有人為聯想的裁員算過一筆帳：末位淘汰與戰略裁員使得聯想裁員總數超過1000人，如果每位員工的費用大概在20萬元左右，這將為聯想節省費用2億元。

但是據說，一些離職員工對此卻另有一番算法：「聯想中高層有上百人，這次離開的也不過13人，走的大部分是基層員工。在企業出現困境、挫折的時候，他們作為百萬富翁乃至千萬富翁，為什麼不能減薪？一個人收入減半，就等於裁掉10個普通員工的節餘！……當年柳傳志創業時，收入比很多人都低。聯想今天就不需要這種精神了嗎？……企業經營戰略出現問題，為什麼都轉嫁到員工身上？管理層有沒有深刻查找自身的原因？……這樣裁員，就是留下的員工也會盤算自己的出路，誰還會真心在這兒賣命？……」

確實，企業不應是員工的家。這是由市場經濟環境、企業使命、企業生存規律所決定的。也因此，「拼命地在這兒干，隨時準備走」、「公司不欠我的，我不欠公司的」，成了時下流行的「職業」觀點。但我們不要忘了，雖然企業不是家，但企業目標實現卻時刻需要文化凝聚力的支撐。而文化凝聚力不是首席執行官（CEO）用嘴說出來的，一定是要融入全體員工內心深處的。這筆帳，企業一定要算清楚。專家們如此評價聯想：聯想錯在不應把推廣親情文化和尊重知識員工相聯繫，因為知識員工最需要的是認可其專業水準。何況中國人講究「情」字當頭，而當它與你的理、法相衝突時，「親情文化」對此給予充分說明了嗎？

儘管爭論如此激烈，但客觀說聯想為這次裁員還是作了精心準備的。2003年年底，聯想開始著手制定收縮戰略，明確哪些業務要做，哪些業務不做，哪些部門需要做戰略上的變化。2004年1月份進行了組織結構的調整。2月份完成組織結構的設計並設計出崗位。也就是從這時起，有許多聯想人將從此失去位置。這個過程中，聯想也做了文化導入，聯想通過自己的傳播系統（網站、報紙、雜誌）以及培訓，開始與員工溝通變革，開始打預防針。然後具體地做裁員，報名單、審名單、面談、給補償方案，聯想甚至做了裁員後的調查工作。據介紹，剛裁完員的第二周，聯想就做了員工調查。結果80%~90%的員工認為公司應該做這樣的戰略變革、人員調整。記者通過其他途徑瞭解到，聯想這次被裁員工大致有五種情況：第一是末位淘汰的考核中業績很差的；第二是能力不行，老是換崗位，換來換去，哪個崗位也沒有做出像樣的業績，沒有前途的；第三是年紀比較大，沒有動力的；第四是因為業務收縮沒有合適崗位的；最後就是不服從安排的。而一位離開聯想的員工告訴記者：被裁員工裡面，末位淘汰的人是知道自己要走的，這大概只占被裁員工的1/3。

這將意味著至少有400名員工對自己被裁其實是沒有心理準備的！即使是聯想的內部調查，也沒有涉及員工對自己被裁的態度。直到網上的爭論乍起，才似乎讓聯想的主管層意識到了工作的疏漏，意識到了企業與被裁員工溝通的缺乏。而聯想對被「摘牌」員工兩個小時離開公司的做法，也同樣招來非議。

儘管大家都能理解這是信息技術企業心照不宣的裁員方式，都很清楚快刀斬亂麻實屬無奈之舉。但在員工當中，不論被裁的，還是留下的，「能夠理解，但難以接受」的現象依然存在。問題就出在：幾年來，聯想在提倡「親情文化」的同時，缺乏「風險文化」的預防針；而且事到臨頭時，聯想又始終沒有用聯想文化的語言來為企業這種行為給予註釋。而這些也正是聯想戰略裁員中的敗筆。專家認為，聯想這種裁員方式，其實是假定「人性本惡」的做法，而這顯然與聯想幾年來一直「宣傳」要尊重、信任員工的「親情文化」是相悖的。當公司的行為規範沒有變為公司全體員工理所當然的行為方式時，這種文化是分裂的，而公司文化是一種黏結劑，它應該把所有的東西，包括員工的思想緊緊黏合在一起。顯然，理性的聯想方式與員工的失落情緒之間橫亙著聯想文化的裂縫。中間缺少的是平等、尊重而坦誠地交流。而這，正是聯想總裁楊元慶幾年來最不遺餘力倡導的。其不幸，也正在於此。

《聯想不是我的家》那篇帖子的影響來自哪裡？「聯想從來沒有講過『公司是家』！」但20年來，聯想事實上一直在營造一個家的氛圍。柳傳志時代的聯想，要求幹部「既當好經理，又當好兄長」，提倡集團成員都是「兄弟姐妹」關係。聯想為員工創造了一個和平競爭、實現自我價值的工作環境，鼓勵職工充分發揮潛力，不斷開創新的事業。聯想通過各種業餘文化活動來增強企業的「家庭氛圍」。楊元慶時代的聯想又帶入了親情概念，要求員工「相互尊重，相互包容」。柳傳志時代的聯想文化是24個字：講融入，講競爭，講奉獻，講拼搏，講信譽，講創新，講服務，講質量。楊元慶時代的聯想文化，是16個字：服務客戶，精準求深，長期共享，創業創新。然而，聯想在員工心裡到底是一個什麼樣的位置？聯想不是家，又會是什麼呢？反過來看，員工在聯想心目中又到底是一個什麼樣的位置？新的聯想文化又想表達什麼呢？不論柳，還是楊，都沒有說清楚。應該說，聯想的「親情文化」——信任、包容、肯定、欣賞——追求的是一種平等文化，可以說是與國際企業接軌的先進文化理念，它與我們傳統意義上理解的「情義文化」截然不同。然而，它又是那麼容易讓人對其內涵產生誤解。那麼，一個企業真正的文化內核是什麼？什麼叫「文化落地」？目前的中國企業，光提倡「平等文化」還遠遠不夠，因為在一個民族傳統文化氛圍中成長起來的企業，傳統意識總會潛移默化影響到我們的行為，並擁有足夠的力量讓最新鮮的元素蛻變得「似曾相識」，最終「難分彼此」。於是一位做企業文化諮詢的人士評價說：新聯想的文化還不很清晰，而聯想的舊文化卻是根深蒂固。

資料來源：董文勝，王纓. 聯想從裁員到新文化運動 [J]. 中外管理（電子版），2004（5）.

案例討論：
1. 請評價聯想的文化在裁員過程中的作用和影響。
2. 企業應不應該是員工的「家」。
3. 你認為是企業忠誠重要，還是職業忠誠重要。
4. 請結合專欄3-3安捷倫的裁員實踐，談談中外企業裁員的不同特點和效果。
5. 請從「親情文化」與「危機文化」的角度，談談什麼是人和制度的和諧。

第4章　人力資源的招聘與選擇

　　對於任何要想實現可持續發展的企業來講，雖然市場、技術、產品和服務非常重要，但還有一件事情更重要，那就是招聘並留住好的員工。當企業的人力資源規劃制定完成後，下一步的任務就是根據規劃的要求進行人員的招聘和選擇。所謂招聘，是指企業通過發表信息，發現、識別和吸引能夠成為企業雇員為目的並鼓勵其到企業工作的過程。作為組織人力資源管理的「進口」，招聘是一個非常重要的環節。如果把握不當，就會給企業造成損失，要麼選擇了不合格的人，要麼漏掉了優秀的人。大凡成功的企業，都非常重視對員工的招聘。選擇是指從一組求職者中挑選出最適合特定崗位要求的人的過程。特別是當應聘者超過組織所需要的數量時，就必須在眾多的求職者中做出選擇。首先，招聘和選擇是人力資源管理中兩個既區別又聯繫的職能，但就標準來講，二者是相同的，如基於工作分析的崗位職責、組織文化以及其他的要求。其次，要保證招聘和選擇的質量，還需要瞭解和掌握招聘、選擇的技術和方法。

　　本章將介紹招聘、選擇的基本內容及與組織競爭優勢之間的關係，重點論述確立企業用人標準的意義，以及企業業務部門經理和人力資源部門在招聘和選擇中的工作重點和作用。

　　學習本章要瞭解和掌握以下問題：
1. 瞭解人力資源規劃與招聘和選擇之間的關係。
2. 影響組織招聘的各種外部和內部要素。
3. 招聘的主要渠道和選擇的主要方法。
4. 招聘、選擇與組織競爭優勢之間的關係。
5. 企業應當建立什麼樣的用人標準。
6. 招聘和選擇的實踐操作。

專欄 4-1：豐田公司的「全面招聘計劃」

(一) 招聘的六個階段

　　第一階段：委託專業的職業招聘機構，進行初步篩選。應聘人員一般會觀看豐田公司的工作環境和工作內容的錄像資料，同時瞭解豐田公司的全面招聘體系，隨後填寫工作申請表。

技術性人力資源管理：
系統設計及實務操作

第二階段：評估員工的技術知識和工作潛能。通常要求員工進行基本能力和職業態度心理測試，評估員工解決問題的能力、學習能力和潛能以及職業興趣愛好。如果是技術崗位工作的應聘人員，還需要進行6個小時的現場實際機器和工具操作測試。

第三階段：豐田公司接手有關的招聘工作。本階段主要是通過小組討論形式評價員工的人際關係能力和決策能力。所有求職者在公司的評價中心參加4個小時的群體和個人問題解決和討論活動。評價中心是一個單獨的地點，求職者在豐田公司甄選專家的觀察下，在這裡參加多種練習。其中，小組討論可幫助說明求職者怎樣與小組中的其他人交往。在一個典型的練習中，參加者扮演公司雇員的角色，建立了一個負責為公司明年的轎車選擇外型的小組。小組成員首先按照市場吸引力對12種外型進行排列，然後建議一種清單中沒有的外型。最後，他們必須對最佳的排列次序達成一致意見。問題解決練習通常對個體進行，其目標是從諸如洞察力、靈活性和創造性等方面評價每位求職者解決問題的能力。例如，在一個典型的練習中，給求職者一個有關生產問題的簡短說明，並要求其提出能夠幫助自己更好地理解問題產生的原因的問題。求職者接著獲得一個向資源人（一個擁有關於此問題的大量信息的人）提問的機會。問答結束，求職者填寫表格，列出問題的原因，提出解決辦法，並說明提出這些解決辦法的依據。

第四階段：應聘人員參加一個1小時的集體面試，分別向豐田的招聘專家談論自己取得過的成就。這一階段，豐田公司評價者從每位求職者最感自豪和最感興趣的事的角度出發，形成關於求職者工作驅動力的更完整的概念。這一階段還給豐田公司觀察求職者在小組中相互交往情況的一個機會。

第五階段：身體檢查。成功地通過第4階段（並暫時被推選為豐田雇員）的求職者，然後要在地區醫院參加身體檢查和藥物/酒精測驗。

第六階段：新員工需要接受6個月的工作表現和發展潛能評估。通過對在崗的新雇員進行密切的監控、觀察和指導，來評價新雇員工作表現，並在他們的頭6個月的工作中開發其技能。

（二）公司的招聘取向

豐田公司的人事主管曾經說，在設計一個像豐田公司那樣的雇傭過程時，你必須做的第一件事是「瞭解你的需要」。在豐田公司，首先尋求的是人際技能，因為公司強調小組交互作用。類似的，豐田凱澤（kainn）生產過程的全部要點，是通過工人的承諾來改進生產過程，因此，推理和解決問題技能也是對員工的很關鍵的要求。強調凱澤法（依靠工人自己改進生產系統）有助於解釋豐田公司為什麼把重點放在雇用智力好、教育程度高的勞動隊伍上。職業能力傾向成套測驗（GATB）和解決問題模擬實際上有助於產生這樣一支勞動隊伍。公司的一位人事官員說：「那些在自己的教育中最出色的人在模擬中表現最好」。豐田公司的工人100%地至少有

高中學歷或同等的學歷，並且許多工廠雇員（包括裝配線工人）都接受過大學教育。質量是豐田公司的核心價值觀之一，因此公司還從求職者身上尋求獻身於質量的歷史。這是進行強調成就的小組面試的一個原因。通過提問求職者最感自豪的事，豐田公司對求職者的質量價值觀和「把事情做好」的價值觀有了更深的洞察。這對於一個致力於讓雇員把質量融進製造輪車的每一步驟的公司來說十分重要。

豐田公司還尋找那些「渴望學習，並且願意不僅按自己的方式，而且按我們的方式和小組的方式進行嘗試」的雇員。豐田的生產系統是建立在民主決策、工作輪換和靈活的職業生涯道路的基礎上的，這要求小組成員頭腦開放、靈活，而不能是教條主義者。公司的小組決策和問題解決練習能幫助尋找這種類型的人。

總之，像豐田這種雇員忠誠度很高的公司，主要是通過「以價值觀為基礎的雇傭」計劃來選拔與公司價值觀一致的雇員。公司通過不同方式做到這一點：

第一，「以價值觀為基礎的雇傭」要求公司澄清自己的價值觀。無論這種價值觀是追求優異、持續改善、完善還是其他。「以價值觀為基礎的雇傭」都始於說明這些價值觀是什麼。比如，豐田公司生產體系的中心點就是品質，因此需要員工對於高品質的工作進行承諾。

第二，像豐田這種雇員獻身精神強的公司，一般都投入大量時間和精力用於人員的甄選過程。公司強調工作的持續改善，這也是為什麼豐田公司需要招收聰明和有過良好教育的員工，基本能力和職業態度心理測試以及解決問題能力模擬測試都有助於良好的員工隊伍形成。公司對新進雇員進行8～10小時的面試並不是一件怪事，在決定雇傭前往往要花20小時進行甄別，許多求職者在這一過程中被淘汰。豐田公司認為：受過良好教育的員工，必然在模擬考核中取得優異成績。

第三，豐田公司招聘的是具有良好人際關係的員工，因為公司非常注重團隊精神。甄選過程不能僅僅確定知識和技能，還必須將求職者的價值觀和技能與公司的需要進行匹配。小組工作、凱澤系統和靈活性是豐田公司的核心價值觀。因此，解決問題技能、人際技能和對質量的忠誠是對人的關鍵要求。

第四，「以價值觀為基礎的雇傭」是包括對工作的真實預演。雇員獻身精神強的公司，當然對向好的求職者宣傳公司感興趣。但是更重要的是確保求職者瞭解在公司工作的實際情形，甚至更重要的是讓求職者知道公司的價值觀是什麼。

第五，自我選拔是多數公司所採用的一種重要的甄選方式。在一些公司中這正意味著真實的預演。在其他一些公司中，通過很長的初任職位實習期來幫助甄別不合適的人選。在這些公司中，甄選過程本身就要求雇員做出犧牲：時間和精力的付出通常是很大的。

（三）招聘的特點

（1）重視招聘員工的技能和價值觀念。員工是否具備優秀的素質、持續改善精

神、誠實可信等素質，對於員工基本價值觀念的考察可以得出相關的答案，全面招聘體系就是考察員工基於這些價值觀念的團隊精神。

（2）重視招聘過程。通常豐田公司在招聘初級員工的面試時間達到 8～10 小時是非常平常的，一般可能高達 20 個小時，大量時間和精力的投入是取得人才的關鍵。

（3）重視企業的需要和員工的價值觀以及技能相適應。小組工作制、持續改善和彈性工作制度是豐田公司的核心價值觀，解決問題能力、人際關係技巧、優良品質的追求是錄用員工的關鍵要素。

（4）重視員工的自我選擇。豐田不論在招聘初期還是在 6 個月的試用期中，給予員工雙向選擇的機會，同時淘汰不能勝任的員工。全面招聘體系需要應聘員工做出同樣的犧牲，員工需要花費大量的時間和竭盡全力才能得以入選。

根據《一個全面選擇計劃》改寫。資料來源：加里・德斯勒. 人力資源管理［M］. 6 版. 劉昕，吳雯芳，等，譯. 北京：中國人民大學出版社，1999：220－223.

4.1 人力資源招募與組織競爭優勢

4.1.1 影響招聘的外部環境因素分析

如前所述，企業是一個開放的社會和技術系統，企業所處的環境隨時都可能對其經營管理產生積極或消極的影響。人力資源規劃的目的就是要善於抓住積極的因素而避開消極的因素。在規劃制定後，建立在規劃基礎之上的人員招聘也要考慮可能產生的各種影響，這些影響包括：

（1）勞動力市場狀況

在外部環境因素可能帶來的影響中，勞動力市場尤其是對專業勞動力市場的關注是一個十分重要的內容。為什麼要關注專業勞動力市場呢？這首先要對專業勞動力市場下一個定義。所謂專業勞動力市場，是指那些具備與組織生產（或將要生產）的產品和服務所需的知識、能力和技能有直接關聯的、能夠為組織創造最大價值並構成組織重要的戰略性資產和核心競爭力的那一部分人力資源。由於生產同類產品或服務的企業有很多，因此這一部分資源在市場上是稀缺資源。而對於任何一個組織來講，組織佔有的資源本來就是有限的，這種有限性就決定了其人力資源規劃和招聘對象的範圍也是有限的，即組織只能夠而且必須重點關注專業勞動力市場。那麼應如何關注專業勞動力市場呢？一是各級管理者和人力資源專業人員必須瞭解和認識到，要在資源有限的情況下完成組織的戰略目標，就必須根據組織戰略的要求，積極參與人力資源規劃的制定，提出與組織重點業務工作和部門崗位要求相適

應的人員需求計劃或方案。其次，人力資源部門一定要加強與各業務部門特別是用人部門的溝通和聯繫，對專業勞動力市場的分析一定要有業務部門的有關人員參加。因為這些部門相比人力資源部來講，具有更深厚的行業知識背景和信息交流渠道，對行業中的領袖人物和優秀的研發、銷售、管理人員，往往都比較瞭解，因此比較容易鎖定招聘對象，這些人員就可能成為員工推薦的對象和來源渠道。

（2）企業所處產業或行業的地位、作用及性格特徵

企業在產業或行業中的地位和作用以及性格特點也是影響招聘的一個重要因素。首先，這種地位和作用可能表現為規模、市場份額和利潤等直接的或具體的有形資產，也可能表現為研發能力、團隊合作、品牌等間接的或難以量化的無形資產。當一個企業成為某個產業或行業的領袖時，它給應聘對象的是一種職業安全、工作穩定、較高的薪酬和較好的福利等方面的感覺；而對一個中小規模的企業來講，由於「船小好掉頭」，適應市場競爭的能力較強，具有較大的成長空間，則給人一種簡潔、靈活、具有較大發展前途和空間等方面的希望，同樣對潛在的員工特別是渴望實現自己理想和抱負的人以較大的想像空間和吸引力。其次，企業的性格特徵也會對潛在員工的職業選擇造成不同的影響。如同人有性格一樣，企業也有自己的性格特徵。這種特徵主要表現為企業的喜好、價值觀取向等文化層面的內容。比如，如果一個企業提倡創新和追求適度的冒險，就可能對那些同樣具有冒險精神和不拘一格的人員有較大的吸引力。隨著經濟的發展和社會的進步，社會會越來越包容，人的個性張揚會得到較大的自由空間，對於企業來講，應該瞭解和認識這種趨勢並加以合理的利用。同時，企業也應該培養和樹立自己的個性，通過各種方法或途徑將企業的個性展示給企業的潛在員工，使他們感覺到在這個企業中具備適合他們生存和發展的土壤和氛圍。無論是以上哪種情況，都可能對勞動力市場或潛在的員工產生影響。

（3）行業就業率以及失業率和離職率

企業所在行業的就業率和失業率反應的是該行業的競爭程度和發展前景，它傳遞給勞動力市場和潛在員工的是該企業工作的穩定性、職業生涯規劃的可能性和完整性等方面的信息。如果一個企業所處的行業呈現出高就業率、低失業率和低離職率的特徵，可能表明企業正處於高速成長的階段，企業的產品或服務的市場份額在不斷擴大，客戶在不斷增加，這種企業對勞動力市場而言就具有較大的吸引力，加入這個企業的員工就可能具有較好的發展機會和較大的發展空間。如果一個企業所處的行業有較高的失業率或離職率，則可能表明該行業或企業正面臨激烈的市場競爭壓力，或者企業的經營管理出現了較大的問題，這種情況下勞動力市場或潛在員工在選擇就業場所時就可能會有所顧忌。當然，在目前中國的情況下，這種顧忌可能只是一種多慮。由於每年都將產生大量的新增勞動力，勞動力市場特別是大專、本科以上學歷的勞動力市場，基本還是典型的「買方市場」，並且這種狀況還將保

持相當長的一段時間。因此，行業的失業率和離職率可能還難以影響勞動力市場或潛在員工對企業的判斷，也就是說人們在選擇企業的時候不會過多地考慮失業率或離職率的問題，或者說根本就沒有考慮的餘地，因為能夠找到一份工作就已經很滿足了。

(4) 企業的形象和產品信譽

企業形象、產品信譽以及企業間的競爭方式也能夠對企業是否能夠招聘到需要的員工構成一定的影響。因為企業形象和產品信譽表明企業經營管理的水準，代表著企業對包括員工、顧客在內的相關利益群體的重視和關心，自然也就會對勞動力市場產生一定程度的吸引力。

(5) 企業工作的性質和招聘人員的表現

應聘者對工作性質的關注源於多種考慮，包括所從事的工作是腦力勞動還是體力勞動、是否屬於危險工種、是否能夠發揮自己的專長等。招聘人員的表現是指企業的招聘人員的言行舉止給應聘者留下的印象及影響。國外的一項以企業到大學招聘人員的研究結果顯示，企業工作的性質和公司招聘過程質量的高低會很明顯的影回應聘者對企業的看法。調查對象是一所大學的41名學生，在經過第一輪面談之後，研究人員問這些學生：你們為什麼會認為某家公司是一家很不錯的就業場所？所有41個人都提到了工作的性質。此外，有12個人提到了招聘者本人給他們留下的印象，有9個人說朋友的評價和對公司的熟悉程度決定了他們的判斷。但同樣的是，當被問為什麼有些公司會被認為是不好的地方時，39個人提到了工作的性質，有23個人說他們是被企業的低效率招聘人員弄得失望才轉向別處的。如有的招聘人員衣著不整；有些人根本沒文化；有些人十分粗魯；有些人則與令人不快的性別歧視言行。研究的結論是，所有這些招聘人員的表現都暗示出他們所代表的公司是缺乏效率的。[1]125而這樣的一種狀況顯然不可能給應聘者留下什麼好的印象。

(6) 地理位置

企業的地理位置對吸引潛在員工到企業工作也至關重要。那些遠離城市處於偏遠地區的企業，最容易造成員工的流失，包括一些比較優秀的員工的流失，而且這些企業一般很難從城市中招聘到自己需要的具有較高素質和一定知識、能力和技能的員工，往往只有通過聘請退休人員以及以高薪招聘專業人員、或者在當地招聘人員並加以培訓的辦法解決。

4.1.2 影響招聘的內部環境因素分析

除了外部的因素外，企業的內部因素也會對企業的招聘產生影響，這些影響包括：

(1) 企業的工作環境或氛圍

企業的工作環境或氛圍對員工的影響往往具有決定性的作用，這裡的環境和氛

圍主要是指是否有明確的工作說明和工作指導、部門主管素質的高低以及是否存在公司政治等方面的內容。正如第五章第一節關於工作分析與組織競爭優勢之間的關係時指出的，一個科學合理的工作分析能夠為組織帶來良好的工作場所滿意度指標，而這一指標往往又是與組織競爭力的提高聯繫在一起的。蓋洛普公司關於「世界上的頂級經理們是通過創造一個良好的工作氛圍（Q12）去物色、指導和留住眾多有才幹的員工的」的結論，充分說明了工作場所滿意度與組織競爭優勢之間的關係。這種良好的工作氛圍對希望加入企業的新人來講也是具有極大吸引力的。但在實際工作中，企業往往對工作環境和氛圍的塑造沒有給予足夠的重視，特別是中層管理者，往往由於其不良的工作習慣、武斷的工作作風或自身素質等方面的關係，經常使自己下屬的積極性受到挫傷。最終的結果是造成上下級關係緊張、員工之間的相互猜忌和不信任、團隊精神的崩潰、凝聚力的削弱以及組織的混亂和高績效員工的流失。

（2）薪酬

在影響企業招聘的各種外部因素中，工作報酬仍然是求職者最關心的一個因素。對於求職者特別是具有多年工作經驗的求職者來講，除了職業發展的考慮之外，薪酬水準可能是其跳槽的一個主要原因。因此他們在選擇新的就業單位時就可能會更多地在薪酬上進行比較。應聘者往往還會關注企業的薪酬是傾向內部公平性，還是傾向外部競爭性。這方面的問題將在薪酬設計的有關章節做詳細的研究。總的來講，薪酬與招聘效果之間的關係是非常密切的，特別是當企業需要從競爭對手那裡爭奪自己需要的人才時，通常的做法就是在勞動力市場上採取某種激烈的招聘方式，如所謂「進攻性的招聘政策」。這種方式的核心就是在薪酬待遇上做文章，即通過向對方提供超過現有薪酬水準甚至市場薪酬水準的條件將其挖到自己的企業，這樣的例子我們可以看到很多。這充分說明了薪酬的影響力。在國外，依靠薪酬吸引求職者的企業越來越多的採取工資和薪金之外的其他報酬形式。根據《財富》雜誌1997年的一份調查顯示，有將近40%的僱主依靠紅利而不是高工資來吸引新員工；超過20%的僱主實行了慷慨的股票選擇權計劃。[2] 這裡需要強調的是，在中國現階段，由於大量新增勞動力的壓力，就一般勞動力者而言，勞動力「買方市場」的特徵仍然使其處於相對的劣勢，企業或用工單位在薪酬待遇上仍然具有決定性的作用。

（3）員工職業生涯發展規劃和發展空間

隨著競爭的加劇，決定企業成敗的因素在悄然地發生變化，技術能夠決定一切的時代正在逐步成為歷史，具有創造價值能力的員工成為企業的戰略性資產，戰略性人力資源管理成為企業在競爭中獲勝的法寶。隨著經濟的發展和社會的進步，國民綜合素質也得到了較大的提高，社會的新增勞動力在對職業的選擇上，除了看重薪酬外，還格外關注個人發展空間和職業生涯規劃，應聘者通常會將企業是否能夠提供多種職業發展路徑、不同的職業選擇、晉升政策等方面的內容作為決策的依據。

比如，企業的人力資源政策往往會對應聘者的決策產生重大影響。美國《財富》雜誌1997年11月14日公布的一項對美國MBA學生所做的調查顯示，當他們對一家公司進行評價的時候，「內部晉升」政策是他們首要考慮的因素，即企業內部的高級職位是由內部晉升上來的人來填補而不是由外部招聘的人來填補的。[3]當一個企業的晉升政策主要是由「內部晉升」時，它傳遞給應聘者的信息就是只要努力工作就有回報。國外的公司一般都比較注重幹部選拔的內部培養。如在寶潔公司165年的歷史上就一直延續使用「內部提拔」的方式，通過教育、在職培訓、輪崗、工作任命等方法來從內部培養人才，而不是「購買」人才。柯達公司也強調領導人要從內部尋找，這樣不僅可以發揮人力資源管理潛力，而且在生產第一線就造就了一個人才庫。著名商業暢銷書作者吉姆·科林斯在其《從優秀到卓越》一書中，通過對11家實現從優秀到卓越跨越的公司的觀察，在這11家公司中，有10家公司的首席執行官是從內部提拔的。GE公司董事長和首席執行官的選拔程序也是從內部逐層選拔的。很多的研究和調查都顯示出這種發展的趨勢。比如，在中國的北京、上海、廣州、深圳等城市中，北京的薪酬水準往往是最高的，其他的幾個城市相對較低。但很多的人在求職時首先選擇上海、深圳等城市，其原因就在於在這些地方所具有的企業和個人的發展機會。因此，發展遠景和個人發展空間是指企業的未來發展對員工職業規劃的影響，如果企業具有長遠的發展遠景，能夠向員工提供較好的職業發展機會，就能夠增加對應聘者的吸引力。

(4) 培訓與開發

培訓與開發是企業人力資源管理的重要職能，這一職能對勞動力市場的影響主要表現在：經濟的發展和競爭的加劇直接導致了知識更新的頻率越來越快，從而使以知識為基礎的創造經濟價值的能力和技能所能夠發揮作用的時間也越來越短。因此，應聘者希望在其工作的企業能夠有比較完善的培訓和開發系統，以幫助他們能夠隨時具備和保持與不斷提高的競爭壓力和工作要求所需的知識、能力和技能水準。如果企業具備了較完善的培訓和開發體系，並使應聘者瞭解這一系統與技能增長、激勵以及晉升之間的關係，就能夠大大增強對應聘者的吸引力。

(5) 招聘的方法和程序

企業招聘的方法和程序對應聘者的決策也具有一定程度的影響。這種影響主要表現在兩個方面：一是不論招聘的是哪一個管理層級的人員，均採用相同的方法和程序。比如，對企業急需的高層管理人員、專業技術人員的招聘與剛參加工作的人員招聘的方法和程序完全相同。這種方式的弊端在於缺乏針對性，同時將招聘剛參加工作的人員的方法用於對具有相當工作經驗的應聘者，可能導致後者的反感或抵觸。特別是對於那些在某個行業中已經具有一定知名度或成就的人來講，這種方式也會使其感到不公平，從而改變自己的決策。二是中低層管理者參加對高層管理者的招聘，即企業對所招聘的高層管理人員的面試由企業的中低層管理人員主持。這

種狀況在很多的企業招聘過程中都出現過，比如在一些高層次的人才招聘會上，有的企業招聘人員主要就是人力資源部的工作人員或主管，甚至沒有企業現有高管人員參加。這一方面會使應聘者懷疑企業的招聘誠意，另一方面由於參加招聘人員的級別較低，不能夠有效或完整地回答應聘者的有關問題，從而使應聘者對企業的瞭解受到限制，最終也會影響其決策。總的來講，企業招聘的方法和程序之所有會出現以上這些問題，主要還是高層管理人員缺乏正確的人力資源管理理念，對招聘的性質及重要性也缺乏足夠的認識，從而導致招聘的失敗。

4.1.3 招聘來源

（1）內部招聘

所謂內部招聘，就是指從企業內部現有員工中選拔或挑選員工，以滿足其他崗位的用人需求。這也是企業通過滿足利益相關群體的需要而保持組織競爭優勢的一個重要方法。當企業的業務出現快速增長或較大發展時，往往需要招聘新的員工以滿足由於業務增長對人力資源數量和質量的需求。內部招聘的方式和渠道主要包括主管或領導推薦、企業人力資源管理信息系統公布崗位空缺情況、根據企業員工職業生涯規劃挑選人員等。

企業通過內部招聘具有很多優點：首先是能夠招募到大量企業瞭解的員工，能夠使其迅速的適應新的工作崗位的要求；其次，由於這些人本來就在企業工作，因此他們對企業也同樣瞭解，可以降低因招聘新人帶來的過高預期；三是可以降低招聘成本和加快招聘速度。對於規模較大的企業來講，要成功地進行內部招聘，首先要求企業有完善的人力資源規劃和內部勞動力市場，以及比較完善的人力資源管理信息系統。通過這一系統，能夠將企業內部現有和未來可能的崗位空缺情況和人員需求信息隨時通過網絡和數據庫公開公布，企業員工則可以通過對有關信息的瀏覽，隨時瞭解企業的業務增長以及崗位需求方面的信息，在此基礎上通過企業內部各部門的協調和溝通，保證企業能夠招聘到各業務單位需要的員工。

專欄4-2：如何寫簡歷和投遞簡歷

應該如何寫簡歷，對這個問題其實沒有一個統一的標準。儘管如此，我們還是可以提出一些建議。在書寫個人簡歷時，應盡量避免以下問題的出現：

（1）簡歷是對自己學習或工作經歷（有時還包括生活經歷）、專業資格和知識、工作業績等方面情況的簡要介紹，重點在於對以上事實的敘述，而不在於抒發情感，因此應避免言辭浮誇，也不要進行一些所謂的創新，玩一些新花樣使自己的簡歷與眾不同，通常情況下這是沒有什麼好結果的。

（2）簡歷應做到實事求是，當需要展示自己某方面的成績時，盡量不要自我評

價，或過分地誇大這些成績，最好是能夠出具相關的文件、評價或證書等材料，讓事實來說明。

(3) 簡歷應盡可能做到重點突出、短小精干、言簡意賅，一份針對招聘崗位要求、突出自己專長和特點、精心選擇的簡歷可能是吸引招聘者注意力的關鍵所在。

(4) 簡歷應建立在事實的基礎之上，不要撒謊。我們生活的圈子其實很小，如果撒謊，很容易被人揭穿。

(5) 根據招聘單位的特點和自身的實際情況決定簡歷的類型。簡歷一般有兩種類型：第一種是時間順序型，這是目前大部分簡歷採用的主要方式；第二種是能力或技能型簡歷。

無論是哪種形式，簡歷都應該具有以下主要內容：

①簡歷提要，包括姓名、年齡、聯繫方式等內容。簡歷篇首一段簡明扼要的描述可能會引起招聘者的注意。

②個人的教育背景和職業培訓背景。

③個人素質和能力介紹，要突出自身的關鍵能力。

④個人工作經歷介紹，其內容應重點強調與所應聘職位相關的內容，包括原有業績的具體描述。對於應屆畢業生，其簡歷應當包括學習成績、政治面貌、獲得的獎學金情況、是否擔任過學生會幹部等方面的內容。

⑤相關其他個人情況。

投遞簡歷時應注意的問題。每個組織的用人和招聘儘管有相同的標準，但也有不相同的標準，即使是相同的職位，不同組織間的標準也存在差異。這就要求求職者的簡歷不要千篇一律，要各有重點。求職者在投遞簡歷前，應當先瞭解各招聘單位的用人標準和崗位的任職資格要求，然後根據這些標準和要求，突出那些招聘單位要求的內容，提高簡歷的針對性。

(2) 外部招聘

外部招聘的優點。外部招聘是企業在內部勞動力市場不能滿足其人員需求時採取的從外部勞動力市場招聘自己需要的人員的過程。一般來講，內部招聘並不能完全解決企業的人員需求，特別是當企業進入一個新的行業、生產一種新的產品或提供一種新的服務時，其所需的人員自身難以滿足，就需要向社會公開招聘。對於新建企業和新成立的公司，根本就沒有內部勞動力市場，也只有通過外部招聘才能解決勞動力的需求。此外，一些核心專業技術崗位和高管職位出現空缺而企業內部不能解決時，也必須通過外部招聘才能滿足需要。總之，外部招聘是企業滿足其管理人員和勞動力需求的重要途徑，通過外部招聘，企業能夠獲得自己需要的各類專業人才，同時新人的加盟也能夠為企業帶來新的理念和創新精神，並通過這種方式保持企業與外部環境的適應性，這是外部招聘的最大優點。

招聘過程的規劃及步驟。企業在制定好人力資源規劃後，就需要按照規劃的要求做好招聘和選擇的相關工作。招聘的規劃及步驟主要包括以下幾個方面：一是對工作空缺進行準確的識別，即哪些工作崗位可能出現空缺，這些空缺是否可以通過內部解決，比如臨時或長期性的兼職、工作合併、工作再設計等。如果明確不能在企業內部解決，或該項工作非常重要不能合併，則將其納入外部招聘的範疇。二是對關鍵崗位和關鍵人員進行識別。如前所述，企業人力資源管理開發的重點是核心員工，在招聘過程中同樣如此。即在招聘重點放在那些對企業具有長期使用價值的員工身上。而對一些非關鍵崗位或職位，或一些企業難以招聘到的專業技術人員，則可以考慮外包或與人力資源代理經紀公司簽訂合同，通過雇傭臨時性工作人員的方法解決。國外有專家指出，隨著公司臨時用工人員的增加，未來典型的大公司中的人員也許會由相對少量的長期核心雇員組成，勞動力的剩餘部分則由為具體的、暫時的任務而雇傭的個人組成。[4] 這樣做的好處在於增加了企業人力資源使用的靈活性，同時可以大大降低企業的人工成本，進而提高管理的效率。三是在招聘計劃的制訂過程中，各用人部門與人力資源部要密切配合，以提高招聘工作的質量。

外部招聘的方法及途徑。企業外部招聘主要有以下方法或渠道：

通過人才市場進行招聘。通過人才市場招聘員工現已成為企業員工來源最普遍的方式之一。這種方式最大的優點可能就是招聘的成本很低，可以在第一時間與求職者進行交流；缺點在於求職者的水準參差不齊。為了彌補這一不足，現在有的人才招聘會也開始體現自己的定位，如專門舉辦高層次管理人員的招聘，並根據招聘單位的具體要求對入場求職人員提出相關的資格和條件限制。這些方法都在一定程度上改善和提高了招聘的質量。

定向行業或專業招聘。所謂定向行業招聘，就是指企業根據自身產品或服務的性質和特點，對專業勞動力市場發出的人員需求信息。由於這類人員的知識、能力和技能水準往往構成企業產品和服務的核心，因此應成為企業招聘工作的重要環節，各相關業務部門和人力資源部應對該行業或專業進行長期的關注，以瞭解該行業的技術、管理等方面的發展狀況，以及行業中出類拔萃的各類人才的具體情況，以提高企業招聘工作的針對性和有效性。

向戰略合夥人招聘。所謂向戰略合夥人招聘，是指在一個戰略聯盟或眾多的合作單位中招聘企業需要的人員。戰略聯盟是企業發展到高級階段出現的一種企業組織形式，在這種組織形式中，企業之間由於某種目標的驅使，會在相當程度上容許資源共享，包括人力資源的共享。因此，這是一個更大範圍的內部勞動力市場概念。這種招聘可以是長期的，也可能是短期的或臨時的，時間的長短視合作雙方的態度、文化認同及待遇等而定。

大專院校、科研機構招聘。通過大專院校、科研機構招聘員工是目前很多企業都採用的招聘方式。這種方式的優點在於能夠獲得大量受過正規高等教育、具有較

高文化水準及綜合素質的員工。此外，這種招聘方式與企業的文化和價值觀有很大的關係。比如，一些企業主張主要從應屆畢業生中去招聘員工，因為這些企業相信，一張白紙可以畫最美的圖畫。應屆畢業生雖然沒有工作經驗，但同樣也沒有不良的工作習慣。進入企業後，可以比較容易地培養起一套符合企業價值觀的行為準則和工作習慣。為了有效地提高大學招聘的效果，企業還應當制定有針對性的招聘政策，發達國家的一些大公司在這方面就做得比較成功，以3M公司的大學招募戰略為例，該戰略包含五大要素：第一，招募對象和招募渠道集中在經過挑選的25~30所大學。第二，通過每年對這些大學畢業生的招聘，與這些大學保持良好的關係。第三，公司直線管理人員與人力資源管理人員共同參與校園面試，發揮各自優勢以彌補局限。第四，公司人力資源部門與大學有關部門合作，負責協調參與招募過程的直線管理人員的活動，以保證一個人一年到頭都與同一所學校打交道，以保持接觸的連續性。第五，通過對那些被公司招募的學生的信息反饋，不斷改善招募工作的質量。[5]

企業內部員工推薦。這種方式是指由企業的在職員工向企業推薦那些適合企業要求的人，其優點是由於被推薦人與推薦人之間比較熟悉或瞭解，平時有較多的交流，因此被推薦人的期望值一般不會超越企業的實際情況，流動率一般較低。在國外，很多公司都提倡並鼓勵員工推薦，並對那些成功推薦了公司所需人員的員工給予獎勵。

利用報紙、期刊、網絡廣告招聘。通過在報紙、期刊和網絡等傳媒上刊登廣告，也是企業普遍採用的一種招聘形式。其中，網絡廣告的流行是與近年來網絡逐漸成為人們工作和生活方式的一個重要部分密切相關的。人們可以在家中、辦公室或其他任何可以上網的場所搜尋包括公司概況和招聘等自己感興趣的信息。為了提高招聘的質量，企業還要善於利用不同傳媒渠道以獲得一個好的結果。比如，對專業人才的招聘除了考慮報紙廣告外，利用專業雜誌可能也是一個不錯的辦法。目前市面上有很多專業雜誌，如《市場與銷售》，大凡做銷售的都要看這本雜誌；再比如《人力資源開發與管理》，主要針對企業的人力資源工作人員；《IT經理世界》則不僅包括IT行業的情況，還涉及其他很多企業管理方面的內容。在這類雜誌上刊登廣告，強調專業性，不僅針對性更強，而且成本相對較低。

獵頭公司。獵頭公司在發達國家已有多年的歷史，在中國目前還處於剛開始被認識和接受的階段。一般來講，獵頭公司所關注的都是企業或公司高層次的管理人員，而不是主要從事事務性工作的人員，因此，通過這種方式招聘往往需要較高的成本。根據美國1997年的一項調查，獵頭公司收費往往占到被成功獵取的高級經理人員年薪的1/3到一半左右。[6] 而且被獵取對象在當時一般都有一份比較安穩和較高待遇的工作，因此要成功地說服他們加盟另外一家公司，就必須開出比他們現在

工作單位更高的薪酬和福利待遇水準。正是由於獵頭公司關注的對象具有特殊性，是企業經營管理急需的高級人才，才得到企業和公司的重視。

定向實習。這是利用即將畢業的學生的畢業實習對其進行觀察和瞭解，以最終確定招聘人選的一種方法。對於那些需要招聘大學生或研究生的企業來講，可以根據企業人力資源規劃和人員需求分析的結果，利用這些大學生或研究生畢業實習的機會，對其知識、能力和技能等方面進行近距離的考察。定向實習的最大好處在於能夠以很低的成本招聘到自己需要的員工。一般來講，學生們自己可以掌握的畢業實習時間大約有 3～6 個月，這段時間完全可以為雙方彼此的瞭解提供一個大致的輪廓。一方面，學生們有實習的需求，學生們通過實際工作的體驗，既能完成自己的實習報告，增加對實際工作的感性認識，而且能夠在一定程度上瞭解或適應實習單位或部門的工作流程、做事方式以及人際關係，逐漸累積起一定的經驗，並考慮自己是否適合實習單位的要求。另一方面，企業為學生的實習提供了機會，既履行了自己的社會責任，同時還可以利用這段時間對實習學生是否適合企業的工作要求做出比較中肯的評價。當實習期滿後，如果雙方都「情投意合」，對企業來講就意味著從該學生正式工作並支付其工資那一天開始，企業就獲得了一個熟練的或合格的勞動者。筆者在公司工作期間，就曾採用這種方式物色和招聘員工，效果非常好。

進攻性招聘。所謂進攻性招聘是指從自己的競爭對手那裡爭奪自己需要的人才。採用這種招聘方式的企業一般是看中了對方某方面人才的人力資源質量水準，如高級管理人員或掌握核心技術的人員。與獵頭公司形式類似的是，進攻性招聘需要企業支付較高的薪酬成本，而且由於招聘的對象往往都是競爭對手的員工，因此可能會引起雙方矛盾的升級或衝突，這是需要注意並妥善解決的。

退休人員市場。從退休的人群中尋求自己需要的員工是企業招聘的一個新的渠道。首先，隨著社會的進步，經濟的發展以及人民生活水準的改善和提高，人的平均壽命也在延長，有相當部分的退休人員在身體尚可並願意繼續工作的情況下由於退休年齡的規定而不得不離開工作崗位，這就為老齡人口的再利用創造了條件。特別是對於某些行業專家、研究設計人員、技術工人等掌握較高層次的系統知識和某一方面專業技能的人來講，60 歲正是一個經驗最豐富的年齡，退休人員豐富的工作經驗就是一筆巨大的財富，如果能夠有效的加以開發和利用和做好知識的傳授，無疑會促進企業競爭力的提高。其次，退休人員在原工作單位有健全的社會保障體系和住房，企業只要支付與其勞動相等的報酬就可以了，因此人工成本也很低。最後，退休人員的工作效率和忠誠度在一定程度上超過年輕人。其實，除了那些對體力要求較高的工作之外，與年齡有關的某些變化如生理能力、認知效果以及個性等，對雇員的產出水準都無太大的影響。此外，在那些強調經驗累積的專業和工作中，創造力和智力水準也不會隨著年齡的增長而降低。在很多情況下，退休人員比年輕雇

員可能表現出更高的忠誠度，他們對工作和監督往往還表現出較高的滿意感，他們甚至可以和其他雇員一樣有效的接受培訓。這說明老年雇員仍然具有較大的創造價值的能力。在發達國家，對老年雇員的使用在很大程度上還是基於人口出生率的下降及由此引起的勞動力的不足，也部分的包括擔心面臨年齡歧視指控等原因而雇傭老年雇員。在中國，對退休人員的使用則應主要著眼於使其創造價值的能力得到有效的延續及經驗的傳授等方面。

專欄4-3：中國企業集團人力資源管理現狀調查研究——招聘

有效的雇傭制度和招聘方式能夠幫助企業利用有限的人力資源進行競爭，確保企業能夠挑選出所需要的最佳人選。為了達到這一目標，中國企業集團在人員的招聘上通常採用以下幾種方式或渠道：人才市場占100%，現有員工推薦占50%，報紙廣告占80.6%，從整體上講呈現多樣化趨勢。

員工招聘渠道	百分比(%)
人才市場	100
現有員工推薦	50
報紙廣告	80.6
職介所/獵頭機構	25
張貼海報	32.2
專業雜誌刊登廣告	32.6
網上招聘	25

資料來源：趙曙明，吳慈生．中國企業集團人力資源管理現狀調查研究［J］．人力資源開發與管理，2003（7）．

4.1.4 招聘與組織競爭優勢

採用科學的方法，嚴格按照組織人力資源規劃的要求，設計一個有效的招聘計劃，幫助企業通過招聘達到競爭優勢，是企業招聘戰略的核心內容。第一，通過科學有效的招聘降低招聘成本。招聘是需要支付成本的，企業為了招聘到所需的人才，需要進行廣告宣傳和人才市場調查，參加各類人才招聘會，這些都需要支付一筆數目不小的花費，加上企業人力資源部有關人員參加招聘的時間，所有這些就構成了招聘的總成本。要達到通過招聘降低成本並提高競爭優勢的目標，關鍵是要有建立在企業戰略目標基礎之上的科學的工作分析和人力資源規劃，根據工作的性質及對所從事這項工作的人員在知識、能力和技能等方面的要求，提出求職者必須具備的資格和條件。接下來就是將這些資格和條件以申請表的形式具體體現出來。當求職者應聘時，通過對申請表的填寫及對其簡歷的閱讀，就能夠在較大程度上瞭解求職

者的總體概況。只有這樣，才能保證所招聘的人員與工作和崗位相匹配，不致因人員更替導致新的成本的增加。第二，提高招聘職位信息的準確性，讓求職者瞭解並獲得公司職位空缺的準確信息及所應聘工作的具體要求，幫助他們做出正確的應聘決策，在此基礎上降低員工流動率，從而節約開支。第三，提高招聘者的自身素質，避免因其個人不良行為對求職者產生的影響而導致其對企業的誤解，確保不會因為招聘者個人原因導致的員工流失。一般來講，在大部分組織中，流動經常發生在剛參加工作不久的新員工中，這些人之所以會離職，除了自身的原因外，招聘者在招聘時過分熱情的推銷也起了一定作用，比如不切實際的誇大企業的優點，掩飾或降低工作的難度，所有這些都會使求職者對企業和工作的真實情況缺點瞭解。當這些人工作一段時間後發現與其期望值有很大距離時，往往就會跳槽走人。

根據對中國 31 家企業集團的調查，有效的雇傭制度和招聘方式能夠幫助企業利用有限的人力資源進行競爭，確保企業能夠挑選出需要的最佳人選。其中，在招聘方面，中國企業集團最常用的方式和渠道包括：通過人才市場招聘的占 100%，現有員工推薦的占 50%，通過報紙招聘廣告的占 80.6%，職業介紹所和獵頭公司占 25%，張貼海報的占 32.2%，在專業雜誌上刊登廣告的占 22.6%，網上招聘的占 25%。同時，企業招聘的員工往往決定招聘的渠道。比如，普通員工的招聘一般都是直接通過人才市場進行；而對較高層次的員工，一般採用多種渠道同時進行，如人才市場信息發布、高校張貼招聘廣告、刊登報紙招聘廣告，對一些特殊人才則採用委託獵頭公司的形式，在調查企業中有 8 家企業採用了這種形式。此外，隨著企業信息化的發展，有 8 家企業通過網絡發布和接受本企業的招聘信息。這些都反應了中國企業在招聘形式和渠道上的選擇越來越多。[7]

4.2 選擇、配置與組織競爭優勢

4.2.1 人員選擇對組織競爭力的意義和影響

所謂選擇，是指企業從一組求職者中挑選出最適合特定崗位要求的人並使其成為正式員工的過程。選擇是招聘的延續，當企業通過廣告等手段吸引了一批求職者後，就開始進入對求職者的選擇過程。

科學有效的人員選擇對企業來講具有非常重要的意義，首先是可以解決人、崗匹配的問題。嚴格的篩選過程能夠在較大的程度上保證求職者與所申請崗位技能要求之間的匹配性，吉姆·科林斯在研究那些成功地實現從優秀到卓越跨越的公司後發現，這些公司之所以能夠取得這樣如此輝煌的成就，其中一個重要的原因就在於在決定幹什麼事之前，首先決定對人員的選拔。即「讓合適的人上車，不合適的人請下車」。[8] 所謂合適的人，就是指與工作或崗位要求匹配的人。其次是可以達到成

本優勢。如果沒有嚴格的篩選，就可能雇傭不合格的求職者，而重新招聘新的人員以更換不合格的人員是需要支付費用的，加上原來的招聘成本，也不是一筆小的開支。通過嚴格的篩選在相當程度上可以淘汰掉不合格的求職者，從而帶來成本優勢。再次，科學有效的選擇還能夠保證所雇傭的人員職業歷史的清白。最後，適合企業實際的人員篩選能夠為組織帶來競爭優勢。正如專欄4-1豐田公司的招聘和選擇一樣，對一名求職者的雇傭過程要經過20小時6個階段，跨5~6天時間，包括了對求職者在知識、技能、團隊精神、學習和思考能力、人際關係、健康狀況等方面的全方位考察。這種嚴格的篩選和雇傭過程是保證企業在競爭中獲勝的重要法寶。軟件業巨擘微軟公司在人員的篩選上也有自己的一套觀念和方法。蓋茨將微軟塑造成為了一個獎勵聰明人的組織，而這種方法構成了公司成功最重要的一面。微軟公司每年大約要對12萬名求職者進行篩選，公司最看重求職者的總體智力和認知能力的高低，並往往會拒絕那些在軟件開發領域已有多年工作經驗的求職者。在整個篩選和配置過程中，公司所要達到的目的就是把他們安排到與他們的才干最相稱的工作崗位上去。這種對認知能力的重視，反應了微軟公司所處的競爭環境、經營戰略以及企業文化的要求。因為軟件開發領域處於一個變化十分迅速的環境中，這就意味著過去擁有多少技能遠不如是否有能力開發新技能顯得更重要。這就要求企業和員工在承認變化的同時去適應變化，從而以比競爭對手更快的速度和更敏捷的反應取得競爭的勝利。正因如此，微軟公司十分重視對新員工的篩選與配置，蓋茨本人也常常參加面試。蓋茨認為，智力和創造力是天生的，企業很難在雇傭了某人後再使其具有這種能力。蓋茨曾經聲稱，「如果把我最優秀的20名雇員拿走，那麼微軟將會變成一個不怎麼起眼的公司。」這就充分證明了人才對於微軟過去的成功及其未來的競爭戰略所具有的核心作用。正是因為對人員選擇的重視，才保證了微軟能夠在激烈的市場競爭中站穩腳跟。

由於人員選擇不當給企業帶來的損失同樣是十分明顯的，包括增加生產經營成本，即由於選擇不當導致的替換成本的增加，不利於組織的穩定以及影響組織目標的實現等。

4.2.2 人員選擇方法的標準

人員選擇標準包括兩個方面的內容：一個內容是關於具體的技術層面的人員選擇或測試方法，如認知能力測試、工作樣本測試、人格測試等。另一個是比較宏觀和抽象的非技術層面的選擇標準，如對人品德的評價等。我們認為，在當前的商業環境中，後者呈現出越來越重要的趨勢。關於第一個方面的內容，很多的專業教科書都有論述，因此本書只是做一簡單介紹，而把重點放在人員選擇標準的第二個方面。

選擇方法的依據。企業無論採用什麼選擇方法，都必須具備一個基本條件，即嚴格的工作分析，通過工作分析，勾畫出工作崗位對任職者的具體要求，然後將這些要求通過具體的方法表現出來，即在選擇的過程中挑選出符合這些條件的求職者。下面涉及的效度等標準就是建立在這一基礎之上的。

　　選擇方法的標準。組織對求職者進行甄選，目的在於通過對其某一方面的特徵（如運用數字的能力）進行測試，最終能夠得到一個定量的分析評價，即按分數高低的排序（測試者的得分），以便為最終決定招聘哪一個求職者提供決策依據。人員選擇的標準是和選擇的方法密切相關的。由於很多的方法是從社會學、心理學等學科發展起來並在企業管理、人力資源管理等具體實踐中應用。因此在採用這些方法時，為了提高其真實性和不受或盡可能少受人為的干擾，應有相關方面的專家參加，同時在選擇具體方法的時候要注意需要達到的標準。

　　專家認為，任何一個人員甄選過程都必須要遵循五個方面的標準，即效度、信度、普遍適用性、效用和合法性。[1,9] 下面對這幾個方面做一簡要介紹。①效度。所謂效度是指測試手段的有效性，即測試績效與實際績效、或實際測試與工作之間的關聯程度，目的在於通過測試預見被測試者今後在實際工作中的表現。效標效度和內容效度是證明測試效度的兩種主要方法。效標效度是通過對測試分數（預測因子）與工作績效（效標）相關來證明測試是有效的一種效度類型，其作用在於要證明那些在測試中表現好或不好的被測試者在今後的工作中同樣表現好或表現不好。內容效度是指一項測試對工作內容的反應程度。其基本程序是，從對工作績效十分關鍵的工作行為角度界定工作內容，然後隨機挑選一些任務和工作行為作為測試中的行為樣本。②信度。所謂信度，是指測試手段的可信度，即一種方法不受隨機干擾的程度。它表示所採用的測試方法在對同一個求職者的重複或多次測試後所得到的結果或分數是否一致的判斷。從這一點來看，它主要表示的是時間信度。③普遍適用性。普遍適用性是指在某一種條件下建立的篩選方法的有效性同樣適用於其他條件下的程度。比如一種方法在不同的工作條件、不同的人員樣本以及不同的時間段。④效用。所謂效用即測試方法的實際效果。一般來講，篩選方法的可信度越高，有效性越高，普遍適用性越強，效果也就越大、越好。⑤合法性。以上四個標準都是具有內部關聯性的，而合法性是一個單獨的概念。任何一種篩選方法都必須符合法律、法規的要求。

4.2.3　人員的選擇標準

　　以上所談的選擇方法五個方面的要求大多都是從方法或手段本身的合理性和科學性出發的，這些內容基本上屬於具體的或技術層面的範疇。而對一個人在職業道德、職業操守和職業信譽等方面的評價，是一個更高層面的標準要求，雖然這些評價的標準可能比較抽象，但並非難以把握。從某種程度上講，這也可能是更重要的

一個環節。下面我們將從中國黨和政府、中外管理學者、中外企業家等不同的角度來探討這一問題。

不同的時代有不同的用人標準。在封建社會，最重要的人才選拔制度就是科舉考試，能夠取得好的科舉考試成績的就是人才。中國古代的科舉考試始於隋朝，經歷唐朝的進一步完備、宋朝的改革、明朝達到鼎盛、清朝趨於沒落。儘管對科舉制有各種各樣的評價，但客觀上講，通過科舉考試湧現出了一大批來自各階層的人才，為歷代統治階級提供了一批又一批的官僚，並構成國家各級管理體制的重要來源。一旦在科舉考試中取得好的成績，就可能一舉成名。比如在唐朝，很多宰相都是進士出身。在戰爭年代，評價人才的標準就是善於作戰，即「運籌與帷幄之中，決勝於千里之外」。在和平發展年代，對人才評價的標準包括很多方面，如政治的進步、經濟的繁榮、社會的發展等。

現階段中國黨和政府的人才標準。黨和政府歷來比較重視人才的培養和選拔。黨的十六大以後，又出拾了一系列的文件和政策，對新時期的人才提出了新的標準和要求。如《中共中央國務院關於進一步加強人才工作的決定》（以下簡稱《決定》）就將「尊重勞動、尊重知識、尊重人才、尊重創造」作為新時期人才工作的指導思想。《決定》指出，新形勢下的人才標準應當是：「只要具有一定的知識或技能，能夠進行創造性勞動，為推進社會主義物質文明、政治文明、精神文明建設，在建設中國特色社會主義偉大事業中作出積極貢獻，都是黨和國家需要的人才。要堅持德才兼備原則，把品德、知識、能力和業績作為衡量人才的主要標準。」在這個標準中，品德是排在第一位的，其次才是知識、能力和業績。

管理學家對人才的標準同樣也表現出了對個人品德的嚴格要求。如管理學大師彼得・德魯克在其《管理的實踐》一書中就明確提出了他對一個合格的管理者的評價標準。[10]德魯克指出：管理層不應該任命一個將才智看得比品德更重要的人，因為這是不成熟的表現。管理層也不應該提拔害怕其手下強過自己的人，因為這是一種軟弱的表現。管理層絕不應該將對自己的工作沒有高標準的人放到管理崗位上，因為這樣做會造成人們輕視工作，輕視管理者的能力。德魯克認為，一個人可能知之不多，績效不佳，缺乏判斷能力和工作能力。然而，作為管理者，他不會損害企業的利益。但是，如果他缺乏正直的品質——無論他知識多麼淵博，多麼聰明，多麼成功——他具有破壞作用。他破壞企業中最有價值的資源——企業員工。他敗壞組織精神，損害企業的績效。在德魯克眼中，管理者最重要的一項工作就是建立組織精神，而這種精神需要品質作為基礎。他認為，最終能證明管理者的真誠和認真的是毫不含糊地強調正直的品質，因為領導工作是通過品質才能得到貫徹實施的。他又說：一個組織如果有一位具有魄力但很腐敗的管理者，恐怕這是最糟的事了。像這樣的人，如果他自己單干，也許還可以；如果是在一個組織裡，但是不讓他管轄別人，也許他還能得到容忍；可是如果在組織中叫他當權，那就成事不足，敗事

有餘了。我們必須注意一個人的缺點所在，這是攸關組織成敗的問題。正直的品格本身並不一定能成就什麼，但是一個人如果缺乏正直和誠實，則足以敗事。所以人在這方面的缺點，不能僅視為績效的限制。有這種缺點的人，沒有資格做管理者。[11]

中外企業家的人才標準。對於企業來講，掌握人才選拔的技術或定量標準固然重要，但非技術的定性標準也很重要，其重要性有時甚至超過前者，這個標準就是人的品德、誠信和可靠性。首先，企業要樹立「德、才、績」的用人標準。這一標準強調以「德」為先，以「才」揚「德」，以「績」明「德」。以「德」為先一方面體現企業對顧客、股東、員工和社會等相關利益群體的承諾和企業公民必須具備的社會責任；另一方面又通過文化和規範，內化為企業每一個員工的職業道德和職業信譽。以「才」揚「德」表明了企業道德系統與員工能力、技能以及公信力之間的辯證關係。一個具備了良好品德修養和職業信譽的人，其能力和技能的應用才可能得到同事和組織的讚許，甚至有時業績標準稍差，仍然能夠得到組織的認可。以「績」明「德」則表明了企業的經濟性質特徵，即一個有「德」之人必須同時也是有「才」之人，即能夠具備一定的創造經濟價值的能力。其次，正確認識並處理好「德」與「才」的關係，避免「德高才低」和「才高德低」的情況，始終是企業面對的一個重大課題。

每一個企業都有自己對於「德」和「才」的不同看法和標準。我們會發現，這些生產不同產品、提供不同服務項目的企業，在用人的標準上是驚人的一致。杰克·韋爾奇曾描繪了四種不同的經理：第一種是既能夠實現組織目標，又能夠認同組織價值觀的，這種人的前途自不必說。第二種是那些既沒有實現組織目標，又不認同組織價值觀的人，他們的前途與第一種恰恰相反。第三種是沒有實現組織目標，但是能夠認同組織價值觀的人，對於他們，根據情況的不同，給幾次機會，可能東山再起。第四種是那些能夠完成組織目標，取得經營績效，但卻不認同公司價值觀的人。他們是獨裁者，是專制君主，是「土霸」似的經理。杰克·韋爾奇明確提出，在「無邊界」行為成為公司價值觀的情況下，絕對不能夠容忍這類人的存在。[12] 華為公司總裁任正非在其著名的《華為的冬天》一文中也講到了幹部提拔和任用的原則：我們提拔幹部時，首先不能講技能，要先講品德，品德就是敬業精神、獻身精神、責任心和使命感。遠大公司的用人標準也是堅持「德才兼備」的政策，具體表述為：有德有才，破格重用。升遷迅速，發展空間直至總裁。有德低才，培養使用。品德出眾的人只要勤學苦干，最終會成為人才。有才低德，教育使用。品德不高者只要誠心受教育，可能會成為人才。有才無德，堅決不用。無德者，才能越高越糟糕。[13]

以上這些標準的核心都反應的是對「德」與「才」的判斷問題。我們認為，以上四種類型的人在企業都存在，他們的特徵不同，企業的關注也應有所差別。德才

兼備者就數量來講屬於少數，主要由企業的負責人和核心員工構成，他們具有很高的道德修養以及很強的創新精神和創造能力，能夠隨時適應環境變化和組織的變革，是構成企業核心競爭力的關鍵要素，因此應該成為企業重點關注的對象。德大於才的人的業績雖然可能不是最高或最好的，其創造性和創新精神可能比前者稍弱，但由於有較好的個人修養和人際關係，因此仍然成為企業追捧的對象。在「聖人」難求時，這部分人最有可能成為企業管理團隊特別是高層管理團隊的人選。才大於德者的能力很強，也具有很強的創新精神，但在個人品德、修養和誠信力等方面可能存在一定缺陷，難以獲得企業的充分信任。對於這部分人來講，企業應將重點放在發揮其優勢上，通過嚴格的道德規範和記錄約束，對其進行限制，使他們的行為模式從總體上符合企業和社會的要求。而對企業的大部分人來講，他們的「德」和「才」處於一個中間層次，他們一方面具有一定的道德規範水準，另一方面也具備了勝任本職工作的知識和能力，在上級的領導下開展工作，是企業高績效員工的得力助手。關於這方面的詳細內容，請參見本書「績效管理」一章中關於「不同績效員工的識別與管理」的相關內容。

4.2.4 選擇的技術方法

（1）面試

在眾多的選擇方法中，面試是最普遍採用的一種。雖然早期的研究認為面試的信度和效度都很低，但近期的研究則表明面試仍然是一種有效的甄選工具。[1]203在對中國企業集團人力資源管理有關篩選方法的調查中，100%都採用了面試的方法，被調查的集團全面通過面試對應聘人員進行篩選認知能力測試。這說明了這一方法的普遍性和實用性。

首先，面試的最大優點在於通過面試者與求職者面對面的交流，能夠在較大程度上獲得求職者的第一手資料。比如，通過與求職者的對話，能夠比較準確地瞭解和掌握其語言的表達能力，而這對於市場銷售人員是最基本和最重要的一項能力要求。其次，由於面試的時間限制，提出的問題往往是直接和難以迴避的，求職者不得不在第一時間做出自己的選擇，如果沒有與提問問題相關的背景或經歷，就不可能做出準確的回答。最後，有經驗的面試者往往能夠將原則性和靈活性有機地結合在一起，得到一些意想不到的結果。一方面他們不但能夠通過將面試的問題集中在與工作有關聯的問項上而得到求職者是否適合該工作的基本信息，同時還能夠從面試中瞭解和發現求職者的其他某些長處，而這些長處對於組織的戰略或其他崗位要求來講可能是非常重要的，從而增強了組織招聘和選擇政策的靈活性和適應性。

雖然面試有很多優點，但同時也存在缺陷。這些缺陷主要表現在：①面試的主觀性。這裡講的主觀性主要是指面試者漫無邊際的談話使求職者不知所措。有經驗的面試者經常會採用從表面上看似乎漫無邊際而實際上針對性很強的輕鬆的面試談

話，通過輕鬆的交流瞭解求職者的能力水準。但對於那些沒有經驗的面試者來講，則缺乏這種技巧，往往可能給求職者一個錯誤的導向，即企業的招聘和選擇是不負責任的。②隨意性。主要指在面試過程中提出的問題與求職者希望應聘的工作崗位要求之間沒有聯繫，這樣就難以瞭解和掌握求職者是否適合工作崗位要求的依據，最終使招聘和選擇流於形式。③面試者的自身素質的不良影響。主要是指面試者出於完成任務等原因而對求職者提出的問題做出不切實際的介紹或回答，對求職者進行誤導，其結果通常會導致求職者過高的預期，當求職者正式被錄用後，發現實際情況與原來的預期有很大出入時，往往就會跳槽，這樣一方面增加了成本，同時也造成了組織工作的混亂。④企圖通過面試來瞭解和掌握求職者所有信息的考慮。面試並不能對求職者的所有方面作出全面而準確的評價，對於一些可以通過測試來評價的問題，就應盡量避免採用面試來進行。如果以上方面的問題不解決，就可能會在一定程度上影響面試的效果。

以上面試的缺陷在一定程度是可以避免或至少是可以降低的。專家、學者以及人力資源管理的實踐者們在這方面做了大量的研究和論證，提出了若干提高面試效果的方法，如結構性面試、情景面試等。下面就對這些方法做一介紹。

第一種：結構性面試。

結構性面試又稱定向面試（Directive Interview），是指在面試前根據招聘崗位的性質、特點以及組織文化、價值觀等方面的要求，提前擬訂的一套有標準答案、並要求所有求職者回答的標準化和結構化的問題或問卷，其基本特點是比較準確，由於對所有的求職者都採用的是同一套問卷，從而在一定程度上減輕或避免了因面試者的個人喜好和主觀判斷產生的評價標準不統一的問題。在結構性面試中，最重要的一個環節就是面試題目的確定，要使題目具有科學性和準確性，首先必須有嚴格規範的工作分析，這樣才能夠使面試題目集中在與工作有關和與任職者有關的基礎之上，從而提高招聘的質量。

與結構性面試相反的就是非結構化面試（Nondirective Interview），即面試者不必按照事先準備好的一套程序和規則向求職者提問。非結構化面試的優點在於，對於有經驗的面試者來講，能夠在總體把握工作規範或關鍵技能要求的基礎上對求職者進行提問，如果認為對某個問題回答的層次、範圍不夠，或表述不清、或面試者不滿意，則可以針對該問題對求職者進行追蹤或深度提問，一直到求職者表述完畢或面試者滿意為止。這種方式的缺陷在於容易犯隨意性的錯誤，因此對沒有經驗的面試者來講，最好採用結構性面試。

第二種：壓力面試。

所謂壓力面試，顧名思義，就是在面試中給求職者製造出某種壓力。這種壓力不是指求職者參加面試的壓力，而是指面試中提出的問題對求職者產生的壓力。在壓力面試中，往往通過給求職者提出一些非常直接或讓其很不舒服的問題，以觀察

和考證求職者在遇到突然事件時的態度、反應、承受能力以及控制能力。比如，求職者往往會將自己在多家公司從事過多種工作作為自己的資本而進行炫耀，面試者可以針對這一點向其提出這樣的問題：「根據你的簡歷，在過去的一年你曾經在三個公司工作，這種過於頻繁的工作變換是一種心態浮躁、不負責任的表現。」如果求職者能夠非常冷靜地做出合理的和令人信服的解釋，則表明該求職者具有良好的控制能力，面試者就可以接著提其他的問題。如果求職者立即表現出不高興、憤怒的表情甚至吵鬧，則表明該求職者在面對壓力時承受能力和控制能力很弱，從而造成工作上的隱患。現代的企業面臨著越來越大的競爭壓力，這種壓力最終會轉移到每個員工，特別是對於從事銷售、服務等工作的員工來講，隨時都會面臨一些刻薄刁鑽的問題，如果沒有很好的心理承受能力，就可能會影響與顧客、供應商等相關方面的關係。因此，企業在招聘從事這類工作的員工時，壓力面試是一個不可缺少的環節。

第三種：情景面試。

所謂情景面試（Situational Interview），就是通過提出的問題，給求職者模擬出一種工作的情景或氛圍，讓求職者回答。情景面試主要分為兩種，一種是經驗型，一種是未來導向型。經驗型情景面試主要是考察求職者在以前的工作經歷中是如何處理和解決與工作相關的問題的，它強調的是用過去的行為預測未來的結果，瞭解求職者過去「實際做過什麼」，即求職者以前的工作經驗。比如可以提出這樣一些問題：「請描述一次你最近和同事發生衝突的事例，你是如何解決的。」「在你最近的一次工作中你做出的最困難的決策是什麼？你當時是怎麼考慮和下決心的？」未來導向型情景面試主要是考察求職者如果遇到某個問題，他（她）將如何去處理和解決，主要瞭解和詢問求職者「會做什麼」和「應做什麼」，它強調的是求職者未來可能採取的方法。比如：「假如你在今後的工作中和你的同事在採取何種方式能夠最好地解決部門中其他員工的缺勤問題上發生了分歧，你將如何來解決？」等。

情景面試與結構化面試有相同的地方，即有一套標準的、適用於同一工作崗位的所有求職者的面試題目。因此它的效果也比較好。情景面試的兩種方法無所謂優劣，關鍵取決於企業的用人標準和適用的人群。有的企業比較強調和看重求職者的工作經驗，因此，對於有從業經歷或工作經驗的求職者，採用經驗型情景面試就比較適合。當面試的目的在於評價求職者實際具備什麼能力時，經驗型的效果要好於未來導向型，因為把「會做什麼」和「應做什麼」轉變為「實際做過什麼」時，就提供了一種比較客觀的關於求職者實際水準和能力的評價標準。有的企業可能不看重求職者的工作經驗，而是強調求職者未來的行為取向，對於剛參加工作的求職者來講，這種方法就比較適合。

專欄4-4：美國西南航空公司通過情景面試以獲取競爭優勢

1. 問題：如何從成千上萬名求職者中挑選最佳的雇員

在任何情況下，要挑選並雇傭一個最佳候選人都不是一項容易的任務。當一家公司為了一個職位必須審查許多求職者時，這個問題就顯得尤為困難。美國西南航空公司（Southwest Airlines）經常面對這種情況，因為它每年需要從上萬件工作申請中進行挑選。例如，在1994年，西南航空公司收到126,000多封申請4500個職位空缺的信件，這些職位包括航空服務員、飛行員、預訂票代理人和機械師等，僅在頭兩個月，就有1200名求職者被雇用。

2. 解決辦法：實行有目的的挑選方法

為了能夠挑選出公司需要的求職者，西南航空公司利用了一個能準確評價所有求職者的系統方法，因此得以比較順利地挑選求職者。這個系統被稱做「有目的的挑選」，該系統的建立主要基於以下原則：

識別該職位的關鍵性工作要求。

把挑選成分組織到一個綜合系統中。

用過去的行為來預測未來的行為。

應用有效的面試技能和技術。

使幾個面試者都包括在有組織的資料交換的討論之中。

從行為模擬中增加帶有觀察性的面試。

西南航空公司通過一項工作分析開始挑選過程，以識別成功地做好這項工作所必需的特殊的「行為、知識和動機」。經理們事先設計好面試問題來測量那些品質。這些問題基於這樣的假設：過去的行為是未來行為的一個良好預測因子——如果某人在過去已很好地處理了各種各樣的情況，那麼他或她就有可能將繼續這樣做。這些面試問題因此被設計成可以發現求職者在過去已成功地顯示了所必需的能力。

以下就是西南航空公司在某些特定的工作中所追尋的某些品質的某些例子以及為評價這些品質要問的問題。

判斷：「在你最近的一次工作中不得不做的最棘手決策是什麼？描述一下圍繞這一決策的情況、決策本身和決策的結果。」

團隊工作：「告訴我在你先前的工作中，你全力以赴地去幫助過一位同事的情況。」或者，「告訴我有一次你和一位同事有衝突的情況。」

西南航空公司相信，這種挑選方法比傳統的方法更為客觀。按傳統方法，對人們的評價依據他們對理論問題的回答，這些理論問題是關於求職者「會做」或「應做」什麼的問題。西南航空公司把注意力集中於求職者「實際」做過什麼，這就提供一種關於求職者能力的好得多的且主觀性少得多的看法。

3. 使用有目的的挑選方法怎樣提高競爭優勢

按照西南航空公司的雇傭總監雪莉·菲爾普斯的看法，雇傭最優秀的求職者是

提高公司競爭優勢的一個關鍵:「我們的費用可以被超過;我們的飛機和航線可以被模仿。但是,我們為我們的顧客服務感到驕傲,這就是為什麼西南航空公司尋求能產生熱情並且傾向於外向型人格的候選人的原因。通過有效性的雇傭,我們能為公司節省費用,並且達到生產率和顧客服務的更高水準。」

西南航空公司在達到競爭優勢方面相當成功,這部分地應歸功於它的挑選實踐。例如,在整個行業普遍虧損的情況下,西南航空公司於1994年獲利1.97億美元,並且它的每英里7美分的營運成本是全行業中最低的。從1992年到1994年,西南航空公司獲得了美國運輸部頒發的「三皇冠」獎,以表彰它的準時績效、行李處理和最少顧客投訴的業績。

根據「西南航空公司獲取競爭優勢」改寫。資料來源:勞倫斯·克雷曼. 人力資源管理:獲取競爭優勢的工具 [M]. 吳培冠,譯. 北京:機械工業出版社,1999:124。

第四種:輕鬆面試。

所謂輕鬆面試是基於筆者的工作經驗總結出的一種面試方法,它有點類似於非結構化面試。這種方法的目的是通過營造一種輕鬆的氛圍去發現求職者的優點和破綻。一般來講,求職者在參加面試前都要通過各種渠道瞭解企業的情況,而企業在面試和看到求職者的簡歷前對求職者基本上是一無所知,這樣就形成企業在明處而求職者在暗處的情況。同時由於面試是決定求職者是否能夠被雇傭的一個十分重要的環節,因此求職者往往會做精心的準備,以展現自己最好的一面。此外,由於參加面試時的緊張心情,一些面試者也可能沒有能夠表現出應有的水準,輕鬆面試就是要在這樣的環境氛圍中去發現真實。輕鬆面試對面試者的要求很高,首先,面試者要善於創造一種輕鬆的談話狀態,因為只有在這樣的狀態下,求職者才能夠暢所欲言地表達自己的觀點;其次,要善於從這種暢所欲言的談話中去發現求職者的優點,以及從「得意忘形」中尋找破綻。

對面試方法的評價。絕大多數的組織在進行人員挑選時都採取了面試的方式,在「中國企業集團人力資源管理現狀調查研究」關於「篩選、面試」的調查中,被調查的集團全面通過面試對應聘人員進行篩選,並在招聘過程中使用了統一的應聘表格。這些都在一定程度上說明了這一方法的重要性和有效性。但另一方面,面試也有相當的局限性。根據有關資料統計,面談對於真實瞭解面試者的特性實際上的精確度不到20%;通過結構性面談雖然有助於改善面談結果的精確度,但其仍然低於35%的有效性。[14]要提高人員挑選的精確度,主要應從以下方面努力:一是要提供面試者自身的素質;二是不要只使用一種方法,而要綜合運用各種挑選方法;三是要有工作試用期或實習期。新人進入公司後一般都有見習時間,《中華人民共和國勞動合同法》賦予用人單位可以有6個月的試用期,用人單位應最大限度地利用這段時間對新員工進行考察。

（2）認知能力測試

在對人員的甄選方法中，認知能力測試是比較重要的一種。認知能力包括多方面的內容，但通常一般針對的是語言能力、數字能力以及邏輯推理判斷能力三個方面。這三方面的能力高低，往往決定了一個人工作勝任能力的大小。通過對這三個方面能力的測試和評價，可以大致勾畫出被測試者的基本能力輪廓。語言能力包括語言的理解能力和使用能力兩個方面，如良好的書面、口頭的理解和表達能力，這是從事任何工作最基礎的技能要求。數字能力是指在對數字的理解、使用以及解決與數字有關的問題時的速度和準確性方面的能力。邏輯推理判斷主要是指發現問題、分析問題以及解決問題的能力。認知能力是可以進行測試的，比如可以安排這樣的測試：擬定一個包含有上述內容的測試題，要求被測試者就該題目進行討論，並在討論的基礎上提交各自的解決方案。

（3）工作樣本測試

所謂工作樣本測試，就是通過模擬實際的工作環境、工作條件，使被測試者親臨其境，然後觀察其工作過程和工作效果並直接得到其工作勝任能力的一種測試方法。「藍中處理法」就是典型的工作樣本測試方法。這種方法的適用面很廣，不僅適合管理人員的工作，而且也適合從事具體生產操作的工作。比如在對管理人員的測試中，可以向被測試者提供一組文件，要求其以崗位任職者的身分對這些文件提出處理意見。由於這些文件所涉及的問題與實際工作中的問題具有較高的關聯性，能夠在相當程度上以此預測被測試者今後實際的表現，因此效度較高。這種方法還可以用於從事具體操作的工人。（請參見專欄4-5：機修工的工作樣本測試）

專欄4-5：機修工的工作樣本測試

步驟1：在對機修工進行工作樣本測試時，測試者首先要列出機修工所要執行的所有可能任務。對於每項任務要列出執行頻率，以及對整個機修工作的相對重要性。因此四項關鍵任務是安裝滑輪和皮帶、拆卸和按照齒輪箱、安裝和調試馬達、將導管壓入鏈輪。

步驟2：測試者將這四項任務分解成完成任務的具體步驟。每一步驟的執行方法可以有所差別，由於一些方法比另一些方法好，測試者可以根據不同的方法給予不同的權重。

比如，「在安裝前核對螺栓」是「安裝滑輪和皮帶」的一個步驟，清單中要列出不同的核對方法：①根據軸核對；②根據滑輪核對；③兩者都不。每一方法後面的權重反應了其價值。

在安裝前核對螺栓：

—— 軸	3分
—— 滑輪	3分
—— 兩者都不	1分

每位被測試者都要執行這四項任務,例如安裝滑輪和皮帶。被測試者執行每一步驟的情況有測試者實施監督。測試者在觀察的同時要記錄下被測試者選擇的方法。因此,假定被測試者在安裝前根據滑輪檢查螺栓,於是測試者在「滑輪」上做標記,以顯示被測試者在執行安裝滑輪和皮帶任務中選擇的一個特定步驟。

步驟3:通過確定被測試者工作樣本測試得分與實際工作績效之間的相關關係,檢驗工作樣本測試的有效性。只要工作樣本測試是工作成功的有效預測因子,雇主就可以將其運用到對雇員的選拔上。

資料來源:加里‧德斯勒. 人力資源管理 [M]. 6版. 劉昕, 吳雯芳, 等, 譯. 北京:中國人民大學出版社, 1999:171.

(4)求職者的個人簡歷

儘管求職者個人簡歷的可信度較低,但它仍然是企業瞭解求職者的一個重要渠道。之所以可信度低,在很大程度上是因為求職者為了謀求工作而盡可能突出自己好的方面的信息,同時掩蓋自己認為是弱點的信息。但有經驗的招聘者仍然能夠從簡歷中找到需要的東西,如所學專業、從業經驗、工作單位、資格證書等。對於招聘人員來講,最重要的是要善於從求職者的簡歷中找到與崗位要求相關的信息,以便進行初步的篩選,同時通過面試等手段,對簡歷中的信息進行核實和查證。為了最大限度地減少簡歷審查中無謂的時間和精力耗費,招聘企業可以在招聘廣告中闡明對求職者簡歷的基本要求。

此外,一些對身體能力有特殊要求的工作還需要對身體能力進行測試。

對測試的評價一方面涉及測試本身的效用,另一方面也牽涉到應如何評價員工的問題。首先,儘管各種測試方法已經得到越來越廣泛的使用,但其有效性仍然不足。如專家們經過驗證發現,測試手段的有效性仍然不高,測評工具所能提升甄選人才的精確度依然低於43%。[14]另有專家認為,不要把測試當作唯一的甄選技術,而是要用測試方法補充因面談、背景調查等甄選方法的不足。因為測試並不總是有效,即使在最好的情況下,測試分數也只能解釋績效測量差異的25%。此外,測試通常能更好地告訴你誰不能勝任工作,而不是誰能勝任工作。[1]164由於測試的有效性不足,因此測試本身不能夠成為人員評價的唯一標準。再加上信息的不對稱,使得任何一種篩選方法都不可能達到最理想的結果。但這並不等於測試和選擇沒有作用。雖然沒有最理想的選擇方法,但通過各種方法的組合,可以在一定程度上改善和提高選擇的效果。比如在對管理人員的篩選中,工作樣本測試、高度結構化的面試和認知能力測試就是一種較好的篩選方法組合。

其次，由於測試的有效性不足，因此不能單憑測試結果對員工做出評價。這裡涉及一個如何認識員工優點和不足的問題。一般來講，當一個員工的優點特別突出的時候，往往其缺點也同樣突出。在評價這一類的員工時，不同的思維方式可能得到不同的結果。科學研究的成果和優秀經理們的經驗告訴我們，人的思維方式是至關重要的。既然人的性格和某些行為是難以改變的，因此，首先應該考慮的是如何發揮自己現有的優勢。當你將自身的優勢發揮到極致時，你就可能打敗你的競爭對手，此時也就意味著你與對手相比較的劣勢已經不存在了。如果只想著彌補自身的劣勢，或首先考慮的是如何改進自己的不足，並且為之耗費了大量的時間和精力，不但劣勢不能得到有效的改善，而且你的優勢也就不復存在，結果就只能是枉費心機。中國古代「田忌賽馬」的故事也告訴了我們同樣的道理。當齊國大將田忌按照傳統的思維方式與齊威王進行賽馬比賽時，比賽的規則是將各自的馬分為上、中、下三等，比賽時，上馬對上馬，中馬對中馬，下馬對下馬。由於田忌各個等級的馬都比齊威王弱，因此，他輸掉了比賽。而當他聽從孫臏的建議重新與齊威王比賽時，他改變了策略，用下馬對齊威王的上馬，用上馬對齊威王的中馬，用中馬對齊威王的下馬，最終贏得了比賽。

4.3 管理實踐——業務部門經理和人力資源部門的定位

4.3.1 業務部門經理的作用

要增強企業招聘和選擇工作的有效性，單靠人力資源部是遠遠不夠的，必須要有業務部門經理的積極參與。

招聘方面的作用及技能。業務部門經理的首要工作是明確崗位空缺和招聘需要。首先，在招聘環節，業務部門經理的主要工作是根據企業經營管理的要求以及部門人員流動趨勢的預測，辯明部門結構及其崗位設置是否能夠滿足經營管理的需要，包括工作量的增加帶來的新的人員需求、員工流動造成的崗位空缺，以及企業新的經營目標可能導致的確定設立新的崗位的要求等方面。其次，要將這種人員的減少或增加的信息及時地傳遞給人力資源部門，包括新增職位或工作所要求的知識和技能要求、新增職位或工作的特點等，以便使人力資源部在發布招聘信息時能夠準確無誤。

挑選和配置方面的作用及技能。經理在挑選和配置方面的作用及技能包括：一是根據工作分析的信息確定求職者的知識結構和業務能力要求，這是整個招聘工作的基礎。二是參與面試。通過在面試中與求職者的交流，瞭解其是否符合崗位的要求，特別是對於那些需要具備從業經驗的崗位，用人單位的負責人往往能夠通過有效的面試，發現求職者是否具有與招聘崗位要求相關的經驗，從而為錄用決策提供

依據。三是對求職者的簡歷、背景材料和面試結果進行評價。四是提供是否錄用的意見。一般來講，業務部門或用人單位負責人的意見往往會左右或影響錄用決策，因為他（她）們作為求職者今後工作的領導者或管理者，對所錄用的人員有直接的管理權，同時對其能否有效完成崗位目標也負有最終責任。因此，他們的意見應成為招聘決策重要的依據。

4.3.2　人力資源部門的作用和技能

業務部門經理參與招聘過程主要是提供工作條件要求等方面的信息，而具體對外發布招聘信息和組織招聘工作的是人力資源部門。

招聘方面的作用及技能。首先是對招聘過程進行科學合理的規劃，包括：經常性地與業務部門的經理或用人單位加強溝通和的交流，隨時瞭解部門工作崗位要求等方面的信息，對人力資源規劃進行補充或調整，以便為招聘工作做好準備；具體組織招聘工作，如通過廣告等方式向外界發布招聘信息、對求職者的申請表和簡歷進行核實和篩選、與用人單位共同選擇參加面試的求職者、安排面試時間、與用人部門一起參加面試、選擇測試方法、向面試人通知招聘結果等。最後是對招聘過程進行總結，為以後的招聘工作累積經驗。

挑選和配置方面的作用及技能。人力資源部門的主要任務是提供技術支持和相關服務，包括：協助業務部門經理根據企業經營目標要求進行工作分析，並寫出工作描述和任職資格，以作為招聘信息的主要依據；決定對求職者使用的篩選方法；根據崗位要求設計相應職位申請表格；如果要進行結構性面試，需要與業務部門經理一起設計結構化面試的問題清單；進行求職者簡歷或相關材料的審察；參加面試並提出用人意見；給出是否同意業務部門經理錄用決策的意見，並報總經理辦公會批准；向求職者解釋公司的薪酬政策等求職者關心的其他問題；根據公司規定和部門意見決定被錄用員工實習期長短和定級標準；提供求職者初步培訓方案等。

4.3.3　中國企業的招聘和選擇實踐

根據對中國31家企業集團的調查，有效的雇傭制度和招聘及選擇能夠幫助企業利用有限的人力資源進行競爭，確保企業能夠挑選出需要的最佳人選。在篩選方式方面，被調查的集團全部都採用了面試對應聘人員進行篩選，並在招聘過程中使用統一的應聘表格。自制專業知識和技巧測試題的占32.2%，推薦考試的占32.2%，體檢的占90.3%，心理測試分析的占6.5%，評估中心的占3.2%，採用其他方法的占3.2%。但採用評估中心、心理測試等現代篩選方式的很少，這反應了與發達國家的差距。

在整個招聘和選擇的過程中，參加調查的所有企業集團的人力資源部門都直接參與了招聘和篩選活動，80.6%的人力資源部經理直接參與了全過程，這表明了對

招聘和篩選的重視。在參加面試的部門中，人力資源部全面參與的用人單位也占了80.6%。但僅有一家外資性企業集團在招聘過程中會經常邀請專家參與，17家集團則從來沒有邀請過外部專家參與招聘，考慮到中國企業在人力資源管理開發技術方面的局限性，這反應了中國企業招聘過程中的不足。

從面試的類型看，占被調查企業總數的74.2%的企業（23家）經常是由2～3人參加面試，只有12.9%的被調查企業是由一人參加（4家），採用小組面試的占被調查企業的12.9%。這說明企業已經意識到了一人面試的局限性。

註釋：

[1] 加里·德斯勒. 人力資源管理 [M]. 6版. 劉昕, 吳雯芳, 等, 譯. 北京: 中國人民大學出版社, 1999.

[2] CLARK K. Reasons to Worry About Rising Wages [J]. Fortune, July7, 1997: 31-32.

[3] BRANCH S. Mbas Are Hot Again and They Know It [J]. Fortune, November 14, 1997: 155-157.

[4] SUNOO B P, LAABS J J. Winning Strategies for Outsourcing Contracts [J]. Personnel Journal, 1994, March: 69-78.

[5] ANFUSO D. 3m's Staffing Strategy Promotes Productivity and Pride [J]. Personnel Journal, 1995: 28-34.

[6] REINGOLD J. Casting for a Different Set of Characters [J]. Business Week, December 8, 1997: 38-39.

[7] 趙曙明, 吳慈生. 中國企業集團人力資源管理現狀調查研究 [J]. 人力資源開發與管理, 2003 (7).

[8] 吉姆·科林斯. 從優秀到卓越 [M]. 俞利軍, 譯. 北京: 中信出版社, 2002: 51.

[9] 雷蒙德·諾依, 等. 人力資源管理: 贏得競爭優勢 [M]. 3版. 劉昕, 譯. 北京: 中國人民大學出版社, 2001: 226-239.

[10] 彼得·德魯克. 管理的實踐 [M]. 齊若蘭, 譯. 北京: 機械工業出版社, 2006: 133.

[11] 彼得·德魯克. 卓有成效的管理者 [M]. 許是祥, 譯. 北京: 機械工業出版社, 2005: 88.

[12] 傑克·韋爾奇, 約翰·拜恩. 傑克·韋爾奇自傳 [M]. 曹彥博, 譯. 北京: 中信出版社, 2001: 176.

[13] 華西都市報, 2006-04-30 (24).

[14] 呂子傑. 如何有效的確立企業人才評估模式 [J]. 人力資源開發與管理, 2004 (9).

技術性人力資源管理：
系統設計及實務操作

本章案例：人的性格是可以改變的嗎？

你有多少可以改變？如果你討厭見生人，你會學會以打開僵局為樂嗎？如果你不願爭論，你會變得喜歡舌戰群雄嗎？如果登臺會讓你出汗，你會欣然接受公開演講的挑戰嗎？一句話，人可以培養新的才幹嗎？

許多經理與公司都認為答案是肯定的。他們懷著美好的願望，告訴員工們，每個人的潛力都是一樣的。他們鼓勵員工們解放思想，努力學習新的行為方式。為了幫助員工們晉升得更快，他們送員工們上各種培訓班，學習各種新的行為，比如善解人意，力排眾議，建立關係網，創新以及戰略性思維，等等。在他們眼裡，一個員工最寶貴的優點之一，就是願意通過學習和自律來改變自己。

可是世界上最優秀的經理們並不這麼看。他們認為，人是不會改變的。不要為填補空缺而枉費心機。而應多多發揮現有優勢，做到這一點已經不容易了。

他們認為一個人的才幹，即他的精神「過濾器」，就是「現有優勢」。無論「微笑學校」如何培訓，都不可能把一個見到陌生人就緊張的人轉變為見面就熟。一個人如果越生氣就越語無倫次，那麼，無論他怎麼努力，都不可能在辯論中出類拔萃。一個決心與對手一決雌雄的人無論怎樣理解雙贏的價值，都不會喜愛這種結局的。

一個人的精神「過濾器」就像他的指紋一樣持久而獨特。這是一種激進的理論，與風行數十年的自力更生的神話格格不入。但近十年神經科學的進展卻證實了這些優秀經理們信奉已久的觀點。

1990年，美國國會與總統宣布九十年代為大腦年代。他們授權撥款，資助各種學術會議，盡其所能地幫助科學界探索人腦的奧秘。這種支持加快了工業界、學術界及科研機構在這方面的進展。美國前國家精神衛生研究院院長劉易斯‧L. 賈德聲稱：「神經科學進展神速。我們目前掌握的有關人腦的知識，有90%是近十年獲得的。」過去，我們只能通過病人的行為來瞭解人腦的活動，而現在，正電子發射層描述（PET）與核磁共振成像技術（MRI）可以真實地讓科學家看到大腦是怎樣工作的。在這些高科技手段的幫助下，我們在科學探索上邁進了一大步。我們看到，精神疾病與其他身體疾病一樣是生理疾病。我們看到，為什麼神經介質多巴胺（Neurotransmitter Dopamine）可以讓我們冷靜，而複合胺（Serotonin）能使我們興奮。我們看到，與常規想法相反，我們的記憶不是集中貯藏在大腦的某個地方，而是作為線索散落在大腦網絡的每條干道和小胡同裡。我們也瞭解了大腦是如何生長的。照這個速度，不出幾年，我們的知識就會成倍激增。

比如，一個初生的嬰兒腦中有一千億個神經元（Neuron），他的大腦細胞比銀河系的星星還多。這些細胞在孩子的一生中有規律地再生與死亡。不過它們的數量基本不變。這些神經細胞不是思想，而是思想的原材料。孩子的思想存在於這些神

經細胞之間，在這些細胞的相互聯繫中，在突觸（Synapses）中。在孩子最初的十五年中，突觸之間如何連接決定了他的獨特的心理歷程。

從嬰兒出生之日起，他的思想就開始積極而活躍地伸向外界。從大腦的中心開始，每一個神經元都向外發出成千上萬的信號。它們試圖與其他夥伴對話、交流、建立聯繫。想像一下，一個人同時與世界上十五萬人建立聯繫，你就會明白這個年輕生命的思想世界是多麼宏偉、複雜和充滿活力。

在孩子三歲時，成功聯接的數目就已大得驚人了——在一千億個神經元中，每個神經元各自建立了十五萬個突觸的連接。

不過這太多了。他的大腦裡塞滿了五花八門的信息，負擔未免太重。他必須用自己的方式對這些信息進行整理和理解。所以在後來的大約十年中，他的大腦開始整合它的突觸聯接網。牢固的連接得以增強，而薄弱的聯接逐漸消亡。韋恩州立大學醫學院的教授哈里·丘甘尼博士教授把這個篩選的過程比作一個公路體系：「常走的路越走越寬，不走的路漸漸荒蕪。」

科學家們仍在爭論是什麼原因使某些精神「公路」比其他「公路」用得更頻繁。一些人認為孩子的遺傳基因先天地決定他會選擇哪些精神路徑；另一些人則認為後天的養育會決定在達爾文式的篩選過程中不同路徑的去留。這些觀點並不互相排斥。不過無論是偏向先天遺傳還是後天遺傳影響，大家對篩選結果的看法基本相同。

當孩子十幾歲時，他的突觸聯接只有三歲時的一半了。他的大腦已經開闢出一個與眾不同的聯接網絡。這裡有幾條平坦寬闊的四車道高速公路，其聯接牢固而通暢；也有拒絕一切信號出入的荒原。

如果他獲得一條體諒的四車道高速路，他就會設身處地體會到周圍人的所有情感。相反，如果他在體諒方面是一片荒原，他就會成為感情上的盲人，永遠在錯誤的時間對錯誤的對象說錯話。這不是因為他有惡意，而是因為他不能準確接收外界信息。同樣，如果他獲得一條爭辯的「高速路」，他就會在激烈的辯論中，左右逢源，妙語連珠。而如果他在爭辯方面是一片荒原，他會發現在辯論的關鍵時刻，他的大腦總會令他張口結舌。

這些精神路徑就是他的「過濾器」。它們生成了使他不同於別人的貫穿始終的行為方式。它們告訴他，對什麼信號該注意，什麼可以不理睬。它們決定他在哪些領域會出類拔萃，在哪些領域會苦苦掙扎。它們製造了他所有的熱情和冷漠。

這些路徑的建造過程就是他的性格塑造過程。神經學告訴我們，一個人十幾歲以後，要改變性格，是十分有限的。

當然這並不是說他不可以改變。他可以學習新技能和新知識。他可以改變他的價值觀，他可以培養更強烈的自我意識和增強自我規範的能力。並且，如果他在處理爭端方面是一片荒原，那麼通過足夠的訓練，輔導和鼓勵，他也許會在幫助下開

闢一條小徑，使得他至少能夠應付爭論。但是，就精神路徑而言，無論怎樣的培訓、輔導和鼓勵都不能將他的荒原變成通暢無阻的四車道高速路。

　　神經科學證明了優秀經理的直覺。一個人的「過濾器」及其所生成的貫穿始終的行為方式是持久的。在許多重要的方面他都是永遠而神奇地與眾不同。

　　你也是這樣。當然，你的員工也都如此。

資料來源：馬庫斯·白金汗，柯特·科夫曼. 首先，打破一切常規 [M]. 鮑世修，等，譯. 北京：中國青年出版社，2002：99-102.

案例討論：
1. 領導者和管理者應當如何評價和使用優點和缺點都特別突出的員工？
2. 如何在招聘和人員配置過程中做到「揚長避短」和「量才適用」。
3. 你認為應如何保持個人的獨特特徵和企業的規範要求之間的和諧協調關係。
4. 如何理解「既然性格難以改變，最重要的是發揮優勢」。
5. 你認為在哪些情況下，人的性格可能會發生某些改變？

第二篇 個人發展與組織發展

在前面的章節中我們討論了組織結構、工作分析、規劃、招聘和選擇等人力資源管理的基本職能，本篇內容主要分為兩部分：戰略性培訓和開發。戰略性培訓包括戰略性培訓的定義、影響企業培訓的要素分析、企業發展不同階段培訓的特點、企業培訓系統的設計等內容；戰略性開發則主要包括定義、開發的步驟、方法等內容。

第5章　戰略性培訓與開發

　　培訓和開發是人力資源管理的一項重要職能，並與其他人力資源管理職能有機地結合在一起，為人力資源管理實踐奠定堅實基礎。有學者對人力資源管理的各項職能的關係做了一個形象的比喻，如果說人力資源管理開發體系是一輛「汽車」，那麼，任職資格系統就是「車架」，人力資源規劃系統是「方向盤」，績效管理系統是「發動機」，薪酬管理系統是「燃料」和「潤滑劑」，而培訓開發系統則是「加速器」。[1]這種「加速器」的作用就在於能夠隨時根據環境的變化和組織戰略的要求，為員工提供源源不斷的能量補充，以保證其能力和技能能夠有效的支持組織的經營管理目標。但培訓和開發並不是萬能的，有很多問題也不是通過培訓和開發就能夠解決的。通常意義上講，培訓主要是解決觀念問題，因此不可能期望聽一堂課就能夠解決企業的實際問題。企業的具體問題要通過詳細的調查研究，才能夠提出有針對性的解決方案。在開發上同樣如此，各種開發方法和人才測評技術也不總都是有效的，如梅耶斯—布里格斯人格類型測試在不同時間對同一人測試的有效性僅為24％，而且它也不能反應和衡量員工的特長以及員工在多大程度上執行了自己所偏好的職能，這說明這些方法和技術還是有較大缺陷的，企業應該正確認識和瞭解培訓和開發的功能和作用。

　　本章將首先闡述培訓與組織競爭優勢之間的關係，詳細講解企業發展不同階段的培訓需求和特點，以及影響培訓的若干因素。在開發方面，重點介紹目前比較流行的開發方法，其中重點通過本章的學習，應掌握以下幾個方面的問題：

1. 瞭解和掌握培訓、開發的基本內涵。
2. 瞭解和掌握組織戰略與培訓、開發職能之間的關係。
3. 組織應如何建立有效的培訓及開發體系。
4. 組織應如何對培訓的效果進行評價。
5. 影響組織培訓的因素有哪些？
6. 人力資源開發有哪些主要方法。
7. 輪崗在人力資源開發中的作用。

專欄5-1：ABB公司的培訓理念和方法

　　作為全球知名的企業，ABB公司中國在招聘管理培訓生的時候，有一個條件曾

技術性人力資源管理：
系統設計及實務操作

經嚇退很多人：管理培訓生項目畢業後要服從分配到ABB在中國的任何業務單位。ABB中國公司負責人力資源的高級副總裁韓愉說，第一批管理培訓生項目中，雙方都要面對很大的不確定性，做什麼不確定，在哪兒工作不確定。唯一確定的是在ABB中國公司上班，在企業裡面做管理工作。韓愉說，最終參與的人都願意花一年半的時間找到自己想做什麼、想在什麼地方生活和工作。

的確，很多ABB這樣的跨國公司在中國一直在艱難地應對老問題：如何吸引、留住和激勵一流的員工，招聘管理培訓生，培養後備管理人才，是ABB的解決方法之一。

韓愉認為，跨國公司在吸引人才方面面臨巨大挑戰，「過去5年，外國直接投資在中國飛速發展，需要大量的管理人員、工程師、銷售人員、售後服務人員，對人才市場需求巨大。」

除了業務高速發展人才需求量大與整個市場上候選人才不足之外，韓愉認為像ABB這類以工程師為主的公司，可供選擇的潛在人才市場更小。他舉不久前為公司在上海的機器人中心招聘工程師為例，當時希望能招聘到35歲以下，懂得機器人的應用，最好在非汽車行業如醫藥、化工等行業有機器人應用經驗的人才，在嘗試過報紙、網站等多種招聘方式後都難以找到合適的候選人。第一大挑戰就是稱心如意的候選人不夠。而能幹的人，要價都很高、期望也很高。

ABB對專業的要求比較高，而且要求5～10年的行業經驗累積。ABB期望的典型人才特徵是，知名工科大學畢業，接受電力或工業自動化等專業教育，大學畢業三到五年，有行業經驗。他對比工程公司和IT類公司人才需求的差異：對IT公司來說，畢業生在學校學的知識和技能到了就可以用，他馬上就能把大學畢業生變成生產力，因而他們招聘時只要人才聰明、性格好、語言能力強，越年輕越好。公司現在開始招聘大學畢業生，也在市場招聘有2～3年經驗的人才。過去我們的要求是有7～8年經驗，現在市場使得我們必須調整標準。

為培養後備管理人才，從2004年開始，ABB中國開始實行管理培訓生（Management Trainee）計劃，它招聘工科背景、願意做管理工作的碩士畢業生，讓他們參加為期18個月、在三個業務單位各參加半年的培訓。「對於未來管理者來說，在生產型企業、基層的工作經歷非常重要。」韓愉說，「你總要在工作的一個階段，去瞭解工人是怎麼做事，產品是怎樣設計、生產出來的，然後才能去做銷售管理、營運管理或者管理一家工廠。」

現在在ABB廈門中壓工廠進行第三階段培訓的鄭勇是第一批8名培訓生之一，他畢業於清華大學管理工程專業，獲碩士學位。他第一站是在ABB北京電氣傳動系統公司，參與公司的搬遷計劃，流程設計。韓愉評價說：「他開始的時候指手畫腳，說管理太差了。其實那是全球最成功的傳動公司，但對於清華學生來說，他首先看

到是和書本不一樣。」他後來做得非常好，傳動公司希望留下他，但管理培訓生計劃要求他繼續去參加第二階段的培訓。接下來他在 ABB 上海機器人技術中心，跟著來自美國的項目經理，協調項目計劃，自信心增強了很多。

韓愉認為，現在的大學生，只要認真挑選，優秀的人才很多，重要的是要給他們機會、給他們引導。但他也批評現在的畢業生小氣、缺乏豪氣。比如說，有的人只願意在北京、上海工作，別的哪兒也不去，甚至有只喜歡在長安街上上班，因而把自己的路限制得很窄。他們沒有這樣的豪氣：我是很好的學校畢業的，學技術的，又很聰明，什麼也不怕。我來了公司，就要做事情，給我挑戰，給我機會。讓我去重慶、中山或者其他什麼地方，我就去吧！韓愉說，3～5 年做起來之後，這樣的學生將是一個國家的人才。

ABB 公司的理念是：關心人，關心業績；發展人，發展業務。ABB 把人放在首位。公司很多業務部門是以工程師為主，他們瞭解 ABB 技術和產品；當他們負起團隊管理職責，或者一個職能部門管理職責時，就需要商業知識和觀念。ABB 定期舉辦的新經理培訓包括管理溝通、績效管理、選人和財務知識的培訓，讓他們對商業運作有一個整體的概念。在過去幾年，ABB 還送了將近 100 個經理到中歐國際工商學院參加管理證書班，雖然這是很大一筆投資，但回報也很大的。公司保證在關鍵崗位上有潛力的人，有機會瞭解 ABB 技術，同時有機會到商學院學習、瞭解西方管理理念。這樣他既是技術專家，又是管理專家。

管理人才培養上，ABB 主要以內部提拔為主。關鍵做法是給人以機會，在人才沒有完全準備好、準備度不是百分之百的時候，就給他以有挑戰的工作。人才被埋沒的原因，是沒給他機會、給他試的機會。

資料來源：張輝. ABB：人才需要機會［N］. 經濟觀察報（電子版），2006－01－16. 個別文字有調整。

5.1 戰略性培訓

5.1.1 戰略性培訓的定義及作用

所謂戰略性培訓，是指企業為了適應經營戰略和市場競爭的需要，有計劃地幫助員工通過學習和訓練，掌握做好本職工作及滿足未來工作要求所必需的知識、能力和技能的活動和過程。這一定義有兩個含義，一是強調培訓有特定的目的，二是闡明培訓是一個過程。前者指培訓始終是為解決實現企業目標和人與崗位技能之間的差距而進行的學習，因此具有強制性；後者指培訓是一個不間斷的過程，具有長期性和系統性。認真瞭解和掌握著兩方面的含義，對於指導企業的培訓和增強培訓

效果具有重要的意義。在專欄5-1中，ABB公司的培訓目的有兩個，一是專業技術後備人才的培養，二是管理人員的培養。在專欄5-2中，Mirage Hotel 所面臨的挑戰是顧客對服務提出的高要求。為了解決這一問題，公司的培訓的針對性表現為提高員工的專業技能，如發牌手的洗牌、理牌、付錢給贏家、辨別詐欺行為的技能；滿足員工選擇感興趣的工作的需要、提供營養學、個人理財、貼牆紙等非工作時間的生活質量的培訓，則體現了公司培訓的長期性、系統性的特點。而對於麥德托尼克公司來講，培訓則主要是應對公司面臨的兩個挑戰，包括如何利用科學有效的手段提高銷售人員的技能以及讓顧客迅速瞭解和掌握安裝心臟起搏器等設備的操作技能。麥德托尼克公司成立於1949年，有員工1.2萬人，是一家專門從事醫療技術開發和銷售的公司。該公司在提供解決心血管疾病、神經性疾病、糖尿病等慢性病方面的醫學技術方面處於世界領先地位。1957年該公司發明了世界第一個外置心臟起搏器。目前該公司生產的心臟起搏器占到全世界總量的50%左右。1960年開發了第一個長效的內置心臟起博系統。該公司同時還生產心臟瓣膜、血管成形術導管等醫療產品。每年大約有250萬病人從公司的技術和產品中受益。該公司被《財經》雜誌評為美國最好的100家公司之一。隨著競爭的加劇，公司面臨著兩個挑戰：一是如何通過高績效工作系統進行競爭；二是公司擴大市場佔有率和促進銷售的要點是什麼。為了解決公司面臨的挑戰，公司明確了提高銷售人員的技能要求和讓顧客迅速瞭解和掌握操作技能兩個方面的培訓要點。公司的銷售人員不僅要銷售產品，而且要懂得如何使用這些產品，並通過技術營銷教會醫生如何使用這些產品。為了支持公司目標的實現，公司提高了培訓支持手段及培訓方法等人力資源管理實踐方面的支持，如為銷售人員配備便於展示的有CD播放器的多媒體電腦和交互式程序，加強對銷售人員使用這種多媒體電腦和交互式程序的培訓，以及進一步開發新的多媒體產品以用於市場營銷和培訓。[2]

　　培訓與人力資源相關職能之間的關係。培訓是人力資源管理的一個重要職能。在戰略性人力資源管理體系中，培訓起著承前啟後的作用。所謂承前，是指培訓是建立在工作分析基礎之上的。而啟後是指培訓所要達到的目標或完成的任務。當企業完成了招聘和選擇的相關工作後，意味著求職者成為了企業的新員工，這時就需要對新員工進行培訓。企業培訓包括上崗培訓、新技能培訓、管理者培訓等。不管是哪種類型的培訓，都有一個基礎或出發點，即崗位勝任能力的要求。而崗位勝任能力是根據工作分析的結果決定的。由於環境是在不斷變化，企業的目標和任務也隨之發生變化，因此崗位勝任能力也不是一成不變的。這就需要企業隨時做好工作分析等相關工作，以便為培訓創造條件。

專欄 5-2：Los Vegas 的 Mirage Hotel 利用培訓提高競爭能力

大地發出隆隆聲響，天空閃耀著橘紅色的光芒，一切有如火山噴發的景象。這樣的場面出現在米拉日湖（Mirage），一個位於美國拉斯維加斯擁有 3000 間客房的酒店和賭城的度假村。這裡不僅有 21 點和擲子，還有許多其他種類繁多的游戲，並且還擁有能為客人們表演特技並可用作科學研究的海豚王。米拉日湖也是皇家白虎及魔術師西格佛雷德和羅伊的故鄉。該度假村擁有並經營著三家娛樂公司（米拉日湖公司、金塊公司和寶島公司），每年都會吸引 3000 萬左右的遊客。由於拉斯維加斯還有其他 89 家賭城或酒店，因此娛樂業市場的競爭非常激烈，如果再加上全美國甚至海外的娛樂集團公司，競爭程度可想而知。但這些並沒有影響米拉日湖度假村成為一家非常成功的企業，在過去幾年當中投資者獲得的回報率每年達 22%，公司被稱為美國最令人羨慕的企業之一。據 12 家商業出版社稱，該度假村在賭博業和酒店業中的生產效率是最高的。該公司的酒店始終保持著 98.6% 的入住率而當地其他酒店則為 90%。

米拉日湖成功的關鍵主要是以高質量的服務來贏得回頭率。寶島公司 55% 的收入和米拉日湖 45% 的收入來源於非賭博業（很大程度上來自於客房出租）。回頭客對於米拉日湖的成功至關重要，他們認為客戶服務的關鍵在於雇員的熱誠。

除了招聘最好的雇員，讓他們從事感興趣的工作並為他們營造良好的工作環境外，米拉日湖度假村將培訓放在公司經營的首要位置上。為開發自己的人力資源（包括培訓），公司研究了 200 多家其他企業的人力資源管理活動，包括酒店、賭場和生產型企業，以探索哪些行為有效哪些行為無效，從而擬定一個培訓基準。研究的結果使公司認識到培訓的重要性，為此每年用於培訓上的支出大約在 800 萬美元。米拉日湖度假村之所以投資於培訓，不僅是要提高雇員的專業技能，而且要為他們在米拉日湖內的職業生涯發展做好準備。舉例來說，通過培訓使雇員掌握事業成功所必需的關鍵技術和戰略，以此來取悅客戶。如，發牌手要學會如何洗牌、理牌、付錢給贏家、辨別詐欺行為。公司還制定了工作說明書詳細說明了每項工作的職責和最低任職資格要求。這份說明書不僅能滿足雇員選擇感興趣的職業的需要，還可回答一個價值 13.5 億美元的在建賭城需要多少員工這樣的問題。此外，米拉日湖公司還投資於旨在提高雇員非工作時間裡的生活質量的培訓。這些課程從如何貼牆紙到營養學及個人理財，無所不包。米拉日湖度假村相信，通過這些課程的安排可使雇員更好地安排業餘時間，以促使他們能夠全心全意地在米拉日湖度假村更好地完成本職工作。

除了雇員的培訓外，經理人員也要接受培訓。這種培訓教會經理如何營造一個適宜的工作環境。對經理進行培訓的重點不僅是要告訴雇員做些什麼，還要讓他們知道為什麼做這些工作。這一切使得米拉日湖度假村中的人際關係非常融洽。

資料來源：雷蒙德・諾依. 雇員培訓與開發 [M]. 徐芳, 譯. 北京：中國人民大學出版社，2001：1-2.

5.1.2　企業不同發展階段對培訓的不同要求

正如前面在定義培訓時所指出的，培訓有明確的目標，具有強制性的特點，同時又是一個自始至終的長期過程，具有系統性的特徵。既然培訓是一個過程，就有不同的階段劃分，在每一個階段，培訓的目標和任務也具有差異性。瞭解這一點，對於明確提高培訓的針對性和質量有重要的意義。

（1）創業階段的培訓特點

一般而言，創業企業一般都是小企業。在這個階段，企業的主要目標是使自己的產品或服務能夠被市場和消費者接受，而對於小企業來講，在人事安排上的一個突出特點就是以較少的人員承擔和完成較多的工作。而要達到這個目標，企業招聘的往往都是具備相當工作經驗的人。因此，創業階段的企業在培訓方面的一個基本的共同特點就是少有明顯的外部培訓要求。對於那些缺乏工作經驗的新員工來講，主要是通過老員工的傳、幫、帶來解決其技能缺陷的。這時培訓的要求和目標可以採取確定工作目標、建立工作說明、制定工作記錄和工作指導書等形式實現和完成。

無論是創業企業還是老企業，新員工的上崗培訓是一個重要的內容。根據中國31家企業集團人力資源管理開發現狀的調查，很多企業的培訓支出都主要用於新員工的培訓和技術人員的技能提升方面。上崗培訓的目的在於使他們能夠在正式開始工作之前，能夠基本瞭解所在企業的基本情況以及具備順利完成本職工作的程序和方法。對於比較規範的企業來講，一般都有專門製作的員工工作手冊或類似的文件。這種崗前培訓包括兩方面的內容，一是與工作本身有關的培訓，二是企業文化、辦事規則等方面的培訓和引導。當初惠普兼併康柏時，為了讓全體員工瞭解和掌握新公司的運作程序和要求，公司發布了新的《惠普員工手冊》，對包括如何著裝和報銷醫療費等都做了詳細規定。此外，還定期向全公司發布與合併有關的信息，如合併時間表、工作方式和工作習慣的交流等。[3] 專欄 5-3 中，美國豐田汽車公司對新員工的培訓主要是通過上崗引導來進行的，在四天的上崗引導中，對新員工進行了包括企業文化、價值觀、團隊合作、組織結構、薪酬福利等全方位的情況，公司將這種上崗引導看作是「同化」的過程，即成為雇員目標與企業目標一體化過程的開端。

（2）成長階段的培訓特點

企業在成長階段，最主要的問題就是人力資源管理的瓶頸制約作用越來越突出。比如，隨著企業市場份額的不斷擴張，要求招聘更多的新員工；由於銷售地域的不斷擴大，分、子公司紛紛成立，要求具備管理能力的員工能夠勝任新的更重要的工作等。特別是管理人員的梯隊建設問題，對處於成長期的企業來講非常重要。初創時期的企業由於各種原因，可能還沒有意識到管理者培訓的需求和重要性。而對成

長期的企業來講，人力資源的瓶頸制約就表現出來了。因此，當企業進入成長期後，對管理人員的培養成為企業經營管理工作的一項重要內容。管理者培訓是企業培訓體系中的一個特殊內容，主要是指企業為了長遠發展的需要而進行的接班人或管理者繼承培養計劃。因此，在這一階段，人力資源管理最重要的任務之一就是保證足夠的高層次的人力資源數量和質量，以幫助企業實現經營管理目標。對於員工來講，由於有了更多的發展機會和發展空間，員工參與培訓的積極性一般都很高。更多的提升機會、對新的技術和新的管理方法的強烈追求等，導致企業在培訓上會投入更多的時間和精力。這時企業培訓的重點是，針對企業的實際需要，通過展示機會、明確責任和挑戰性、建立科學合理的培訓開發、績效和薪酬等一系列人力資源管理制度，為員工的全面發展提供條件。

（3）成熟階段的培訓特點

成熟階段的企業因為有了比較穩定的市場份額和顧客群，因而比成長階段有了更多的時間和精力對企業的歷史進行反省。如果企業能夠在成長階段初步解決好人力資源的瓶頸問題，進入成熟階段後，就能夠將更多的精力放在對過去成功經驗和失敗教訓的總結等問題上，並在此基礎上挖掘和提煉出企業文化的深刻內涵。在這一階段，企業培訓的重點主要包括：第一，樹立學習型組織的理念，一個真正的學習型組織不僅要善於總結自己的成功經驗和失敗教訓，而且還要善於向競爭對手學習，並且將學習的心得和體會以及具體的方法在企業內部廣泛的傳播和推廣。隨著企業逐漸走向成熟，知識管理的重要性也日益突出，無論是對於員工還是企業，要想總結出成功的經驗或失敗的教訓，並使經驗得到分享，都必須在一種善於溝通、學習的氛圍中才能實現。當企業的員工能夠將自己的獨門絕招或提高生產效率的方法傳授給其他員工，並進而提高了大部分員工創造價值的能力時，這就是一個成功的學習型組織的典範。而要達到這個境界，需要在企業內部創造一種知識創造和知識分享的文化氛圍。營造這種氛圍一方面需要對員工進行培訓和開發，另一方面也需要在激勵機制上對員工進行引導。第二，成熟階段的企業所面臨的最大風險往往並不是來自外部，企業內部的自滿、停滯不前以及盲目的樂觀可能是最為致命的因素。因此，企業的主要領導人一定要保持清醒的頭腦，做到「大事不糊塗」，與高層管理團隊及核心員工一起，在企業中倡導不斷創新和變革的理念和必要性，並通過培訓將這種理念落實到具體的工作中去。第三，為適應創新和變革對新技術的需求而開展的新技能培訓。

無論是在成長階段還是成熟階段，持續的改革和創新成為企業發展的重要保障。為了提高企業的競爭能力，企業總是要不斷地適應變化，並適時地進行變革和創新。這種變革和創新既包括觀念方面，也包括引進新的技術、生產新的產品或提供新的服務。新技能培訓就是為了保證員工掌握新技術進行的培訓。由於新技術的掌握與員工崗位的勝任能力是聯繫在一起的，因此，新技能培訓也具有強制性的特點。同

技術性人力資源管理：
系統設計及實務操作

時由於企業需要持續的創新，因此對新的技能的要求也是在不斷變化，從而使其具有長期和系統的特徵。因此，在這類培訓中，還有一個非常重要的工作，就是引導員工瞭解變革和創新的必要性，對於那些不能適應變革和創新要求的員工或經過培訓不能掌握新的技能的員工，可能就會被要求更換工作崗位或被淘汰。

專欄5-3：美國豐田汽車公司對新員工的上崗培訓

目前，在許多企業裡，「上崗引導」活動已遠超出向新雇員提供如工作小時數一類基本信息的範圍。如前所述，越來越多的企業發現，可以將上崗引導期用於其他目的，包括使新雇員熟悉企業的目標和價值觀。因此，上崗引導便成為雇員目標與企業目標一體化過程的開端，而這個過程則是贏得雇員對企業及其價值觀、目標的信仰的一個步驟。

美國豐田汽車製造公司的上崗引導計劃就是這方面的一個案例。這個計劃包括像公司福利一類傳統的內容，但更主要的目的是潛移默化地使豐田的新雇員接受該公司的質量意識、團隊意識、個人發展意識、開放溝通意識以及相互尊重意識。這個計劃為期四天，其主要內容可總結如下：

第一天：上午6：30開始，由公司主管人力資源的副總裁介紹本計劃梗概、致歡迎辭、詳細講述公司組織結構和人力資源部門情況。用一個半小時介紹豐田公司的歷史和文化，用將近兩個小時介紹雇員福利。然後再用兩小時介紹豐田公司質量和團隊精神的重要性。

第二天：開始用兩個小時進行「TMM傾聽方法——溝通技能訓練」。在此過程中主要強調相互尊重、團隊精神和開放交流的重要性。然後，將這天其餘的時間都用於講解上崗引導的一般性內容，包括安全、環境事務、豐田的生產體系以及公司的圖書館。

第三天：開始又用兩個半至三個小時進行溝通訓練，內容是「TMM提問與反饋方法」。其餘時間用於介紹豐田公司解決問題的方法、質量保證事故通報與安全。

第四天：上午召開團隊精神研討會，主題包括團隊訓練、豐田的提案制度以及豐田的團隊成員活動協會。還要介紹一些作為團隊成員的基本知識和技巧，如工作小組負責些什麼；怎樣作為一個小組共同工作。下午專門進行防火與滅火訓練。

如期完成四天的上崗引導（同化）社會化活動後，參加活動的雇員便潛移默化地接受了豐田的意識，尤其是它的質量使命、團隊價值觀、不斷改進和解決問題的方式。這是贏得新雇員對豐田公司及其目標和價值觀的信仰的重大步驟。

資料來源：加里•德斯勒. 人力資源管理 [M]. 6版. 劉昕，吳雯芳，等，譯. 北京：中國人民大學出版社，1999：236.

5.1.3 決定企業進行培訓的原因和方法

企業培訓總是基於一定的理由，要麼是提高員工素質，要麼是掌握新的技能，現在很多企業則將對變革進行的宣傳和動員也作為培訓的一項重要內容。總的來看，企業培訓的原因主要有以下幾種：

領導人和管理者培訓。這一培訓主要是針對企業領導和管理人員的正常交替而進行的培訓。企業的可持續發展既依賴於必要的資金和物質資源的保障，同時也依賴於高素質的人力資源資源的支持，包括高素質的員工和管理者兩個方面。其中，領導人和管理者作為團隊的領袖人物，對企業的可持續發展具有更為重要的直接影響。因此對他們的培訓也至關重要。培訓領導人和管理者有多種方式，但主要包括大學正規教育、現任領導人的傳、幫、帶以及在職鍛煉等。關於領導人的傳、幫、帶和在職鍛煉在本章第二節將做詳細的介紹，這裡主要討論大學正規教育。大學正規教育包括各類正規課程的學習，如大學提供的各類脫產和在職MBA課程、由大學或管理顧問諮詢公司專門為管理人員設計的各種在職或脫產的短期課程等。目前中國的很多大學都開設了這些課程。由於這類課程集中了當今企業管理各個方面理論和實踐的研究成果，理論性和實踐性都比較強，一些大學甚至都是由國外大學的教授進行授課，含金量較高，因而成為企業領導人和管理者培訓的重要渠道。參加這類課程培訓的主要是企業的中高級管理人員及有培養前途的核心員工，培訓的目的是掌握系統的理論知識，並在此基礎上對自身的實踐經驗進行總結，提高綜合素質，以具備新職務的勝任能力。由於這類培訓的費用較高，企業需要考慮如何避免員工在獲得MBA學位後的流失問題。在這類培訓中，管理者特定課程培訓也是一項重要內容。這類培訓的內容主要包括溝通、處理衝突、適應變革等特定技能的培訓，參加人員主要是企業各層次的經理人員，培訓的目標是提高和豐富經理人的技能，為企業的管理和繼承計劃奠定基礎。為了使培訓能夠達到希望的效果，有必要將培訓納入企業的績效管理系統，即將相關培訓內容作為領導者和管理者的績效目標，並通過驗收、考評等方式作定期的檢查和回顧。

專業技術培訓。專業技術培訓的目的在於提高員工的專業技能。這方面的方法很多，如現場工作指導培訓、專家講授和現場觀摩、老師帶徒弟等。在這方面，一本詳細規定操作步驟或程序的手冊是必不可少的。參加這類培訓的主要是一線員工，特別是新員工。培訓的目的在於掌握崗位技能，具備崗位勝任能力。為了提高培訓的效果，調動師傅和徒弟的積極性，可以考慮對師帶徒成功者進行獎勵，並對經過培訓仍然不能掌握該項技能的員工進行換崗處理。

企業文化和價值觀培訓。在傳統的培訓觀念中，幾乎沒有企業文化和價值觀方面的培訓內容。隨著企業提升核心競爭力的要求，這種培訓已成為戰略性人力資源管理體系的重要內容。專欄5-3中，美國豐田汽車公司對新員工的「上崗引導」，

其中就包括了這方面的培訓，其目的是使豐田的新雇員接受公司的質量意識、團隊意識、個人發展意識、開放溝通意識以及相互尊重意識。這種培訓對提高公司的凝聚力和競爭力無疑具有極其重要的意義。企業進行企業文化和價值觀培訓的重點首先是使員工認識和熟悉其內容，瞭解企業對員工行為方式的要求。這種文化和價值觀的宣講最好由公司的高層管理人員負責，就像美國豐田汽車公司那樣。當新員工經過公司主管人力資源的副總裁的介紹以及各種訓練和培訓後，就已經對什麼是符合公司需要的員工有了較深入的理解。其次，要通過培訓使這種文化和價值觀從抽象的概念變為具體的行動，企業文化和價值觀必須要具有可操作性才可能成為員工行為的規範。比如，中國很多單位都將「團結、拼搏、求實、創新」作為自己的文化核心和價值觀準則，但由於沒有將其落實為具體的、可操作的規範，使本來非常好的理念反而成為沒有基礎的口號，從而失去了應有的作用和效果。企業文化和價值觀培訓的最重要的方式和途徑之一就是通過領導者、管理者以及老員工的傳、幫、帶和言傳身教，使新員工能夠在較短的時間裡瞭解和接受，以適應組織的要求。

5.1.4 影響培訓的因素

培訓作為人力資源管理的重要職能，在豐富員工技能水準、完善員工職業發展規劃、提高員工職業忠誠度等方面具有非常重要的作用，最終帶給企業的是高效率的回報。但在現實中，由於多種原因，很多企業的培訓並沒有取得預期的效果。《世界經理人》網站於 2003 年 8 月 20 日～10 月 19 日就企業「沒有推行員工培訓的主要原因」進行的網上調查顯示，在接受調查的 647 張選票中，認為「人員流動太大」的占 40.19%，認為培訓效果不好的占 28.28%，認為培訓費用太高的占 27.20%，認為沒有培訓的需要占 4.33%。這些調查反應出在目前的企業培訓中還存在很多模糊的認識，在這些因素背後實際上反應的是企業對培訓的態度。

要使培訓能夠達到預期的目的，必須在以下兩個大的方面做好相應的工作：

（1）企業內部各級管理人員對培訓的認識

在導論中我們論述了人力資源管理的責任人問題，在培訓上，要使企業的培訓取得預期的效果，同樣需要在高級管理者、業務部門負責人和人力資源部以及一般員工三個層次上取得一致的認識，做好各自的工作。

首先是在企業高管層次上要統一認識。企業高級管理人員對培訓的認識和態度是至關重要的，上述調查的四個方面的問項實際上涉及的都是各級管理人員對培訓的態度問題。在這一層次，主要要解決好以下幾個方面的問題：

識別與競爭對手之間的差距。《孫子兵法》講：知己知彼，百戰不殆。意思是對自己的情況和競爭對手的情況都瞭解得非常的清楚和透澈，就不會失敗。在企業培訓的戰略思想構架中，首先就是識別組織差距，即通過在管理、技術、戰略目標、

員工能力和水準等企業經營實力與謀略方面與競爭對手總體實力的比較，找到取得競爭優勢的方法。對企業高級管理人員來講，能否正確識別這種差距，事關企業的成敗。只有首先識別出差距，然後再根據具體情況，制定有針對性的策略，才能夠最終戰勝對手。上述調查中，反應「培訓效果不好」的占接受調查人數的28.28%，分析效果不好的原因多種多樣，但未能準確識別這種差距也可能是一個重要的因素。由於沒有發現差距的根源，培訓的針對性就難免打折扣。

縮小與競爭對手之間的差距。對高層管理人員來講，識別出與競爭對手的差距只是第一步，緊接著還要提出縮小與競爭對手差距的方法，即戰略性培訓思想構架第二個方面的內容。當發現員工的知識結構、能力、技能與競爭對手存在差距後，首先是要弄清楚這種差距是否可以通過培訓解決。如果可以通過培訓解決，就可以制定有針對性的培訓規劃，通過培訓提高現有人員的管理和技術水準。如果難以通過培訓解決，則可以通過引進技術或人才等方法解決，最終的結果都是為了提高和強化企業員工創造價值的能力和水準。

提供培訓所必需的資源和條件。戰略性的培訓固然能夠幫助企業提高競爭優勢，但培訓本身是需要支付成本的。這種成本既包括直接的有形的成本，如培訓費用，也包括間接的無形的成本，如員工因參加培訓而導致的某些工作任務的延遲完成及其對所在部門工作的影響。因此，戰略性培訓思想架構第三個方面的內容，就是要求企業的高層管理者必須為培訓提供必要的資源支持，包括培訓費用和培訓時間的保障，以及解決員工因參加培訓而臨時性離崗產生的部門工作壓力。在上述調查中，認為培訓費用太高導致企業沒有開展員工培訓人數占27.20%，其中，一方面是企業的態度和認識問題，即對培訓提高企業競爭力的關係還存在模糊的認識；另一方面，企業缺乏系統的人力資源管理理念和專業的人力資源管理專業人員，沒有對培訓需求進行評估的環節，也不瞭解培訓市場的概況，盲目崇拜大的管理諮詢公司，費用當然就高。

明確人力資源管理部門的地位和作用。在培訓方面，企業高層管理者要做的另一項重要工作就是要明確人力資源部的地位和作用，包括界定人力資源部在培訓業務上的主導作用，要求各業務部門對人力資源部培訓工作的支持，批准人力資源部的培訓計劃和預算等。為了做好培訓工作，人力資源部也必須與各業務部門做好協調和溝通，通過業務部門主管瞭解員工的培訓需求，以提高培訓的針對性。

其次是在企業部門主管層次上取得共識。在企業高管層次的問題解決後，下一步要解決的就是各業務部門主管對培訓的認識和態度以及應開展的工作等方面的問題。

識別人、崗差距。當企業的戰略目標確定後，就會按照企業內部的組織結構進行相應的分解，最終落實和量化到每一個具體的工作崗位上。要完成這些指標，就要求員工必須具備崗位勝任能力。這裡包含了兩個人力資源管理的核心要素，一是工作分析，二是績效認定。所謂人、崗差距，就是通過分析，辨明員工的知識、技

能、能力與工作職責的適應或匹配程度。其次，通過對員工工作績效的評估，確定與企業希望的實際績效的差距，以便為相應的人事管理決策提供依據。這裡需要注意的是，人、崗差距包括兩個方面的內容，一是現實差距，二是將來差距。前者指員工當前的崗位勝任能力，後者指隨著企業的發展以及工作的豐富化帶來的掌握新知識、新技術以提高個人和部門的能力體系等新的工作勝任能力的要求。一般意義上的培訓主要是解決員工的現實差距，而未來工作勝任力主要是通過開發來解決的。

縮小差距。識別人、崗差距只是第一步，第二步是提出縮小差距的途徑和方法。在這一過程中需要注意的是，有的差距是可以縮小或避免的，而有的則是不能夠縮小或避免的，因此應根據具體的情況確定培訓的內容以及做出相應的人事決策。比如，有的員工可能根本就不具備崗位任職資格或不適應崗位要求，在這種情況下，即使對他們進行培訓也難以達到應有的績效標準，唯一的辦法就是通過調崗或換崗的方式解決。而對那些能夠通過培訓和開發解決的技能問題，則可以通過在職培訓或「師帶徒」等形式解決。

與人力資源部之間的關係。為增強培訓效果，各業務部門負責人應與人力資源部保持密切地聯繫，為其提供有關的業務培訓要求，同時為員工的培訓創造條件，包括時間的安排、工作影響、績效考評影響等。

最後是在員工層次上統一認識。從提高崗位勝任能力以及企業效率和效益的角度出發，培訓具有較強的針對性和強制性。因此，在員工層次上，一方面應準確地界定員工的實際工作能力與崗位績效目標之間的匹配關係；另一方面，當發現員工崗位勝任能力與組織整體績效目標不相匹配，通過分析發現這種差距能夠通過培訓解決時，就需要根據情況對其進行培訓。對於任何組織來講，員工培訓的重點主要集中在以下幾個方面：

員工技術技能的全面發展。員工技能的全面發展包括三個方面的內容：一是指員工技能的寬泛化；二是指員工技能的專業化；三是熟練運用高績效工作系統的要求。第一，對任何一個組織來講，都需要兩種基本類型的員工：一種是在某一個專業領域裡非常優秀或突出，成為該領域的專家；一種是在多個領域全面發展，成為全能型員工。我們把前者稱為技能的專業化，把後者稱為技能的寬泛化。這兩個方面都是與技能工資制度和組織穩定性要求聯繫在一起的。第二，所謂技能工資制度，是指按照員工實際擁有的技能支付工資或薪酬，它是建立在員工的知識或技能等個人特徵基礎之上的。由於這種制度一方面能夠適應技術變革帶來的持續不斷的技能寬泛化和專業化的趨勢，另一方面也在一定程度上保證了組織的穩定性，因而得到了越來越多的企業的重視。第三，通過培訓，使員工具備熟練掌握和運用高績效工作系統的能力。現代意義上的產業工人和員工的概念已經與從前有了本質的區別，比如，在生產性企業中，企業不僅希望工人能夠操作機器，而且還能承擔機器維修保養、質量控制甚至修改計算機程序的責任。日本豐田公司就對此做出過如下的評

價:「沒有任何一位位居生產線工人之上的專家(質量檢查員、許多管理人員以及監工等)是在給小汽車帶來價值增值。不僅如此,……生產線上的工人可能能夠更好地履行專家們所執行的大部分職能,因為他們對生產線的各種條件非常熟悉。」[4] 要使員工具備這些能力和技能,相應的培訓是不可缺少的。

具體生產技能與溝通、協作、獨立解決問題等管理能力的結合。隨著組織扁平化的發展、管理層級的壓縮以及對顧客利益的重視,員工尤其是一線員工的責任越來越重要。要實現組織的目標,不僅要求員工具備專業技術能力,同時對有效的溝通、彼此之間的協作、獨立解決問題的能力和水準,以及知識的創造和分享提出了更高的要求。對哪些直接從事與顧客打交道的員工來講,準確回答顧客問題和解決問題的能力也是十分重要的。正如專家所指出的:「在今天,僅僅很能勝任工作是不夠的。在當今世界中生存和發展的企業需要速度和靈活性,要能滿足顧客在質量、品種、專門定制、方便、省時方面的需求,而要適應這些新的標準需要有一支不僅僅是接受過技術培訓的雇員隊伍,而且要求雇員們能夠分析和解決與工作有關的問題,卓有成效地在團隊中工作,靈活善變,迅速適應工作轉換。」[5]238 所有以上這些對員工提出的要求,都必須通過企業一個系統的、規範的、具有較強文化氛圍的培訓開發體系才能夠得到轉化和落實。

團隊精神的結合。隨著競爭的加劇、技術的日新月異以及專業化分工越來越細,無論是組織還是個人都很難再憑藉對某項技術的佔有為自身帶來持久的競爭優勢。技術等「硬件」條件的重要性程度已經比原來大大降低,而良好的人際關係、忍耐和自我犧牲精神等「軟件」成為評價員工貢獻的新的要素。構建組織競爭優勢的基礎不再是原來只注重員工的單兵作戰能力,而是在員工技能的基礎上,更加強調員工之間和組織內部不同專業或工作團隊之間的協同和合作,最終達到組織目標和個人目標的和諧統一。

員工對企業的使命、戰略、目標的認同,將是決定其對培訓態度的關鍵。要使培訓取得預期的效果,首先必須做到使員工的行為方式與企業的文化和價值觀要求漸趨一致。有關這方面的具體內容請參見「決定企業進行培訓的原因和方法」。

(2) 物質條件

影響企業內培訓的第二個因素是相關資源的支持程度,包括資金支持、時間安排和培訓專業人員的數量和質量水準三個方面。

資金支持。有效的培訓不僅能夠提高員工的技能水準,促進員工技能的寬泛化,而且還能夠培養員工的獻身精神,正因如此,發達國家的跨國公司在培訓上往往不遺餘力。像國際商業機器公司、施樂公司、得克薩斯設備公司、摩托羅拉等公司將雇員工資總額的5%~10%用於雇員培訓活動。儘管如此,專家們仍然估計,僅在美國,就有42%~90%的工人需要接受進一步培訓才能跟上發展的速度。[5]238 在中

國,上市公司、特大型和大型企業一般都比較重視培訓,而且也有專項培訓資金,由於缺乏這方面的調查和統計,很難確切瞭解培訓資金的具體比例。對一些中小企業特別是小企業來講,安排培訓資金往往是一個非常困難的問題。這一方面與企業的性質、規模和承受力有關,另一方面也與企業領導人自身的素質有關。比如,在高科技行業,由於技術更新的速度和頻率越來越快,要適應這種變化,高科技企業就必須不斷加強對員工的培訓投入,而且培訓的主要目標是技術而非管理。而對傳統產業來講,由於一種成熟的技術的應用年限一般較長,因此在培訓上的投入相對較低,而且培訓的目標可能注重的是管理能力的提高。這實際上涉及的是由企業性質決定的培訓的針對性問題。

時間安排。企業培訓的時間安排也是一個非常重要的問題。一方面,由於員工參加培訓可能會對正常的工作秩序造成一定影響,因此需要對工作進行合理的調整和安排;另一方面,如果企業上下沒有對培訓取得共識,員工的培訓得不到部門主管和同事的支持,則會影響培訓的效果。可喜的是,中國企業在培訓時間的安排上已經開始系統化和制度化。根據《中國企業集團人力資源管理現狀調查研究》的結論,參加調查的30多家企業集團都比較重視培訓與開發,每年為管理人員和專業技術人員提供的培訓天數平均為6~9天,基層員工每年接受培訓的時間大約為19天。這些都為培育企業集團的核心競爭力起到了支撐作用。[6]

培訓教師的數量和質量水準要求。對於企業來講,培訓教師的來源主要包括兩個方面:一是由企業內部的高層管理人員或資深員工擔任,二是外聘的專家和學者。前者相對側重於與公司聯繫緊密的專業技術或手段等方面的培訓,後者則主要側重於管理技能或部分專業知識的傳授。這兩種來源在保險公司的培訓體系中比較明顯。很多保險公司都建立有「導師培訓制度」,公司的培訓教師中有很多就是由公司內部管理人員或業績突出的資深員工擔任的。他(她)們除了要完成自己的業績指標外,還要給公司內部其他員工授課。對這些資深員工而言,通過擔任培訓教師,不僅可以在更高的層面上體現自己在團隊中的價值,而且公司還為他們制定了相應的激勵辦法,以鼓勵這些員工在做好本職工作的同時,向其他的員工傳授業務知識和自己的經驗。此外,保險公司還要到大專院校聘請相關專業的專家教授進行理論課程的培訓。企業在建立培訓的師資系統時,一定要把握好培訓教師的數量和質量,對內部培訓教師,要處理好授課和工作之間的關係等。

5.1.5 有效的培訓系統設計的基本步驟

要使培訓能夠取得預期的效果,必須在以下幾個方面做好規劃:
(1) 根據企業的經營目標要求進行培訓需求評估

培訓需求評估要解決的問題是:確定為什麼要培訓。換個角度講,即首先要搞清楚是否有培訓的需求,或者存在的問題是否能夠通過培訓解決。之所以要關注這個問題,是因為培訓並不是靈丹妙藥,培訓本身並不能解決所有的問題。有的問題

不是培訓能夠解決的，在員工工作績效標準本身就不清晰或不合理、在企業的激勵機制存在較大問題的情況下，要想通過培訓解決工作效率低下的問題，就不可能取得任何積極地結果。即使是那些明確屬於員工技能不足而導致的問題也不是都能通過培訓予以解決的，因為有的人可能根本就不具備所在崗位的任職資格和條件。這時解決問題的辦法不是培訓，而是換崗或輪崗。只有明確了存在的問題是可以通過培訓解決的，才考慮培訓的具體方案或辦法。

（2）確定培訓目標

在確定了存在的問題可以通過培訓解決後，下一步的任務就是確立培訓的目標。培訓目標的確立是建立在嚴格規範的工作分析基礎之上的，即根據工作分析所得到的崗位說明，將其量化或細化為明確的績效標準，比如，「家用電器維修人員能夠在10分鐘確定電視機沒有電視圖像的原因，並提出具體的解決方案」。這時，10分鐘就是一個客觀的目標。這個目標不僅解釋了接受培訓的人在經過培訓後所能夠達到的績效標準，而且為以後的培訓效果評價提供了評判標準。

（3）決定培訓方法

培訓目標確定後，就需要確定培訓課程，選擇培訓方法。培訓方法的形式很多，包括：主要針對管理人員的正規課程培訓、工作現場指導培訓、案例分析、角色扮演、現場觀摩、專家講授、團隊培訓以及師帶徒等。企業應根據具體情況和需要，確定有針對性的培訓方法。

（4）確定培訓人員，明確資源支持

在確定了培訓目標和方法後，還需要確定接受培訓的員工。首先，確定哪些員工需要接受培訓的依據主要是該員工的實際績效水準與企業期望績效水準之間的差距，這就要求企業的績效管理系統本身的科學性和合理性。其次，要使接受培訓的員工做好相關的培訓準備工作，如端正學習的態度與動機。最後，企業要安排好相應的資源保障，如培訓費用的支付、工作的協調等。

（5）制訂培訓計劃並實施培訓

在這個環節，主要的工作就是按照培訓目標制訂培訓計劃，並按照計劃實施培訓。其中，培訓計劃的制訂一定要反應企業高層者、各業務部門負責人的意見以及參加培訓員工的要求，盡可能提高培訓的針對性。

（6）培訓效果評價

就目前企業培訓的情況看，最難以把握的就是對培訓效果的評價。這一方面是因為培訓本身存在問題，如培訓具有盲目性，培訓之前沒有設立培訓的目標；另一方面則是人們可能根本就不瞭解應該如何進行評價。前者涉及培訓系統本身的科學性和合理性，後者則與企業的人力資源管理水準有關。目前企業培訓存在的主要問題首先是培訓不系統，比如在人力資源管理培訓方面，很多企業只看重績效和薪酬，培訓的重點也只放在這兩方面，而忽略了工作分析這樣一個重要的基礎性工作。由於缺乏建立在嚴格工作分析基礎上的標準，培訓必然產生盲目性，績效的衡量和薪

技術性人力資源管理：
系統設計及實務操作

酬的發放自然也就沒有針對性，最終使培訓流於形式。企業培訓存在的第二個主要問題是「培訓萬能論」。這主要是針對管理能力等非技術性技能而言。很多企業認為通過培訓就能解決企業的任何管理方面的問題，因此寄希望於通過一次或幾次課程就能見到成效，但實際上並非如此。在本書概論部分我們已就培訓和諮詢的不同功能做了討論，兩者之間的功能和作用是完全不同的。一般來講，在管理培訓方面，培訓著重解決的是人們的觀念問題，只有通過具體的諮詢和策劃才能解決具體問題。前述「培訓需求評估」也對這個問題做了較為詳細的分析。由於存在這些方面的原因，使得培訓的效果評價就難以準確地進行。

要對培訓效果進行有效的評價，必須解決培訓目標、培訓的系統性和針對性等問題。對於技術性技能的培訓評價，已經有了一些具體的方法和手段，其中，對比的方法得到較為廣泛的採用。這種方法的使用步驟是：第一，界定接受培訓員工原來的績效水準，確定該員工應該接受培訓，以提高其勞動效率。第二，確定一個企業期望的，且大多數人都能夠達到的標準，比如，「家用電器維修人員應在10分鐘確定電視機沒有電視圖像的原因，並提出具體的解決方案」。第三，按照這一標準制定相應的培訓方案，確定有針對性的培訓方法。如可以通過對無電視圖像的各種原因進行分類整理，並在產品說明書或員工維修手冊中詳細說明。然後要求員工按照有關的程序反覆進行診斷，直到達到熟練程度為止。第四，培訓結束後，對接受培訓的員工進行培訓結果鑑定。如果該員工能夠在10分鐘內確定沒有電視圖像的原因，並能夠提出解決辦法，就證明培訓達到了預期的效果。

對管理類的培訓而言，要想準確界定其培訓效果，一般來講比技術性技能效果評價的難度要大。但這也不是絕對的。管理類培訓效果評價與技術性的技能培訓步驟大致相同，如評估培訓需求，制定培訓標準，實施培訓，最後對效果進行評價。比如某人的表達能力較差，首先要確定良好的表達能力的標準是什麼？比如：「在10分鐘內準確地對方案進行陳述。」然後與接受培訓者共同分析原因，這些原因可能是：缺乏在大庭廣眾前講話的經歷；詞不達意；抓不住方案的主要內容；對方案本身不熟悉等。然後在此基礎上採用有針對性的培訓方法和手段，比如要求其經常性的在大庭廣眾前發言、要求在發言前對要涉及的內容做相關的準備、確定方案要解決的最重要的問題是什麼等。此外，為其創造一個輕鬆的氛圍和適當的鼓勵也是非常重要的。經過一段時間的訓練，再採用個人自我評價和同事間評價的方法對該員工的表達能力做出判斷，並以此作為培訓效果的依據。

在具體的衡量培訓效果方面，有四種基本的培訓成果或效益是可以衡量的：[5]254-256

①反應。即接受培訓者對培訓計劃的感受程度和反應如何。例如，接受培訓者是否喜歡他們參加的培訓計劃？培訓計劃對他們是否具有價值？或者在培訓結束一段時間後向參加培訓的員工調查，請他們描述他們還記得多少當初參加的培訓的主要內容是什麼？如果什麼都不記得，那就說明培訓計劃本身缺乏吸引力或者針對性。

②知識。通過對接受培訓者的調查，瞭解他們是否通過培訓課程的學習，掌握了有關的知識或技能。如果明確表示肯定，該員工就會表現出一定的行為，並對參加類似的培訓感興趣。

③行為。通過比較分析接受培訓者過去的行為與接受培訓後的行為是否有較明顯的變化來觀察培訓的效果。比如，一個經常羞於在公眾場合發言的員工開始在公眾場合發表自己的意見和建議。

④成效。這是評價培訓成果最重要的一項內容。前三項指標可以判斷培訓計劃是否是成功的。但如果沒有取得一定成效，如生產效率的明顯提高，顧客投訴的明顯下降，產品次品的降低等，培訓計劃就沒有最終實現目標。

對培訓效果的評價還可以通過調查的形式，即向參加培訓的人員發放調查表，請他們發表對參加的培訓項目的意見。表 5-1 就是這樣的一種調查表。

表 5-1　　　　　　　對在企業外實施的管理人員開發計劃的評價

姓名：　　　　　　職務：　　　　　　　　日期：
參加的培訓計劃名稱：　　　　　　　　　　日期：
地點：　　　　　　　　　　　　　　　　　費用：
實施培訓計劃的單位：

1. 該計劃宣傳廣告中對計劃實際內容的介紹的準確性如何？
非常準確（　）　　　準確（　）　　　不準確（　）
2. 培訓計劃的主要內容與你的興趣和需要的相符程度如何？
很符合（　）　　　比較符合（　）　　　基本不符合（　）
3. 講課人的水準如何？
優秀（　）　　很好（　）　　良好（　）　　一般（　）　　不好（　）
4. 你覺得你自己有哪些收穫？
有關公司其他業務方面的知識　（　）
有關的新的理論和原理　（　）
可用於本人工作的概念和技術　（　）
其他　（　）（請說明）
5. 根據時間和成本你如何評價這個計劃？
極好（　）　　很好（　）　　良好（　）　　一般（　）　　不好（　）
6. 以後你還願意參加這個單位實施的培訓計劃嗎？
願意（　）　　　　可能（　）　　　　不願意（　）
7. 你是否會介紹你公司的其他人參加由這個單位提供的培訓計劃？
會（　）　　　　不會（　）　　　　說不準（　）
如果你會，你會介紹誰來參加？
8. 其他意見：

資料來源：加里·德斯勒. 人力資源管理 [M]. 6 版. 劉昕, 吳雯芳, 等, 譯. 北京：中國人民大學出版社, 1999：255.

5.2 戰略性人力資源開發

5.2.1 定義和內涵

所謂人力資源開發,是指企業為適應市場競爭的需要所開展的有助於員工為未來工作做好準備的有關活動。開發的作用在於能夠為有潛質的員工做好職業發展的準備,提高員工向新職位流動的能力和幫助員工適應新技術、新產品以及顧客需求發生的變化。開發與培訓的定義比較相似,說明二者之間有聯繫,但二者之間的區別也是比較明顯的。

如前所述,首先,培訓具有系統性和強制性的特點,開發也具有系統性的特點;培訓與開發的方法也有相同的地方,如培訓中各種在職和脫產培訓規劃、由顧問或大學提供的短期課程、在職 MBA 課程等正規教育形式,在開發中也經常採用。但與培訓不同的是,開發一般不具有強制性。比如,有組織的員工職業生涯規劃就是一項開發活動,這項活動不僅有利於組織整體的利益,對員工個人而言,也能夠極大地提升其能力和水準。但如果員工本人對參加這項活動不感興趣,對於組織來講,一般是不能夠強迫的。其次,培訓主要是著眼於提高員工當前的工作勝任能力,而開發則主要著眼於培養和豐富員工做好未來工作所需要的知識和技能,包括正規教育、在職體驗、人際互助以及個性和能力的測評等活動。最後,培訓主要針對的是普通員工,而開發則主要針對的是管理人員,有的專業書籍甚至直接以「管理人員開發」為標題,認為管理人員開發就是指一切通過傳授知識、轉變觀念或提高技能來改善當前或未來管理工作績效的活動。雖然隨著組織扁平化、授權以及員工全面發展的需要,出現了企業的開發活動由主要針對管理人員向針對一般員工轉變的趨勢,但由於正規的開發活動涉及費用問題,也不是所有員工都能夠參加。因為培訓和開發計劃也必須考慮企業的承受能力。

5.2.2 人力資源開發在企業管理活動中的重要意義

開發活動之所以主要針對的是管理人員,首先,因為他們作為企業各級經營管理工作的重要組成部分,在保證企業現行的穩定經營和健康發展等方面起著十分重要的作用。即使是在扁平化的組織中,管理人員的作用也是不可替代的。其次,企業為了培養接班人,以滿足企業未來的領導能力,也需要利用在職鍛煉、輪崗等各種有效的開發方法。特別是在企業的成長階段,伴隨著企業市場份額的不斷擴大,自身的組織結構也在不斷完善,分、子公司紛紛成立,對具有管理能力和富有工作經驗的各級管理人員的需求很大,如果企業能夠在平時注重對管理人員的培養,在需要的時候就能迅速地衝鋒陷陣。反之,就會形成企業在高速成長階段的領導和管

理能力的瓶頸制約，為企業的發展埋下禍根。正因如此，對管理人員的開發活動一直成為企業戰略計劃的重要組成部分。據調查，早在1981年，對美國《財富》雜誌前500家和前50家公司的一項調查就表明，識別和開發下一代經理是它們所面臨的最大的人力資源挑戰。[7]自那以後，這種挑戰就越來越明顯。根據同樣來自美國的一項對84位雇主的調查，約有90%的主管人員，73%的中層管理人員，51%的高層管理人員是從內部提升的。[5]264 3M公司在進行有組織的員工職業生涯規劃設計時，主要是通過建立崗位信息系統為大規模的職業生涯開發行動掃清道路。公司採用的做法是，將企業管理層的所有崗位均在全公司通報。只有最高層中的1.5%的崗位不在通告之列。[8]吉姆·科林斯在《從優秀到卓越》一書中研究的11家成功實現從優秀到卓越跨越的公司中，有10家公司的首席執行官（CEO）都是從內部提拔的。[9]在中國，除了董事長、總經理等極少數的關鍵職位之外，企業大多數的中層以上職位基本都是由內部提升來滿足的。

內部提升的優點體現在兩個方面：一是為那些在企業辛勤工作且卓有成效的員工提供一條職業發展道路的選擇，同時也是對他們努力工作的一種回報；二是企業員工熟悉和瞭解本企業的歷史、運作程序，認可並擁護企業的核心價值觀及行為規範，對自己工作和奮鬥多年的企業懷有一種很深的感情，甚至將自己的未來與企業的發展聯繫在一起，而這些都是作為一個企業管理人員必須具備的重要的品質。而在這部分人從一般員工走上管理崗位的過程中，對他們進行必要的培訓和開發活動是必不可少的。通過開發，使他們具備相應的領導和管理能力，為正確和有效地履行管理者的責任奠定一個堅實的基礎。

5.2.3 管理開發的步驟

從戰略性人力資源管理的角度考慮，為了使企業的管理開發能夠做到有的放矢，有效地為企業服務，管理開發應遵循以下幾個步驟：

（1）企業的經營目標

企業進行管理人員的開發，一定要有一個明確的目標，這個目標就是根據企業經營戰略的規劃和要求，通過人力資源的規劃，提出實現這一目標所必需的人力資源的數量和質量要求。這是管理開發活動能否取得成效的一個重要的基礎條件，背離了這一點，開發活動的成效就會大打折扣。

（2）制定管理者開發計劃

這裡的管理開發計劃實際就是企業的人力資源的規劃，只不過它主要針對的是管理人員。根據企業的戰略要求，管理開發的目標可以分為兩類，即近期和遠期兩種目標。近期目標是指由企業業務和管理活動決定的在最近一段時間內對管理者的需求。遠期目標則是指根據企業業務活動變化的預測，提出在未來某個時期對管理人員的需求，包括管理職位、任職地點、不同管理職位所需的領導技能（現在的和

將來的）、該職位的可能的繼任者名單、每個候選人的必要開發活動等內容。在需求預測的基礎上，再做相應的供給預測，首先是對企業內部的預測，然後是對企業外部的預測，最後得到一個需求與供給分析報告。根據這個報告，企業就可以進行相應的人事決策。

（3）建立企業人力資源管理信息系統

要進行供給分析，企業必須建立企業人力資源管理信息系統，系統的核心部分應當包括具有管理開發潛質的員工檔案資料和職位的大量信息。在個人檔案中應有關於工作歷史、教育程度、優點和缺點、領導開發需要、領導開發計劃（參加過的和計劃參加的）、培訓和特殊技能（如對外語的精通程度）等。關於這方面的內容，請參見專欄3-1「AT&T通過人力資源規劃贏得競爭優勢」。

（4）管理潛能評估

建立企業人力資源管理信息系統的一個重要目的是為開展受訓人員的管理潛能評估奠定基礎。管理潛能評估主要包括兩個方面：一是有關管理職位必需的知識、能力和技能評估；二是溝通協調等人際關係技能的評估。其中，人際關係的技能評估尤為重要，因為作為一個有效的管理者，最重要的資源和優勢往往並不是具體的技術能力和水準，良好的人際關係、親和力、善於傾聽、理解和溝通，越來越成為管理效率高低的決定性要素。

（5）方法選擇

在管理開發計劃擬定後，下一步就是選擇開發方法。關於開發的方法問題，後面要做專門的介紹，請參見相關的內容。

（6）崗位鍛煉

所謂崗位鍛煉，是指讓通過管理開發活動的人員在實際的管理者崗位上工作，以觀察其表現是否稱職的一種開發方式，而且是一種非常有效的開發方法。在具體的操作上，最佳的方式是作為某高層管理者的助手或助理，通過參加各種會議，發表自己的意見，提出自己的建議等，培養自己作為一個管理者的實際能力。其他的方式還有輪崗、換崗、掛職鍛煉等。

（7）使用評價

管理開發的最後一個步驟是對參加計劃的人員進行評價。評價也包括兩個部分，一是對參加管理開發計劃的效果評價；二是對其能否勝任某一具體管理職位的評價。在企業的管理開發項目中，並不是每一個參加該項目的人都能獲得晉升，決定的依據就是這兩個評價。此外，為了保持對管理開發計劃實施效果的跟蹤，這兩個評價結果也應進入企業人力資源管理信息系統的相關內容。

5.2.4 管理開發的方法

(1) 工作實踐

工作實踐又稱在職體驗，是指員工通過對不同崗位的親身體驗，瞭解、具備和掌握在這些工作崗位中所必須具備的解決各種關係、難題、需求、完成相關任務和其他有關事項的能力和技能。目前企業大多數的開發活動都是通過這種方式實現的。

工作實踐的途徑主要包括以下方面：一是擴大現有工作的範圍和內容，二是工作輪換、調動、晉升等。這裡重點介紹在企業中廣泛採用的工作輪換。

一般意義上的工作輪換是指為員工提供在公司的不同部門和同一部門的不同崗位之間工作的機會。而對於管理開發來講，則更注重的是在不同部門主要管理崗位上的工作和任職機會。對於企業各級管理人員的培養來講，工作輪換具有非常重要的意義。為了提高工作輪換的效果，將不利的影響降低到最低限度，一種比較理想的操作方式或安排是採用「以老帶新」的方式，即輪崗者以某位管理人員助理或助手的身分擔任某一項職位，在處理相關事務工作時，先由輪崗者發表自己的意見或建議，然後再與其上司討論這些意見、建議的正確程度，以此培養輪崗者獨立工作的能力和水準。輪崗的基本特點是，當輪換是在部門一級的流動時，輪換者的職務和薪資基本上是不變的，從而減輕了企業人力資源管理工作的難度和工作壓力。

輪崗對於企業來講具有非常重要的意義。第一，輪崗有助於公司內部不同層級的人員之間的相互理解和尊重，改善部門之間的合作和溝通。對於大型企業來講，通過跨職能、跨地域、跨管理層級的輪崗，還能夠增強公司總部與下屬部門之間的理解，正如本章案例「聯想集團用人『殺手鐧』——輪崗」中表述的那樣，「良好的溝通是基於理解和熟悉的，而輪崗是讓大家互相理解和熟悉的好辦法」。聯想集團利用輪崗的形式，較好地解決了組織發展與個人發展的問題，取得了很好的效果。第二，輪崗有助於對公司目標和工作流程的全面系統的把握。特別是對於那些將由中層管理職位晉升為高層管理職位的人來講，通過在企業內部多個不同業務部門工作的經歷，可以幫助他們全面地瞭解和掌握企業完整的工作流程，從而使其決策能夠超越單個業務部門的局限，建立在更為寬廣的基礎之上，使決策的科學性和系統性大大加強。第三，輪崗有助於增加對公司內部不同職務和職能的認識，有助於重要崗位的人才儲備。為了避免人員流動帶來的效率和效益損失，對一些重要的崗位，可以通過輪崗的方式使更多的人具備該崗位的勝任能力，這樣就能夠為企業的穩定經營奠定堅實的基礎。

對於員工來講，輪崗也具有重要的意義。首先，輪崗有助於增強員工適應變化和變革的能力。不同崗位的工作經歷，不僅為員工在企業內部的流動提供了可能性，而且可以解決員工在發展、晉升以及對長期從事同樣工作缺乏熱情等方面產生的一系列的問題。隨著經濟的發展和社會需求的豐富，職業的種類越來越多，員工個人

的職業選擇也越來越廣，人們在很大程度上已經超越了傳統的以管理層級的高低判斷職業成功的標誌的觀點，從事一項自己最喜歡或最擅長的工作，並在此崗位上做出貢獻，成為新的判斷職業是否成功的重要標誌。在僵化的組織中，很少有這種工作輪換的機會。而那些富有活力的組織則通過工作輪換等方式，為員工的選擇創造了條件，最終帶來員工工作滿意度的增加。其次，輪崗有助於提高員工的綜合能力和增強知識獲得能力，以及員工職業生涯穩定的發展。國際商業機器公司（IBM）大中國區董事長及首席執行官周偉琨在談到其領導秘訣時，曾講了四個方面的秘訣：一是給員工創造危機感，但要保持壓力適度；二是制定未來3～5年的規劃，和企業員工一起向前看；三是不停地調動員工的崗位，2～3年換崗一次，讓員工永遠面對新的挑戰。輪崗的範圍包括銷售崗位和產品崗位製造換崗，中國和亞太員工與美國員工換崗；四是永遠不自大，永遠在學習。[10]

作為一項重要的措施和手段，輪崗的正面作用是非常明顯的，但如果處理不當，也可能會產生不利影響以及帶來人事決策的難度。比如，首先，輪崗通常會涉及部門工作的重新調整，由於輪崗者可能還會回到部門工作，因此在開始輪崗時產生的崗位人員空缺一般不會由新進人員補充，往往是由同一部門的其他崗位的員工暫時替代，這就會增加該員工的工作量和工作壓力。其次，輪崗有時還會涉及職務的安排，如在輪崗時擔任高一級的職務時，可能會涉及薪酬的調整。由於並沒有關於輪崗者在輪崗結束後是否一定會晉升的決定，從而導致薪酬調整的困難。在這種情況下，暫時維持原來的薪酬水準可能是一種比較明智的選擇，只不過需要與輪崗者就此問題進行有效的溝通，以達成一致的意見。

（2）開發性人際關係

所謂開發性人際關係，主要是指利用富有經驗、效率較高或在某項技能方面有突出特長的員工以導師和教練的身分來指導那些在經驗、效率、績效等方面存在缺陷問題的員工並使這些缺陷得到改進的方法和手段的統稱，包括人際互動、以老帶新、師帶徒等形式。企業在開展這方面的活動時，應當制定實施開發性人際關係的指導思想和原則，比如，計劃的自願性原則、對指導者的選擇標準、計劃的時間和目標、指導計劃的效果評價等。為了提高實施效果，鼓勵導師和教練全力以赴地搞好這項活動，企業還應建立相應的支持體系，包括建立對導師、教練即指導者的報酬回報制度。

在開發性人際關係的各種形式中，導師制是一種培養管理人員的非常重要的方法。在發達國家，這種開發方式得到了廣泛的應用。在美國，有超過三分之一的公司實施了導師制度。[11]導師制的基本特徵是導師和接受指導者之間既可以是一種非正式的關係，也可以是一種正式的關係。非正式的關係是指它不是由組織正式安排的，而是源於共同的興趣、愛好而形成的一種「師徒關係」，它也沒有相應的報酬

回報制度做支撐。正式的導師制則主要是指根據組織的正式安排做出的，在對管理人員的培養方面，一般都是指的正式的導師制。正式的導師制的基本特徵是：第一，有明確的導師稱謂制度和人選，導師一般都是由組織的高層管理人員擔任；第二，接受導師指導的人員一般都是組織中有發展前途的對象或管理者繼承計劃中的人選；第三，有明確的指導目標，以及為達到這一目標所提供的在職鍛煉等工作形式；第四，為了避免直接的利益衝突，擔任導師的人和接受指導的人之間最好不是直接的上下級關係，如很多跨國公司實行的「異地導師制」。導師制要解決的另外一個問題是擔任導師的資格和水準，要能夠善於總結組織和個人的成功經驗和失誤的教訓，特別是根據擔任導師的企業高級經理人員在其職業生涯中遇到的一些重要和關鍵事件的經驗、教訓的總結成果，用來衡量作為一名成功的管理者應當具備的知識、能力和技能，這樣就使導師制具有很強的針對性和可操作性。

（3）人員測評

人員測評作為一種選擇方法，在國際上已使用多年，中國則是近些年才逐漸開始推廣這項技術。人員測評主要是指對人的個性和能力的評價，通過收集員工的行為特徵、溝通方式、人際交往類型、技能等方面的信息並向其反饋或作為組織培訓開發的依據的手段和過程。它的主要用途包括：衡量管理人員的管理潛能，評價其強項和弱項、確認其晉升可能性、衡量團隊各成員的優勢和不足等。

人員測評的兩種主要方法：

方法一：心理測試

在心理測試中，梅耶斯—布里格斯人格類型測試（Myers - Briggs Type Indicator, MBTI）是目前員工開發中最常用的心理測試方法。該方法有100多個問題，以確認一個人在性格（內向/外向）、信息收集（理性/感性）、決策（思考/感覺）、生活方式（判斷/想像）等方面的偏好。

性格：決定了一個人是否具有人際關係優勢以及個人活力。外向的人（E）通過人際關係獲得能量，內向的人（I）通過個人的思考和感覺獲得能量。

信息收集：信息收集偏好與一個人的決策行為有關。理性或感覺偏好的人（S）傾向於收集詳細的事實和細節方面的資料；而感性或直覺偏好的人（N）較少關注事實，側重於各種想法實現的可能性以及各種想法之間的關聯性。

決策：決策時對他人情感關切程度的不同決定了決策方式的差異。思考型（T）的決策者在決策時很客觀。而感受型或情感型（F）的決策者則會考慮一項決策可能會對別人的影響，因而決策的主觀型較強。

生活方式：生活方式的偏好反應了人們靈活性和適應性傾向。判斷型的人（J）目標明確，時間觀念強，善於總結歸納。感覺型或知覺型的人（P）則喜歡驚喜，主意多變，不喜歡受時間約束。

將以上四種偏好結合起來得到16種人格類型：

ENFJ：反應靈敏、責任心強，通常很在乎別人的想法；世故、時髦，對褒貶很敏感。

ENTP：行動敏捷、聰明、擅長於做很多事，可能會為了逗樂而與人爭執不休；擅長解決難題，但往往會忽略一些常規問題。

ENTJ：熱情、坦誠、有決斷力，富有領導才能，擅長思維推理和交談；有時實際能力會強於自己所做的承諾。

ISFP：沉默、友好、敏感、善良、謙遜，不喜歡與人爭吵；是個忠實的追隨者；通常能為完成任務而感到欣慰。

INTJ：富有創造力，有自己的見解；多疑、挑剔、獨立性強；意志堅決，較為倔強。

ESTJ：實際、務實、是天生的技工或商人；對自己認為無用的東西一概不感興趣；喜歡組織和參加活動。

ESTP：務實、無憂無慮、隨遇而安，對事物往往有點遲鈍或太不敏感；最擅長處理能被分解或綜合的現實問題。

INFP：喜歡學習，善於思考，對語言和個人事務較感興趣；往往承擔過多的任務並想方設法來完成；對人友好，但往往過分投入。

ISFJ：安靜、友好、責任感強，做事謹慎，會盡全力工作以盡其職責；做事細緻認真，待人忠誠，為別人著想。

INTP：安靜、保守、呆板；喜歡理論性、科學性學科；非常愛思考，很少參與閒談或參加晚會，興趣面很窄。

ISTJ：嚴肅、安靜，依靠專注和認真獲得成功；做事實際，條理性強，注重事實，有較強的邏輯性；值得信賴，有能力承擔責任。

ISTP：經常是冷靜的旁觀者，安靜、保守、善於分析；對客觀原理和機械事物的運作方式、運作原理較感興趣，缺乏幽默感。

ENFP：熱情、活潑、聰明、想像力豐富，擅長於做自己感興趣的事；才思敏捷。

ESFJ：熱情、健談、時髦；責任心強，是天生的合作夥伴；做事需要與人協調；受到鼓勵時行為達到最優；對抽象思維和機械事物不感興趣。

INFJ：依靠毅力、創造性和做事的慾望獲得成功；喜歡辯論，責任感強，善於為他人著想，嚴格按照公司宗旨辦事。

ESFP：外向、溫和、寬容、友好、善於調節氣氛；喜歡運動和手工製作；擅長於記憶而不擅長掌握原理。

MBTI可用於理解諸如溝通、動機、團隊合作、工作作風、領導力等方面的問題。全球每年有大約250萬人接受這一測試。據調查，接受過測試的人認為具有積

極的作用，它幫助自己改變了個人的行為。根據測試得分情況看，它與個人的職業是有關係的。在對來自美國、英國、日本、拉美的管理人員的測試結果進行比較研究後發現，大多數管理人員都具有某些特定的人格類型（ISTJ、INTJ、ESTJ、ENTJ）。但該測試方法也並非完全有效。在不同的時間對同一人所做的測試的有效性只有24％。而且由於它不能反應和衡量員工的特長以及員工在多大程度上執行了自己所偏好的職能，因此不能用於對員工的績效評價或晉升潛力評價。[12]

方法二：評價中心

評價中心是指由多位評價者通過一系列的練習和測試來對接受練習和測試的管理人員所表現出來的能力和績效水準進行評價的方法和手段的總稱。其目的在於判斷接受測試和練習者是否具有從事目前或今後管理工作應當具備的人際交往能力、團隊合作精神、認知能力以及領導、控制等方面的管理能力和水準。評價中心的練習和測試主要包括無領導小組討論、文件框練習、案例分析、角色扮演等形式。

無領導小組討論是當前組織進行人才測評和人才選拔的一個重要方法，尤其在管理者培養方面應用非常廣泛。所謂無領導小組討論，顧名思義，就是在一個沒有領導人或負責人的由5～7人組成的小組中對預先準備的有一定難度的案例或模擬的問題進行討論，討論時間控制在小組成員都有發言的機會為宜。討論中要求小組成員在規定的時間內提出解決方案。測評人員在一旁觀察，並根據預先擬定的測評要點，如小組成員在討論中表現出來的領導能力、組織能力、歸納能力、交流能力和控制能力等，對小組成員打分。在一些特定的情況下，無領導小組討論的問題的設置可以偏重於某一個方面，比如，需要測評被測評者的領導和控制能力時，討論的問題可以有針對性地設計一些能夠明顯導致意見衝突的問題，以引起必要的爭論。然後在爭論的過程中，重點觀察小組成員的場面控制能力和引導能力。

文件框練習是指通過對實際工作環境和管理者工作的模擬，考察被測試人的領導能力、判斷能力、行政管理能力、解決問題等方面的能力，包括處理文件、安排和主持會議、處理特定事件等。這種練習也有特定的目的，比如，為了保證文件框練習結果的準確性，以及為評價提供一個較為客觀的標準，所要求處理的文件一般都是企業過去遇到過並已有處理結果的比較典型的問題。這樣就可以根據原來的結果與測試結果做比較，以發現其中存在的問題。

案例分析的主要目的是考察被測試者的認知能力，其中主要是表達（包括口頭表達和書面表達）、運用數字以及邏輯、推理、判斷即發現、分析和解決問題的能力。認知能力不僅能夠反應一個人職業彈性的大小，而且通過案例分析，能夠考察一個人的思維方式和決策水準。在小組或團隊性的案例分析中，還能夠考察一個人的團隊合作、協調溝通和領導能力。正因如此，案例分析不僅在人員開發方面，而且在各類考試、教學以及能力訓練過程中都得到了非常廣泛的應用。

角色扮演有點類似於情景面試，只不過它更強調在一個比較真實的環境中去考察測試者的實際能力。案例5－1是一個角色扮演的案例。

案例5－1：你應如何分配獎勵名額和獎金

你是一個電器維修小組的主管。由於你所在小組成員的共同努力，獲得了顧客滿意度的提升和小組效益的增長。因此公司不時對你領導的小組進行獎勵。現在公司又決定對你們進行獎勵，小組的每個成員都認為自己工作非常努力，應該得到獎勵，但獎勵的金額和名額都很有限。在這種情況下，你要想樹立一個很公正的形象是比較困難的，因為你的任何決定都可能招致沒有得到獎勵的員工的不滿。現在，你要將公司的獎勵以及你自己關於如何決定獎勵分配的意見告訴你的組員。請記住，你要以大多數人都認為比較公正的方式去做。

在這個案例中，角色扮演者最重要的能力主要表現在他所提出的分配方案的公正性問題。這就需要扮演者對小組的目標、小組成員的能力和業績、小組績效考評指標體系以及顧客滿意度的具體情況有比較準確和詳細的瞭解，因為這些是方案是否具有公正性的最基本的前提條件。當然，在角色扮演的過程中，扮演者完全可以根據自己對具體問題的思考和想法，提出自己認為最能夠得到大家公認的分配方案。

5.3 管理實踐——業務部門經理和人力資源部門的定位

5.3.1 培訓開發與組織競爭優勢

無論是多嚴格的招聘和選擇，由於其技術本身的局限性，即使是經過嚴格挑選的人，也不一定就完全符合組織文化和崗位的要求，因此通過培訓和開發，提高員工的工作勝任能力，就成為一個必然的選擇。專欄5－4中UPS公司將員工的職業管理系統與培訓開發有機地結合起來，達到了提升公司競爭能力的目的。

具體地講，培訓開發與組織競爭優勢之間的關係大致表現在以下幾個方面：

第一，通過培訓開發能夠在一定程度上提高員工的技能水準，包括提高新員工和在職員工的能力和技能水準。即使對於那些有行業工作經驗或閱歷的人，雖然他（她）們熟悉和瞭解自己的專業技術，但可能不熟悉和瞭解在新的企業中做事的方式，包括為人處世、溝通協調、管理風格等。這些都需要管理方面的培訓以為其提供高質量工作的指導。

第二，有效的培訓和開發能夠在一定程度上減少高績效員工的流動和離職，特別是當企業的培訓和開發計劃具有較強的針對性時，能夠在很大程度上提升員工創造價值的能力。

第三，通過培訓和開發，可以減少經理或管理者不良的管理習慣所造成的員工流動。正如本書前面談到的蓋洛普公司的調查所揭示的那樣，一個員工之所以會離開公司，在很大程度上並不是因為公司不好，而是這個員工的主管有問題。如果這些問題是可以通過有效的培訓或開發來解決的話，企業就可以通過設計有針對性的培訓開發計劃，如人際關係訓練、溝通技巧等，對這些經理的行為進行糾正，以達到留住優秀員工，保持企業競爭優勢的目的。

第四，通過培訓和開發，能夠在提高員工工作技能的水準上，提高企業的整體效益。比如在製造行業中，產品的次品和廢品大多出在生產和製造環節，其中除了原材料本身的質量問題和設備之類的問題外，由於工人操作技能的缺陷或行為的不規範等原因是造成質量事故的重要原因之一。在這種情況下，通過提供必要的培訓，使其嚴格按照操作規範進行工作，就能夠減少次品和廢品率，在提高產品質量的基礎上強化企業的競爭能力。

第五，通過培訓開發，提高經理或管理人員管理「低績效」員工的能力。對於一個合格和有效率的管理者來講，最重要的一項工作就是能夠正確地識別和管理他的下屬。首先是識別的技術，這不僅涉及對員工技能的評價，而且還涉及對組織、部門、員工個人三個不同層次的績效指標體系的認識，以及員工實際的業績水準。其次，根據識別確定相應的激勵與約束的對策。只有對其下屬的技能和業績水準做到心中有數，才能夠提出比較公平和公正的人事決策。

第六，通過培訓和開發，為員工的職業發展提供建議，給業績優秀和具有管理潛能的員工提供鍛煉機會，為企業培養接班人。

專欄5-4：美國聯合郵包服務（UPS）的管理開發計劃與職業管理系統

美國聯合郵包服務公司（UPS）的職業開發系統清晰地描述了職業規劃過程以及它在確保企業的人員配備需要得到滿足方面所扮演的戰略角色。UPS公司在全世界183個國家和地區中一共擁有28.5萬名員工，他們負責確保郵包得到按時分揀和傳送。為此，公司不得不面對如何開發它在全世界各地雇傭的4.9萬人的管理層的問題。這一任務的內容主要是開發一項管理技能開發系統，以確保管理者的技能能夠得到及時的更新，同時將該系統與公司的甄選和培訓活動聯繫在一起，從而形成了公司的職業管理過程，包括：

1. 管理者們首先需要確定，為了滿足當前以及未來的經營需要，自己的工作團隊需要什麼樣的知識、技能和經驗。
2. 找出在需要具備的資格和當前已經達到的資格條件之間存在的差距。
3. 為每一位團隊成員確定開發需求。
4. 團隊成員要完成一系列的練習，目的是幫助他們自己進行自我評價、設定目

標以及制定個人開發計劃，在此基礎上由管理者和雇員一起合作制定雇員的個人開發計劃。在討論的過程中，管理者將與雇員交流績效評價信息以及他對於團隊的需要所進行的分析。在雇員開發計劃中還包括在下一年底所追求的職業目標和將要採取的開發活動。

5. 為保證職業管理過程有助於未來的人事配置決策，還要舉行以部門為基礎的職業開發會議，由管理者匯報有關開發的需求、開發計劃以及本工作團隊的能力等方面的情況。為保證培訓計劃具有現實性，公司中負責培訓和開發的管理人員也要參加這種會議。

6. 將以上過程在公司更高一層的管理者中重複進行一次。

7. 最後得到一個成熟的、在公司各職能部門中經過充分協調之後的培訓和開發計劃。

UPS公司的職業管理系統包括職業管理過程中的所有步驟。該系統最為重要的特徵是，它使得關於雇員個人、區域、職能開發、培訓需要以及能力等方面的信息得到了分享。而這些來自雇員、區域以及公司職能部門的信息使得UPS公司比其他許多公司能夠更好地滿足變化之中的人員配置需要以及顧客需求的變化。

資料來源：雷蒙德‧諾依，等. 人力資源管理：贏得競爭優勢［M］. 3版. 劉昕，譯. 北京：中國人民大學出版社，2001：422－423.

5.3.2 業務部門經理和人力資源部門的定位

（1）業務部門負責人在培訓開發方面的責任

在確定員工具體的培訓和開發需求方面，業務部門負責人和高層管理者有十分重要的責任。具體講主要包括以下方面：

正確地履行自己的職責。作為業務部門的負責人，首先必須瞭解和掌握所在部門的工作目標以及各個崗位工作職責的具體要求。對於他們來講，首要的任務是根據不同崗位的職責正確地分解這些目標，其次是對這些目標的執行和完成情況進行監督和跟蹤。在這個過程中，去發現存在的問題，提出解決的辦法。

評估員工的培訓需求。當發現個別崗位目標沒有按時按質按量完成時，應立即對其原因進行分析和研究，即進行培訓開發的需求評估。由於培訓開發需求評估涉及人力資源管理其他相關職能的綜合應用，這就要求業務部門的負責人必須具備基本的人力資源管理和開發能力。首先，他們要參與對部門每個工作崗位的工作分析，提出各個崗位明確的工作內容和任職條件；其次，根據工作內容提出各個崗位的績效目標；再次，在執行和實施績效目標的過程中觀察員工的實際績效水準與崗位要求績效水準之間是否存在差距，並對其進行分析；最後，找出其中可以通過培訓或開發解決的部分。

制定具體的解決方案。如果員工的績效問題可以在部門內部通過培訓和開發解決，就可以採取相應的措施和方法予以解決。如果需要公司的支持，就要與人力資源部聯繫，共同確定最後的具體解決方案。而對那些非培訓和開發手段解決的低績效問題，就需要分析其具體原因，如果是設備、流程或工作不規範的原因，就需要檢修或更換設備、重組生產流程、制定更嚴格的工作規範等。對於那些培訓開發不能解決的問題，則需要採取換崗等方式解決。

為新員工提供上崗培訓。業務部門負責人的另外一項重要工作是向新員工提供部門總體情況介紹，包括任務、工作目標、各工作崗位的職責要求以及應當達到的績效水準，其次是為新員工持續性的基本技能性的上崗培訓指導，以讓新員工盡快熟悉和掌握正確履行工作職責的方法和程序。

為員工提供培訓效果的轉化條件。當員工經過培訓開發相關課程的訓練後，部門負責人應當向其分配任務或提供實現培訓效果所需要的環境條件，以使其能夠學有所用，並根據其表現提供績效信息反饋。

為員工提供職業發展建議，為企業培養接班人。一個合格的業務部門負責人不僅要具備過硬的業務素質，而且還應有寬闊的胸懷和魄力，能夠關心、愛護和幫助員工實現自己的價值。一方面，要為員工的職業發展提供建議；另一方面，要善於在日常工作中發現業績優良且具備管理才能的員工，在與人力資源部溝通的基礎上，按照公司有組織的職業生涯規劃的安排，為其提供各種培訓和鍛煉的機會。

（2）人力資源部門的責任

作為部門負責人或經理的戰略合作夥伴，人力資源部的主要工作是為部門和公司的培訓開發提供技術支持和服務，包括：

根據公司經營目標要求，制定公司的培訓開發計劃。在人力資源的培訓和開發職能方面，人力資源部的首要工作就是根據公司經營目標的要求，準確地辨認和識別員工實際的績效水準與公司期望績效之間的關係，發現存在的問題。要做到這一點，人力資源部需要加強與各業務部門的溝通，瞭解各業務部門基本的任務、目標以及績效指標體系，在這個基礎上提出具體的有針對性的培訓和開發方案。

為新員工提供文化、價值觀、宗旨、使命等方面的培訓。當新員工進入公司後，人力資源部應向其提供文化、價值觀、宗旨、使命等方面的基礎培訓，同時對公司的薪酬福利政策、晉升制度、員工發展等與員工關係密切的問題與新員工進行溝通和交流，同時應建立人力資源部與員工溝通的機制，如及時發布公司新的人事政策、提供諮詢支持等。

為培訓開發提供技術支持。由於培訓開發涉及一些專業的技術，因此對人力資源部來講，向各業務部門提供這些技術的支持就成為其一項重要的服務內容。對於

一些專業性較強的技術,如人才測評、人格類型測試等,由於企業的人力資源專業人員一般都不具備從事這些工作的基本條件和資格,因此需要聘請有關的專家才能取得較好的結果。

實施培訓和開發的組織和管理。作為負責企業人力資源管理開發的主管部門,人力資源部要負責企業培訓和開發工作的具體組織和管理,包括文件的起草、計劃的編製、專家的聘任、具體培訓開發項目的選擇、課程的設計、培訓開發效果的跟蹤、員工檔案記錄等日常性工作。對於企業的管理者繼承計劃或接班人培養方面的內容,還需要經常性地與公司高層進行溝通,隨時瞭解和掌握受訓員工的培養情況,並及時向高層反應,以便根據公司業務的需要隨時安排人員的晉升或做出其他的人事決策。

提供培訓的效果評價。為培訓開發提供評價是人力資源部另一項重要工作。評價的主要內容是對員工受訓前的績效水準與受訓後達到的績效水準進行比較和鑒定,對於可以用數量標準衡量的工作,培訓效果評價相對比較容易,而對於那些難以用數量標準衡量結果的工作,要做出一個比較全面和完善的評價是比較困難的。當然專家們也開發出了一些方法,詳情請參見本章第一節「培訓效果評價」的相關內容。

5.4 中國企業人力資源培訓開發現狀調查

在對 31 家企業集團人力資源管理現狀的調查中,對培訓政策、培訓預算、培訓時間、優先程度、培訓原因、考核方法、贊助政策等方面進行了調查。首先,被調查企業非常重視人力資源培訓政策的制定。所有的企業集團都制定了員工培訓和發展政策。其中 28 家集團(約佔總樣本的 90.3%)有書面形式的相關政策,這些政策包括:

(1)人力資源培訓已經列入企業的預算費用

接受調查的所有企業凡是制定了正式培訓政策和制度的,在企業年初的預算方案中都有員工培訓這一項。但不同行業和不同性質的企業在培訓的對象上有所區別,如服務型和技術型企業集團在員工培訓和發展上的支出要大於製造型集團;外資型企業集團更注重對不同層次員工的培訓。很多企業的培訓支出主要用於新員工的培訓、技術人員技能的提升等方面。14 家集團(約佔 45%)表示會給自我培訓的員工所需費用的一半以上補助。為確保員工能夠真正通過培訓提高技能,要求在取得培訓合格證或相關資格後才發放補助。總的講,接受調查的企業集團在培訓費用上的支出都不大,在接受調查的 31 家企業集團中,佔調查企業樣本 38.7% 的企業的

培訓支出占員工總工資的比率為 0%～0.5%；另 38.7% 的企業的培訓支出占員工總工資的比率為 0.5%～1.5%；19.4% 的企業的培訓支出占員工總工資的比率為 1.5%～3%；3.2% 的企業的培訓支出占員工總工資的比率為 3% 以上。這些數據遠遠落後於發達國家跨國公司的培訓投入，本章第一節在討論「影響培訓的因素」中，曾列舉了這些公司的培訓費用支出情況，國際商業機器公司、施樂公司、得克薩斯設備公司、摩托羅拉等公司用於員工培訓的費用占到了雇員工資總額的 5%～10%，專欄 5-2 中的米拉日湖每年用於員工的培訓費用就達 800 萬美元。即使與美國企業培訓平均投資水準相比，也有不小的差距。美國企業培訓平均投資水準大致為員工工資總額的 2%，而被調查企業中，接近 80% 的企業的培訓支出占員工工資總額的比率在 0.5%～1.5% 之間，這從一個側面反應了中國企業與發達國家企業之間的差距。

（2）在培訓時間上，調查企業更重視對新員工和管理人員的培訓

在樣本中，有 18 家企業將管理人員的培訓放在第一位，而技術人員的培訓居於第二位。對管理人員培訓的重視一方面反應了受調查企業集團管理思想和觀念的轉變，即人力資源管理作為企業競爭優勢的手段越來越為人們所重視；另一方面也表明了企業越來越注重解決在成長過程中的人力資源管理的瓶頸制約，以及管理能力的提高與企業競爭能力之間的關係。對技術人員培訓的重視則反應了技術水準對提高企業競爭力的地位和作用的重要性。

（3）培訓的主要動機是提升技能，其次是激勵

表 5-2 列出了 12 項影響因素，企業的人力資源部門主管分別為這些因素打分，其中，5 分表示極為重要，4 分表示重要，3 分為一般化，2 分為不太重要，1 分為極不重要。可以看出，31 家企業集團的培訓動機主要體現在四個方面：一是著眼於技能的提高，在 12 項影響要素中，涉及技能的要素就達到 6 個，包括提高管理者技能、提高生產力、發展新技術、拓寬員工技能範圍、開發員工適應技術革新的能力以及適應產品的變化等，而且前四項的平均分值均在 4.5 以上，表明這些因素是影響企業培訓最重要或重要的方面；二是著眼於工作氛圍和員工激勵，包括員工士氣的提升、穩定勞資關係、鼓勵長期服務的員工等，平均分值均在 4 以上，即影響培訓的重要因素；三是涉及員工的重新安排和使用，包括技術革新後對員工的重新安排、更有效地使用老員工等，這些被認為是一般影響因素；四是與企業的具體業務狀況相聯繫，如培養國際業務與交流人才。

表5-2　　　　　　　　　　決定公司培訓發展的因素

因素	重要性
提高管理者技能	4.9
提高生產力	4.8
發展新技術	4.5
拓寬員工技能範圍	4.5
適應產品的變化	4.1
提高員工士氣	4.1
開發員工適應技術革新的能力	4.1
穩定勞資關係	4.0
鼓勵長期服務的員工	4.0
技術革新後對員工的重新安排	3.3
培養國際業務與交流人才	3.3
更有效地使用老員工	3.1

註釋：

[1] 彭劍鋒. 人力資源管理概論 [M]. 上海：復旦大學出版社，2006：443.

[2] 雷蒙德·諾依，等. 人力資源管理：贏得競爭優勢 [M]. 3版. 劉昕，譯. 北京：中國人民大學出版社，2001：260.

[3] 楊光. 新惠普「世紀」整合之謎 [J]. 中外管理，2003（7）.

[4] WOMACK, et al. The Machine That Changed the World, p.56.

[5] 加里·德斯勒. 人力資源管理 [M]. 6版. 劉昕，吳雯芳，等，譯. 北京：中國人民大學出版社，1999：238.

[6] 趙曙明，吳慈生. 中國企業集團人力資源管理現狀調查研究 [J]. 人力資源開發與管理，2003（7）.

[7] 勞倫斯S克雷曼. 人力資源管理：獲取競爭優勢的工具 [M]. 吳培冠，譯. 北京：機械工業出版社，1999：174.

[8] 托馬斯G格特里奇，贊迪B萊博維茨，簡E肖爾. 有組織的職業生涯開發 [M]. 李元明，呂峰，譯. 天津：南開大學出版社，2001：153.

[9] 吉姆·科林斯. 從優秀到卓越 [M]. 俞利軍，譯. 北京：中信出版社，2002：38.

[10] 成都商報，2003-08-06（B3）.

[11] 嚴進. 企業中的導師制——管理者綜合素質培訓的途徑 [J]. 中國人才，2003（4）.

[12] 雷蒙德·諾依，等. 雇員培訓與開發 [M]. 徐芳，譯. 北京：中國人民大學出版社，2001：180-182.

本章案例：聯想集團用人「殺手鐧」——輪崗

如何用人，如何用好人幾乎無時無刻不在困擾每一個企業。尤其在中國，在中國的民營企業。據統計，中國民營企業的平均壽命是 3～5 年。就是說，一個企業從誕生到消亡不過三五年的光景。企業從盛到衰，各有各的緣由，但有一點是明確的，即企業從小到大後的用人方略問題。記得愛立信公司大中國地區的總裁說過：「我們的產品可以被仿造，但我們的企業文化是別人模仿不了的。」

聯想作為中國信息技術產業的常青樹，之所以能 20 年常立不倒，與它的企業文化、用人機制密不可分。最近，聯想內部又開始試行輪崗，並試圖用輪崗來解決企業內部管理中的漏洞。

「輪崗」是一個大家都覺得好又都覺得難的話題，每每在遇到下面的問題時，大家都會不約而同地想到用「輪崗」來解決：

「北京制定政策的崗位不瞭解一線客戶需求，瞎指揮。」

「服務部和事業部有隔閡，話說不到一塊去。」

「北京的幹部大部分是本部門的業務骨幹，職能部門更是如此，基本上是土生土長的職能人，對業務需求把握不好，對前端沒有親身體驗。」

「大區幹部原來是香餑餑，現在北京坑裡都讓蘿卜占了，沒有什麼空坑了。」
「來聯想已經 2～3 年了，除了向行政序列發展之外，我還有什麼樣的發展空間呢？」

「員工做了兩年多了，還在做同樣的事情，沒有了工作激情。」

然而當大家為了這些問題，想把輪崗做起來的時候，隨之而來的其他問題又產生了。

派出部門：骨幹走了，任務怎麼辦？

接收部門：新來的人得人帶，又不能快速出成績，怎麼辦？

管理人員說：由此產生的額外費用怎麼辦？由誰來承擔？

輪崗出現了好多好多的問號……

在聯想，第一個實現輪崗的是聯想的消費信息技術群組服務部。他們的成績得到了大家的一致好評。現在輪崗已成為消費信息技術群組服務部的殺手鐧。

第一負責人關注長遠的決心和業務戰略的需要。消費信息技術部做輪崗的起因是今年年初制定了「結合地緣，速度制勝」的策略。在給骨幹人員做能力盤點的過程中，我們發現大區骨幹擁有中央運作經驗以及中央骨幹擁有大區一線經驗的比例都太小，而這些人才恰恰就是要實現業務的良性發展不可缺少的最重要環節。基於這一點，為了消費信息技術的戰略實現，消費信息技術的高層幹部痛下決心——把輪崗做起來，把出現的一個一個問題務實地解決掉。因此便拉開了消費信息技術輪

崗的序幕……

輪崗帶來效果非常好。參與輪崗的人的共同感受是：第一，輪崗讓員工感受了「客戶體驗」，對於客戶體驗的理解更深刻了，以前在事業部認為客戶僅僅是終端客戶，現在感到代理夥伴也是我們的客戶，也清楚知道了大區最關心什麼，為什麼有些事情那麼著急。事業部輪崗人員和大區輪崗人員都加深了彼此的理解。事業部總經理魏駿認為，良好的溝通是基於理解和熟悉的，而輪崗是讓大家互相理解和熟悉起來的好方法。第二，輪崗促進了前後端的打通，使溝通更加無障礙，比如，輪崗促進了事業部和大區間的有效溝通，同時使得信息能夠更加及時，幫助更好地回應市場的變化，更好地進行決策。效率更高！效果更好！第三，輪崗提升了個人的能力，開闊了眼界，有了新的工作激情。

為了解決輪崗中遇到的問題，聯想採用了以下方法：一是通過提高第一負責人的決心和將輪崗與長遠戰略或者解決具體問題結合起來，解決「剃頭挑子一頭熱」的問題；二是通過調整心態和雙向的、互換的輪崗方式，解決了因「一個蘿卜一個坑」可能產生的影響業務的問題；三是通過邊嘗試邊改進，逐步總結規律和經驗，解決制度和崗位要求的問題。

資料來源：盧陳思．聯想內部用人「殺手鐗」——輪崗［J］．國際人才交流，2003（2）．

案例討論：
1. 為什麼輪崗可以通過彼此間的熟悉和瞭解達成有效的溝通。
2. 聯想的輪崗解決了哪些內部管理問題。
3. 輪崗在員工的職業發展規劃上具有什麼作用。
4. 輪崗作為人力資源開發的一項重要內容，應當如何支持公司的經營目標和經營戰略。

第四篇 組織績效管理系統與薪酬體系設計

　　績效與薪酬是人力資源管理的兩個重要職能，它的核心內容主要包括以下幾個方面：一是組織的績效導向。它是決定組織整體績效系統有效性的重要基礎和條件，即科學合理的績效導向將決定組織整體績效的成敗。二是組織績效系統設計的程序和方法。它是將科學合理的績效管理體系從理論框架轉化為具體的、可操作的績效考評指標系統的橋樑。三是建立在績效基礎上的激勵和約束機制，即根據部門、個人不同的績效水準，為組織的人事決策提供決策依據。

第6章　組織績效管理系統設計的原則和步驟

　　績效管理是人力資源管理的一個重要職能，它必須支持組織的戰略目標。在戰略性人力資源管理系統中，這種支持主要是通過建立績效管理體系，鋪設傳遞組織戰略信息的渠道，並通過信息的傳遞，使組織的戰略要求由各業務單位和個人來實現。對於任何一個組織來說，其戰略的制定都是建立在與競爭對手相比較的基礎上。當戰略制定完畢後，必須對戰略所包含的目標進行分解，最後得到部門、個人的績效目標。當一個年度完畢後，個人、部門如果都完成了自身的目標，也就意味著組織達到了自己的總體目標，同時也就獲得了與競爭對手相比較的競爭優勢。戰略性績效管理就是按照組織戰略的要求，將組織戰略所要求的各種經營管理目標傳遞到組織的各個業務單元和崗位，在此基礎上建立起組織戰略管理績效的流程體系。通過有效的績效管理，達到組織目標與員工個人目標的和諧統一，最終達到提高組織競爭力的目的。

　　在本章中，我們首先要對績效評價和績效管理進行區分，並在此基礎上闡述績效管理的目的。區分績效評價和績效管理的不同非常重要，這是因為很多組織在實際工作中都把兩者等同起來，從而使績效管理成為一種僅僅涉及具體指標評價的技術手段和方法，使其失去了本來具有的重要作用和影響。同時要分析影響績效評估的因素，討論部門主管在績效評估中存在的問題和糾正的方法。然後我們要討論建立有效的績效管理體系應該遵循的原則，並通過具體的案例分析，闡明績效管理是如何支持組織戰略目標的。接下來要考察當前比較常見和流行的績效評價方法和績效管理的系統方法，並提出我們的意見和建議。最後要討論組織績效管理系統的設計步驟，領導者和管理者應如何區分、識別和管理不同績效水準的員工，以及在績效管理的過程中組織的各業務單元應當履行的職責。

　　學習本章主要應瞭解和掌握的內容：
1. 績效評價和績效管理的區別。
2. 績效管理的目的和原則在一個有效的績效管理系統中的作用。
3. 組織績效導向的重要性。
4. 組織績效管理系統設計的基本方法和途徑。
5. 如何使用不同的績效評價方法。
6. 組織的領導者和管理者應如何識別和管理不同績效水準的員工。

專欄6-1：施樂公司的績效導向

20世紀70年代中期，施樂公司（Xerox）幾乎壟斷了複印機市場。施樂公司並不出售複印機，而是出租，從這些機器的每一次複印中獲取利潤，租賃機器並出售附帶產品，如紙張和色帶其的利潤相當可觀。但是，除了對昂貴的複印成本的別無選擇外，這些昂貴機器的高故障率和功能不足更令人不滿。施樂公司的管理層並沒有因此去改良機器從而降低故障率，反而認為這是進一步加強財務成果的大好時機。他們改為出售機器，同時成立一個龐大的服務系統，作為獨立利潤中心，專門提供損壞機器的上門維修服務。由於客戶對這一服務的需求，該部門很快就成了該公司利潤增長的一大功臣。此外，由於在等待維修工上門期間機器不能用，所以有些公司多買一臺複印機備用，這又使施樂公司的銷售額和利潤增長更快。因此，所有的財務指標，包括銷售額和利潤增長率以及投資報酬率等，都顯示公司的戰略十分成功。

但是，客戶仍然憤憤不平，怨氣很大。他們所需要的並不是供應商提供一支出色的維修隊伍，而是高效率的、不出故障的機器。於是當打入這一市場的日本和美國的公司推出複印質量差不多、甚至更好，既不出故障又比較便宜的機器時，那些對施樂公司不滿意和不忠誠的客戶立刻轉向新的供應商。施樂公司這個在1955—1975年間躋身於美國最成功公司之列的大公司幾乎失敗。多虧了一位對追求質量和客戶服務抱有極大熱情的新總裁——他把這種追求傳達到公司的各個角落——該公司才在20世紀80年代中實現了引人注目的轉變。

在激烈競爭環境中，財務指標不足以引導和評價企業的運行軌道。他們是滯後指標，無法捕捉最近一個會計期間經理們的行動創造和破壞了多少價值。對於過去的行動，財務指標只介紹了部分而不是全部，對於今天和明天為創造未來財務價值所採取的行動，財務指標也不能提供充分的指導。

資料來源：羅伯特·卡普蘭，大衛·諾頓. 平衡計分卡——化戰略為行動 [M]. 劉俊勇，孫薇，譯. 廣州：廣東經濟出版社，2004：18.

6.1 績效管理的要素和目的

6.1.1 績效管理的定義和內涵

績效評估與績效管理本是完全不同的兩個概念，但在現實中，不少人卻將兩者等同於一回事，這實在是一個誤區。因此，在這一節裡，將首先對二者重新做一區分，以便為以後的討論奠定基礎。

所謂績效評估，是指在一個既定的時期裡考察和評價組織各業務經營單位和員

工業績的一種正式制度。傳統的績效評估主要看重結果，而不太關注過程。總的來講，績效評估有以下特點：一是時間集中，如月、季度、年中、年末的績效評估，都集中於某一個時點進行；二是傳統的績效評估著重具體事實，即部門和個人績效指標完成情況的評價，一般不涉及不良績效的改進評價；三是績效評估是一種事後評估，即主要是對已經成為事實的那些事件的評價。

績效管理是指組織為確保各業務經營單位和員工的工作活動和工作產出能夠實現組織目標保持一致的過程。績效管理的特點主要表現在以下方面：一是系統性，一個有效的和完整的績效管理系統包括績效導向、績效系統設計、績效評估方法選擇、績效評估、績效信息反饋、績效系統的調整和改進等內容。二是戰略性，與績效評估不同，績效管理是一套體系和戰略管理方法，通過這套體系和方法，最終達成組織戰略信息的傳遞和落實。三是注重績效改進，即強調組織及其領導者和管理者的一項重要責任是指導和幫助員工不斷改進和增強技能以創造更多更好的價值。因此，在組織的績效管理系統中，領導者和管理者指導和幫助員工的能力和水準應成為其重要的績效指標。

通過以上比較可以發現，績效評估只是績效管理過程的一個組成部分，而績效管理的目的並不只是設計和開發一整套的具體指標來考核員工，更重要的是要闡明以下五個問題：

（1）組織的戰略目標是什麼？

（2）組織的績效指標與戰略經營目標之間是什麼關係？他們之間的關聯性如何？

（3）組織的績效指標如何進行分解？指標與指標之間是什麼關係？指標與部門和員工的工作有什麼關係？

（4）組織的績效指標與競爭對手的績效指標有什麼關係？是否是在市場調查和分析的基礎上得到的？

（5）組織的領導者和管理者應如何指導和幫助其成員改善和提高其績效水準？

在這五個問題中，第一個問題是至關重要的，因為它是績效管理的基礎，決定組織的績效導向；第二個和第三個問題分別反應的是組織戰略性人力資源管理和技術性人力資源管理的能力和水準；第四個問題反應的是組織的戰略管理能力；第五個問題則反應的是組織的領導者和管理者在績效管理中的地位和作用。從這五個問題可以看出，績效管理並不是一個技術評價手段，而是一個重要的戰略管理方法。認識到這一點，對於正確瞭解和掌握績效管理具有重要的意義。

6.1.2 一個有效的績效管理系統的基本要素

績效管理系統基本要素是指構成績效管理系統和流程有效運作的必要條件及彼此之間的關係。圖6-1曾給出了「基於組織戰略的績效管理系統模型」，在這個模

型中，績效計劃、績效實施、績效評價和績效反饋就是構成有效的績效管理系統的基本要素。本節將對這四項內容做進一步的討論。

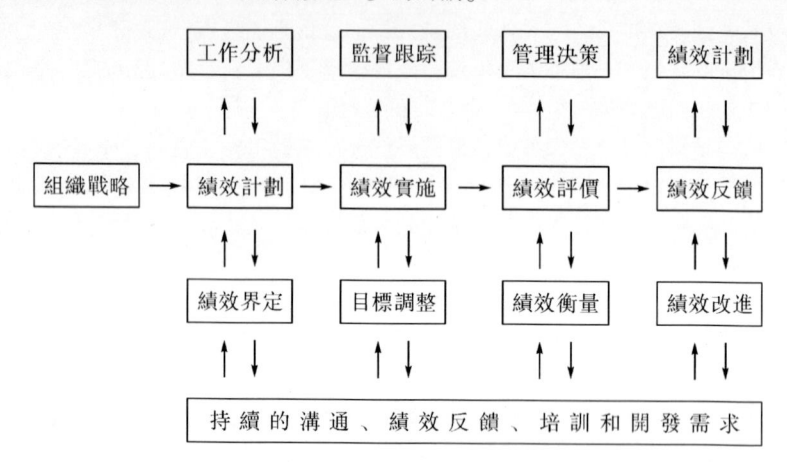

```
    ┌────────┐    ┌────────┐    ┌────────┐    ┌────────┐
    │ 工作分析 │    │ 監督跟踪 │    │ 管理決策 │    │ 績效計劃 │
    └────────┘    └────────┘    └────────┘    └────────┘
       ↑↓            ↑↓            ↑↓            ↑↓
┌──────┐  ┌────────┐  ┌────────┐  ┌────────┐  ┌────────┐
│組織戰略│→ │ 績效計劃 │→ │ 績效實施 │→ │ 績效評價 │→ │ 績效反饋 │
└──────┘  └────────┘  └────────┘  └────────┘  └────────┘
              ↑↓            ↑↓            ↑↓            ↑↓
          ┌────────┐    ┌────────┐    ┌────────┐    ┌────────┐
          │ 績效界定 │    │ 目標調整 │    │ 績效衡量 │    │ 績效改進 │
          └────────┘    └────────┘    └────────┘    └────────┘
              ↑↓            ↑↓            ↑↓            ↑↓
      ┌──────────────────────────────────────────────────┐
      │ 持 續 的 溝 通 、 績 效 反 饋 、 培 訓 和 開 發 需 求 │
      └──────────────────────────────────────────────────┘
```

圖6-1　績效流程圖

績效管理系統基本要素主要包括以下幾個方面：

（1）正確的績效導向

所謂績效導向，是指組織對其成員工作努力的方向和應當達到的績效標準的預期。在「基於組織戰略的績效管理系統模型」中，它主要是以績效計劃的形式來體現的。在專欄2-1中，UPS的宗旨和使命就表明了這種預期，即「在郵運業中辦理最快捷的運送」。在這個宗旨中，最核心的要素是時間。時間不僅體現了郵運業工作的特點和公司的績效導向，更重要的是通過對時間的強調，表達了對顧客利益的關注，而這正是公司利潤的主要來源。正如彼得·德魯克講的：「一個組織只有一個成本中心，真正的、唯一的利潤中心，是有足夠付款能力的客戶。」[1]在這一導向下，UPS的工程師們對送貨司機如何在最短的時間內完成高質量的工作做了大量研究，並在此基礎上總結和提煉出了嚴格的工作流程分析和標準，通過培訓，使每天每個司機比競爭對手多運送50件包裹，從而為公司帶來了巨大的競爭優勢。

確定了正確的績效導向後，下一個環節就是要將建立在此基礎上的組織戰略進行分解。在上圖中，我們描述了基於組織戰略的績效管理系統模型，在模型中，當組織的績效計劃制定完畢後，要通過工作分析，將組織的目標落實到每一位組織成員，即界定每個組織成員的績效標準。在這一環節，要素關鍵是取得高效率和高品質績效結果背後的組織結構設計、業務流程分析和工作規範要求。特別是工作分析，不僅根據組織期望的績效標準提出了崗位任職者應完成的工作和任職的資格要求，而且還規定了應達到的績效水準，從而達到績效界定的目的。在績效界定過程中要注意的是，要保證績效的清晰性，必須要有明確的績效評價標準，而且標準要具備

較強的現實性和操作性。

對於組織來說,正確的績效導向源於兩個方面:一是對存在問題的正確判斷,它是決定組織績效的基礎。正確的績效導向對於組織來說非常重要,因為組織衡量什麼,員工就關注什麼,它表明了組織對員工工作努力方向的期望。如果這種期望產生誤差,就會導致錯誤的結果。二是組織對利潤來源的認識。一些組織常常對財務指標非常關心,但他們忽略了財務指標是一個滯後指標,並不能夠反應組織的整體績效水準。過分的追求財務指標,可能會破壞組織生存的基礎,損害組織的長期利益。在專欄6-1中,施樂公司的績效導向就出現了這樣的問題。施樂公司的商業模式先後經歷了出租、出售以及將服務中心作為利潤中心等,但這些都著眼於追求單一的財務指標,未能抓住產品質量這一關鍵問題。因為顧客所希望得到的並不是供應商是否提供一支優秀的維修隊伍,而是高效率的、不出故障的機器。如果公司能夠準確地發現存在的問題,並認識到「真正的、唯一的利潤中心,是有足夠付款能力的客戶」的道理,那麼就會從研發、生產、製造環節去尋找解決的辦法,並從中引申出正確的績效導向和員工工作的努力方向,最終滿足市場和客戶的要求。

(2) 績效界定並形成工作標準

績效界定並形成工作標準是指在工作分析的基礎上,通過職位描述和任職資格,將組織的目標落實到每一個崗位的過程。首先,在這個過程中,最重要的環節是把崗位職責量化或細化為崗位的具體指標。比如,一個銷售總監的崗位職責中可能有關於「保持銷售團隊的團結和穩定」的要求,在這個環節就需要把這個定性的描述量化為定量指標和行為指標,如與銷售人員溝通協調的時間和效果、對下屬評價的科學性和合理性、銷售人員和核心銷售員工流失率等指標。其次,準確的績效界定並形成工作標準還取決於組織結構設計、業務流程分析、工作規範要求以及部門主管的作用。這個環節可能出現的問題包括:缺乏明確的績效評價標準、有標準但不現實或主觀性太強、標準難以衡量等。

(3) 績效實施

在績效界定完成後,就進入績效實施階段。所謂績效實施,就是績效計劃的貫徹和落實。在「基於組織戰略的績效管理系統模型」中,績效實施是一個非常重要的環節,它不僅體現了組織各個層次的執行能力和水準,而且還表明了組織的領導能力和管理能力。績效實施的重要性主要表現在以下方面:首先,由於企業是一個開放經營的社會技術系統,隨時會受到經營環境要素的影響,因此在績效實施的過程中,有可能對企業的目標進行調整,以適應環境變化的需要。當企業的目標調整後,原來的部門和崗位的績效計劃也需要進行調整。否則,不僅績效實施失去了標準,員工的工作也就沒有了方向。其次,績效實施過程就是領導者和管理者發揮領導和管理能力的過程。如前所述,傳統的績效考評只注重結果,而忽略對過程的管

理。在現實中，有的組織的領導者和管理者在年初將績效考評指標落實後，就認為什麼事都沒有了，忽略了下屬在績效實施過程中可能遇到的困難和疑惑。而績效管理強調在績效實施過程中的管理，特別是當企業的目標調整後，需要對員工的績效計劃進行調整，並告之其調整的理由和原因，並根據組織目標的調整，隨時對自己的下屬是否按時、按質、按量完成工作任務進行跟蹤和監督。同時要解答下屬的困難和疑惑，指導和幫助他們改善和提高創造價值的能力。因此，在績效實施環節，中層管理者肩上的責任尤其重大。一個合格的中層管理者，在這一過程中扮演著「婆婆媽媽」和「嘮嘮叨叨」的角色。所謂「婆婆媽媽」，是指在績效實施的過程中，要事無鉅細，大事小事胸有成竹；所謂「嘮嘮叨叨」，是指在員工工作偏離目標時敢於糾偏，不怕得罪人。只有這樣，績效目標的完成才能夠得以保障。

(4) 績效衡量和評價

第四個要素是對績效進行衡量，即採用合適的績效衡量方法評價員工的績效，以確認其行為和結果與組織的期望績效吻合的程度，為管理決策提供依據。在進行績效衡量時要注意三個問題：一是評價方法的選擇，方法不在於要多複雜，科學的方法也並不一定就是合適的，一定要考慮組織的具體特點，比如要多數人都能夠理解和接受，即注意科學性和適配性的結合。同時應根據具體情況，多種方法混合使用，以達到較為理想的結果。二是要對評價者進行相應培訓，以盡量避免或減少由評價者誤差帶來的評價失誤。關於這方面的問題將在後面的有關章節做詳細的討論。三是績效衡量的結果使用。對員工的績效進行衡量主要有兩個目的，即對其實際績效與組織的期望績效進行評價，並根據衡量結果落實相應的人力資源政策，如表彰、晉升、換崗、辭退等。

(5) 績效信息反饋

在一個完整的績效管理系統中，績效信息的反饋是必不可少的。所謂績效信息反饋，是指通過對員工個人實際績效與組織期望績效的比較（員工個人績效低於組織期望績效），為員工提供改進績效的方法和途徑。在這一環節，要素的關鍵在於應在整個績效管理過程中進行持續不斷的信息反饋和溝通。通過這種反饋和溝通，找出優良績效和無效績效的原因，表彰先進，制定改進無效績效的措施，為第二年的績效計劃奠定基礎。績效信息反饋包括兩個方面，即正面績效反饋和負面績效反饋。在績效反饋時應注意以下問題：一是明確績效管理的目的是幫助組織不斷地改善和提高整體的績效，而要達成這一目標，就必須進行經常性和及時性的反饋，即我們經常講的「事中控制」，發現問題就要及時糾正。而傳統的績效考評往往不注重過程控制，等到年終考評時，損失可能已經造成了。二是把績效反饋的重點放在發現問題、分析問題和解決問題上，而不是簡單的將其看作是一個指標考核或懲罰績效不良者的機會。三是堅持「對事不對人」的原則，將績效反饋的重點集中在員工的行為或結果上，而不是集中在人的身上。四是為績效討論提供好的環境氛圍，

特別是負面績效反饋，主管應盡可能地為談話創造一個比較輕鬆的氛圍。五是通過表揚和肯定員工的業績，鼓勵下屬積極參加績效反饋過程。六是制定具體的績效改善目標，並通過確定檢查改善進度的日期使員工認真對待目標的完成。

6.1.3 企業發展不同階段的業績衡量導向

在前面的有關章節中我們討論了企業生命週期及其特點，這些特點本身也就表明了企業在不同的發展階段要解決的問題。因此，在企業的不同發展階段，績效的導向也應當是有差別的。企業的高層領導和人力資源專業人員應當對此有足夠的認識，以便能夠制定出正確的績效導向，正確引導員工的行為，最終達到企業的目標。此外，由於績效導向關注的是解決企業最核心的制約瓶頸，因此要突出重點，也就是說指標不能夠太多，因為指標太多就可能分散注意力。

（1）創業階段

在企業的創業階段，制約企業的最大要素之一就是資金供應，因為嬰兒期的企業開始時流出的現金總是大於流入的現金。[2] 當然，成長和成熟期的企業同樣存在這個問題，但由於已建立了一定的銀行信用，因此在獲得金融機構的支持上要遠好於初創期的企業。初創期的企業經常出現現金短缺，特別是企業剛剛創立，還沒有在銀行取得足夠的信用，這一情況就顯得尤為突出。因此在這一階段，企業的績效導向應主要集中於如何保證足夠的現金供應和相對穩定順暢的現金流等財務指標上，但也要注意與完成這些指標有關聯的業務單元。在具體的指標設計上，盡可能快的市場回應、準時生產、出貨速度、回款速度、縮短現金流週期等都是重要的內容。

（2）成長階段

企業進入成長期後，除了要解決伴隨著企業發展所面臨的因業務和組織擴張帶來的管理以及市場競爭壓力帶來的規範的要求外，還必須不斷完善和提高產品質量和服務水準。在這個階段中，企業共同存在的問題可能是有時太過於注重產品銷售的增加和市場份額的擴大，而會忽略產品的質量和服務的水準，從而造成企業發展的隱患。同時，因為管理不善而導致頻繁的人員變動引發的產品質量問題也較為突出。因此，在進入成長階段後，企業的績效導向應當首先轉向提高和完善產品和服務的質量，要建立從研發、生產、銷售、客戶服務等一條龍的指標體系，並為有關的各個業務單元制定嚴格的質量控制要求。其次，與產品和服務質量相對應的系統的人力資源開發需求和更充裕的現金流等健康的財務指標也是成長期企業應追求的重要目標。在這個階段，企業的績效導向更加注重系統性和規範性，強調規模的效應，但同時也要注意績效導向中最核心和最重要要素的選擇，以保證企業利用有限的資源解決最重要的問題。

（3）成熟階段

成熟階段的企業在財務方面的表現就是資金短缺問題基本解決，資金問題已不

構成企業發展的瓶頸制約。從企業的規模看，成熟期的企業已具備相當的規模，包括穩定的市場份額、嚴格的專業化分工、成熟的技術和產品，服務水準也達到了較高的要求。但在可控性得到加強的同時，靈活性卻可能下降。因此在這個階段，可持續發展成為企業應當關注的重點問題。一般來講，這個階段的績效導向主要有兩個方面：一是鞏固企業已有的產品、服務的優勢地位和影響，特別是要繼續加強企業產品和服務在市場和客戶心目中的影響；二是加強新產品的研發，通過不斷滿足消費者的需求實現企業的可持續的發展目標。

（4）衰退階段

企業的衰退既可能源於產品或服務難以適應市場和消費者的需求，也可能是不良的管理導致的。因此在這一階段，應根據具體情況制定有針對性的導向政策和措施，以幫助組織走出困境，重獲新生。

6.2　組織績效管理系統設計的功能和原則

6.2.1　績效管理的功能

從圖6－1「基於組織戰略的績效管理系統模型」中，可以非常清晰地辨認出一個有效的績效管理系統應具備的功能。這一功能可以分為兩部分，一是戰略性功能，二是職能性功能。它們共同發揮作用，支持組織的經營目標。

（1）戰略性功能

戰略性功能是指對組織績效發揮最重要影響的功能，主要包括績效實踐對組織戰略的支持以及領導和管理功能兩個方面。

第一是績效管理的戰略功能。它主要體現績效實踐對組織戰略的支持。在圖6－1「基於組織戰略的績效管理系統模型」中，這一功能主要是通過績效導向和績效計劃來實現的。目前有的企業出現了這樣一種現象，即各業務單元的績效尚可，但企業整體績效不好，原因就在於其績效管理系統的戰略性功能出現了缺失。但在現實中，並不是所有的組織都認識到了績效管理系統的這一作用。

我們可以以銀行業為例來說明績效管理戰略性功能的主要作用。改革開放以來，中國銀行業也在努力適應改革的要求和市場的變化，其績效管理也經歷了一個不斷變化和發展的過程。長期以來，單位和居民個人儲蓄存款一直是銀行經營的一個重要指標，儘管現在銀行也在開發新的業務，如個人金融業務等，但單位和居民儲蓄存款對銀行來講仍然具有重要意義。因此，我們有理由認為銀行所取得的存款數額在相當長的一個時期中是決定銀行競爭優勢的一個關鍵要素。假定某銀行的戰略目標是建立在存款數額基礎上的，那麼在這種情況下，銀行的績效導向就應該向存款數額傾斜，在具體做法上就是將存款數額作為一個關鍵的業績指標。在這種業績導

向下，無論是銀行哪一個級別的員工，只要能夠有足夠數額的存款，就應當獲得銀行的獎勵，這樣就體現了績效的戰略性功能。反之，如果銀行的戰略目標是建立在存款數額基礎上的，但在實際工作中卻按照管理級別分別獲得不同的獎勵，甚至低級別員工還不能夠獲得獎勵，那麼員工就沒有努力工作以獲得存款的積極性。

隨著經濟的發展和個人財富的增加，銀行的商業模式和贏利模式也在發生變化。這種變化的最突出的表現就是，一方面，存款數額仍然可能是銀行獲得競爭優勢的一個重要指標；另一方面，個人金融和零售業務在銀行的利潤中的地位和作用開始逐漸顯現出來。特別是當個人金融和零售業務在銀行利潤中占據相當的比例時，銀行的戰略就應該進行調整。這時，銀行的績效導向就應該向這方面的業務傾斜。專欄6-2中所講述的就是這樣一個例子。在這個案例中，中國工商銀行基於國際金融業的發展趨勢和自身競爭能力的分析，做出了向零售業務戰略轉型的決定，通過改變員工的行為習慣、組織結構和人力資源管理職能的支持等措施，逐步使工行在新的領域建立起了自己的競爭優勢。在人力資源的支持方面，改變了原來以存款為中心考核分行零售業務的做法，從2001年開始，對零售業務的考核指標在三個方面發生了改變：一是從以存款為經營目標轉向全面提高經營效益為目標；二是從存款導向轉向以市場和客戶需求為導向；三是從以產品為中心轉向以客戶為中心的經營模式。考核指標不光是存款量，還加強了中間業務、個人貸款業務比例的考核。從專欄中的有關數據看，到目前為止，這種轉型應當說是成功的。

第二是領導和管理功能。傳統的績效考評體系不注重績效實施過程中領導者和管理者對員工改善和提高績效水準的指導和幫助，這也是造成績效管理不能達到組織要求的一個重要原因。在「基於組織戰略的績效管理系統模型」中，績效實施環節最重要的一項工作就是強調組織高層管理者的領導管理能力和員工的執行能力。首先，高層管理者要充分認識和瞭解組織目標所包含的戰略要素，明確為實現組織目標所對應的員工的知識、能力和技能的要求，然後根據績效計劃的分解，告訴員工組織對他們的績效期望。在這一過程中，領導者和管理者的主要任務是隨時根據組織經營環境的變化對經營目標進行調整，對員工是否按時、按質、按量完成目標任務進行跟蹤和監督，及時發現問題並提出糾正措施，而絕不能夠採取「年初下任務，年終總算帳」的管理方式。管理者作為績效的評價人，他們對組織中的人的績效負責。他們必須將績效評價看作是自己工作職責的一部分，並必須用適當的時間進行此項工作。儘管組織的報告跨度越來越寬，進行績效評價的任務日益繁重，但只要分配得當，時間就可以得到有效利用，並能夠對人的行為和結果產生重大影響。[3]其次，在這一過程中要隨時跟蹤考察員工的執行能力，對於那些不具備完成崗位績效的員工，要根據實際情況做出相應的制度安排。

（2）職能性功能

績效管理除了戰略性功能外，還具備職能性的功能。職能性功能主要有三個方

面的內容，即管理決策功能、信息反饋功能和培訓開發功能。

管理決策功能。績效評價是「基於組織戰略的績效管理系統模型」的第三個要素，它的核心是對員工的實際績效水準與組織期望的績效水準進行比較和衡量，並以此作為對員工進行獎勵、晉升、培訓、輪崗、換崗、懲處等決策的依據。在這個環節，一項重要工作是選擇績效評價方法。在選擇時一定要注意科學性和適配性的結合，前者強調考評方法本身所具有的較大程度的公平性和普遍性，後者則注重的是所選擇的方法是否對組織適用。

信息反饋功能。所謂信息反饋，是指根據對員工實際績效水準的評價以及將這種評價與員工進行溝通和交流的過程。信息反饋功能有三個特點：一是隨時反饋，即貫穿在一個績效實施或執行的全過程；二是及時反饋，這就要求管理人員要隨時觀察員工是否按時、按質、按量完成績效的表現，如果沒有這種觀察，就不可能做到及時反饋；三是反饋原則，對於正面績效即表現優異的員工，應該大張旗鼓地表揚和獎勵，而對於負面績效，則盡可能採取一對一的方式，即主管和員工單獨進行溝通和交流。當然，這種方式主要適用於非原則性的負面績效反饋，對於那些給組織造成了重大損失或傷害的事件，這種方式就不適用。

培訓開發功能。通過績效反饋以及溝通和交流，管理人員和員工發現績效水準不高的原因可能是在某方面的技能上還有所欠缺，或主觀努力不夠，或努力方向有誤等。當出現這種情況時，就可以根據具體情況為當事人設計相應的改進措施和方法，比如參加技能培訓，找一個「師傅」幫助，端正工作態度等。需要指出的是，員工存在的問題並不都是可以通過培訓開發解決的，必須先要對存在問題進行分析，只有那些能夠通過培訓開發解決的問題，培訓開發功能的作用才能夠有效發揮。

專欄6-2：工行的零售之變

2001年，中國工商銀行總行成立了個人金融業務部，這家最龐大的國有銀行也開始向零售業務傾斜了。這意味著原來高高在上的銀行業將還原為服務業，實現中國工商銀行零售業務的戰略轉型。

戰略轉型

隨著國內的金融市場的變化，國人個人財富的增加，人們開始考慮自己的錢如何保值、增值。在市場發展、金融創新日新月異的環境下，銀行的零售業務如果還只抱著存款，不重視客戶需求的變化，肯定是死路一條。國際上大型綜合銀行的零售業務發展也充分證明了個人金融業務實際上是一座巨大的商業金礦——由於零售業務不會因為經濟週期的變動而受到大的影響，利潤來源穩定，可以帶給銀行一種持續獲利的能力。在花旗銀行的利潤中，零售業務超過一半；2003年，匯豐銀行盈利的一半來自個人金融業務，其中普通零售業務占28%，個人貸款業務占16%，私

人銀行業務占4%；今年入股建設銀行的美洲銀行，其零售業務也占據了其利潤的半壁江山。穩定與持續的特性，使得國際上大型銀行越來越重視零售業務，2003年，全美前10大銀行的零售業務資產占總資產比率平均提高至49%，而在1984年，這個比率僅為27%。因此，近幾年，全球大的銀行併購幾乎都以零售業務為目標。

在分析外部市場環境的基礎上，工行對自身的業務狀況進行了剖析，發現工行個人客戶群巨大，網點眾多，在零售業務上很有一些優勢。因此工行業也將多年積澱下來的科技優勢也列為其戰略轉型的一個優勢。工行內部人士認為，要做好零售業務，沒有信息系統的支持簡直不可想像。現在，我們一天的平均交易處理量是數千萬筆，甚至相當於一些小銀行1年的交易量，要是沒有信息系統的支持，服務效率、服務水準根本談不上。經過多方權衡，工行高層認識到個人金融市場是工行的優勢市場，也應該是其重點要發展的業務，於是才有個人金融業務部的成立，工行也成為第一家全面向零售銀行轉型的國有銀行。

轉型障礙

實現戰略轉型的最大阻力來自銀行內部員工的行為習慣，這是工行向零售銀行轉型的最大劣勢。因為零售業務是靠人去一筆筆地做，一塊錢一塊錢地賺，它不像批發業務，組織一個團隊、拿下一個項目，可能就有幾千萬甚至上億元的進帳。此外，零售業務還要求注重個人體驗，特別是一些比較複雜的金融產品還需要諮詢、溝通，而干慣了簡單儲蓄業務的工行員工普遍缺乏現代零售銀行員工所應具備的觀念與素質。更可怕的是，亟待轉變觀念、提高素質的是一支二三十萬人的隊伍。因此，首先必須轉變10多萬員工的觀念，工行才能向零售銀行轉型。

組織結構和人力資源支持

為了支持和配合工行的轉型，改變原有經營模式和增長方式的固執思維，必須在根本上改變原來的績效管理等人力資源管理的實踐。從2001年開始，工行對零售業務的考核指標發生了變化，從以存款為經營目標轉向全面提高經營效益為目標；從存款導向轉向以市場和客戶需求為導向；從以產品為中心轉向以客戶為中心的經營模式。考核指標不光是存款量，還加強了中間業務、個人貸款業務比例的考核。這樣，績效的導向和績效考評指標體系就體現了轉型戰略的要求。

2001年，工行開始向零售銀行轉型的時候，其網點的經營模式很落後——一字排開的櫃臺、一視同仁的服務、千篇一律的產品、眉毛胡子一把抓的推銷。而且組織架構也不是以客戶為中心，而是以產品為中心，每個部門都拿著自己的產品去做市場。工行在總行設立個金部門就是想建立以客戶為中心的整合服務、營銷架構。工行在零售業務轉型上，沒有選擇在某個點上突破的策略，而是在一些關鍵要素上同時推進，焦點比較多地集中在「排隊最厲害」的網點上。近幾年來，工行網點在瘦身的同時（由最多時的3.6萬多個網點撤並到1.8萬多個網點），人員逐步轉變理念、網點分批轉型交替進行。從2001年開始，越來越多的工行網點開始分區，打

掉部分現金櫃，開設低櫃，從事理財服務。當時，縮小現金櫃臺遭遇到了不少阻力，有的支行行長習慣了鐵柵欄式的銀行網點，發牢騷說怎麼把銀行弄得不像銀行。在收縮現金櫃的同時，仍然有大量的客戶還在湧向工行做簡單的現金交易，解決之道就是設立自助區，將客戶向自助渠道分流隨之鋪開。

效果

據統計，工行自動取款機的交易量從2001年的每臺每天平均不到50筆，現在已經達到了240筆以上，工行電話銀行、網上銀行交易量也大幅度提高。2004年，其客戶平均使用3種左右的營銷渠道，比3年前提升了40%。如今，上海工行現金櫃臺的小額收付業務從2001年的85%降至70%，很多網點甚至降到了50%。

將簡單的現金交易業務分流到自助渠道上，減輕了工行網點的成本壓力。以上海工行為例，櫃臺員工做一筆業務的成本是4元。網點分櫃、分區的改造給工行零售業務帶來的最大改變是「騰出」了可以與客戶直接溝通、提供面對面服務的人員。2000年，上海工行3000多名零售員工中，在網點玻璃外面工作的只有100個人。

在這批「騰出」來的人中，誕生了工行的第一批客戶經理、第一批大堂經理。收縮現金櫃臺，開出低櫃業務，客戶可以在理財區坐下來，客戶經理可以跟他們對話，銷售一些複雜的金融產品。現在，工行的網點都有大堂經理。工行內部人士認為，大堂經理非常重要，給客戶做諮詢，同時還能有效地組織網點裡各部門的營銷和信息協調與服務。中國的零售銀行離服務業的距離太遠了，上海工行培訓第一批大堂經理時，都是從怎麼站、如何動作開始的。

如今，上海工行400多個網點中300家網點已經完成了改造。上海工行30%的零售人員是大堂經理、理財客戶經理，其非現金業務量已經超過了現金業務量。

工行轉型動得早，否則現在更被動。2000年以後，上海金融市場的整個格局發生了巨大的變化，競爭者越來越多，中國所有銀行的主要資源鋪向上海，所有主要從事零售銀行的外資銀行紛紛「殺向」上海。從零售銀行的角度來講，上海是國內競爭最激烈的地方。在這樣的市場環境下，我們的市場份額在下降，但是下降的速度很緩慢，基本上我們每年以0.3%~0.5%的速度下降，但始終佔有1/3的市場份額。而這跟工行比較早地向零售銀行轉型密不可分，否則，今天絕對不會佔有1/3的市場份額。工行整體的零售之變已經見到了成效，零售業務的貢獻在全行經營利潤中已經佔到很大的比重。

時間的先機讓工行基本穩定住了轉型時的優勢，劣勢也在慢慢地轉化。工行的客戶基礎還在，而且經過這幾年的努力，客戶的結構不斷優化。工行於2002年12月推出了針對中高端客戶的理財金帳戶；2004年，又推出了針對大學生群體、青年白領的牡丹靈通卡E時代。這兩個產品的推出吸引了一批貢獻度高的優質客戶和

富有發展潛力的中青年客戶。目前，理財金帳戶客戶超過150萬戶，潛力客戶群也迅速擴大，工行的客戶結構有了明顯改善。以下數據也能夠說明工行轉型的成功：①中間業務收入。2004年，工行個人中間業務收入實現39.09億元，比2003年的29億元增長34.8%。②客戶結構。2003年，理財金帳戶51萬戶；2004年，理財金帳戶120萬戶；目前，已超過150萬戶。③ATM的交易量。從2001年的每臺每天平均不50筆，現在已經達到了240筆以上。④營銷渠道。2004年，其客戶平均使用3種左右的營銷渠道，比3年前提升了40%。⑤小額收付。上海工行現金櫃臺的小額收付業務從2001年的85%降到70%，很多網點甚至降到了50%。

趨勢

近一兩年，國內其他銀行都紛紛開始向零售銀行轉型。2005年，交通銀行在香港上市不久就對外宣布，將重點發展零售銀行業務，目標是5年內把零售業務的收入份額增加20%。交行背後是非常擅長零售業務的匯豐銀行。建設銀行在引入戰略投資者後，其口號也從「哪裡有建設，哪裡有建行」轉變成「建行建設現代生活」。這意味建行開始了從公司業務為主到個人業務為主的轉變。作為建行的股東，美洲銀行的零售業務非常強，他們的經驗對建行的轉型有很大的參考價值。據悉，美洲銀行已經派出50名員工進駐建行，它將幫助建行推行從地域性管理到產品線垂直管理的轉變。如今，零售銀行業務正在越來越成為現代商業銀行重點拓展的業務領域，也是中國金融市場全方位對外開放環境下，國內外商業銀行競爭的首選和焦點領域。這意味著工行將面臨著更為嚴峻的外部環境。

資料來源：楊小薇. 工行的零售之變［J］. IT經理世界（電子版），2005（20）. 個別文字有調整和改動。

6.2.2 績效管理系統設計的原則

儘管不同的人對於什麼是有效的績效管理系統存在不同看法，但人力資源管理的專家們仍然認為有五個方面的原則是非常重要的，這些原則是：戰略一致性、有效性、信度、可接受性和明確性原則。[4]348-350 本文主要對戰略一致性原則和有效性原則進行分析和闡述。

所謂戰略性一致性原則，是指績效管理系統引發的與組織的戰略、目標和文化一致的工作績效的程度。它實際上仍然強調的是績效管理的戰略性功能，即對組織戰略的支持。因為組織戰略在很大程度上是對經營環境要素的反應，環境變化將導致組織戰略的變化，當組織戰略變化了，績效管理系統也要隨之變化。績效系統變化了，員工工作的內容和努力方向也就不同。比如，對一家以低成本領先戰略的製造性企業來講，其績效系統的主要內容就可能包括低成本、高質量、低質量缺陷和數量規模等。由此就可以得到一系列與之相關的指標。如在低成本的各要素中，管

理成本、財務成本等可能影響企業戰略的成本因素都會控制在較低的水準。生產製造過程會受到嚴密的監控，任何可能造成次品、廢品的行為和人員都會受到嚴肅的處理。而對於一家以服務業為主的企業來講，良好的服務水準、專業的服務水準以及顧客滿意度等將成為考量員工績效的依據。以汽車「4S」店為例，如果其戰略表述為「優良的汽車銷售業績和良好的服務」，那麼它的績效管理系統戰略一致性的內容大致包括以下步驟：

步驟一：確定與該戰略有關的因素，包括外部和內部環境要素的分析。外部環境要素主要包括當地的經濟發展水準和消費水準、與汽車生產廠家的關係、該地區或城市中企事業單位等各類組織的數量、市場狀況、國家的產業政策等。內部環境要素主要包括戰略定位、自身實力、人力資源的數量和質量、員工的服務水準等。

步驟二：確定績效衡量指標信息來源。主要包括具體的銷售數量、新車需要加裝或改裝的數量、汽車零部件的更換和購買數量、用戶的信息反饋等。

步驟三：績效系統的設計。主要包括設計原則的確立、績效評價方法的選擇、以及公司層面的績效指標、各業務單元的績效指標和員工的績效指標三個層面的整體績效指標體系。

步驟四：確定關鍵績效指標。在以上步驟分析的基礎上，結合公司戰略的要求，可以得到在員工層次的關鍵績效指標，包括：業務員的銷售數量、服務態度、說服用戶使用的加裝數量、用戶的投訴次數、業務員對汽車性能的熟練程度、業務員的職業道德要求等。

步驟五：薪酬體系的支持。為了保證取得良好的銷售業績和優良的服務水準，經銷商的激勵機制設計也必須體現戰略一致性的要求。比如，對於汽車銷售人員來講，薪酬結構一般包括基薪、提成和服務獎勵。如果一個銷售人員通過良好的專業服務成功的引導消費者購買了所需要的汽車，或者加裝或改裝了消費者需要的設備，就應當按照規定的比例給予相應的提成。這樣，銷售人員就會繼續努力。因為獎勵會強化繼續努力的行為，因為他（她）知道這樣做的結果會產生與未來預期收益之間的正相關關係。

步驟六：其他人力資源管理職能支持。包括規劃和招聘，培訓與開發等。如在培訓上，銷售人員應重點進行市場營銷知識、人際交往能力、專業技術知識等方面的培訓，而維修人員則注重專業維修技能和人際交往能力方面的培訓。

所謂有效性原則，是指組織的績效衡量系統在績效評價過程中是否系統全面地反應和評估了任職者必須達到的崗位業績標準，它強調的是績效指標的確立必須是系統的和全面的。所謂系統的，是指崗位績效指標與組織戰略的關聯程度；所謂全面的，是指針對崗位工作的全面而不是某一個方面的反應。從理論上講，一個有效的績效衡量系統必須是零「污染」（標準走樣）和零「缺失」（標準欠缺）的。所謂「污染」，是指績效衡量系統對與績效和工作無關或員工不能控制的因素進行的評

價。比如，不能指望一個在外資企業獲得優良業績的職業經理人同樣能夠在中國的民營企業也獲得同樣的業績，因為兩者的環境完全不同。外資企業的成功因素可能更多地依賴於規範化和制度化的管理、專業知識、職業精神、業績水準和良好的工作氛圍；而在大多數民營企業還不具備這些要素，他們考慮更多的可能還是工作的方式和處理各種人事關係，特別是與創業者和老員工之間的關係。而這些是個人難以控制的因素。「缺失」則是指績效衡量系統只對崗位工作績效的某一個或幾個方面，而不是對各個方面進行衡量和評價。比如，儘管《中華人民共和國教師法》規定教師是履行教育教學職責的專業人員，承擔教書育人，培養社會主義事業建設者和接班人、提高民族素質的使命，並在教師的6條權利中，將「進行教育教學活動，開展教育教學改革和實驗」列在第一條，而「從事科學研究、學術交流，參加專業的學術團體，在學術活動中充分發表意見」排列第二，但現在絕大多數大學在教師的考評指標設計上，對科研的重視遠遠超過對教學的重視，只要在所謂的核心刊物上發表文章，就可以當教授、得獎勵，而那些教學效果好的教師則可能一輩子都只能當講師。這種重科研、輕教學的績效導向，使得教師們不得不將大量的時間和精力去做一些沒有什麼學術價值的研究，而真正花在教學上的時間很少，這不僅不利於大學的建設和發展，也是對教師和學生不負責任的表現。又比如，對銷售人員的考評只注重新客戶的開拓，忽視原有市場和客戶的鞏固，也是典型的績效考評缺失。

要想完全避免「污染」和「缺失」是不可能的，因為任何一個績效系統都是由人來設計並由人來推動的，而人的認識是存在缺陷的，不可能做到十全十美。因此，重要的是盡可能減少「污染」和「缺失」帶來的消極影響。如通過消除發生「污染」和「缺失」的條件，特別是對組織能夠控制的因素的改進，降低出現「污染」和「缺失」的頻率；通過加強對評價者的培訓，提高其評價的可行性和公正程度。同時在出現「污染」或「缺失」時採取及時的補救措施，如建立員工申訴通道等。

除了戰略一致性原則和有效性原則外，明確性和可接受性也是非常重要的。所謂明確性，是指崗位工作規範和績效目標是清晰的和可操作的。比如：「銷售人員明年要在今年的基礎上有所進步」就不明確；「銷售人員明年要在今年的基礎上提高銷售10%」就非常明確。從本質上講，明確性原則是體現組織績效導向的重要因素。所謂可接受性，是指評價者和被評價者是否接受績效評估系統，而這種可接受性主要又是與該系統是否公平連在一起的。績效評估系統的可接受性涉及三類公平，即程序公平、人際公平和結果公平。程序公平是指給予管理者和員工參與績效管理系統設計的機會，在對不同的員工進行評價時採取一致性的步驟，採用清晰的具有相關性的績效標準，以盡可能降低「污染」和「缺失」。人際公平包括提高評定的準確性，將評價者誤差和偏見減少到最低限度，及時全面的信息反饋，容許員工對評價結果提出質疑，在尊重和友好的氛圍中提供評價結果反饋等。結果公平是指就

績效評價及其標準問題與員工換意見，告訴他們公司的期望結果，以及就報酬問題與員工交換意見。

6.3 績效管理與組織競爭優勢

6.3.1 績效管理如何增強組織的競爭優勢

對於任何一個組織來講，績效管理系統的有效性，是決定其競爭力高低的重要因素。任何組織的戰略都是在和競爭對手相比較的基礎上制定的，在戰略實施的過程中，首先需要對戰略進行分解，落實到組織的每個單位和崗位。如果這些單位和崗位都完成目標，也就意味著組織完成了目標，並最終取得與競爭對手相比較的競爭優勢。本節我們將按照這一思路來闡明組織的績效管理是如何幫助提升組織競爭優勢的。

（1）通過績效管理提高部門和員工的工作績效，實現組織目標

績效管理應體現組織戰略的要求，並成為組織戰略傳遞的信息渠道，這是績效管理的一個重要特點。當組織的戰略確定以後，需要通過戰略的細化或量化成為部門和個人的目標，而個人目標的確定是建立在工作分析基礎之上的。通過工作分析，員工可以準確地瞭解組織對他（她）個人的期望。因此，績效管理所關注的是企業的員工的知識、能力和技能與實現戰略目標之間的匹配度的問題。對於那些希望通過員工的努力贏得競爭優勢的組織來講，唯一正確的做法就是要根據戰略的分解，在工作分析的基礎上，對員工的行為和結果進行正確的評價和有效的管理。同時，還要考慮到環境對組織戰略的影響而導致的戰略調整，當發生這種調整後，績效評估管理系統也要作出相應的變化，使員工及時瞭解組織的變化，真正起到信息傳遞渠道的作用。專欄6-1中美國施樂公司的績效導向就沒有達到這一要求，從而導致了公司戰略的失敗。總的來講，有效的績效評估和管理能夠從兩個方面提高組織的績效，從而增強企業競爭優勢：一是通過正確的績效導向引導和規範員工行為，使其努力的方向與企業的目標相一致；二是採用合適的方法和手段，通過對評價過程的管理，保證個人目標和組織目標的實現。

（2）通過績效評估和管理做出正確的管理決策

利用績效評估信息進行管理決策，是績效管理的另一個重要功能。組織的競爭優勢可以表現在很多方面，它既可以體現為產品的競爭力，也可以表現為掌握全面知識和具有高技能的管理者和員工的素質和能力。通過有效的績效評估，可以為組織提供正確的管理決策，為員工的職業管理和接班人計劃的制訂提供信息和依據。具體講，組織能夠通過有效的績效評價和管理系統在以下方面增強其競爭優勢：一是不斷發現具有創新思維和領導才能的管理者，通過建立組織的職業生涯規劃和接

班人計劃，奠定組織的人才優勢。二是通過績效評價和管理，發現那些真正做出突出貢獻的員工，並為他們提供在調動、晉升、加薪等方面決策的依據。三是通過績效評價和管理，為那些存在績效問題的員工尋根究源，找出問題的癥結所在，提供調換工作崗位、降級、解除勞動合同等方面的決策依據。四是通過績效評估，為員工提供培訓和開發的機會。

（3）通過績效評估形成有利的工作氛圍

有效的績效評估是建立在員工積極參與基礎之上的，通過員工的參與，制定組織和員工都認可的目標；通過績效評估信息反饋，使組織和員工心平氣和地討論提高績效的方法。這樣不僅可以降低員工的不滿意度，減少不必要的員工流失，而且可以改變員工對傳統績效評估的反感和不歡迎態度，使企業形成一個積極向上的有利的工作氛圍，而這個有利的氛圍無疑會對提高企業的競爭力有極大地幫助。

6.3.2 克服無效績效評估存在的問題

所謂無效績效評估，主要是指由於評估的方法、標準、評估人的技能以及員工的參與程度等方面的原因發生的實際績效與期望績效不吻合的狀況。與薪酬管理一樣，績效評估與管理也從來都是「幾家歡樂幾家愁」的事情。國內外的研究和實踐表明，就大多數企業而言，績效評估和管理鮮有成功的經驗。根據一項對美國俄亥俄州使用績效評估的 92 家公司的研究表明，有大約 65% 以上的公司對其績效評估系統有一定程度的不滿。[5]另一份資料則顯示，有 80% 以上的公司都對評價制度不滿意。[6]另一項研究結果表明，在大多數的評估系統中，評估的有效性和可靠性仍然是存在的主要問題。對於組織來講，有效的績效評估仍然是一個緊迫的但卻未被實現的目標。[7]一個為大多數組織成員不滿的績效評估體系勢必會對組織的競爭力產生不利影響。

為什麼績效評估與管理這麼難？原因其實很簡單，績效評估的結果最終牽涉到的是人的經濟利益，如果一個組織的績效評估系統在績效評估的標準、方法、評估人自身的素質、評估信息的反饋等方面存在嚴重缺陷的話，員工與組織的對立就會成為一種必然的結果。

無效或低效績效評估是造成管理者和員工不喜歡績效評價的重要原因。在以下幾種情況下最容易形成無效的評估：一是績效指標設計沒有建立在工作分析的基礎之上，考核指標不是對崗位職責的細化和量化，二者之間沒有有機結合；二是重結果，輕過程，不注重有關的績效信息反饋和控制；三是績效管理的有效性不足，缺乏員工的參與，不知道自己的指標是如何設計出來的；四是績效指標沒有形成明確的標準，難以操作和量化；五是激勵性不足，缺乏對於優良績效的認定；六是評價人（如部門經理等）不熟悉或沒有完全掌握考評的標準。

無效績效評估不僅會影響組織的工作績效，而且還會影響到組織管理決策的準

確性、公正性，對於組織建立良好的工作氛圍也會產生不利影響。因此，它對於組織來講是一個惡瘤，必須予以根除。在具體方法上，可以根據以上幾個方面的表現，提出有針對性的解決辦法，盡量減少和降低無效評估的影響。首先，要體現績效系統對組織戰略的支持，也就是說，員工的工作和實現組織戰略直接存在密切的聯繫；其次，要保證績效考核指標體系的公正性、合理性和合法性，績效指標設計必須體現與崗位職責的內在聯繫；第三，注重對績效實施過程的管理和控制，特別是對不良績效的糾正和改進；第四，績效的標準一定要明確，具有操作性和可靠性；第五，績效指標一定要與激勵和約束機制相聯繫，以體現組織績效管理系統的嚴肅性；第六，績效評價人（特別是部門的負責人）要瞭解和掌握評價的方法及技術，投訴在評價時盡量避免不良的公司政治行為和人際關係的影響，如實反應被評價人的業績。

6.4 影響績效管理的重要因素

績效管理應該是一個開放的過程和系統，是組織全員參與的結果。在這個系統中，有兩個主要部分對組織的績效產生影響：一是員工的崗位勝任能力，包括所具有的知識、能力和技能，這些構成績效的原材料；二是組織的戰略、環境、工作分析、經理開發與管理的技能等。這些因素相互作用，會對管理和評估的方法、手段、標準等產生影響，最終影響到員工的績效水準。員工的任職資格是績效評估系統有效運作的基礎。員工具備了這種資格，有正確履行要求條件的行為特徵，績效評估系統才有可能得到正確的結果。但這也僅僅是有可能。因為員工的資格和行為特徵的發揮是要受環境條件影響和制約的，戰略的影響其實也是一種由環境變化而導致的結果。環境的影響主要表現在當出現某些員工不能控制或其他不可抗力因素時所導致的對員工工作績效的評估偏差。這種偏差可能是因組織外部的原因引起的，也可能是組織內部原因所導致的。前者如政策、市場、消費者行為等方面的突然變化所導致的員工實際工作績效與期望績效之間的偏差，後者如組織戰略、經營理念、文化及價值觀、工作氛圍等。圖6-2列出了可能影響員工行為和績效水準的相關因素。

在傳統的績效考評中，普遍存在的一個問題是人們往往認為只要員工具備了一定的任職資格，在工作中自然就能夠表現出這些知識和能力，並最終得到組織期望的結果，即只注重績效的原材料、員工的行為和客觀結果之間的因果關係（見圖6-2），而沒有考慮其他因素的影響。但在現實中，員工是否能夠表現出應有的行為，得到期望的結果，還受到外部和內部因素的限制和影響，而這些因素在很大程度上是員工不能控制的因素，如果忽略了這個問題，績效評估的結果就可能發生偏差，甚至使其失去應有的作用。

第6章 組織績效管理系統設計的原則和步驟

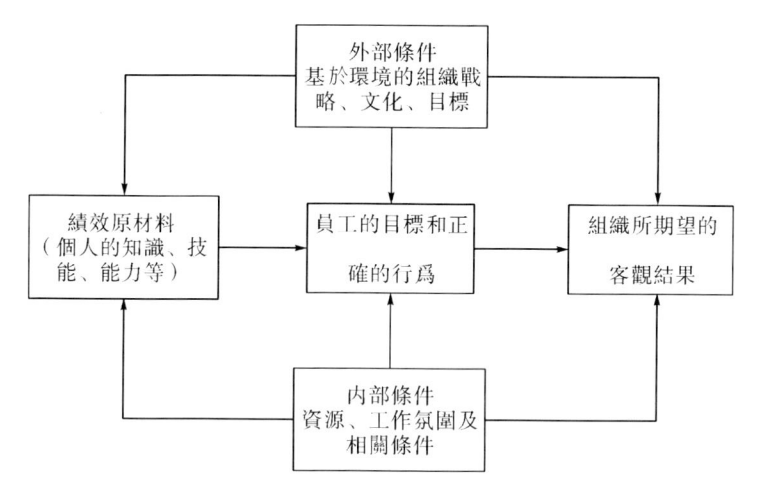

圖6-2 影響員工績效的主要因素

資料來源：雷蒙德·諾依，等．人力資源管理：贏得競爭優勢［M］．3版．劉昕，譯．北京：中國人民大學出版社，2001：344．部分文字作者有改動。

6.4.1 員工的知識、技能和能力

員工的知識、技能和能力是產生一個好的績效水準的基本原材料。一個有效的績效評估和管理系統希望最終得到的結果是員工的行為和工作成效與組織的目標相一致，而績效管理系統能否有效運作，最基本的條件就是員工是否具備正確履行工作分析所要求的各項條件和行為特徵。只有當員工具備這些條件和特徵並且正確地運用，才有可能得到正確的結果。從這個意義上講，員工的知識、技能和能力是績效評估和管理系統的重要組成部分。要瞭解員工是否能夠適應崗位的要求，一方面是要有嚴格的、基於工作分析的人力資源規劃、招聘和選擇；另一方面還要有嚴格的基於組織戰略的績效評價、信息反饋以及培訓和開發，這再次證明了人力資源管理系統的整合效用。

6.4.2 戰略及文化的影響

與企業是一個開放的社會系統一樣，人力資源開發與管理也是開放的，員工行為特徵的發揮不僅受自身主觀努力的影響，還要受戰略、文化、環境以及「污染」和「缺失」等其他因素的影響。因此，在對員工進行績效評估的時候，還要考慮相關因素的影響。績效評估和管理也是一個開放的過程和系統，而各種信息的交流和反饋是保持這一過程不發生偏差和系統正常運行的基礎。戰略的影響首先表現為正確的績效導向。如果導向不正確，就可能出現員工績效好而組織績效不好的結果。

因此，因環境變化導致的組織戰略的變化，必須通過這個系統及時準確地反饋到員工的績效管理和評估的過程當中，如根據新的戰略需要設置新的崗位，並對崗位進行工作分析，或對原有的崗位賦予新的內容，然後再在此基礎上對員工的行為和工作結果提出新的要求，這樣才能夠體現績效的導向作用。舉例來講，2003年上半年世界範圍的SARS病毒的蔓延，對很多的組織和個人都產生了深刻的影響。在醫療衛生行業，由於要強化對SARS病毒的研究和治療，相關醫療機構可能會暫時放棄原來的一些研究項目，把資源和精力的重心都投入到對SARS病毒的研究當中；制藥行業則由於對防範和治療SARS病毒的需求急增，因此加班加點地工作。這些都在很大程度上改變了原來的工作部署和員工的績效目標。當需要對組織或員工進行績效評估時，這些因素都應當是被評估的重要內容。其次，員工也要及時地瞭解組織提出的新的要求，因此員工的參與非常重要。只有具備了能夠及時準確地反饋信息和調整功能的系統，才是真正能夠隨時與組織戰略相匹配的、有效的和有意義的系統。

　　組織的文化和價值觀也會影響員工的績效水準，這是因為文化首先會影響管理者的決策。比如，如果一個組織的文化和價值觀是建立在人性「惡」，即不信任員工基礎上的，那麼管理者的管理方式就可能是獨裁的和不民主的。反之，如果一個組織的文化和價值觀是相信人性「善」，那麼其管理者的領導方式就可能更傾向於民主而不是專制。這是因為文化把什麼是恰當的行為傳遞給了管理者。在上述第一種管理模式下，那些具有創新思維、不拘形式、敢於直言的員工的行為和績效水準可能就會受到影響。又比如，如果在一個完全能夠區分員工績效水準的組織中實行平均分配，那麼那些高績效員工的積極性就會受到打擊，要麼離職，要麼在以後的工作中不完全表現出應有的能力和水準，因為投入和回報不成比例。而當組織的文化具有鼓勵員工創新、創造更優異的工作方法的導向作用時，員工就可能會因為這種導向而追求優異的表現或者積極努力地尋求更有效的工作方法，從此更好地提高個人和組織的績效，體現出更強的競爭優勢。

6.4.3　組織內部條件的影響

　　在圖6-2中，組織的內部條件主要是指員工的工作條件和工作氛圍。工作條件是員工是否具備完成本職工作所需要的資源，比如，員工所從事的工作是否是他（她）們所擅長的，組織是否有明確的工作標準和績效導向等。工作氛圍是指員工是否是在一種能夠得到組織關心和有利於自身職業發展和成長的具有職業指導和組織承諾的環境中工作，包括領導的關心、組織的激勵以及職業發展規劃等。蓋洛普公司的「Q12」，對這些問題都做出了明確的界定。（詳見本書2.1.4）如果組織能夠為員工創造或提供這樣的工作條件和工作氛圍，就意味著為員工提供了完成本職

工作的基礎條件。此外，由於市場競爭的日趨激烈，環境變化的速度和頻率都遠遠超過從前，因此對組織來說，各種應對環境挑戰的臨時而又經常性發生的工作隨時都可能出現。在組織中，一般把這類工作稱為臨時性工作或臨時性任務。具體講，當組織在年終對員工績效進行盤點的時候，會發現員工在完成了既定的工作和達到規定的目標外，還完成了大量臨時性的工作，由於這些工作的緊迫性，使組織來不及對績效評估系統進行及時的調整。而員工完成這些工作和任務對組織來講又是必需的，因此應該在績效評估系統中得到應有的反應。鑒於此，組織應該在績效評估系統中建立一套對這類工作的記錄和反饋機制，比如可以採取在系統的得分記錄中留出一定的比例的辦法。這也是組織戰略應對環境挑戰所必須作出的調整。

6.4.4　工作分析

工作分析是人力資源管理的基礎性工作，也是建立有效的績效評估和管理系統的重要條件。有效的工作分析可以指導包括績效評估在內的22個方面的人力資源管理實踐活動。一個規範的建立在工作分析基礎上的績效評估形式是以一份詳細羅列該工作的任務或行為並且具體規定每項任務的期望績效水準表現出來的。[8]因此，在工作分析與績效評估系統之間存在著一種互為條件的因果關係。一方面，沒有以工作分析為基礎的績效評估必然會是一種無效評估，因為在這種情況下，組織中每個人的工作都會呈現出無差別的特徵，而這種無差別特徵在提供管理決策方面必然會表現出單一性和盲目性的特點。這樣，績效評估就失去了應有的作用。另一方面，績效評估的方法如果不能反應工作分析的要求並根據不同的崗位而有所側重，不僅績效評估沒有意義，工作分析本身也就成為多餘的事情了。如果一個組織認為績效評估太消極以至於難以做出有關晉升、加薪、調動、培訓等方面的管理決策，工作分析也就不會有什麼作用。但事實上，絕大多數的組織還是必須作出這種艱難的選擇，畢竟組織的發展是第一位的，而要發展就需要建立衡量的標準，即建立在工作分析基礎之上並反應工作分析要求的績效評估系統。

6.4.5　經理開發與管理技能的影響

經理的開發與管理技能對績效評估的影響主要表現為績效評估的準確性問題，即存在績效衡量誤差和績效信息反饋問題。績效衡量誤差是指由於人類信息加工能力的局限性以及主觀意識所造成的績效結果的偏差和人為扭曲。績效衡量誤差主要包括以下幾種情況：[4]375一是同類人誤差，即評價人在評估時，可能會自覺或不自覺地將較高的得分給予那些與評價人自身具有相同志趣、相同愛好、相同背景或有同學、同鄉等關係以及平時關係較好的被評價人。在組織中，同類人誤差的存在是一種比較普遍的現象，特別是組織在選擇諸如強制性分佈法這類評估方法時尤其如此。二是對比誤差，即當評價人（經理）在對被評價人（員工）進行評估時，常常是在

一組被評價人中間進行比較，而不是被評價人與其期望的績效目標的比較。當組織採用排序法作為評價標準而評價標準比較模糊時就經常會出現這種情況。三是寬大誤差、嚴厲誤差和趨中誤差。寬大誤差是指給予被評價者不應有的高分，嚴厲誤差是指給予被評價者不應有的低分。趨中誤差是指給予被評價者相同的得分。專家們將這三種情況稱之為「績效評價的政治學」。通常當評價結果與晉升和加薪有直接關係、評價目標之間存在競爭性、評價者維護自身和部門利益以及出於激勵或懲罰等情況時，就會出現所謂的績效評價政治。四是暈輪誤差（又稱光環效應）和角誤差。兩者的共同特點就是「以點帶面」，前者指突出被評價者的某一個方面的優點並推而廣之，將各個方面都給予高分。比如對高校教師的評價，一般來講應該有兩個基本的標準，一個是教學質量，另一個是科研能力。如果僅以科研成果多就認為這名教師教學質量也很好，就會犯光環效應的錯誤。而角誤差恰恰相反，它是突出被評價者的某一個方面的缺點並推而廣之，將其各個方面都給予低分。一般來講，當評價標準模糊不清，或者評價者想突出激勵或懲罰的目的時，往往就會出現這兩種情況。關於績效信息反饋的問題，主要是經理們不願意就績效結果與員工進行溝通，特別是與績效較差的員工溝通被普遍視為比較困難的事情。績效反饋的一個重要目的是為員工提供改進績效的方法，如果不能提供有效的績效反饋信息，不僅使培訓和開發等流於形式，而且最終會導致有效的績效評估系統失效。總的來講，要改變績效衡量誤差和績效信息反饋問題，只有通過加強制度建設，明確責任以及加強對評價者的培訓，盡可能地減少誤差，更好地發揮績效系統的作用。

績效評估與薪酬設計從來都是「幾家歡樂幾家愁」的事情。沒有絕對完美無缺的評估，只有相對適合的評估。因此，對於任何組織來講，重要的是評估方法的適應性和員工的擁護程度。根據科林斯對 11 家美國公司實現從優秀到卓越過程的研究，發現這 11 家公司的薪酬戰略與公司的發展並沒有必然的內在聯繫。而且實現了跨越的公司主管的收入總數竟略低於那些處於中等水準的對照公司。而且已有的證據也不支持特殊的報酬方式有助於一家公司走向輝煌這樣的觀點。[9] 雖然科林斯研究中少有論及績效考評事宜，但從績效考評與薪酬的一致性原則考慮，合適的人做合適的事情才是最重要的。因為合適的人不會計較報酬的多少，只要認定是對的，他們就會全力以赴。

6.5　有效的績效管理系統的設計步驟

設計並建立組織的績效評估系統是一項十分重要的工作，設計時要注意兩個問題，一是設計的程序，二是系統的完整性。下面將從六個方面介紹系統的設計和建立步驟。

第6章 組織績效管理系統設計的原則和步驟

步驟1：明確組織的戰略目標

組織的戰略是建立績效管理系統的基礎，績效管理系統作為體現和傳遞組織戰略的重要信息渠道，必須獲得準確的戰略信息，才能夠保證績效管理系統的科學性和合理性。因此，組織的戰略目標必須是清晰的、可以準確描述的。鑒於中國的企業並不是都具備了能夠清晰地表達戰略能力的現實，組織至少應該通過某種方式使其成員能夠瞭解努力的方向，否則，績效管理就會迷失方向或流於形式。

步驟2：建立組織對績效管理系統的支持

如前所述，績效管理是組織戰略信息的重要傳遞渠道，而實現組織的戰略目標是組織成員義不容辭的責任和義務。因此對於組織來講，要達成組織的目標，就必須使績效管理系統得到組織成員的支持。首先需要得到各級管理者的支持，因為他們在績效管理和評估的過程中發揮著重要作用。獲得管理者的支持包括四個方面：一是要通過績效管理系統讓管理者瞭解所在部門應達到的績效標準，包括時間、數量和質量要求。二是通過培訓，使管理者能夠熟練地使用各種績效評價方法。在這方面，需要人力資源部門的協助和支持，比如制定如何操作的具體的工作指南，在培訓中採用盡可能簡單易懂的評價方法或語言等。如果管理評價系統過於複雜或評價指標不明確，就可能引起管理人員的反感和抵觸，導致績效評價「走過場」。三是培訓他們如何有效地避免績效評價誤差，科學合理的評價自己的下屬，最大限度地保證績效評價的公平性。四是要有相應的資源配置落實。其次需要得到員工的支持，員工需要瞭解組織對自己的期望，瞭解自己的工作目標，同時還應在可能的情況下，讓員工參與績效指標的制定。

步驟3：選擇符合組織實際情況的評估方法和技術

績效評估方法的選擇應注意考慮五個方面的要點，即適配性標準、成本標準、專業和工作性質、創新性和主動性、動態性和適應性，詳情請參見本章第五節的有關部分。

步驟4：對評價者的選擇和評價信息來源的選擇

對評價者的選擇需要考慮主管、同事、下屬、顧客各個方面的信息，以保證組織績效管理系統的科學性和全面性。在以上四個方面的信息中，主管和顧客的評價和信息是最重要的。首先是主管的評價和信息選擇，目前在大多數的組織中，評價者通常都是由部門主管擔任的，這是因為部門主管最熟悉和瞭解自己下屬的工作特點、工作內容和績效標準。同時主管是部門績效的最後責任者。其次是顧客的評價及信息選擇，顧客的評價和信息對於實現組織的戰略具有重要意義。根據美國勞工部1997年的一項研究報告，在1996—2006年的10年裡，美國所有新增加的工作機會都可能是服務行業工作增長帶來的結果。[10] 正因如此，很多公司都把顧客的評價作為其績效評估系統的重要信息來源。顧客評價信息的必要性在於，顧客經常是唯一能夠在工作現場觀察員工工作績效的人。特別是在服務行業，顧客的評價已成為

員工績效最客觀和最重要的方法。研究發現，在以下兩種情況下，最適合採取顧客評價信息：一是當員工的工作是直接為顧客提供服務或需要為顧客聯繫在公司內部所需要的其他服務時；二是當公司希望通過收集信息來瞭解顧客希望得到什麼樣的產品或服務時。也就是說，顧客的評價已不單單局限於評價信息的收集，而是成為將公司的人力資源活動與市場營銷戰略聯繫在一起這一戰略目標的服務工具。最後是下屬和同事的評價和信息。在360度考評方法中，除了主管、顧客的信息外，往往還會收集下屬和同事的評價信息和意見，但在採用這類信息用於評價時要注意兩個問題：一是權重的比例不能太大，要控制在一個較低的範圍內，10%足矣。這是因為同事評價大多都是兩種結果：要麼是皆大歡喜，你好我好大家好；要麼是互相攻擊，成為組織不良政治行為的溫床。二是下屬對主管的評價最好只用於主管的開發，而不用於晉升、薪酬等直接利益的管理決策。因為當下屬的評價成為管理決策的依據時，就意味著下屬擁有了超過其主管的權利，這樣做的結果就會導致管理者信心的喪失和將自己的主要精力用於討好下屬而不是工作的生產率。因此，為了體現主管的責任和權利，保證達成工作目標，必須將同事、下屬的評價開展在合理的範圍內，以保證主管行使指揮、協調、控制等職能的權利。

步驟5：確定評估時間

在確定評估時間的問題上，需要考慮兩個問題：一是根據專業性質和產品的生產和服務週期確定考評時間。從專業性質講，應根據流程的週期確定考評時間。比如，對於從事管理、研發等專業的人員來講，其考評的時間不要過短或過於頻繁，考評時間過短難以反應系統和流程的真實效果。因為管理和研發的效果通常都表現為一個相對較長的流程，需要較長的時間才能表現出來。而對於從事銷售的人員來講，由於其指標易於量化，而且很多的銷售指標能夠及時反應市場和顧客的變化和偏好，為企業的管理決策提供依據，考評的時間和頻率通常應較短和較為頻繁。二是定性指標和定量指標的考評，對於任何專業或崗位來講，都是既有定量的指標，又有定性的指標。那麼應如何確定考評時間呢？比較理想的方式是，季度考評或半年考評主要靠與行為有關的績效，年度評價主要考評與結果有關的績效。

步驟6：盡可能做到評估的公平並提供績效評估信息反饋

績效系統是否能夠取得應有的效果，還取決於績效評價過程和結果是否公平。本章曾討論了績效管理的原則，其中的可接受性就涉及公平的問題，包括程序公平、人際公平和結果公平等。在這三類公平中，解決程序公平的途徑類似於目標管理的方法，即讓管理人員和員工都能夠瞭解組織績效系統設計的指導思想、基本原則、目標設置的主要內容以及這些內容與自己負責的部門和崗位之間的關係，並在可能的情況下就目標的制定發表意見，以便能夠集思廣益，為目標的最終完成奠定廣泛的群眾基礎。人際公平的主要目的在於通過績效系統和指標的科學性和合理性，通過倡導一種積極的公司政治行為，容許員工對評價結果提出質疑，以及創造一種良

好的工作氛圍，盡可能地減少評價誤差和偏見，在尊重和友好的氛圍中提供評價結果的反饋等。結果公平是指就績效評價及其標準問題與員工交換意見，告訴他們公司期望的結果，以及就報酬問題與員工交換意見。在結果公平的問題上，提供績效評估信息反饋非常重要，一方面，要加強對評價者的培訓，以減少誤差；另一方面，要建立組織的績效反饋系統，並建立諸如總經理信箱等方式，建立員工的申訴渠道，以便對員工可能受到的不公評價進行審議。按照績效管理的指導思想和原則，應注意兩點：一是把重點放在解決績效不佳和提升績效水準上，而不是放在對績效不良的懲罰上；二是將績效反饋集中在行為上或結果上，而不是人身上。通過發現問題，制定具體的績效改進目標，確定檢查改進進度的日期。

6.6 不同績效水準員工的識別和管理

所謂不同績效員工，是指員工由於知識、技能、能力以及個性、主觀動機等方面的差異所形成的不同工作績效。由於近年來社會學、心理學與管理學的聯繫日益密切，其研究成果也為人力資源管理與開發提供了重要的依據。一般來講，造成員工不同績效的原因主要來源於能力和工作動機兩個方面，因此可以從能力和動機兩個方面將員工劃分為三種類型。傑克·韋爾奇把 GE 的員工分為三類，即優秀 20%、中間 70% 和末尾 10%。對不同類型的員工，管理的方式也不相同。同時把經理也分為四種：第一種是既能夠實現組織目標，又能認同組織價值觀的，這種人的前途自不必說。第二種是那些既沒有實現組織目標，又不認同組織價值觀的人，他們的前途與第一種恰恰相反。第三種是沒有實現組織目標，但是能夠認同組織價值觀的人，對於他們，根據情況的不同，給幾次機會，可能東山再起。第四種是那些能夠完成組織目標，取得經營績效，但卻不認同公司價值觀的人。他們是獨裁者，是專制君主，是「土霸」似的經理。傑克·韋爾奇明確提出，在「無邊界」行為成為公司價值觀的情況下，絕對不能夠容忍這類人的存在。[11]

6.6.1 高績效完成者

所謂高績效完成者，是指組織中能力和動機都較強的員工，又可將他們劃分為「核心員工」。如果按照「20/80」原則劃分的話，他們應該屬於 20% 的範疇。也就是說，這 20% 的人創造了組織 80% 的財富和價值。他們通常不僅能力和動機較強，而且具有良好的職業道德、信譽以及責任心和獻身精神。他們是屬於那種不用組織激勵也能夠很好完成工作的人。任何一個組織都有這樣的人，他們是組織的骨幹分子。其共同特點是：敬業，樂意助人，不計報酬，時刻將組織的使命與自身的努力結合在一起。在組織中，這類人往往包括高層管理團隊成員、大部分中層管理人員、業務經營單位骨幹以及技術創新者等。當然，組織的性質不同，劃分的標準也不同。

技術性人力資源管理：
系統設計及實務操作

如在通用公司（GE），這類人屬於 A 類員工，他們激情滿懷、勇於任事、思想開闊、富有遠見的人。他們不僅自身充滿活力，而且有能力帶動自己周圍的人。他們能提高企業的效率，同時還使企業經營充滿情趣。他們具有「GE 領導能力的四個 E」：很強的精力（Energy）；能夠激勵別人實現共同的目標（Energize）；有決斷力（Edge），能夠對是非問題做出堅決的回答和處理；能堅持不懈地實施（Execute），並實現他們的承諾。與這四個 E 相聯繫的還有一個 P（激情，Passion）。

高績效完成者在組織中具有重要的地位和作用。首先，他們創造了組織絕大部分的價值，理所當然應當成為組織激勵的主要對象。在組織的績效管理系統、員工職業生涯發展計劃以及薪酬體系設計中，他們的地位和作用應當是首先要考慮的因素，他們的績效標準應當成為組織的績效標準。其次，他們是組織文化的維護者和宣傳者。組織文化是指決定組織行為方式的價值觀或價值觀體系。它代表了一個組織內各種由員工所認同及接受的信念、期望、理想、價值觀、態度、行為以及思想方法和辦事準則等。這種價值觀告訴人們，什麼是對的，什麼是錯的，什麼應該做，什麼不應該做。它指導著員工在實現組織目標過程中的行為和行動。因此，組織文化是維繫一個組織的精神紐帶，在企業中，它將傳統的可見的管理制度和管理方法，包括對權利和責任的認識，轉化為一種價值理念，引導員工朝著組織期望的目標努力。這是一種文化的培養和文化的認同過程，而高績效完成者在這一過程中與組織文化的倡導者一樣，始終扮演著領袖人物的角色。由於他們的存在，使得組織在有形的組織結構規範之外又增添了一個無形的精神規範，而且他們往往成為組織內部非正式組織和非正式團體與正式組織之間的潤滑劑和信息溝通渠道。組織的決策者和高層管理團隊可以依靠這兩種規範，遊刃有餘地對組織實施有效的管理。再次，他們是模範、標兵和帶頭人，是組織內新員工的教練和顧問。當新員工進入組織後，他們擔負著對新員工傳遞知識、培養能力、提高技能的責任。他們與有效的管理者一起，構成組織價值鏈上重要的一環。最後，他們往往是組織的創新者，對於一切能夠為組織和社會帶來正面效益的思想、方法、理念等，都能夠迅速的接受並在組織內推廣。

鑒於高績效完成者在組織中的地位和作用，組織對於他們要予以特別的關注。首先，對他們創造的高績效要予以應有的回報。這種回報既包括物質的獎勵，也包括對其精神的弘揚。如在 GE，A 類員工得到的獎勵是 B 類員工的兩到三倍，每年 A 類員工都會得到大量的股票期權。其次，他們應當成為組織接班人計劃的主要來源。特別是對於其中既具有卓越管理才能、又具相關知識和技術背景的人，應當通過有目的的培訓、輪崗等開發形式，完善其知識結構和不同的專業技能，為將來的接班奠定基礎。最後，要樹立他們在組織中模範和標本的形象，通過多種形式保持他們的滿意度和工作的有效性。衡量一個組織成功的指標各不相同，但對於任何一個組織來講，高績效完成者的流失率和保有率絕對是一個重要的指標。因此，組織必須

從戰略和保持提高競爭力的角度對他們加以正確地管理。

6.6.2 中等績效完成者

組織中存在大量的中等績效完成者，他們在數量上絕對超過高績效完成者，但在績效表現上卻落後於高績效完成者。GE將這類員工定為B類，並認為他們是公司的主體，也是業務經營成敗的關鍵，因此公司投入了大量精力來提高他們的水準。在中等績效員工中，包括有兩種特殊類型的人：一是指具有較強的工作動機但缺乏能力和技能的人，即「心有餘而力不足」；二是具有較強能力但缺乏工作動機的人，即「力有餘而心不足」。

對於前者來講，他們贊賞組織的文化，遵循組織的制度規定，有責任心和進取心，願意並且確實在努力的工作，但由於知識、能力及技能方面的原因，或由於努力的方向不對，導致他們在績效上的表現不如高績效完成者。在組織中，他們承擔著大量日常性的工作任務，在管理人員和高績效完成者的帶領下認真地工作。他們是高績效完成者的輔助人員，他們有著共同的特點：循規蹈矩，不越雷池一步，缺乏創新精神。

對於後者來講，他們有完成自身目標的知識、能力和技能，也遵守組織的規章制度。但由於各種原因，他們缺乏積極而努力工作的動機。他們對組織文化所倡導的價值理念一般不發表贊成或反對的意見，在組織裡他們往往成為所謂的「清高一族」。他們往往也具有創新的能力，但造成他們績效不高的原因包括組織和個人兩個方面。從組織的原因來講，激勵與開發系統的不完善、工作與人不匹配可能是一個主要的方面。從個人原因看，一方面是可能存在的人際交往能力的欠缺限制了他們能力的發揮，從而在客觀上造成了「英雄無用武之地」的現實。另一方面，他們一般有比較豐富的業務愛好和業餘生活，他們對工作的注意力只局限在有效的時間以內。有的人甚至可能在8小時之外還有自己另外的事業追求。他們在單位工作只不過是在尋求一個跳板，培養相關資源。一旦時機成熟，他們就可能離職出走。

儘管如此，在組織的績效管理系統中，中等績效完成者仍然是居於高績效完成者之後的一個重要的組成部分。他們的作用絕不能被忽略，反而應引起組織的重視。在GE，B類員工每年也會通過評比得到獎勵，但大約只有60%～70%的B類員工也會得到股票期權。對於組織來講，在對他們的管理上應區別對待。對於有較強工作動機但缺乏能力的人來講，管理的重點包括以下幾個方面：第一，認真檢查工作要求是否與人匹配。如果存在這種情況，應盡快通過崗位的調換實現人與工作的匹配。第二，針對具體的知識、能力和技能缺陷，為他們制定具體可行的績效改進目標和實施計劃，並在計劃期限內對其進展情況進行考評。在這一過程中，對他們取得的每一點進步都予以及時公開地表揚。第三，如果在期限內沒有明顯改進，可以

通過調整崗位或輪崗的方法找尋與其能力相適合的崗位。第四，如果以上方式仍不見效，可以考慮重新安排工作。對於有能力但缺乏工作動機的這部分人來講，他們之間可能存在對組織非常重要和有用的人才。因此，首先，組織應對其激勵系統進行重新審視和檢討，改進其中不足的方面，重點放在組織的激勵與績效的掛勾上，從體制和績效系統上消除吸引力和凝聚力的障礙。其次，通過提供特定的人際交往關係能力的培訓，為他們創造提高這方面技能的條件。最後，加強管理，正確引導並處理好業餘愛好與工作之間的關係。通過以上措施，如果引導和管理得當，他們中的一部分人完全有可能進入高績效完成者的行列。

此外，從中等績效員工的角度看，只要能夠全面發展，哪怕技術水準低一點也並不可怕。正如本章案例中所顯示的，發達國家公司首席信息官（CIO）們的注意力已經從「技術高手」轉移到招納具有技術背景的管理人才身上。有54%的被調查者希望新聘的員工最應具備的技能是項目管理能力，而不再是具有單純的技術背景。那些既懂技術又懂管理、業務的複合型人才更受到企業的歡迎。因此，企業應準確認識和定義「中等績效員工」的內涵，以充分發揮其作用。

6.6.3 低績效完成者

所謂低績效完成者，一般是指那些既缺乏能力又缺乏做好工作的動力而導致績效水準幾乎處在最低水準上的員工。但有時也包括一些既有能力又有動機的員工，他們在一定條件下存在著轉化為低績效員工的可能性。這類員工又被稱之為邊際員工。

邊際員工在組織中的人數並不多，也並不是每個組織都存在這樣的人。但如果組織對他們的管理不當，可能會給組織造成極為不好的影響。現實生活中還存在一些高績效完成者和中等績效完成者由於組織和自身的原因，向邊際員工轉變的可能性。組織的原因主要表現在績效管理、薪酬管理、晉升政策以及一線經理個人的能力、水準等方面的原因產生的管理問題，導致他們對組織的認同和行為發生變化。個人的原因主要表現為人際交往能力的欠缺、極端個人主義思想的膨脹、長期的工作壓力產生的緊張情緒以及難以適應組織因環境變化所進行的調整和改組帶來的個人利益的損失等方面。在順利的情況下，他們會努力工作，而當不順的時候，特別是個人利益與組織利益發生衝突的時候，他們就不能正確地處理這種利益關係，最終導致損害組織利益的極端個人主義的行為發生。只要仔細地觀察，我們總能在一些組織中發現這類人的影子。由於他們對組織產生的破壞作用很大，因此對組織來講，一定要盡可能避免這種情況的發生。邊際員工藐視組織的文化，其共同特點與高績效完成者完全相反，即無論怎麼激勵對他們都沒有作用，因此對這部分人來講，管理的重點不是激勵，而是約束。

不同績效完成者的劃分並不是絕對的，評價的標準和尺度也不是統一和固定的。

組織應當根據自身的實際，從工作與人的匹配、組織文化、經營理念、管理哲學以及績效管理、薪酬體系、職業計劃等各個方面建立起積極向上和融洽和諧的工作氛圍。此外，一線經理的能力和水準對員工的行為會產生重要甚至決定性的影響。蓋洛普公司的研究表明，對員工影響最大的不是公司，而是一線經理；經理是創建良好工作場所的關鍵人物；將員工組織起來，繼而把組織競爭力提高到「金剛鑽」級別的關鍵人物並不是企業的最高領導，而是一線經理；一線經理所率領的面對顧客的一線員工表現如何，往往決定企業在競爭中的成敗；員工流失的根本原因也在於經理。[12]正因為如此，組織還應抓好一線經理的管理，提高他們的能力和水準。這樣才能為組織的發展奠定基礎，為不同績效員工的管理和發展提供保障。

6.7 管理實踐——部門經理及人力資源部門的作用

6.7.1 部門經理在績效管理過程中的作用

作為組織承上啟下的中間力量，部門經理在執行和貫徹組織戰略和落實績效方面負有重要責任。具體講，部門經理主要要做好以下幾項工作：

領會並準確傳達組織戰略。無論是從績效管理的目的還是從績效管理的原則出發，績效管理都必須充分體現組織戰略的要求。部門作為組織的基本單位，在戰略實施的過程中發揮著重要作用。經理要做的工作，首先是要準確領會戰略的精髓，保持本部門與組織戰略的協調，同時向下屬全面詳細地告知戰略的要求，並結合部門的職責要求，參與員工的工作分析、崗位職責和績效指標的設計等工作，並在工作中予以貫徹和落實。此外，在戰略的實施過程中，部門經理還要監控環境和組織戰略的變化，一旦發生因環境變化而導致戰略的變化的情況時，就需要對部門的工作進行必要的調整，以保持部門目標與組織戰略的一致性，並隨時對下屬是否按時、按質、按量完成工作目標進行跟蹤和監督。

接受評估培訓。並不是每個經理都具備正確地行使對下屬進行評價的能力，在很多情況下，經理們都會出現各種績效評價錯誤，本章第四節對經理們在績效評估中人員出現的錯誤做了較為詳盡的說明。為了最大限度地避免這些錯誤，有必要對經理進行評估培訓，以掌握正確評價的技能和方法，提高正確評價下屬的能力和水準。為了強調此項工作的重要性並引起經理們的重視，組織應將經理的績效評估能力作為對其進行績效評估的指標之一，納入經理的年度考評指標體系中。

幫助員工設定績效目標。部門經理要做的第三項工作是幫助員工設定崗位的績效目標。特別是在實行目標管理的組織中，這一點尤其重要。由於在組織中的地位、崗位、職務等方面存在的差異，員工對組織戰略的理解並不是十分清晰的，對組織設定的期望也不是十分清楚的。因此，部門經理必須通過幫助員工設定績效目標，

讓員工瞭解並掌握組織戰略的要點和組織對自己的期望。在目標設定的過程中應遵循以下原則：一是目標的設定應建立在完備的工作分析的基礎之上，使員工瞭解組織戰略是如何通過工作分析和崗位職責描述具體落實到崗位的績效目標上的。二是目標應設置在員工的崗位職責要求範圍之內，要考慮目標的可接受性，目標應在員工個人能力能控制的範圍之內，對於超過範圍之外的目標，要在與員工進行充分的溝通和交流的基礎上最後確定。三是個人崗位目標的設定應保持與組織目標的一致性，以體現戰略一致性要求。四是在設置個人目標時，應充分體現目標的明確性，使員工清楚地知道組織的期望和自己努力的方向。五是個人目標的設置要具備一定的挑戰性，以避免目標設置過低的缺陷。六是目標設置中應區分定量指標和定性指標，對於定量指標應規定具體的數量和質量標準和要求，對定性指標也應規定明確的程序或步驟。

　　為員工提供績效信息反饋。部門經理的第四項工作是在整個績效實施的過程中不間斷地向下屬提供其表現的評價。要做好這項工作，就需要經理們在日常的工作中關注下屬的工作表現，及時發現存在的問題，並在績效信息反饋中提出解決的建議。在績效反饋特別是負面績效反饋的過程中，經理要有一個正確的態度，充分意識到幫助下屬提升績效水準是自己的重要責任，同時要掌握正確的反饋方法，如一對一的談話、舉行定期或不定期的績效評議等。通過這些方式，創造一個良好的溝通氛圍，減少或消除員工可能存在的抵觸情緒。提高績效反饋效果的另一個方式是通過對那些表現出優良績效水準的員工的表揚，間接地指明不良績效員工應該糾正誤差和努力工作的方向。

　　正式的績效評分。在「基於組織戰略的績效管理系統模型」中，正式的績效評價是不可缺少的一個部分，進行評價的目的在於區分出優良績效和不良績效，以便為年度的人事管理決策提供依據。在這個環節，對於經理而言，最重要的是掌握和使用正確的評價技術和方法，同時盡可能減少評價者誤差。在具體的評估中，考慮到員工不同的專業特點和定量、定性指標的複雜性等因素，一般可以採取季度評價、半年評價和年度評價相結合的方法。比如，對管理、研發等專業的員工，季度評價和半年評價主要對定性指標進行評價，年度評價則結合對定量指標的衡量。對從事銷售等專業的員工和部門，則強調在日常的工作中對定量和定性指標的綜合評價。

　　為改進員工績效提供支持。無論是績效反饋或正式的績效評價，本身都不是組織績效管理的最終目的。績效管理的最終目的在於通過發現員工工作中存在的問題，提出解決問題的辦法，幫助員工不斷提高自己存在價值的能力和水準，最終在組織成員的共同努力下，達成組織的目標。在這個過程中，部門經理還要為下屬改進其績效水準提供各種資源支持和幫助，如組織制度改進、經理個人工作方法改進、指定具有優良績效水準的員工幫助績效水準不高的員工、對員工進行有針對性的培訓等。對於那些實踐證明的確不能勝任本職工作的下屬，要通過轉崗或輪崗的方式，

使其能夠找到發揮自己特長的工作崗位。

制定次年的目標。部門經理的最後一項工作是，在前面一系列不斷的績效信息反饋、評估、培訓和開發的基礎之上，根據所掌握的信息和組織戰略的要求，為制定部門和員工次年的績效計劃奠定基礎。

6.7.2 人力資源部門在績效管理過程中的作用

在組織的績效管理中，人力資源部的作用非常重要，具體表現在績效管理系統的設計者、組織者、實施者和評估者等角色，包括設計並開發出組織的績效管理系統、為部門經理提供培訓、匯總各部門的評價結果以供人事決策等工作。

組織者。無論是從職責的角度、專業的角度，還是作為各業務部門的戰略合作夥伴，人力資源部在績效管理中的首要任務就是在組織高層的領導下，充當直接組織者的角色，包括行業情況調查、組織績效管理系統的建設、績效評價的實施、績效系統的調整和維護、設立員工申訴管道、根據績效制定薪酬決策、組織內部績效管理系統的宣傳、外聘專家等項工作。

（1）設計者

人力資源部的第二項工作是履行設計者的職能，即根據組織戰略的要求，設計並開發一套適合組織戰略要求和特點的績效管理系統。這套系統應與組織戰略保持一致，表現出正確的導向性，並具備績效管理的 5 項原則。要提高績效管理系統的有效性，需要人力資源部的專業人員具備兩種能力：一是宏觀能力，即對於組織所處的產業、行業環境、競爭對手的基本情況、組織戰略等有深刻的理解，在此基礎上才能夠提高組織績效管理系統的針對性。二是微觀能力，即人力資源專業人員應具備較高的專業技術技能，如熟悉、掌握以及實施各種績效管理的方法和技術的能力或技能。這兩種能力對於提高組織績效管理系統的系統性、科學性和合理性具有重要的意義。

（2）實施者

作為實施者的主要任務就是為部門負責人或評估者提供如何進行評估的培訓和檢查監督評價過程。首先是為部門負責人提供培訓，培訓的內容包括：有關評價方法的介紹、評價方法的使用、績效評分的標準、績效評分與薪酬決策的關係、如何減少評價誤差等。其次是履行監督和評價評估系統的效果，即在實施的過程中檢查監督各部門的績效評價過程，並根據組織戰略的要求和部門的實際情況，與部門負責人共同提出存在問題的修改和調整建議，供組織領導進行決策。對於較大規模的組織如集團公司，集團總部還需要設立由總經理擔任組長的績效管理領導小組，成員由人力資源部、財務部、計劃戰略部、審計部、市場部等有關的業務部門共同組成，負責對整個集團績效管理的檢查和監督，並隨時向集團總部報告實施過程中存在的問題，提出解決的辦法。

(3) 結果匯總

人力資源部的最後一項工作是匯總各業務部門的評價結果，以供最終的人事決策，如根據薪酬計劃提出分配方案，提出優秀績效和不良績效人員的表彰和懲處建議、根據各部門績效評價的結果，制定有關的人員調配、培訓和開發建議等。

註釋：

[1] 彼得·德魯克. 企業亟需信息經理 [M] //彼得·德魯克. 公司績效測評. 李焰, 江婭, 譯. 北京: 中國人民大學出版社, 哈佛商學院出版社, 1999: 19.

[2] 伊查克·愛迪思. 企業生命週期 [M]. 趙睿, 譯. 北京: 中國社會科學出版社, 1997: 31.

[3] 詹姆斯 W 沃克. 人力資源戰略 [M]. 吳雯芳, 譯. 北京: 中國人民大學出版社, 2001: 234.

[4] 雷蒙德·諾依, 等. 人力資源管理: 贏得競爭優勢 [M]. 3 版. 吳昕, 譯. 北京: 中國人民大學出版社, 2001: 348-350.

[5] CHARLES LEE. Smoothing Out Appraisal Systems [J]. HRManazine 35 (March 1990): 72、76.

[6] CLIVE FLETCHER. Appraisal: An Idea Whose Time Has Gone? [J]. Personel Management 25 (September 1993): 34.

[7] BERNARDIN H J, KLATT L A. Managerial Appraisal Systems: Has Practice Cayght up to the State of the Art? [J]. Personel Administrator, 30, 1985: 79-86.

[8] 勞倫斯 S 克雷曼. 人力資源管理: 獲取競爭優勢的工具 [M]. 吳培冠, 譯. 北京: 機械工業出版社, 1999: 71.

[9] 吉姆·科林斯. 從優秀到卓越 [M]. 俞利軍, 譯. 北京: 中信出版社, 2002: 58.

[10] BUREAU OF LABOR STATISTICS. Employment and Earning [M]. Washington, DC: U.S. Department of Labor, 1997.

[11] 傑克·韋爾奇, 約翰·拜恩. 傑克·韋爾奇自傳 [M]. 曹彥博, 譯. 北京: 中信出版社, 2001: 176.

[12] 馬庫斯·白金汗, 柯特·科夫曼. 首先, 打破一切常規 [M]. 鮑世修, 等, 譯. 北京: 中國青年出版社, 2002: 10、11、45、47.

本章案例：得寵的「中等選手」

2006 年, 美國《CIO》雜誌對全美 500 家企業的 CIO 進行的「CIO 現狀調查」顯示：選擇招聘「中等選手」的首席信息官 (CIO) 有 60%, 選擇「新手」的 CIO

比選擇「技術高手」的居然高出10%。這一數據與2002年的調查大相徑庭。那時，在美國CIO眼中「技術高手」炙手可熱，眾多企業為此甚至上演了「技術高手爭奪戰」。當時，許多美國CIO認為，「發現這類人才並留住他們」是其面臨的重大挑戰。如今，數據顯示CIO們的人才注意力已經轉移到招納具有技術背景的管理人才身上，有54%的被調查者希望新聘的員工最應具備的技能是項目管理能力，而不再是具有單純的技術背景。

大洋彼岸CIO們對「中等選手」的垂青得到了國內一些CIO的認同，他們表示在其IT部門中，高、中、低技術水準的員工比例大致為2：6：2或3：6：1，而且這個比例結構近幾年一直相對穩定。不過，與美國企業不同的是，多數國內企業並沒有經歷過美國企業前幾年的「信息技術（IT）高手爭奪戰」，這是因為國內企業信息化普遍起步較晚，由於沒有雄厚的技術人才積澱，又由於成本和發展空間限制，國內大部分企業很難招納、留住技術高手，於是，CIO只能在技術上更多地依賴IT專業廠商。

中外CIO在技術員工上的選擇側重點難道說明「技術高手」不再受到垂青了嗎？當然不是，IT永遠都需要技術和創新人才，但越來越多的CIO發現，技術不能成為他們選拔員工的唯一標準。如今，隨著企業IT部門的職能由單純的技術部門轉型為戰略執行、流程設計，乃至創新部門，CIO更希望選拔到既懂技術又懂管理、業務的複合型人才。

今年，王以斌剛剛調任恒源祥制衣公司副總經理。此前，他是恒源祥集團信息部經理。從IT部門橫跨到業務崗位，他感觸頗深：「在企業，不懂業務就做不好IT。IT部門絕不是一個純粹的技術部門，IT人員首先要非常瞭解企業的業務流程和運作方式，這樣才能為企業提供行之有效的管理系統。」王以斌喜歡用「T」字型闡釋他對IT員工技能的看法——「豎線代表他的技術能力，這是必要的基礎和支撐；橫線則代表他應具備的知識面，即對整個業務要有全面的瞭解。」

許多CIO都非常贊同王以斌的這一觀點。如今，他們都在考慮如何招募、培養既具備項目管理和流程管理能力，又具備一定應用開發能力的下屬。企業對IT員工的素質要求正在悄悄發生著變化。2005年，Gartner的「IT調查」報告顯示，到2010年，將有3/5的IT員工會轉型為具有業務、IT等多元能力的人。UT斯達康IT總監汪擁君認為，企業IT部門人員的結構應呈「金字塔型」分佈——「塔尖」負責的是技術和管理等綜合能力比較強的工作，「塔基」主要從事軟件開發、編程等技術性工作。隨著社會分工日益專業化，CIO完全可以把「流程比較清晰」及「重複度比較高」的「塔基」工作外包給專業IT服務商。這樣能留給「塔尖」人員更廣闊的空間，他們會有更多的機會接觸各種新技術和管理思想，成長為CIO希望的複合型人才。

培養複合型的IT員工，通常人們首先想到的可能是員工的基礎技術能力。實際

技術性人力資源管理：
系統設計及實務操作

上，CIO 在選人時，業務能力和技術能力孰輕孰重並無定論。國外一些調查發現，在招聘中，MBA 學位和信息工程學位相比，有些 CIO 甚至更偏愛前者，這的確出乎一些人預料，但所謂「不拘一格用人才」，懂業務、懂管理的人在綜合素質的發展方面往往比單純技術背景的人更勝一籌。

對 CIO 而言，招募到合適的人、將他們培養成「稱手」人才需要智慧，想留住他們也需要智慧。技術背景的 IT 員工天性喜歡追求最新的技術，他們不願拘泥於重複性工作，再加之如今外界充斥著各種誘惑，他們人心思去在所難免。一位國內大型製造企業的 CIO 曾抱怨道：「企業花錢培養的人沒兩年就被挖走，而不培養，員工素質又得不到提升。」這種狀況在企業 IT 部門並不罕見。高薪不一定能夠留住人。對任何管理者而言，留住人才的最佳途徑就是給他們提供一個空間足夠的發展平臺。如果他們看不到向上發展的空間，自然會選擇離開。

不過，CIO 也應該「小心」綜合素質的發展會讓 IT 員工走到個人職業的另一端——他可能會認為自己應該走出企業，從事管理諮詢方面的工作。現在的 IT 人員往往年紀比較輕，受到的誘惑又比較多，有時很難清醒地看待自己的能力、尋找到適合自己的職業道路。但技術管理不同於別的工作，做了諮詢顧問以後，很難再有時間琢磨技術，慢慢地會造成技術基礎薄弱，這對個人的發展並不一定有利。這可能是留住人才的一種策略。

資料來源：周慧潔．得寵的「中等選手」[J]．IT 經理世界，2006（7）．個別文字有刪節和調整。

案例討論：
1. 你認為大洋彼岸的 CIO 們開始青睞「中等選手」說明了什麼問題？
2. 你認為 IT 行業出現的這種情況在其他行業是否也可能發生？
3. 技術性員工應當如何設計自己的職業發展規劃？
4. 企業應當如何認識員工綜合素質、培訓及流失之間的關係？

第 7 章　績效評價及管理方法選擇

在圖 6-1「基於組織戰略的績效管理系統模型」中，績效評價的作用在於通過對員工實際績效與組織期望績效的比較，發現存在的問題並提出解決問題的辦法，最終為組織的人事管理決策提供依據。在這個過程中，績效評價方法的選擇是非常重要的。如前所述，科學與最優之間並不能畫等號，科學的並不等於就是最優的，當組織在進行工作、績效、薪酬等體系設計時，一定要考慮企業的實際情況，如管理者和員工的理解能力和接受能力。由於企業之間的特殊性，不存在一個適合所有企業的方法或系統。一些科學、前沿和流行的方法、技術，並不一定有普遍的適應性。企業在採用這些方法、技術前一定要考慮自身的實際情況，要注意科學性與適配性的結合，理論與實踐的結合。因此，本文介紹的這些方法，儘管大多都是比較成熟的和經過實踐檢驗的，但在具體運用上，還是要結合組織的實際情況靈活地加以運用。

迄今為止，實踐中產生了很多績效評價的方法和技術，這些方法和技術大致可以分為兩類，一類是技術性的評價方法，一類是建立在戰略需求基礎上的管理工具，如平衡計分卡。本章將主要討論這兩類方法在組織中的應用。

學習本章需要掌握的問題：
1. 組織選擇績效評價方法的依據。
2. 各種評價方法的運用。
3. 關鍵業績指標的使用原則和方法。
4. 平衡計分卡的使用原則和彼此間的因果關係。

專欄 7-1：360 度考核走在質疑與實踐之間

正方：為什麼要採用 360 度考核？

2005 年 10 月，媒體大篇幅報導了神州數碼下屬的金融公司在全力推行 360 度崗位考核體系。這個績效管理變革是由空降過來的原花旗副總裁董其奇發動的。據報導：神碼金融公司成立了以項目總監、事業部總經理為核心的「考核委員會」，專門負責 360 度考核的相關事項。考核委員會最終確定了以金融公司價值觀和核心理念為基礎的 9 項考核內容：領導力、人才培養、關係、客戶意識、交付、創造力、開放性、團隊貢獻、崗位技能。為讓考核能夠更加具體、可衡量，考核委員會又將

每項內容細化分解為3小項。這樣，360度崗位考核的9項27條標準正式形成。

制度剛剛建立的時候，董其奇不準員工有任何的討論空間。在第一次考核中，上級的權重定為70%，同級和下級權重共占20%，其他合作權重占10%。第二次考核對一些參數作了調整：上級權重從70%降至60%，考評細項從27個降至18個。考核是殘酷的。即使你再優秀，如果無法取得團隊中同事的信任，無法融入這個團隊，你就會被淘汰，而神碼金融公司也不需要那種講求個性卻不能融入團隊的員工。在經歷過兩次考核後，神碼金融公司自主軟件和服務的營業額翻了一番。

但360度考核的反對者認為：「這是短期的興奮，結果到底怎麼樣，還要等待。」《中外管理》雜誌走訪了5家企業。這5家企業裡有3家是有上萬員工的大型企業，也有兩家是有200多位員工的新銳高科技企業。這5家不同規模、不同領域的企業都或多或少地在應用360度考核。比如，中關村科技發展公司在績效考核時，通常會從兩個維度評價一個員工，即任務績效和周邊績效。任務績效可以一目了然，上級根據年初崗位目標所定的任務進行檢查就可以了。而周邊績效通常評估的是他對組織事業的發展做出的額外貢獻、對內部外部客戶的團結協作等。而這個周邊績效就必須有一個全方位的反饋。公司有關人士認為，360度考核的確能避免上級主管在考核時的主觀性。它可以提供多種評判角度。

反方：誰對360度考核的結果負責？

中國人民大學公共管理學院組織與人力資源研究所教授吳春波認為：「360度考核是美麗的陷阱，是真實的謊言。」在360度考核中，上下左右都有評價考核他人的權力，而不承擔對考核結果的責任，考核首先是一種人力資源管理的責任，而權力是基於責任的。當這種責任失落以後，剩下的只有權力時，共同擁有的而不承擔責任的權力，是非常可怕的。360度考核的結果，使得沒有人對考核結果承擔最終責任，必然滋生不負責任的考核評價，進而會演變成以攻擊他人來保護自己，這是其致命的問題所在。360度考核實際上使各級管理者逃避人力資源的管理責任，正確地考核評價下屬是各級管理者義不容辭的責任、權利和義務。下屬幹得如何，直接主管最清楚，如果主管都不能對下屬的績效作出準確的評價，是主管的失職。把對自己下屬的評價交給他人來做，是一種偷懶行為。員工的績效目標來自於上級，員工的績效過程和績效行為是在上級的直接指導和監控下進行的，因而員工的績效結果也應該由上級進行考核與評價。這是天經地義的。

360度考核能否比直線考核更客觀公正？吳春波分析：考核主體的多元化，在一定程度上能夠提供更多的考核事實，有助於考核結果的客觀公正。但同時也可能造成負面影響，如：出於部門利益和個人利益的考慮，而利用考核泄私憤、圖報復，並保護自己。當企業沒有優秀的文化牽引下，這種情況是很難避免的。當企業實行末位淘汰或強制的考核比例分佈時，360度考核更會強化這一趨勢。實際上在許多企業，360度也確實成為了製造矛盾的有效工具。為保證考核結果的公正，360度考

核未必是唯一的選擇，通過績效目標溝通、員工績效投訴、上級績效考核監督、績效指標的量化與細化、績效考核結果的內部公開等措施，同樣可以保證績效考核結果的客觀與公正。

在人力資源實踐中，有一個基本的定理：績效可以考核，人是無法考核的，但人是可以評價的。吳春波認為：考核不等於評價，考與評應該適當分開。360度並不適合績效考核，但是可以用作對幹部的任職資格評價，進而作為幹部的升降依據；而績效考核必須自上而下。

正方：誰說「360度」無原則？

1. 公司的文化必須信任、坦誠、開放

像任何需要同事間評估的措施一樣，360度反饋工具實施久了就會走樣。員工會互相說好話，最終大家皆大歡喜，所有人的評分結果都會很好。要不，就走向另外一個極端，有些人為洩私憤，會借機對同事的職業聲譽進行惡意中傷。因此，無論作為受評人還是評估者，許多經理都對參與360度反饋深感憂慮。但這種憂慮似乎在本土最大的信息網絡安全公司聯想網御並不存在，公司總經理任增強認為，能不能進行公正的評價，取決於公司的文化，如果公司的文化是坦誠的、開放的，那麼，就可以用360度考核。

2. 360度考核實踐只在小範圍進行

一家參與調查的國企的做法是：360度考核的對象不是全體員工，而只是針對公司的儲備幹部或是準備提拔的員工；也沒有將360度考核結果與薪酬、獎懲等直接掛鉤，考核結果主要是對員工的晉升產生影響。公司在提拔新的幹部之前，人力資源部都會組織與其上級、部門同事、下級、業務部門同事進行談話。由其上級、部門同事、下級、業務部門同事等分別對其進行全方位的綜合評議，以便深入瞭解其專業技能、為人品質、工作能力及態度等綜合素質。除通過談話進行評估外，還會根據「強迫選擇法」設定一些問卷交考核人填寫，以檢驗並明確其對被考核對象的評價。在中關村科技發展公司，360度考核也主要用於員工及管理人員的晉升。在這種方法的運用中，除了公正、開放、坦誠的考核文化外，操作的技術也很重要。比如，360度考核的指標應該區別於上級對下級的考評。因為有些同級同事所掌握的信息也不全面，對於一些關鍵性指標沒有上一級主管更熟悉。做些不痛不癢的評價，就達不到真正的評估效果。

並不是所有的同級同事或所有的上級、下級都要參與到被考核人的考評中去。聯想網御的360度考核辦法更類似於福特汽車的歐洲公司，接受360度考核的員工可以自己提名評估人。為了防止「作弊」，他的上級必須審核並批准所有的提名人選。福特還要求為每個接受考核的員工安排來自不同層面的評估人：一到兩位上級、三到六位同級及三到八位下屬人員。最後，評估人還可以自己決定是否在問卷上署名。

3. 定性評價比打分更重要

聯想網御的年終考核分為兩大部分：一部分為業績考核，這涉及員工的薪金和晉升。一部分為述職與述能。這部分採用的是360度考核，不採取打分形式，而是被考核人可以邀請自己的上級、下級及相關同事，在現場以座談的方式當面進行評價，指出第二年被考核人的發展和改正方向。也許定性的描述比打分制對員工的評價反而更精準、更切實際一些。有的跨國公司曾經在360度考核時，實行打分制。但結果4分制的評分表中，平均分達到了3.6分，意味著經理們的業績已經是接近完美了。但是從經營業績來看，各個事業部門的實際情況卻並非如此。顯然，績效反饋與實際績效間存在脫節。

結語：爭論，不如繼續實踐

事實上，該不該應用360度考核方法，這種討論從360度考核方法一誕生開始就從來沒有停止過。一個方法或者一個工具不存在好與壞，關鍵是怎麼使用，在什麼條件下使用。任何管理方法和管理工具，都永遠處於誕生和實踐修正中。

資料來源：鄧波. 360度考核走在質疑與實踐之間 [J]. 中外管理（電子版），2006（1）. 個別文字有刪節和調整。

7.1 績效評價的一般技術方法

績效評價的一般基本技術是指那些不具備績效管理性質、且帶有較強主觀色彩的定性評價手段，如比較法、行為法等。[1,2]

7.1.1 比較法

比較法是目前運用比較廣泛的一種績效評價方法，它是指一個員工的績效水準主要是通過與其他員工的績效水準相比較來進行評價的，並通過評價的結果對在同一工作群體中工作的所有人排出一個順序，其特點在於主要是通過比較排序而不是評分排序。比較法主要包括三種形式，即簡單排序法、配對比較法和強制分佈法。

（1）簡單排序法

簡單排序法是指管理人員根據員工績效水準的高低，排出績效最好者到最差者的順序。其使用方法是：第一，確定評價要素，這些要素應能夠比較準確地反應對任職者的主要要求。第二，列出被評價者的姓名。將得分最高的列在第1的位置上，得分最低的列在第10的位置上，得分第二名列在第2的位置上，得分倒數第二的派在第9的位置上，依次類推，最後得到總的排名。在選擇評價要素時要注意，這些要素既可以用一個要素作為綜合性的評價標準，也可以每一張表對某一個要素進行評價，然後將若干張表匯總，得到綜合評價結果。在具體使用上，取決於專業、崗

位重要性程度和組織的要求等，比如，對於後勤等專業性不強的非重要性崗位，一個綜合性要素可能就能夠反應崗位的基本要求。而對於專業性較強、崗位重要性較高的崗位，可能就需要對若干要素進行評價。表 7-1 是一個使用簡單排序法的例子。

表 7-1　　　　　　　　　　簡單排序法的使用
評價要素：

1. _____　　6. _____
2. _____　　7. _____
3. _____　　8. _____
4. _____　　9. _____
5. _____　　10. _____

（2）配對比較法

配對比較法是指評價者將所屬部門每一位員工的績效進行相互比較，如 A 與 B 相比，A 的績效優於 B，則 A 將得 1 分，依此類推，最後進行配對比較的總得分匯總，得到員工的績效評價得分。表 7-2 是一個配對比較法的使用案例。根據比較的結構，在工作態度的得分上，員工 A 得分最高，依次的順序為：員工 D、員工 C 和員工 E 得分相同，員工 B 得分最低。

表 7-2　　　　　　　　　　配對比較法的使用
評價要素：工作態度

| 比較對象 | 被　評　價　員　工 |||||
	員工 A	員工 B	員工 C	員工 D	員工 E
員工 A		-1	-1	1	-1
員工 B	1		1	-1	-1
員工 C	1	-1		1	1
員工 D	1	1	-1		1
員工 E	1	-1	1	1	

（3）強制分佈法

強制分佈法是一種應用比較廣泛的評價方法，在使用強制分佈法時，評價者需要在高等績效、中等績效、低等績效（等級的劃分可以根據組織的特點進行設計）三個評價檔次都分配一定的比例，一般來講，一個組織中的高績效員工和低績效員工都是少數，根據這一規律，在採用強制分佈法時，這兩類員工檔次分配的名額應較少，而在中等檔次的名額較少。比如，可以在應用強制分佈法時作出如下規定：

「部門對員工個人的考評應分出等級,每一等級各占一定比例,其中,一等20%,二等70%,三等10%。凡人數少(不足3人)的部門,一等可以空缺。」

強制分佈法還可以結合部門績效一起使用,如規定績效較差部門的員工只能有較少的人進入優秀或良好的檔次,而績效較好的部門則可以有較多的人進入優秀或良好的檔次。在提倡團隊工作的組織中,這種方法可以起到很好的激勵作用。

以上三種方法既有優點,也有不足。其優點主要表現在以下方面:首先,除了配對比較麻煩外,其他兩種方法總的講都比較簡單,容易為人們理解和掌握,因此使用的成本比較低,花費的時間和精力少,容易設計和使用,只要對評價稍加培訓,就可以掌握。其次,適用性較強,特別是有較為具體的量化指標時,可以提高比較的質量以及公平性,從而有效地減少或消除某些評價者誤差。最後,可以找出績效最好和績效最差的人,強制分佈法的這個優點能夠通過區分高績效員工和低績效員工的業績,強制性破除管理人員礙於情面的思想,使高績效員工得到激勵,低績效員工得到鞭策。因此,當績效管理系統的主要目的是要區分員工績效的話,那麼比較法就是一種有效的方法,特別是在需要做出加薪、晉升等重要的人事決策時,比較法能夠提供決策的依據。

比較法存在的問題主要有三個方面:一是當缺乏具體的量化指標時,在比較時容易出現評價者誤差。因此當企業採用這種方法時,一定要考慮績效指標體系是否具備進行客觀比較的條件。二是管理者在使用這類方法時最容易犯的一個錯誤是在一組被評價者中進行比較,而不是對被評價者的業績進行比較。這時最容易出現評價的主觀性,從而產生不公平現象。儘管有觀點認為這類方法無法體現績效管理的戰略一致性要求,但事實上,這不是方法的問題,而是組織績效管理系統的整體設計問題,如果績效管理系統本身能夠將員工的績效與組織的目標聯繫起來,就能夠在一定程度上解決戰略一致性較差的問題。三是比較法中的交替法比較花時間,特別是當被評價者較多時,要求評價者付出更多的時間和精力。但如果能夠運用計算機技術,就可以解決這一問題。

7.1.2 圖評價尺度法

圖評價尺度法是一種比較常用的定性評價方法。人力資源管理專家們認為,圖評價尺度法是最簡單、運用最普遍的工作績效評價方法之一。[2] 其使用方法是,首先根據崗位描述中的核心能力和技能要求,提出能夠準確反應這些能力和技能的評價要素,這些要素必須是達到較高工作績效所必須具備的特徵,如崗位勝任能力、績效的數量和質量、領導能力、團隊合作精神、競爭力、工作適應性、主動性等;其次,為每種要素制定出具體的評價等級、詳細的評價等級描述和得分標準;最後,根據以上要素要求,對被評價人的績效表現打分,每一個都給予相應的得分。表7-3是圖評價尺度法的使用舉例。

表 7-3　　　　　　　　　　　　圖評價尺度法的使用

下列績效要素對大多數職位來說都是非常重要的，請你使用這些要素對你管理的員工進行評價，每一分數都有相應的詞句或短語加以界定。然後將相應的分數加總，得到評價總分。

被評價者姓名：　　　　　　　　所屬部門：
崗位名稱：　　　　　　　　　　評價時間：

評價要素	優秀	良好	中等	合格	不合格	工作勝任度

（本職工作需要的知識和技能）
工作數量標準
（圓滿或超額完成）
工作質量標準
（優秀或高於規定標準）
人際關係能力
（溝通協調能力）
工作態度
（遵守規章制度情況）
獨立工作
（發現和解決問題水準）

優秀＝5分：高質量完成各項工作指標，你所瞭解的最好的員工。
良好＝4分：滿足所有工作標準，並超過一些標準。
中等＝3分：滿足工作標準。通常界定為「平均」、「達標」等中間水準。
合格＝2分：需要改進，某些方面需要加強。
不合格＝1分：不能接受。

7.1.3　行為法

所謂行為法，是指對員工有效地完成工作所必須具備的行為進行界定的一種績效管理方法。包括關鍵事件法、行為觀察評價法和組織行為修正法等。

（1）關鍵事件法

顧名思義，關鍵事件法就是指通過對員工完成工作所必須具備的關鍵行為的觀察，評價其工作數量和工作質量的方法。其使用程序是，首先收集能夠優質高效完成工作的有關信息，然後對這些信息進行整理，並根據需要測定的行為加以界定，然後要求管理者評價員工在工作中是否顯示出了這種行為。關鍵事件法的優點在於通過強調那些最能夠支持公司戰略目標的關鍵事件而使員工的行為與公司的戰略密切聯繫起來。這種方法能夠明確告訴員工公司對他們的期望、完成工作的基本程序以及應當怎樣做才能達到有效的績效目標。比如有顧客簽字的維修結果報告就能夠

顯示維修人員的技能水準、服務態度和工作效率,而這些都應當是以服務為主的公司的戰略中最重要的組成部分。案例7-1是一個使用關鍵事件法的例子。在這個例子中,維修人員只要具備了應當具備的技能要求,按照相關程序進行工作,就能夠得到一個較為滿意的結果。

案例7-1:某維修公司利用關鍵事件法對維修人員進行績效考評

1. 接到顧客要求維修的電話後,迅速瞭解和準確掌握顧客要求維修的內容,並通過確定是否屬於保修的時間和質量範圍,告訴顧客維修的費用和自己抵達的大致時間。

2. 出發前根據自己的知識和經驗對顧客提出的問題做出大致的診斷(維修人員本身的技能要求),估計維修所需的時間及需要更換的零部件。

3. 出發前檢查著裝和工具箱,是否帶齊了所需工具和配件。

4. 如果需要配件,迅速到庫房領取。

5. 到顧客家裡後,應作一個簡要的自我介紹,如:「您好,我是×××,是××公司的維修人員,我來給您做維修服務。」如果檢查後認定必須將機器運回公司維修,應給顧客一個滿意的解釋,並立即通知公司維修中心做好相關方面的準備。

6. 在顧客家裡維修期間不得違反公司的有關規定。

7. 向公司提交有顧客簽字認可的維修結果報告。

(2) 行為觀察評價法

與其他一些評價方法不同,行為觀察評價法的特點在於,首先,它並不剔除那些不能代表有效績效和無效績效的大量非關鍵行為,而是採用了這些事件中的許多行為來更為具體的界定構成有效績效和無效績效的所有必要的行為。其次,它並不是要評價哪一種行為最好的反應了員工的績效,而是要求管理者對員工在評價期內表現出來的每一種行為的頻率進行評價,最後再將所得的評價結果進行平均之後得出總體的績效評價等級。表7-4是運用行為觀察評價對管理者「克服變革阻力」的評價。研究發現,行為觀察評價法具有以下優點:能夠將高績效者和低績效者區分開來;能夠維持客觀性;便於提供反饋;便於確定培訓需求;容易在管理者和下屬中使用。

表7-4　　　　　　　　　行為觀察評價法的使用

通過指出管理者表現出的「克服改革阻力」行為來評價績效，用下列評定量表在指定區間給出你的評分：

評分標準：5＝總是　4＝經常　3＝有時　2＝偶爾　1＝幾乎從來不
（　）向下屬描述變革的細節
（　）解釋為什麼要進行這種變革
（　）與員工討論可能會給員工帶來的影響
（　）聽取員工的意見和建議
（　）在使變革成功的過程中請求員工的幫助
（　）如有必要，會就員工關心的問題確定一個具體的日期進行變革之後的跟蹤會談

資料來源：雷蒙德·諾依，等. 人力資源管理：贏得競爭優勢［M］. 3版. 劉昕，譯. 北京：中國人民大學出版社，2001：359.

（3）組織行為修正法

組織行為修正法是指通過一套正式的行為反饋和強化系統來管理員工行為的方法。這種方法的基本思路是，員工的未來行為是建立在過去行為基礎上的，而這種過去的行為是經過正面強化和培訓得到的。因此，可以通過總結和歸納，提煉出一套符合工作流程要求標準的關鍵行為，然後要求員工按照一定的順序依次地表現出這些行為。該方法的使用包括四個要素：第一，找出並界定一套對於標準的工作績效來說是必需的關鍵行為；第二，設計一套行為系統來指導和評價員工是否正確地表現出了這些行為；第三，管理者將這些行為以及相應的績效標準告訴員工，並為其制定具體的目標；第四是向員工提供反饋和培訓強化，以便能夠熟練掌握相關技能。從這些內容中可以看出，組織行為修正法有點類似於關鍵事件法，二者都強調完成工作績效所必需的關鍵行為，而這些行為與組織的戰略是密切相關的。表7-5是一個運用組織行為修正法對酒店房間清潔工的工作行為進行描述和績效認定的例子。

表7-5　　　　　　　　　組織行為修正法的使用

1. 由專家、管理者和清潔人員共同列出對提高房間清潔效率的一系列有效行為，包括：
（1）床上用品更換及擺放；
（2）地面清潔打掃；
（3）家具設備清潔打掃；
（4）衛生間清潔打掃；
（5）床上和衛生間用品更換數量；
（6）個人結帳時清點房內家具是否有遺失等六大類約60～70個行為。
2. 根據確定的有效行為制定一份項目清單量表，將這些行為按照一定的順序進行排列，並在每一個行為前面留出一個做標記的位置。
3. 房間清潔員按照順序進行清潔工作，每完成一項，就在該行為前面的標記位置做上標記。
4. 通過管理者的檢查和房間客人的投訴情況對清潔員的績效進行評價。

以上介紹的三種方法，其共同特點都是建立在行為導向基礎上的，由於有一套比較固定的程序，因此指導性非常明確，特別適用於比較簡單的非管理崗位和程序化的工作。表 7-5 對酒店房間清潔工的工作程序和行為的描述就是一個典型的例子。此外，由於這些行為都是建立在嚴格的工作分析的基礎之上，並且在行為和結果之間存在清晰的因果關係，也就是說正確地履行這些行為就可以提高組織的績效，因此表現出較強的戰略一致性。第三，由於有比較清晰的程序化工作要求，因此明確性也較強，能夠向員工提供組織對他們績效期望的特定指導和績效反饋。

7.1.4　360 度績效評估方法

360 度績效評估方法是一種全方位信息收集和信息反饋系統，包括上級、同事、下級、顧客對被評價人行為和能力進行評價全過程，有點類似於我們平常所講的民主測評方式。360 度評價方法的評價對象既包括一般員工，也包括各級管理人員，在有的情況下，它甚至更多的專用於對管理人員的評價，也就是說強調需要收集下級對上級的意見，否則就不是完全意義上的全方位評價。總的來講，它既是一種員工開發的有效工具和手段，同時也廣泛用於績效評估。開發意義上的 360 度績效評估是指通過向員工反饋有關其個人績效評估信息，幫助其找到存在的問題以及有關改進績效方法的信息，包括員工目前績效與預期績效之間的差距、差異的原因和制定改善計劃等。它的重點是幫助和指導員工如何提高績效水準。而作為一種績效評價方法，360 度則側重於衡量員工的實際工作成效，為最終的管理決策提供依據。

為了提高 360 度績效評價方法的有效性，在採用這種方法時應注意以下幾個問題：一是標準要統一，即正式的評價標準要具備戰略一致性要求，能夠反應組織對其成員的要求。二是評價的有效性，即評價內容應主要集中在與被評價人崗位職責或工作有關的事件上，如領導和管理能力、工作的數量和質量等，盡可能避免和減少評價誤差。三是要注意不同管理層級評價人的權重分配，因為不同的人，所掌握的信息是不完全的，而人們都是基於自己所看到和聽到的信息進行判斷，這就不可避免會產生準確性問題。因此，有直接工作聯繫（包括垂直聯繫和橫向聯繫）的人的權重應高於那些沒有這些聯繫的人。四是評價結果的保密性，特別是下級對上級的評價意見應絕對保密，最好採用匿名方式。五是評價結果的信息反饋，即要將各方面的意見向被評價者交流和溝通，允許其提出自己的意見。

對於 360 度績效評價方法的使用效果，目前存在不同意見，專欄 7-1 中的情況，集中地反應了當前實施 360 度考核的爭議。總的來看，360 度績效評價方法有其合理性，否則它就不會存在並為很多企業採用，但確也存在不足。這些爭議涉及企業管理的權限、評價的對象和由誰來評價等一系列問題。企業的管理權限是保證人們為實現組織目標而在一起高效率工作並履行各自職責的正規體制，這種權限大

多都是以責任和目標的層級負責制來體現的。比如，在規範的企業中，部門正職往往都是通過競聘，由總經理任命的。因此，部門正職通常也都是對總經理負責，其工作成果也應主要由總經理和與之有密切工作關係的部門和人員做出評價。同樣，部門主管對下屬也承擔主要的考評責任。在不同的管理層級之間，領導與被領導、管理與被管理的關係是非常清楚的，這是企業正常運行的根本保障。在日常工作中，為了保證部門目標能夠及時圓滿完成，部門主管可能會採取一些比較「激烈」的措施或方法，這樣就有可能與下屬發生摩擦；由於觀點和出發點的不同，也可能與有關部門產生爭議。在360度考評方法下，這些摩擦和爭議很難得到所有人的正確理解和評價。如果評價標準有誤，或權重分配不當，就有可能適得其反。

對360度考評方法的使用建議。無論是對於管理者還是員工，基於開發目的的360度績效考評方法能夠充分利用其積極的成分，因而具有很好的效果。這種方法還可以用作對幹部的任職資格評價，進而作為幹部的升降依據。專欄7-1中的一些企業就是這樣做的。比如，這些企業在採用360度評價方法時，規定考核的對象只是針對公司的儲備幹部或是準備提拔的員工，也沒有將360度考核結果與薪酬、獎懲等直接掛鉤，考核結果主要是對員工的晉升產生影響。在提拔新的幹部之前，人力資源部都會組織與其上級、部門同事、下級、業務部門同事進行談話。由其上級、部門同事、下級、業務部門同事等分別對其進行全方位的綜合評議，以便深入瞭解其專業技能、為人品質、工作能力及態度等綜合素質。為提高其有效性，除了通過談話進行評估外，還會根據「強迫選擇法」設定一些問卷交考核人填寫，以檢驗並明確其對被考核對象的評價。如果用360度方法進行績效考評，要注意權重的分配，上級主管的權重應占較大比重，起碼應超過50%，以體現企業管理者的責任和權利。

7.2 綜合績效管理方法

7.2.1 目標管理

目標管理是一種非常有效的績效指導和績效管理方法，也有的把它歸入結果法。目標管理的概念很早就已經出現，並成為很多學者研究的問題，如道格拉斯·麥克雷戈在上個世紀50年代就將其發展成為一種管理哲學。[3] 彼得·德魯克是將目標管理運用到組織管理實踐的傑出代表。2002年6月30日，美國總統喬治·布什授予彼得·德魯克「總統自由勛章」，並對德魯克做了如下的評價：彼得·德魯克是世界管理理論的開拓者，並率先提出私有化、目標管理和分權化的概念。[4] 德魯克本人在其奠基之作《管理的實踐》一書中也做了同樣的表述。他在1985年為該書的自序中這樣寫道：「本書是第一本真正的『管理』著作，也是率先探討『目

標』、定義『關鍵成果領域』、說明如何設定目標，並運用目標來引導企業方向及評估績效的第一本著作。」[4]自序 本書主要按照彼得‧德魯克在 20 世紀 50 年代出版的《管理的實踐》一書所創立的目標管理體系，並結合企業的管理實踐，討論目標管理作為一種績效管理方法的運用。

目標管理的核心要素包括以下幾個方面：

（1）目標規劃的制定

目標管理首先應該是一種戰略管理手段，而不是一種技術評價方法，這決定了目標管理的基礎是組織的整體目標。因此，採用目標管理的組織，首先必須要有一個符合組織發展的明確的經營目標，這也是進行目標層級分解的基本條件。

當明確了組織的總體目標後，組織的每一位管理者都必須自行根據組織目標設定自己的目標，並且要清楚地列出自己所在單位的績效目標。德魯克指出，這些目標不僅包括長期目標和短期目標，還包括有形的經營目標和無形的經營目標。前者如研發、生產、銷售、財務指標，後者如管理者的培養、員工績效改進、工作態度和社會責任等。

（2）設定績效標準

管理者在列出自己及部門目標的同時，還要明確自己所在單位的具體的績效數量和績效質量標準，通過這些標準的確立，詳細說明自己及其單位對於其他業務單位的貢獻以及對組織整體經營目標的貢獻。同時在完成績效的過程中注意信息的反饋，並隨時提出解決的辦法。

（3）績效評價

目標設立後，還需要對自己及單位的績效進行評價和衡量。德魯克認為，管理者不僅要瞭解和掌握自己的目標，還必須有能力針對目標，衡量自己的績效和成果。為了達到這一目的，組織績效評估方式不一定都是嚴謹的量化指標，但必須具備以下特點：清楚，簡單合理，與目標相關，這些目標能夠將員工的注意力和努力引導到正確的方向上，績效能夠很好衡量。在人力資源管理實踐中，績效評價一方面應體現績效管理的戰略性一致性要求，另一方面要採用合適的評價方法，盡量減少和避免管理者的評價誤差，保證使評價主要集中在員工的績效水準上。

（4）組織的資源支持和保障

首先，由於組織的整體目標是目標管理的基礎，而各業務部門由於專業、職能的不同，在具體的目標上表現出不同的特點。在這種情況下，為了保證各單位的目標符合組織的整體目標要求，在目標管理中就需要強調團隊合作和團隊成果。因此，目標管理的有效性取決於各經營單位之間的相互協作和支持。管理者要提出實現工作目標有什麼障礙，組織和上級需要做哪些工作才能對自己提供需要的幫助等。此外，德魯克強調，為了達成組織的整體績效，各級目標責任人必須在所投入的努力和產出的成果之間保持平衡。而要達到這個目的，就必須在讓每個職能和專業領域

發揮自己優勢的同時，還要防止不同的經營單位過於強調自己的重要性而損害組織的整體利益。

其次，在目標設定的過程中，各級管理者的溝通尤為重要。其中特別是向上溝通具有重要的作用。德魯克指出，共同的理解從來不可能通過「向下溝通」而獲得，只能產生於「向上溝通」。因為向上溝通能夠有效地解決管理者未經思考的輕率發言混淆和誤導下屬的情況。要保證這種溝通的有效性，既取決於上級真誠地聽取下級的意見，也取決於是否有制度保障能夠使下級的意見能夠得到反應。

最後，目標管理還需要組織文化的支持。德魯克指出，目標管理告訴了管理者應該做什麼，通過工作的合理安排，管理者能順利完成工作。但是組織精神卻決定了管理者是否有意願完成工作。因此，有利於個人能力的發展空間、肯定和獎勵卓越的表現、基於良好的工作績效的滿足感和和諧的人際關係等，構成目標管理順利實現的重要保障。

（5）評價

目標管理的貢獻在於，它不僅是一種戰略管理的方法，更重要的是它通過將企業的整體目標轉換為企業內各單位和個人目標，使每個管理者和員工都能夠在積極主動參與的情況下為完成組織使命而努力工作的條件和氛圍。其優點有以下方面：首先，由於目標管理是在企業整體目標指導下制定和實施的，因此體現了作為一種績效管理方法的戰略一致性原則。其次，由於企業員工參與了目標的設定和控制過程，而且強調向上溝通，因此有效性、可信度、明確性和可接受性都較高。正因如此，目標管理得到了廣泛的應用，並產生了良好的效果。以美國為例，在對目標管理進行的 70 多項研究中，有 68 項已經都證明它能夠帶來生產率方面的收益。研究證明，當公司的高層管理者對目標管理具有強烈的責任感的時候，它能夠帶來的生產率增長是最大的：當高層的信任感比較強的時候，生產率的平均增長幅度在 56%，當高層的信任程度一般時，生產率的平均增長幅度為 33%，而當高層的信任程度比較低時，生產率的增長幅度只有 6%。[5]

雖然目標管理是一種非常有用的組織績效的管理方法，但要保證其能夠充分發揮作用，還需要注意克服一些消極因素的影響。第一，如果過分強調部門利益和專業分工，就可能導致員工的意願和努力偏離企業的整體目標。特別是在企業整體素質不高和目標體系不健全的情況下，員工會將自己的注意力集中在自己的績效會被評價的方面，而忽略不會被評價的方面。第二，如果企業的目標不明確，或企業缺乏積極的進取精神，目標的設頂就可能不是建立在高績效和高標準上，而是建立在討價還價的基礎上。第三，對可見目標的過度關注，可能會使員工的注意力集中在目標本身，而忽略應具備的實現目標的行為，如完成規定的市場目標，但卻忽視對顧客的服務等。

7.2.2 關鍵業績指標（KPI）

企業關鍵業績指標（Key Process Indicator, KPI）是比較常用的一種績效管理和考評方法。它的基本含義是：首先通過提取企業戰略目標中的關鍵要素，然後將其分解到各業務單位和個人，並在此基礎上提升和評價組織績效的一種系統的績效管理指標體系。

(1) KPI 的地位和作用

KPI 首先是一種系統的績效管理方法，因為一個完備的 KPI 指標體系包括三個層面的內容，即公司 KPI、各業務單位 KPI 和個人 KPI。公司層面的 KPI 是核心，各業務單位和個人的 KPI 指標都是在這一基礎上提煉出來的。如果公司沒有一個明確的經營戰略，或者經營戰略不明確，也就不可能提煉出部門和個人的關鍵業績指標。正如本書一貫強調的一個基本觀點一樣，組織的戰略是建立在與競爭對手相比較的基礎上的，戰略制定完畢後，必須通過分解，使各業務單位和崗位有明確的工作方向和工作目標。當個人、業務經營單位完成目標，組織也就達成了目標，這同時也就意味著獲得了與競爭對手相比較的競爭優勢。從而體現了績效管理對組織戰略和競爭能力的支持。KPI 方法也必須體現這一思想。其次，KPI 也是一種績效評價技術和工具，也就是說，它是衡量和評價個人和各業務經營單位績效完成情況並據此進行管理決策的依據。這就要求指標本身要科學、合理和可操作。關於這一點在 KPI 指標體系的設計原則中做進一步的討論。

(2) KPI 指標體系的設計原則

組織的 KPI 指標體系設計應具備以下原則：

支持組織的戰略目標。戰略性人力資源管理要求人力資源戰略應支持組織的經營目標。因此，作為一種績效管理的方法，KPI 必須體現績效管理的戰略一致性原則，組織不同層級的 KPI 指標必須依據企業的總體目標來制定。如果 KPI 指標與組織戰略要求相分離，就會形成組織工作指導和各業務經營單位和個人工作努力方向上的偏差和分歧。KPI 指標體系必須與組織經營環境和組織戰略保持互動，當組織因環境變化而做出戰略調整時，KPI 指標也應及時修正，以適應環境和戰略的要求。

KPI 的層級指標。KPI 的層級指標是指該指標體系的構成，包括公司級 KPI、部門級 KPI 和員工級 KPI 三個部分。這三個部分指標的獲取順序是：首先，從公司戰略目標中分離出最重要的核心指標，這些指標一定要體現戰略一致性的特點。其次，根據專業分工，將這些指標分解到與之相關的各業務經營單位和職能部門。最後，各部門再將這些指標分解到每個崗位。在分解的過程中，同時制定出部門和個人的年度績效的數量和質量標準。這樣，作為公司關鍵性經營活動績效的反應，KPI 指標就能夠幫助各部門和員工集中精力處理對公司戰略有最大驅動力的方面，並確保不同層級的管理人員努力方向的一致性。

清晰準確的工作數量和工作質量標準。KPI 是關鍵業績指標，不是所有指標。因此，在指標的設計上要注意三個問題：一是指標體系的完整性；二是指標體系的導向性；三是系統性和導向性的協調。指標的完整性是保證組織總體目標實現的保障，它體現的是組織各功能或職能系統的完整性。導向性即關鍵指標則是突出對實現組織目標最核心要素的關注，它關注的是「牽一髮而動全身」的效果。正如「木桶理論」指出的，首先，一只沿口不齊的木桶盛水的多少，並不取決於最長的那塊木板，而是取決於最短的那塊木板。因此，要提高水桶的整體容量，不是去加長最長的那塊木板，而是要依次補齊最短的木板。其次，一只木桶能夠裝多少水，不僅取決於每一塊木板的長度，還取決於木板間的結合是否緊密。如果木板之間有縫隙，甚至縫隙很大，裝滿水也會漏光。如果把組織比喻為一個木桶，那麼那個決定盛水量的短板和木板結合的緊密度，就是兩個關鍵的指標。在系統性和導向性的協調方面，在突出關鍵業績指標的同時，要注意保持與其他指標的協調，而協調的關鍵是通過設置不同的權重來體現。

可行性和可衡量性。可衡量性是反應 KPI 指標體系有效性的重要標誌，要避免績效評價中容易產生的誤差，KPI 應主要以可量化的指標為主，以便為績效管理提供較為客觀和可衡量的基礎。但並不是員工的所有的指標都是可以量化並衡量的，員工的工作既有量化指標，也有非量化指標，如員工的工作態度，完成工作目標的時間進度等就很難量化。而這些態度和行為，對員工高質量的完成本職工作具有重要影響。因此，在制定員工級 KPI 指標時，定性指標的設立也是很重要的。關於定性指標的設立，可以根據 KPI 的思路，引申出關鍵行為指標（Key Performance Index, KBI）的指標體系，即對於那些實現重要目標的行為進行指導和規範。

KBI 的設計應考慮以下幾個方面的因素：一是工作標準，即對需要進行評價的行為內涵進行界定；二是數量或時間標準，即員工某種行為發生的頻率或次數；三是質量或等級標準，即某種行為與組織績效標準要求的差距。以「顧客投訴次數」為例，首先需要提出工作標準，即對「投訴」這一關鍵行為的內涵進行嚴格界定「每月不超過兩次」是該指標的數量或時間標準；「本月只發生一次投訴」或「本月有三次投訴」是質量或等級標準。這一指標及其標準可以用於評價員工的行為是否達標等。為了區分員工不同行為的差異和對工作的影響，KBI 的每項指標也應列出等級標準。例如，當需要對某員工是否「按時、按量、按質」完成工作目標進行評價時，「按量、按質」的問題可以通過具體的量化指標解決，而是否「按時」就只能夠通過 KBI 進行評價。這時，最重要的任務就是對「按時」進行界定，比如，可以將「按時」分為五個等級，其標準分別為：

等級一：「完成本職工作所需的時間遠低於規定時間，而且工作質量與組織預期的要求完全一致。」

等級二：「完全能夠能在規定的時間裡完成本職工作，工作質量與預期結果

一致。」

  等級三：「基本能在規定的時間裡完成本職工作，工作質量尚可。」

  等級四：「經常需要主管的督促才能按時完成工作，工作質量能夠接受。」

  等級五：「一貫拖延工作期限，即便在上級的催促下也不能按時完成工作，且工作質量不能接受。」

  由於「按時」的要求往往會影響「按量」和「按質」，因此，在 KBI 指標中，必須對「按時」提出具體的標準要求。在具體實施上，應在員工的績效管理目標中列出每項工作的時間、數量和質量標準，並告知員工。管理者在績效實施的過程中應實行動態管理，即隨時對員工是否按時、按量、按質完成工作目標進行跟蹤和檢查，一旦發現與績效目標不符的情況，就應立即進行糾正。

  除此之外，KBI 可以廣泛用於各種行為的評價，如為提倡部門協作，可以規定部門之間的不良衝突次數指標，為鼓勵員工之間合作，可設置員工不良衝突次數指標。其他如工作態度、溝通能力等也都可以提出要求和標準。

  （3）KPI 指標體系的建立流程

  為了加深對建立流程各環節的認識，我們以電網公司的調度工程師為例，簡要說明建立 KPI 指標體系所包括的步驟。

  明確公司戰略，提取核心要素。如前所述，KPI 包括公司級、部門級和員工級三個層面的指標，公司級 KPI 是整個 KPI 系統的基礎。因此，建立 KPI 指標體系的第一步是從公司戰略中提取出最核心的要素。然後根據這些要素，收集相關信息，進行工作分析，得到崗位的職務說明書。以電網公司為例，假定「安全運行」是保證電網公司經濟效益和社會效益的重要指標，因此，要保證電網公司的安全運行，「無責任事故」將成為落實公司戰略最關鍵的要素之一。

  根據崗位說明書設立關鍵績效指標。根據電網公司總體目標的要求，對調度工程師崗位進行工作分析，得到其崗位說明書，並列出關鍵的業績指標，如「無責任事故」、「三公調度」、「電網頻率合格率」、「電網電壓合格率」等。

  對各指標進行詳細描述和定義。為了保證 KPI 指標的可衡量性，一定要對提煉出的指標作出準確的界定。比如，如果「無責任事故」、「三公調度」、「電網頻率合格率」、「電網電壓合格率」等指標是電網公司的調度工程師的 KPI 指標，那麼就需要對這些指標進行界定。如「電網頻率合格率」是指電網頻率維持合格的比例，考察這個指標的目的是評價電能的質量，此外，還需要對計算方法、數據的核實以及統計方法作出說明，以便能夠對這一指標進行準確評價。

  根據行業要求和特點確定指標權重。在 KPI 指標體系中，各指標的重要性程度是不同的。因此，在定義各指標的基礎上，需要通過對指標權重的設計體現各指標的相對重要性。比如，對電網公司的調度工程師來講，「無責任事故」和「科學合理的調度」的權重就應大於其他指標。

績效衡量標準的設定。主要指各關鍵績效指標應達到組織所期望的水準。設立 KPI 指標的績效標準是體現可行性和接受性的重要條件，比如，對「無責任事故」之一指標來講，其評價標準就應是根據電網穩定安全運行的要求和電網公司的相關規定，對其是否有中斷電網安全運行的情況，包括次數、人員和設備等具體損失進行評價。同樣，對「電網頻率合格率」、「電網電壓合格率」等關鍵指標也應提出具體的合格標準，比如：「頻率合格率應在××%以上，頻率事故為零」，「電壓合格率在××%以上，電壓事故為零」等。

採用 KPI 方法的績效管理系統設計。在完成以上步驟後，下一步工作就是將這些要素整合為具體的、可操作的績效管理系統，主要包括「基於組織戰略的績效管理系統模型」中的績效計劃、績效實施、績效評價和績效信息反饋四個環節。

在績效計劃環節，主要工作包括工作指標的制定、完成指標的數量、質量等相關標準、各項指標的完成期限、各項指標的績效標準、評估者和割線指標的權重等。制定績效計劃的要點包括三個方面：一是要符合有效的績效管理系統的 5 個基本要求；二是取得高效率和高品質績效結果後面的業務流程分析和工作規範要求；三是建立在嚴格崗位職責基礎上的人、崗匹配制度，包括利用招聘、選拔、培訓等相關職能幫助達到這一目標。

在績效實施環節，首先應根據組織環境、戰略的變化檢查 KPI 和 KBI 指標的合理性和是否滯後，並根據實際情況對公司/部門的績效系統進行調整。其次，領導者和管理者應持續對員工的績效效果進行瞭解和溝通。一旦發現問題，就應立即提出改進措施。最後是在這一過程始終要做好相應的員工的培訓和開發計劃。

在績效評價環節，一是選擇績效衡量方法，特別是要注意科學性與適配性的結合；二是要準確評價員工實際績效與組織目標績效之間的差距及原因，以便為管理決策提供依據。

在績效反饋環節，一是應綜合分析員工的知識、能力、技能與績效效果之間的關係，並向員工進行正確的績效信息反饋；二是在交流的基礎上，提出整改措施，為第二年的績效計劃奠定基礎。

（4）對目標管理和 KPI 的評價

目標管理法和 KPI 方法有很多相似之處，其中特別是對於影響組織績效的關鍵要素問題上，二者之間的思路基本上是相同的。比如，彼得·德魯克提出，任何企業都有 8 個關鍵領域，即市場地位、創新、生產力、實物和財力資源、獲利能力、管理者績效和培養管理者、員工績效和工作態度、社會責任。[4]53

7.3 平衡計分卡（The Balanced Score Card，BSC）

平衡計分卡是由哈佛商學院的羅伯特·S. 卡普蘭（Robert Kaplan）教授和諾蘭諾頓研究所（Nolan Norton Institute）的 CEO 戴維·P. 諾頓和他們領導的課題研究小組，在 1990 年對在績效測評方面處於領先地位的 12 家公司的研究後得出的一種全新的組織績效管理方法。1990 年 12 月，他們將課題研究中的平衡衡量系統的可行性和實施效益整理成為研究報告，並於 1992 年以《平衡計分卡——驅動業績的指標》為題發表於 1992 年 1~2 月號的《哈佛商業評論》。接著在 1993 年、1996 年又先後在《哈佛商業評論》上發表了《平衡計分卡的實踐》和《平衡計分卡在戰略管理系統中的作用》兩篇論文。1996 年，《平衡計分卡——化戰略為行動》一書問世，標誌著平衡計分卡理論的基本成熟。之後，《戰略中心型組織》、《戰略地圖：化無形資產為有形成果》、《組織協同：運用平衡計分卡創造企業合力》、《平衡計分卡的戰略實踐》等四本書先後出版。至此，平衡計分卡理論體系在全面性、系統性等方面都達到了空前未有的高度。

平衡計分卡不僅是一個績效管理系統，同時也是一種戰略管理系統和管理工具。正如作者自己指出的：「平衡計分卡是一個整合的源於戰略指標的新框架。它在保留以往財務指標的同時，引進了未來財務業績的驅動因素，這些因素包括客戶、內部業務流程、學習與成長等層面，它們以明確和嚴謹的手法解釋戰略組織，而形成特定的目標和指標」[6]13平衡記分法的意義在於，它打破了傳統的只注重財務指標的業績管理方法，因為傳統的財務會計模式只能衡量過去發生的事情。因此，要全面反應企業的進步，在繼續關注財務指標的同時，必須同時關注企業無形資產等非財務指標對企業價值的貢獻，將財務指標與公司戰略、市場、客戶、發展等要素結合起來考慮。正如美國證券交易委員會前專員史蒂夫·沃爾曼所講的：隨著形式的發展，財務報表對一家公司的真正價值的測評日趨片面。於是，我們開始降低對它的重視度，轉而尋求其他方法，來測評無形指標，如研究與開發、顧客滿意度、員工滿意度等。[7]

7.3.1 戰略中心型組織

正如本書第 1 章指出的那樣，組織戰略是在環境分析基礎上制定的，當戰略制定後，需要按照戰略的要求考慮採用不同的組織形式，以便將戰略進行分解並落實到相關的責任主體，為績效考評和完成績效目標提供依據。管理者要對企業發展不同階段、企業產品的特點以及客戶需求的不同隨時調整自身的組織形態，審視現有組織結構是否能夠支持和保證組織戰略的實現。

平衡計分卡作為一種戰略管理手段，也必須依賴特定的組織形態才能充分發揮其作用，這就是所謂的戰略中心型組織。卡普蘭和諾頓在《戰略中心型組織》中，提出了保證戰略中心性組織的概念，並將其視為執行戰略的重要保障。他們通過對那些成功運用平衡計分卡公司的研究，發現並總結了一個實現戰略聚焦和協同的通用模式，即戰略中心型組織的五項原則，這五項基本原則就是：①把戰略轉化成可操作性的行動，②高層領導帶動變革，③使組織圍繞戰略協同化，④讓戰略成為可持續的循環系統，⑤把戰略落實到員工的日常工作中。[8]7其中最重要的內容就是將戰略轉化為可操作的行動。

（1）將戰略轉變為可操作的行動

將戰略轉變為可操作的行動主要包括兩個方面的內容，一是確立戰略主題，二是繪製戰略地圖。

確立戰略主題。卡普蘭和諾頓指出，平衡計分卡設計流程是以戰略假設作為前提的。戰略暗示了一個組織從其現在位置向一個期望但是不確定的未來位置轉變的過程。由於組織從未達到過這個未來位置，所以它準備走的路徑包含了一系列相互關聯的假設。計分卡將這些戰略性假設描述為一系列清晰的可檢驗的因果關係。這些假設還要求組織能夠甄別達成預期成果（滯後指標）所需的驅動性營運活動（領先指標）。[8]60由於戰略通常都是比較宏觀的描述，為了便於理解和「聚焦」，戰略通常又會按照市場、客戶關係、相關群體利益、內部營運管理、成本等被劃分為若干個比較具體或比較明顯的主題和方向，以反應那些要達成組織戰略目標而必須要做到的工作。這樣，就可以幫助組織處理長期與短期以及增長與利潤之間的優先順序。因此，戰略主題與企業內部流程關係密切，一般不反應財務成果。

繪製戰略地圖。為了便於平衡計分卡的實施，他們根據所指導的公司的經驗，開發出了一個描述和實施戰略的通用框架，他們把它稱之為「戰略地圖」。卡普蘭和諾頓指出，戰略地圖為平衡計分卡的開發提供了堅實的基礎，而平衡計分卡則是新的「戰略管理系統」的基石。[8]8

平衡計分卡共包含財務、客戶、流程和成長四個層面的戰略地圖。財務層面的戰略地圖要平衡的是「增長戰略和生產力戰略」，即新業務和老業務之間的關係。用我們中國人的話來講，就是要解決和平衡「開源」和「節流」之間的關係。比如，對銀行業來講，就是要平衡傳統的借貸業務和理財以及其他中間業務等新增業務之間的關係；對汽車「4S」店來講，就是要平衡銷量等傳統指標與汽車美容、裝飾、加裝、改裝、按揭以及汽車金融服務等新增業務之間的關係；對大學來講，就是要平衡教學和科研之間的關係，等等。卡普蘭和諾頓指出，不管公司採用的是什麼財務指標，一般都會採用兩個基本點戰略來驅動財務績效：增長戰略和生產力戰略。增長戰略主要指開發新的收入和利潤來源，它包括：開發新產品和市場（長期戰略），增加客戶價值（中期戰略）。生產力戰略則主要強調為支持現有客戶而提高

經營活動的效率,主要聚集於降低成本和提高資產利用率。[8]67

客戶層面的戰略地圖主要解決組織的價值定位。所謂價值定位,就是確定公司的目標客戶,也就是確定公司的利潤來源,它「描述了供應商提供給客戶的產品、價格、服務、關係和形象的獨特組合」。[8]69價值定位概念的提出,進一步厘清了什麼才是企業利潤中心的誤區。長期以來,不少企業把其研發、銷售、服務等部門視為自身的利潤中心,這顯然是有問題的。他們沒有認識到這樣一個顯而易見的道理:企業無論是購買土地、修建廠房、購買設備所花費的固定資產的投資,還是招聘員工,進行培訓,支付薪酬等人力資本的投資,在財務報表上都是支出,是負數。只有生產出來的產品或服務能夠為消費者所接受併購買,這種投資才能夠轉變為收入。因此,組織的價值定位首先應該明確自身的戰略重點,根據自身產品和服務的特點和特定群體的消費者,在產品領先、客戶至上和優異營運這三種基本形式中進行選擇,以滿足特定用戶群的需求。由於組織的優勢受到資源等條件的限制,因此,在以上三種形式中,通常只能夠集中精力在某一個方面取得優勢地位,在其他兩個方面只需達到平均水準即可,不可能面面俱到。因為「成功的公司都是在某一個方面做得特別突出,在另外兩個方面達到平均水準」。[8]69

流程層面的戰略地圖是要在財務和價值定位的基礎上,具體地描繪出如何實現目標的路徑。卡普蘭和諾頓把組織價值鏈分為四個流程,即創新流程、客戶管理流程、供應鏈流程、制度和環境流程。不同的戰略和不同的流程相對應。比如,創新流程一般和產品領先戰略相對應,通過建立高績效工作系統,在第一時間對市場和消費者需求做出反應,設計、開發並向市場推出功能最先進的新產品。客戶管理流程一般和客戶至上戰略相對應,該流程的重點是客戶關係管理和解決方案開發等。營運流程則和優異營運戰略相對應,強調成本、質量、營運週期、優秀的供應商關係、供應和配送的速度和效率等。以上流程儘管都很重要,但組織還是應當有針對性,即集中精力在對客戶價值定位影響最大的流程上做得最好。

學習與成長是所有戰略的基礎,它定義了組織需要什麼樣的無形資產,以使組織的活動和客戶關係保持較高的水準,包括員工為支撐戰略所必需的技能和知識等戰略性的能力;為支持戰略實施所必須具備的信息系統、數據庫、工具和網絡等戰略性的技術以及工作氛圍;為激勵、授權和協同員工所需要的文化轉變等。組織可以根據業務流程和客戶差異化需求,設定人力資源、信息技術和企業氛圍等目標。

把以上四個方面的戰略地圖匯總,勾畫出其內在的邏輯關係,便得到總的戰略地圖。

(2)使組織圍繞戰略協同化

當戰略確定後,組織必須要審視其組織結構是否能夠保障戰略的有效實施。傳統的職能制組織架構,強調得更多的是分工而不是協作。雖然分工帶來了專業化和部門工作的效率,但同時由於利益的衝突,不可避免地會產生部門之間的矛盾。因

此,如何在保持現有組織結構條件下,落實並實施組織戰略,就成為組織要解決的首要問題。使組織圍繞戰略協同的根本目的就是要突破傳統職能制組織結構在溝通和協調上的困境。在戰略中心型組織的概念下,管理層可以在不改變原來的組織結構的前提下,通過改變原來正式報告等官僚制組織結構的特點,根據戰略主題和優先秩序在組織的各個分散的單元之間傳達一致的信息。業務單元和共享服務部門通過共同的戰略主題和目標,與公司戰略緊密關聯起來。[8]8 協同化最直接和最具體的表現就是讓組織內部各業務單元共享通用的某個業務流程,通過整合分散的行動和獨立的業務單元而創造協同優勢,以提高效率和競爭力。如將原來分散在各業務單元的採購的職能在組織層面上進行整合,這樣可以建立與供應商的特殊關係並享受採購的成本優勢;還可以將技術、知識以及其各個業務單元均存在的某些業務作為共享平臺。

這種協同化的另外一種表現形式就是我們通常所說的「交鑰匙」工程。比如在家裝行業,一些規模較大的公司通過建立自己的展廳,陳列著各裝飾材料商的各類產品。材料供應商給家裝公司的價格低於零售價格。顧客可以在展廳挑選自己中意的裝飾材料,但顧客的價格基本上都是零售價格。這之間的差價就是家裝公司將各業務單元的採購集中到組織層面,通過集中採購的共享獲得的。家裝公司的項目經理也承擔著組織協同化的重要責任。而且他(她)協同的不僅包括組織內部各業務單元業務的先後順序,還包括組織外部的各個供應商,如門窗、地板的安裝和質量控制等。對大型組織來講,這種共享一方面可以帶來成本優勢和建立與供應商的特殊關係;另一方面也會造成一定程度的業務單元的效率損失。但總體講,這種效率損失可以通過規模優勢得到彌補,而且可以通過管理流程的集中,減少或避免各種傷害組織利益的行為發生。

(3)讓戰略成為每一個人的日常工作

該項原則的核心內容就是人力資源管理職能的匹配和支持。組織的戰略通常是一個比較籠統、宏觀、定性的表述,要讓全體組織成員貫徹執行,必須依賴人力資源管理職能的配合和支持。戰略中心型組織可以通過溝通和教育、開發個人和團隊目標、激勵機制3個流程把員工和戰略協同起來。首先,需要對員工進行宣傳、溝通和培訓,在此基礎上建立起平衡計分卡實施的人力資源基礎。因為員工只有瞭解並理解戰略,才能有效地貫徹和執行戰略。溝通的內容包括對戰略的理解,建立對組織戰略的一致認同和支持,引導組織成員善於運用平衡計分卡的衡量和管理系統來實施戰略,以及通過平衡計分卡來提供戰略的反饋等。其次,需要將戰略逐步細分並量化到每一個崗位,即把籠統、宏觀、定性的戰略描述轉變為具體、微觀和定量的可以操作的標準。要實現這種轉變,就需要建立完善績效管理系統,包括事前的崗位職責的制定、職責的量化和細分,事中的績效監控和糾偏,事後的績效評價和信息反饋等,以保證戰略的順利實施。最後,建立和完善激勵機制,通過正確的

績效導向，引導組織成員認真完成平衡計分卡所展示的團隊目標和個人工作計劃。

(4) 使戰略成為持續的流程

該項原則的核心是為平衡計分卡的實施提供財務支持和其他後勤保障。組織任何一項戰略目標的實施都是需要資金支持的，平衡計分卡作為戰略實施的方法和手段，同樣需要財務資源的支持。卡普蘭和諾頓指出，企業要成為戰略中心型組織，非常重要的一項工作就是把平衡計分卡與規劃預算流程結合起來。戰略中心型組織強調管理戰略而不是管理經營。通過建立戰略中心型管理體系，採用整合預算管理和經營管理並與戰略管理結合的雙循環流程，在資源保障和學習的基礎上，通過平衡計分卡對戰略的實施進行監控和糾正。[8]221-223 在這一環節，還必須建立諸如戰略回顧會議制度之類的監控和報告系統，其目的在於發現、收集、處理在戰略實施過程中所遇到的各種問題。

(5) 高層領導推動變革

高層領導的推動是平衡計分卡能否成功實施的關鍵。不論是資源的配置支持，還是部門之間的協同，以及制定願景、戰略、重塑管理流程等，都不是對原有組織系統的修修補補，而是在原來基礎上建立全新的戰略管理系統。特別是要在組織結構沒有大的變動的情況下，要達成這一目標，沒有領導層的認可和強力推動，是不可能取得理想效果的。平衡計分卡絕不是一個績效考核項目或績效考核的技術評價手段，而是一個牽涉到組織上下一致整體行動的變革項目。正如卡普蘭和諾頓指出的，平衡計分卡不是一個「指標」項目，而是變革項目。[8]221-223 既然是變革，就需要有效的領導。很多中國企業實施平衡計分卡的效果不理想，有諸多原因，其中高層領導重視不夠，推動不力，是一個重要的因素。

7.3.2 平衡計分卡的內容

平衡計分卡強調將公司的戰略與績效管理結合起來，其目標通常按 4 個角度來設定：財務、客戶、內部業務流程和學習與成長。每個戰略目標都有一個或多個量化的指標。這些目標逐級向下分解，一直落實到每個員工。管理人員和員工可以對目標進行定期回顧，然後根據不斷變化的商業環境對戰略、目標、目標值或行動方案加以調整。[6]39-104

(1) 財務指標

儘管財務指標是一個滯後指標，但同時也是最重要的一個指標。因為對於企業來講，它是衡量其投入產出關係的客觀和科學的評價標準。正因如此，卡普蘭和諾頓把財務目標視為平衡計分卡其他層面的目標和指標的核心。這些財務目標可以根據企業生命週期的不同階段，劃分為收入增長、生產率提高、成本下降、資產利用、風險管理等。平衡計分卡其餘層面的所有目標和指標都應與財務層面的一個或多個目標相聯繫，這樣就能夠明確顯示企業的長遠目標是為股東創造財富。當財務指標

能夠代表企業的戰略方向，並以此引申出一系列有因果關係的指標體系，平衡計分卡就能夠幫助企業達成最終目標。

（2）客戶指標

要實現企業的財務指標，首先必須讓渡自己產品和服務的價值，即通過市場買賣行為實現價值的轉移。卡普蘭和諾頓發現，企業一般有兩套客戶層面的指標，一套是所有企業都希望使用的「核心衡量指標」，包括市場份額、客戶留住率、客戶獲得率、顧客滿意度、顧客獲利水準等；另一套是客戶價值主張，即怎樣才能夠獲得企業希望的「核心衡量指標」，它代表了客戶成果的業績驅動因素。

在圖7-1中，五個核心指標之間存在因果關係，其中，客戶滿意度是最基礎的指標。客戶滿意度一方面可以帶來客戶保持率，另一方面也可以帶來客戶獲得率。前者指老客戶的維護，後者指新客戶的開拓。但客戶滿意度、客戶保持率、客戶獲得率等指標並不能反應企業的盈利能力，還必須要能夠從與客戶的業務中獲取利潤，即客戶獲利率指標。

卡普蘭和諾頓認為，在客戶滿意度指標上，有三個驅動因素是非常重要的，即時間、質量、價格。以時間為基礎的客戶指標反應了為滿足目標客戶的需要而達到和持續縮短交付週期的重要性。時間指標又可細分為交付週期的可靠性和送貨時間的可靠性。此外，按時向客戶提供新的產品和服務也是導致客戶滿意度的一個重要因素。質量指標主要包括次品率、退貨率、索賠保障、現場和後續服務等。特別是在服務業中，服務保證是改進服務和留住客戶進而提高服務品質的重要指標。在價格指標上，卡普蘭和諾頓指出，價格最低可能並不是客戶最好的選擇，採購和使用產品或服務成本最低才是最好的選擇。因為價格最低的供貨商可能是成本最高的，而這些成本最終是會轉嫁給客戶的。而低成本的供應商不僅能夠提供零缺點的產品，而且能夠保證交貨週期和交貨時間。因此在考慮價格問題時，必須綜合各種因素，而不能單單考慮價格。

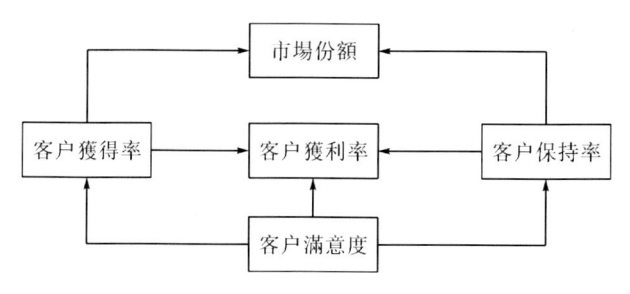

圖7-1 客戶層面的核心指標

表7-6 客戶層面的核心指標解釋

市場份額	反應一個業務單位在既有市場中所占的業務比率（客戶數、消費金額或銷售量）
客戶獲得率	衡量一個業務單位吸引或贏得新客戶或新業務的比率，可以是絕對數或相對數
客戶保持率	記錄一個業務單位與既有客戶保持或維繫關係的比率，可以是絕對數或相對數
客戶滿意度	根據價值主張中的特定業績準則，評估客戶的滿意程度
客戶獲利率	衡量一個客戶或一個細分市場扣除支持客戶所需的特殊費用後的淨利潤

資料來源：羅伯特 S 卡普蘭，戴維 P 諾頓．平衡計分卡——化戰略為行動 [M]．劉俊勇，孫薇，譯．廣州：廣東省出版集團，廣東經濟出版社，2004：55．

第二套指標是客戶價值主張，它代表企業通過產品和服務提供的特徵，目的在於創造目標細分市場的客戶忠誠度和滿意度。

客戶價值主要包括產品和服務特性、客戶關係、形象和聲譽三個部分。產品和服務特徵主要指產品的功能、價格和質量。不同類型的客戶對產品的功能、價格和質量有不同的要求。比如，有的客戶希望得到質優價廉的產品，有的則希望付出較高的價格得到具有差異化的產品或服務。它表明了企業針對不同細分市場採取的不同策略。客戶關係包括產品或服務的交貨、反應時間、交付週期、客戶購買產品時的感覺、長期服務承諾等。良好的客戶關係不僅取決於物的因素，如具體的產品或服務，而且還取決於人的因素，即企業的員工能夠認識到客戶的需求並有能力滿足這些需求的能力。形象和聲譽是企業的無形資產，卡普蘭和諾頓認為，形象和聲譽不僅是企業吸引客戶的重要的無形因素，而且它還有助於企業在客戶心目中建立先入為主的印象，從而達到與客戶建立長期關係的目的。

(3) 內部流程指標

卡普蘭和諾頓指出，內部流程的目標和指標源自滿足股東和目標客戶期望的明晰的戰略。也就是說，內部流程指標是建立在財務指標和客戶指標的基礎上的，它反應了平衡計分卡各個組成部分之間的因果關係。

根據卡普蘭和諾頓的研究，儘管每個企業都有自己獨特的創造客戶價值和產生財務結果的流程，但從這些流程中可以歸納出一個共同的內部價值鏈模式，這個模式包含了三個主要的業務流程，即創新、經營和售後服務。（見圖7-2）

確認客戶需求 → 創新流程（確認市場 開發產品和服務）→ 經營流程（生產產品和服務 提供產品和服務）→ 售後服務流程（服務客戶）→ 滿足客戶需求

圖7-2 內部業務流程——通用價值鏈模式

資料來源：羅伯特 S 卡普蘭，戴維 P 諾頓．平衡計分卡——化戰略為行動 [M]．劉俊勇，孫薇，譯．廣州：廣東省出版集團，廣東經濟出版社，2004：76．

在圖7-2中，企業通用價值鏈模式的兩端分別是確認客戶需求和滿足客戶需求，價值鏈的起點和終點都是從客戶出發，它不僅代表了企業作為經濟組織對獲取經濟利益的關注，同時也表達了企業作為社會組織對與其有密切聯繫的相關利益群體利益的關注。在創新流程，最重要的工作是獲得關於市場規模和客戶偏好的信息，只有準確的辨認出客戶的真正需求，才有可能開發出客戶需要的產品和服務。由於企業在這一流程中的投資越來越大，因此有必要找出能夠對其進行評估的指標，如新產品開發的週期、開發成本（經營利潤與開發成本的比率）、新產品在銷售額中所占的比例、首次設計合格率等。在經營流程，其指標的確定相對於創新流程來講比較容易，其中最重要的衡量指標有時間（如交貨時間和交貨週期等）、質量（如合格率、次品率、返工率、退貨率等）和成本（採用作業成本系統進行衡量）三項。在售後服務流程，主要任務是為售出的產品和服務提供付款、維修、退貨、更換等。在這一環節，可以通過對時間、質量和成本的監督來衡量售後服務是否達成了目標。如通過對客戶提出要求到解決問題的時間可以衡量企業對客戶投訴的反應速度，產品的返修次數可以衡量售後服務的質量，而通過對使用資源的成本的考察可以衡量售後服務的效率。

（4）學習成長指標

卡普蘭和諾頓指出，平衡計分卡強調對未來投資的重要性，因此，企業不僅要重視對設備、研發等物質資本的投資，還要重視對員工能力的人力資本投資。根據卡普蘭和諾頓在各種不同的服務企業和製造企業建立平衡計分卡的經驗，學習與成長層面大致包括三個方面的內容，即員工能力、信息系統能力、激勵、授權和協作。

達成學習與成長指標的第一個促成因子是員工能力。對於員工來講，最重要的是具備能夠將客戶的需求與企業的產品或服務結合起來的能力。卡普蘭和諾頓指出，員工角色的轉變是過去15年來企業管理思想最劇烈的變革之一。這種轉變要求員工必須適應由於環境變化而帶來的企業流程的轉變以及自我角色及完成工作方式的轉變。要達成這一目標，一方面員工必須瞭解企業產品和服務的特點，並具備主動出擊的職業精神和服務意識；另一方面，企業必須對員工進行培訓，以使他們能夠掌握正確服務客戶的能力和要求，並具備客戶和內部業務流程目標要求應具備的能力。卡普蘭和諾頓提出，可以從兩個方面掌控員工技術再造的需求，一是需要技術再造的程度，二是需要技術再造的員工比例。當技術再造的程度較低時，正常的培訓和教育就可以維持員工的勝任能力。如果內部業務流程需要升級，那麼員工的技術也必須進行大規模的再造。衡量這種能力可以採用戰略工作勝任率指標，即通過對符合企業特定戰略工作要求條件的員工人數與企業希望的人數之間的比例的比較，來觀察員工能力與企業戰略之間的匹配度。

卡普蘭和諾頓認為，有三組衡量員工能力的核心指標，即員工滿意度、員工保

持率、員工生產率。其中，員工滿意度是最重要的。衡量員工滿意度可以通過滿意度調查來獲得，調查內容通常包括員工參與決策的程度、是否有對優良工作業績的認定、是否能夠獲得勝任工作所必需的信息、上級主管的支持等。員工保持率通常採用關鍵員工流失率來衡量。而員工生產率則通常採用人均收入和人均增加值等指標來衡量。

在信息系統能力方面，員工尤其是一線員工瞭解和掌握企業內部流程以及客戶與企業關係等有關信息，及時提出滿足客戶需求的方法，對實現企業目標具有極其重要的作用，而要達成這一目標，必須有一個良好的信息系統的支撐才能實現。企業應盡可能地讓其員工瞭解和掌握這些信息，並通過對目前可用信息和企業預期需求之間的比例來衡量信息系統的支持作用。

達成學習與成長指標的第三個促成因子是激勵、授權和協作的程度。通過激勵員工的工作積極性和主動性，能夠達到員工能力提升和信息充分利用的目的。首先，通過衡量員工提出建議和被採納次數，可以衡量員工的參與程度和被重視程度。其次，通過採納員工建議不僅可以降低成本，還可以達成對質量、時間和業績的改進。最後，通過平衡計分卡，將企業的戰略層層分解，可以使企業的目標落實到員工的工作職責上，最終達成個人工作目標和企業目標的一致性。

7.3.3 平衡計分卡諸因素之間的因果關係

平衡計分卡諸因素之間存在著密切的因果關係。卡普蘭和諾頓指出，這種因果關係鏈涵蓋平衡計分卡的四個層面[6]23（見圖7-3）。比如，如果資本報酬率是平衡計分卡的財務指標，那麼客戶的重複購買和銷售量的增加可能就是提高資本報酬率的重要因素。要實現客戶的重複購買和銷售量的增加，就必須獲得客戶的高度忠誠。而客戶忠誠則在很大程度上取決於按時交貨率。因此，只要能夠按時交貨，就會帶來客戶忠誠度，進而提高財務業績。這樣，按時交貨和客戶忠誠度就成為平衡計分卡客戶層面的重要指標。而要做到按時甚至提前交貨，就要求企業能夠縮短生產經營週期並提高內部流程質量。因此，這兩個因素成為平衡計分卡的內部流程指標。但企業又如何能夠做到在縮短生產經營週期的同時又要保證和提高內部流程質量呢？為了達到這個目標，就需要對員工進行培訓並提高他們的技術水準，因此員工技術成為學習與成長層面的指標。

績效評價及管理方法選擇

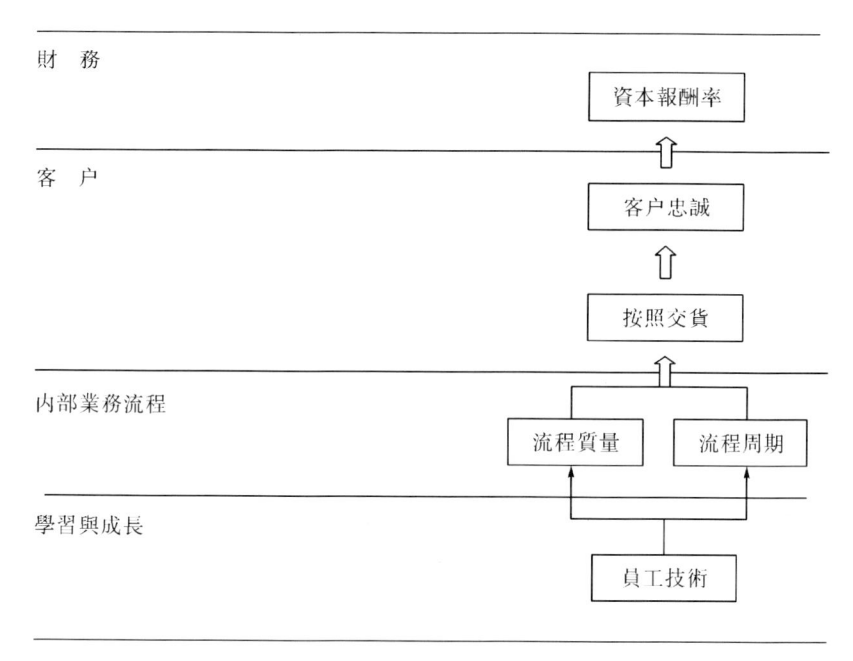

圖 7-3 平衡計分卡的因果關係

資料來源：羅伯特 S 卡普蘭，戴維 P 諾頓. 平衡計分卡——化戰略為行動 [M]. 劉俊勇，孫薇，譯. 廣州：廣東省出版集團，廣東經濟出版社，2004：24.

7.3.4 平衡計分卡的使用和評價

在美國，BSC 無論是在企業還是政府都得到了較為廣泛的使用。據統計，到 1997 年，美國財富 500 強企業已有 60% 左右實施了績效管理，而在銀行、保險公司等所謂財務服務行業，這一比例則更高。在政府方面，1993 年美國政府就通過了《政府績效與結果法案》（The Government Performance and Result Act）。目前美國聯邦政府的幾乎所有部門、各兵種及大部分州政府都已建立和實施了績效管理，並已轉入在城市及縣一級的政府推行績效管理。[9]

平衡計分卡雖然帶給很多企業新的活力，但並不是所有的公司都適合採用這種方法。在 1993 年發表的《平衡記分法的實際運用》一文中，卡普蘭和諾頓就指出，平衡計分卡不是一塊適用於所有企業或整個行業的模板。不同的市場地位，產品戰略和競爭環境，要求有不同的平衡記分法。每個公司都應根據自己的特點來設計一套能夠與自己公司的使命、戰略和文化相匹配的平衡記分法。[10] 按照卡普蘭和諾頓的觀點，實施平衡計分卡最理想的單位，其經營活動應該涉及整個價值鏈，包括創新、經營、營銷、分銷、服務等。這些單位擁有自己的產品和客戶、營銷渠道、生

/ 217 //

產設施。更重要的是，它擁有一個完整的戰略。對於那些多元化經營的公司，平衡計分卡更應該根據各自的特點分別建立。這也就是卡普蘭和諾頓講的：「平衡計分卡主要是戰略實施的機制，而不是戰略制定的機制。」[6]29

在專欄7-2中，中外運—敦豪國際航空快件有限公司（DHL）對綜合平衡計分卡的使用，也主要是基於這一目的，即通過 BSC 保證戰略的落實。在 DHL 的平衡計分卡中，包括財務指標、作業指標（成本和效率）和客戶指標三個相關的指標，各指標還可以細分，如客戶指標一項中又具體包含「客戶保有率」、「新客戶的開發」、「客戶滿意度」等內容。這些指標和環節都是戰略實施的重要保障和測量框架。正如公司董事總經理謝耀儻所講的那樣：「作業成本法能夠報告活動和產品的成本，平衡計分卡則提供一種全面的測量框架，它把組織的能力與為客戶創造的價值掛勾，並最終與未來的財務業績相聯繫。」

縱觀平衡計分卡，它帶給我們更多的其實是一種系統思考的方法、框架和體系，它所反應的是一種系統管理的思想，而不是一個具體的、樣樣照搬的績效評價技術。因此，企業千萬不要被這四個方面的指標束縛住自己的手腳，而應該把平衡計分卡的四個層面看作是樣板而不是枷鎖。平衡計分卡這種系統管理思想的重要作用在於，它不僅能夠幫助企業克服單純財務評估方法的短期行為，而且能夠通過將戰略轉化為各級的績效目標，保持企業與股東、客戶和員工之間的互動，進而幫助實現組織的長遠發展目標。

專欄7-2：平衡計分卡重塑敦豪

2002年，中外運—敦豪國際航空快件有限公司（DHL）的許多客戶得到了更好的服務。不僅全年的服務價格大大降低，而且 DHL 還給它們配備了專用電腦。通過互聯網，客戶可以即時監測所遞貨品的當前位置。良好的服務讓 DHL 拿下了2002年中國國際快遞市場37%的份額。

這些轉變與 DHL 公司採用平衡計分卡有很大的關係。

1986年由中國對外貿易運輸集團總公司和敦豪環球速遞公司各註資一半成立的中外運—敦豪公司，在全國擁有39家分公司、2800名員工，網絡覆蓋全國318個城市。為了解決公司所面臨的成本及定價問題，DHL 在全球200多個國家的分公司中採用哈佛商學院羅伯特·卡普蘭教授的「作業成本法」和「平衡計分卡」，並將其推廣到中國。1998年，DHL 在北京、上海和廣州的三家分公司開始執行作業成本法（Activity-Based Costing，簡稱 ABC），具體操作就是以作業為中心，根據資源耗費情況將成本分配到作業環節中，然後根據產品和服務所耗用的作業量，最終將成本分配到產品與服務中。如今全國已有10家分公司在實行這個方案。

1998年，DHL 開始在中國調查它的成本結構，希望建立一個全新的成本體系。

敦豪環球速遞公司擁有一個巨大的數據庫，世界各地分公司的成本構成資料都在裡面。鑑於中國各地的成本差距很大，公司在深入瞭解各地成本結構的基礎上，將從客戶打進電話要求服務一直到快遞貨品到達目的地的整個作業流程，分解成 50 個成本動作，然後再壓縮成 5～6 個成本動因，包括取件成本、空中運輸成本、轉移中心分檢成本、清關成本和目的地派送成本，同時在業務的流程中涵蓋了客戶服務的成本（按一個電話為一個成本單位）、財務成本（每個客戶的月帳單、大客戶不同價格的核算）、管理成本。這樣一來，與傳統的按照生產工時、定額工時、機器工時、直接人工費等比例分配間接成本的方法相比，「作業成本法」無疑能夠提供更為精確的成本信息。

「建立成本模式之後，一票文件從北京到倫敦，按 ABC 來計算，馬上就能知道成本，制定合理的價格變得輕而易舉。」謝耀儻高度評價作業成本法，「作業成本法的精彩之處在於，能夠準確地將一般管理費用分配到單個產品、服務和客戶，將成本分配給活動和流程，而不是部門。」

作業成本法的推廣還為客戶分析和管理提供了實際的參考。在作業成本的調查過程中，DHL 發現，每一票快件從客戶處到公司的快件中心，客戶需要填寫資料信息，而公司的作業人員同時還要將這些信息錄入到計算機系統中。通過給大客戶提供電腦或軟件，由對方填寫單子並上傳到系統中，減少了此環節 70% 的成本投入。一票快件不管到哪兒，最起碼要掃描 15 次條碼信息，每一次信息都會傳輸到 DHL 全球數據庫，客戶可以通過網絡即時跟蹤貨品的最新位置和到達信息。

在銷售結構中，DHL 還將客戶分為全球客戶和本地客戶。全球客戶是從跨國公司中篩選出來的 200～300 家能帶來最高回報和最具潛力的企業，他們由一個獨立的銷售小組來負責，回應其各種要求並提供服務。在此基礎上，DHL 根據不同客戶的背景和要求，提供不同服務和結算方式，譬如根據中國企業用人民幣結算的特點推出的進口快遞業務，跟大客戶之間簽訂協商一致的全年價格、而不是繁瑣地按單結算等。

服務關係到企業的未來發展。但是如果不跟個人、部門和分公司的利益掛勾，推行起來往往會流於形式。DHL 打破原來分公司業績衡量單純的財務指標，推出平衡計分卡，將分公司、部門、員工衡量的內容拓展：不但有財務指標，同時還有客戶服務、作業成本。2001 年年底，在準備推出平衡計分卡的動員會上，謝耀儻指出：「作業成本法能夠報告活動和產品的成本，平衡計分卡則提供一種全面的測量框架，它把組織的能力與為客戶創造的價值掛勾，並最終與未來的財務業績相聯繫。」

DHL 的平衡計分卡具體涵蓋了三個環環相扣的內容：財務指標、作業指標（成本和效率）、客戶指標。假設總分為 100 分，則三者分別為 40、30、30 分。各指標

仍可細分，比如客戶指標一項中又具體包含「客戶保有率」、「新客戶的開發」、「客戶滿意度」3方面內容。

在推行平衡計分卡之初，公司董事總經理謝耀儻親自掛帥，華北、華東、華南區域負責人和部分優秀地區經理組成一個特別行動小組。一年多時間過去了，回憶起當時的情形，謝耀儻認為推行這個計劃的關鍵在於高層的溝通和對指標體系的共識。要分佈於不同城市的39個分公司服從一個指標體系，本身就不是一件容易的事。財務、客戶、作業相互比例是多少，如何看待客戶保有率，快件必須從快遞中心到達客戶的手中的要求是不是適用於所有分公司，這些問題必須要經常溝通協調。在這個過程中，差不多每兩三個月就有一個大會，邀請不同的區域負責人、總部職能部門的有關人員、某些分公司的負責人一起，在一個房間裡邊做「困獸鬥」，把不同的指標定下來。前期的溝通花了六七個月，指標體系出來了。不過最重要的是在溝通的過程中，大家對企業的目標是什麼更清楚了，也更明白如何達到這個目標。

在運行的過程中，許多目標都經過了微調。以客戶滿意度調查為例，開始的方案是請一家第三方調研公司對不同的分公司進行跟蹤，但是很少有調查公司有遍布39個城市的網絡，同時每月一次的調查頻度會帶來大量的費用。後來讓區域管理辦公室審查轄區的分公司，按照公司表格內的問題來瞭解員工的服務態度、解決問題的能力等。但是此法影響到調查結果的客觀性，公司則決定改為跨區域公司互訪，北方區打電話到南方區，盡量把不公平的元素拋開。

2003年2月，一年一度的DHL中國經理年會在杭州拉開帷幕。整整一天，大家忙著討論2003年公司應該擬訂哪些平衡計分卡指標，每一個指標對應的目標又是什麼。相對於半年前的溝通，這次會議顯然輕鬆多了。大家已經達成了一種無聲的默契和共識，因為與DHL關鍵戰略因素相對應的平衡計分卡，不僅提高了客戶服務能力，甚至在某種程度上改變了DHL的管理基因，重新塑造了它的競爭力。

資料來源：楊慧萍. 平衡計分卡重塑敦豪 [J]. IT經理世界, 2003 (8).

在對平衡計分卡的一片讚美聲中，也有對平衡計分卡的質疑，一些實施了該方法的企業，不僅未能解決績效考核的問題，反而使考核更加無序。究其失敗的原因，有各種不同的說法。2003年3月，平衡計分卡的創始人之一的卡普蘭教授專程到中國北京，與中國的企業家們就平衡計分卡的得失進行了研討，並對平衡計分卡失敗的原因進行了分析。[11] 卡普蘭教授認為，沒有任何一種績效管理工具是完美的，平衡計分卡也不例外。在美國採用平衡計分卡的企業，也有50%沒有完全發揮這個方法應有的潛力。其原因在於大多數的企業將平衡計分卡看做是一個「點名冊」或給員工發補償金的參考依據，而不能發揮其執行戰略和調整戰略的價值。卡普蘭認為，出現這些問題，原因並不是平衡計分卡本身，而在於實施和執行。他們通過調查，發現平衡計分卡的失敗主要有以下三種情況：企業重組後的管理層對BSC沒有興

趣；BSC 的指標體系太簡單，難以反應要達到的目標和促進目標實現工具之間的關係；企業內部業務流程不科學等。在此基礎上，卡普蘭教授總結出了實施平衡計分卡失敗的原因：一是缺乏高管人員的認可。作為一種戰略管理工具，中層管理人員已經意識到了其重要性，但高管人員的關注卻不夠。二是僅在公司高層推行，中下層成員參與度不夠，恰恰與第一種情況相反。三是流程開發時間太長，將其視為一次性的測評項目，設計人員過於追求數據和指標的完善。四是將 BSC 視為一個系統工具而不是管理工具，諮詢公司的設計提供了大量數據和報告，但企業在管理上並未得到改進。五是對 BSC 的解釋僅限於補償作用等。

在對平衡計分卡的質疑中，還有來自系統論學者們的批評。英國赫爾大學管理系統專業教授邁克爾·杰克遜就指出，該方法主張在組織表現上包容不同的觀點，而實際上卻要求使用者將機械的組織觀點移植到更為廣泛的活動中去。這個方法雖然考量不同的事情，卻是用相同的方式進行的。這種做法會抑制組織的創造性。[12] 看來，平衡計分卡要建立自己的市場信譽，還有很長的一段路要走。

根據麥肯錫公司對包括中國在內的 9 個亞洲國家的 27 家企業的 813 位高層主管就績效管理現狀的調查，發現亞洲國家的公司對企業的使命和組織結構方面有較強的正確觀念，但更熱衷於利用營運控制和財務控制這兩個槓桿來控制和協調績效，以及更依賴價值訴求來激勵員工。亞洲國家的企業往往高度依賴企業價值觀的宣揚（如「對企業忠誠」等），形式上的表現是用懸掛領導人的照片及標語口號，唱公司歌曲等方式創造氣氛來激勵員工，而很少用亞洲以外地區企業常用的、基於戰略的績效管理體系。麥肯錫公司的評價是，亞洲國家的企業缺乏透明而有效的績效跟蹤與評估程序。原因可能在於亞洲國家特有的社會和文化因素，以及亞洲企業缺乏有經驗的員工來建立和執行實現最佳績效所需的管理系統。[9]

7.4 不同績效管理方法的選擇

選擇原則。以上介紹的各種績效管理方法，都有各自科學合理的成分，並沒有最好或最差之分。隨著社會經濟的發展，人類知識和認知能力的不斷豐富和完善，各種績效管理的方法也在不斷地推陳出新，因此也不能夠按照時間的先後順序來評價其優劣。對於組織來講，最重要的是根據組織的需要和管理技術的發展，吸收借鑑這些方法的科學和合理的部分，在此基礎上確定能夠適應組織自身要求的方法。其次，各種績效管理和評價方法都有其優點和缺點，在選擇這些方法的時候，應盡可能地發揮其優點，避免其不足。第三，根據組織的要求，可以考慮選擇多種方法予以綜合，以反應組織各部門、專業的特點。第四，根據能夠獲取的信息選擇績效管理和評價的技術和方法。

選擇標準。組織在績效方法的選擇標準上，大致應考慮以下五個方面的內容：

（1）適配性標準

所謂適配性，是指績效管理的方法和技術對於組織的適應性。適配性主要表現在兩個方面：一是簡單適用，因為最科學的方法不一定是最適合的，必須要考慮所採用的方法和技術是否適應組織的要求，還要考慮組織成員的接受能力，特別是部門負責人或評價人都能夠理解和掌握的。比如，對於像綜合平衡計分卡這類綜合性的績效管理方法，就不是所有的組織都適用的，因為它對組織的整體綜合素質要求很高，大多數的組織成員必須具有對組織戰略的領悟能力和執行能力，否則就難以貫徹和實施。二是標準明確，所採用的方法或技術要能夠對實現組織績效有關鍵作用的指標和行為進行清晰和準確的評價。

（2）成本標準

任何一種績效評價方法或技術都是需要付出成本的，這些成本主要包括兩個方面：一是開發成本，即建立一套績效管理或評價系統方法需要的成本。對於像BSC這類方法，往往需要借助專家和諮詢公司的力量，其成本是很高的，因此在採用這類方法時，必須考慮成本與效益之間的關係。二是使用成本，如為了使用這些方法對評價者和員工進行培訓的成本，以使其瞭解和掌握使用方法，包括組織編寫關於績效方法介紹、評價程序開發的成本。

（3）專業和工作性質

根據專業和工作性質選擇評價技術是一種簡單有效的方式。管理者可以根據不同的情況採取行為控制方法和結果控制方法。比如，當員工的行為與結果之間存在比較清晰的關係，並有機會觀察和掌握這些行為時，管理者通過對這種行為的控制，就可以取得較好的效果；當這種聯繫不清楚時，管理者就傾向於依賴於對結果的管理。對維修人員、接待人員、接線員、餐廳服務人員來講，採用行為法和特性法就是一個較好的選擇；對銷售人員等可以直接通過結果判斷工作績效的工作來講，採用結果法為基礎的方法是一種較好的選擇；對商店售貨員，行為法和結果法可以結合使用。

（4）創新性和主動性

所謂創新性，是指被評價者在完成規定任務之外對組織所做的貢獻，這種情況在任何組織中都會存在。所謂主動性，是指被評價者在完成自己的目標的同時主動幫助其他同事。這兩種行為不僅反應了員工的創新精神和主動意識，而且客觀上有助於提升組織的團隊合作和工作效率，因此理應通過績效評價得到組織的重視和獎勵。這就要求組織在方法的選擇和指標的設計上，能夠反應出這種有利於組織整體實力的要求。比如，可以將評價得分分為兩部分：一部分是應完成工作得分，這一部分的比例較大，大致可以占到總得分的80%左右；另一部分是特殊貢獻分，根據員工在創新性和主動性或其他組織所強調和重視的行為方面的表現給予相應的得分。

（5）動態性和適應性

績效評價方法的選擇還需要反應對員工績效可能發生作用的環境制約力量，如組織戰略、工作環境、工作氛圍等因素的影響。如果發生了這類影響，就應對評價結果進行修正。同時還要考慮組織內部對員工的評價與組織外部顧客的評價之間的關係，一般來講，內外的評價結果不應有較大偏差，總體上應是一個正相關的關係。

註釋：

[1] 雷蒙德·諾依，等. 人力資源管理：贏得競爭優勢 [M]. 3版. 劉昕，譯. 北京：中國人民大學出版社，2001.

[2] 加里·德斯勒. 人力資源管理 [M]. 6版. 劉昕，吳雯芳，等，譯. 北京：中國人民大學出版社，1999：335.

[3] MCGREGOR D. An Uneasy Look at Performance Appraisal [J]. Harvard Business Review 35, no. 3, 1957：240-248.

[4] 彼得·德魯克. 管理的實踐 [M]. 齊若蘭，譯. 北京：機械工業出版社，2006.

[5] RODGERS R, HUNTER J. Impact of Management by Objectives on Organizational Productiveity [J]. Journal of Applied Psychology 76, 1991：322-326.

[6] 羅伯特 S 卡普蘭，戴維 P 諾頓. 平衡計分卡——化戰略為行動 [M]. 劉俊勇，孫薇，譯. 廣州：廣東省出版集團，廣東經濟出版社，2004.

[7] 馬庫斯·白金汗，柯特·科夫曼. 首先，打破一切常規 [M]. 鮑世修，等，譯. 北京：中國青年出版社，2002：36.

[8] 羅伯特 S 卡普蘭，戴維 P 諾頓. 戰略中心型組織 [M]. 上海博意門諮詢有限公司，譯. 北京：中國人民大學出版社，2008.

[9] 張明輝. 戰略性績效管理優秀與平庸分水嶺 [N]. 中國企業家，2003-04-22.

[10] 羅伯特 S 卡普蘭，戴維 P 諾頓. 平衡計分卡的實際運用 [M] //彼得·德魯克，等. 公司績效測評. 李焰，江婭，譯. 北京：中國人民大學出版社，2004：104.

[11] 羅伯特 S 卡普蘭. 失敗的不是平衡計分卡 [J]. 人力資源開發與管理，2003（8）.

[12] 邁克爾 C 杰克遜. 系統思考——適於管理者的創造 [M]. 高飛，等，譯. 北京：中國人民大學出版社，2005：序言第 5 頁.

技術性人力資源管理：
系統設計及實務操作

本章案例：平衡計分卡：計什麼？

「今天，我和大衛·諾頓回頭看看1992年在《哈佛商業評論》上發表的第一篇關於平衡計分卡（Balanced Scorecard，簡稱BSC）的文章，雖然無意收回，但是我們的想法卻發生了改變。當時對戰略的問題考慮不足。」2003年3月18日，平衡計分卡的創始人之一羅伯特·卡普蘭在北京的講座上這樣評價自己的理論。他認為「平衡計分卡」還可以有更好的名字，只是現在的名字已經太深入人心了，改之晚矣。

事實的確如此，在那篇題為《平衡計分卡：業績衡量與驅動的新方法》的開山之作中，「戰略」一詞僅僅出現過8次，而在1996年的理論成熟標誌性著作《平衡計分卡：化戰略為行動》和最近的專著《戰略中心型組織：實施平衡計分卡的組織如何在新的競爭環境中立於不敗》中，「戰略」成了重要主題。

「高層管理者們請注意了！你們公司的戰略是什麼？先別忙著去找那本昂貴的戰略諮詢報告，也不用把你日思夜想的成果告訴我，我相信你們公司是有戰略的，不管它是寫在紙上還是放在心裡。第二個問題：你們公司裡有多少人對戰略的瞭解和你一樣？不必回答，看到你只用一只手在數，我已經猜到了答案。」卡普蘭在演講中反覆強調戰略的重要性。

「戰略」曾經是個很大的詞，但是現在卻被用濫了。雖然如此，我們還是應當把一些原則性的問題弄清楚。戰略對不同層次的管理者，其含義是不同的。集團公司的管理者關心的是做什麼和不做什麼，以及在所從事的業務中如何建立合力（synergy）；事業部的管理者關心的是如何為客戶創造價值，如何做得與競爭對手不同，如何搶得更大的市場份額；職能模塊的管理者如人力資源總監、財務總監關心的是如何為事業部和集團的戰略提供支持。

羅伯特·卡普蘭說得好：好的戰略加上差的執行，幾無勝算；差的戰略加上好的執行，或可成功。戰略獲得執行的前提是清晰表述和成功溝通。因此，如何將企業的戰略用清晰的方式表述出來，並在企業內部廣泛溝通，獲得共識，成了企業管理理論和實踐領域的一個重要議題。而使用平衡計分卡框架繪製企業的「戰略地圖」，成了羅伯特·卡普蘭的最新武器。

戰略地圖的出發點是企業的戰略選擇。麥克爾·波特的競爭戰略框架包括差異化（differentiation）、成本領先（cost leadership）和目標集聚（focus）。在波特的理論基礎之上，特雷西和魏斯瑪1995年提出了「客戶價值訴求」（Customer Value Proposition）理論，認為一家企業可以選擇以下三種戰略之一作為公司為客戶提供價值的主要方式。

卡普蘭顯然更喜歡特雷西和魏斯瑪的理論，因為它簡單明了。不同的戰略選擇

前提下，企業在向客戶提供產品和服務時目標也不同。假如一家公司確定了「營運成本最低」的戰略，該公司在客戶方面的主要目標是：成本低、質量可靠、購買方便。那麼為了實現這樣的目標，公司在內部管理方面就可以考慮制定以下目標：

- 採購：低成本、中上質量、適時供貨。
- 財務：為了維持公司的高成長，可能需要較多的負債。
- 研發：側重於提高生產效率和現有產品的改進，而不是創造行業領先的產品。
- 營運：追求批量，減少種類，大規模生產。
- 信息：標準化、簡單化、幫助降低成本。
- 營銷：低成本地向目標客戶群體傳達公司的「客戶價值訴求」。

公司最終是通過員工去完善管理體系和流程，向客戶提供產品和服務的，而公司的文化和制度又對員工的行為有著深遠的影響，企業應當在這些方面制定相應的目標，即「學習與發展」目標：

- 員工：強調團隊的作用而不是推崇個人英雄，結構化的薪酬體系。
- 文化：注重持續改進。
- 制度：在各方面都有嚴格的制度。

每家公司在財務方面的目標都是類似的，長期來看，都應當為股東創造價值。創造價值的途徑不外乎兩種：增加收入和降低成本。在增加收入方面，公司一方面可以提高現有產品和服務的收入，另一方面可以開發新的產品和服務，尋找新的增長點；在降低成本方面，可以在降低單位成本的同時提高資產的利用率。

卡普蘭教授中國之行的講座以及《戰略中心型組織》一書的主題，可以用兩個詞來概括：戰略（strategy）和協同一致（alignment）。企業有了明確的戰略，才能使所有的活動與這一中心協調一致，最終獲得突破性的經營業績。至於「計分卡」，它應當成為戰略執行過程中提醒企業不要偏離既定方向和速度的「儀表盤」，而不是最終目的。

資料來源：苗祥波. 不必忙著計分，先來談談戰略［J］. IT經理世界，2003（8）. 標題為本文作者所加，個別文字有改動。

案例討論：

1. 為什麼說平衡計分卡是一個戰略管理系統？
2. 組織戰略是如何通過平衡計分卡四個要素之間的因果關係得到落實的？
3. 制度在平衡計分卡的實施中具有什麼作用？
4. 為什麼說平衡計分卡主要是戰略實施的機制，而不是戰略制定的機制？

技術性人力資源管理：
系統設計及實務操作

第 8 章　薪酬體系設計的原理

　　薪酬是組織激勵機制的重要職能，與其他人力資源管理職能一樣，它也必須支持組織的戰略目標。在戰略性人力資源管理系統中，這種支持是通過建立與組織戰略匹配的薪酬系統，明確組織的激勵導向，鼓勵員工努力達成組織期望的目標來實現的。企業的管理實踐證明，薪酬福利仍然是最重要的激勵因素和手段，員工對薪酬滿意度不高雖然並不一定會導致員工離職，但對工作績效肯定有負面影響。企業如果需要招聘稀缺的人力資源，如果沒有具有競爭力的薪酬，也是難以達到目的的。隨著商業競爭的日益加劇，越來越多的企業把有效的薪酬系統與其競爭優勢有機地結合起來。因為作為最重要的激勵要素，員工的薪酬滿意度一直是一個非常重要的指標。當員工把薪酬視為公司對自己工作付出的回報和對自己所做貢獻的尊重，並據此作為自己職業選擇的重要依據時，沒有哪個企業會不關注員工對薪酬的評價。但是，員工的薪酬滿意度並不意味著就一定是高薪，有效的激勵系統是一個包括經濟的和非經濟的等各種激勵要素的結合體。

　　在本章中，我們首先要對薪酬的概念進行區分，現代意義上的薪酬與傳統的工資有著本質的差別。傳統的工資只是一個直接的現金收入概念，而現代薪酬不僅包括現金收入，更重要的是強調全面的激勵，包括具有挑戰性的工作、良好的工作氛圍、培訓、職業發展等非現金收入的概念。在此基礎上，闡述薪酬的形式、成本、影響薪酬的主要因素。通過具體的案例分析，闡明組織的薪酬系統應該如何支持組織的戰略。本章還要討論薪酬設計的原則和策略，特別是內部公平和外部公平原則在企業發展不同階段的使用。最後本章將闡述薪酬體系與組織競爭力之間的關係。

　　學習本章主要應瞭解和掌握的內容：
1. 薪酬的概念和內容。
2. 薪酬系統應該如何體現並支持組織的經營目標。
3. 企業不同發展階段內部公平和外部公平原則的使用。
4. 國家的法律、法規對企業薪酬設計有什麼影響。

專欄 8-1：國企、外企的人工成本比較

　　根據中國人事科學研究院人事診斷中心甄源泰 1992 年做的一項全國範圍的調查顯示，外資企業所以給人高薪的印象，關鍵在於薪酬管理比較科學。這次接受調查

的企業涉及2000家，共5萬名員工。當時外企的工資水準對國有企業的衝擊非常大。但調查表明，外企花在員工身上的人事總費用，人均僅320元（含外來務工青年的工資），而國有企業花在員工身上的人事總費用，人均高達550元。從總體看，國有企業的投入高得多，但這些投入大部分都表現為醫療保險、住房分配、退休保障、福利待遇等，此外還有各種各樣的體制性浪費。最後真正作為現金發放到員工手上的就只有100多元。而外企的320元基本是都是現金。外企給人高薪的印象，關鍵在於其科學的管理，瞭解員工的心理需求。當時條件下，國營企業員工的工資一般都只有幾十元，突然給你高於原來近10倍的工資，你不想走都不可能。因為在那個年代，人們還主要考慮的是滿足基本的生理方面的需求。

資料來源：羅旭輝，楊得志. 人力資本登上歷史舞臺 [J]. 人力資源開發與管理，2003（4）.

8.1 薪酬的概念和成本

8.1.1 薪酬的概念

什麼是薪酬？薪酬包括哪些內容？對於這個問題，並不是每個企業、每個人都知道或瞭解的。特別是對於企業來講，如果領導人和管理者對薪酬是由什麼組成的沒有清醒認識的話，可能產生很大的負面影響。因此本章首先要對薪酬的定義和組成做一個較為詳盡的介紹。

薪酬是指雇員作為雇傭關係中的一方從雇主那裡取得的各種貨幣收入，以及各種福利和服務之和，或指雇員因雇傭而獲得的各種形式的支付。具體講，在一個組織中至少存在13類報酬，表8-1詳細作了說明。這些報酬主要包括兩部分：以工資、薪水、獎金、佣金和紅利等形式支付的直接貨幣報酬；以各種間接貨幣形式支付的福利，如保險、休假等。[1]410 有的將薪酬措施分為有形（包括基薪、獎金等）和無形（包括工作—生活保障、個人激勵等）兩種。[2]19 以上這些表述大同小異，它們所體現出的一個共同特點是，在強調直接的貨幣報酬形式外，還強調各種形式的非貨幣報酬形式。

表8-1　　　　　　　　　　總體薪酬體系的構成

1. 薪酬	工資、佣金、獎金
2. 福利	假期、健康保險
3. 社會交往	友好的工作場所
4. 保障	穩定、有保障的職位和回報

表8-1(續)

5. 地位/認可	尊重、卓越的工作成就
6. 工作多樣性	有計劃從事各種工作
7. 工作任務	適量的工作
8. 工作重要性	社會認為工作的重要性
9. 權利/控制/自主	影響他人的能力，控制個人的命運
10. 晉升	晉升的機會
11. 反饋	得到信息以改進工作
12. 工作條件	無災害
13. 發展機會	正式或非正式的培訓以掌握新的知識/技能/能力

資料來源：喬治 T 米爾科維奇，等. 薪酬管理 [M]. 6 版. 董克用，等，譯. 北京：中國人民大學出版社，2002：257.

瞭解薪酬構成的這些特點在於：首先，科學合理的薪酬體系有助於提升組織的競爭力。在表8-1中列舉的13類報酬要素中，除了薪酬、福利等傳統的工資概念以外，還包括了社會交往、工作多樣性和重要性、工作條件以及發展機會等現代的報酬要素，對這些要素的考慮和重視不僅能夠增加員工的滿意度，而且有助於提升組織的競爭力。在蓋洛普公司的「Q12」中，也充分證明了這一點。其次，它能夠使企業瞭解對員工的總體投入水準，即有一個明確的人工總成本的概念，同時讓員工清楚自己在企業得到的所有報酬，這項工作的成效在很大程度上會影響員工的離職行為或企業留人的成功與否。專欄8-1是20世紀90年代初中國人事科學研究院所做的有關外資企業和國有企業人事費用的一項調查，該調查顯示，當時外企的人工費用遠低於國有企業。之所以在當時有大量國有企業的人跳槽到外資企業，主要的原因在於，一方面，企業和員工都不瞭解薪酬的總體概念和所包含的內容。跳槽的人到了外資企業，雖然拿到手的現金很多，但很多原來在國有企業不花錢就可以得到的，現在都得自己花錢購買。另一方面，企業在員工身上投入很大，員工卻不認帳。雖然此次調查的目的是想說明外資企業的薪酬的針對性和科學性，但換一個角度看，那些醫療保險、住房分配、退休保障、福利待遇正是今天現代企業吸引和留住核心員工的重要內容。這個案例告訴我們，企業應當非常清楚的瞭解和掌握對員工的總體投入水準，並把員工在企業獲得的所有回報都明確地傳達給每個組織成員。這樣員工在做出留職或離職決定時，就會比較謹慎地做出決策。

綜上所述，一個完整的薪酬體系應該包括兩個主要部分或特點：一是經濟性，體現在直接的現金收益和間接的現金收益，前者如工資、獎金和各種長短期激勵等，後者如福利與服務，如勞保、帶薪休假及各種補貼等。二是非經濟性，包括良好的辦公設施和工作條件、地位與表彰、學習培訓的機會、挑戰性的工作等。此外，由

於組織為員工提供的輪崗等人力資源開發方式大大提高和增強了員工勝任不同工作和崗位的能力，即使員工今後不在原來的公司，也能夠較容易地找到新的工作，因而也被員工視為組織對自身的投資，由此成為整體薪酬的組成部分。因此，組織的薪酬決策要抓好兩個環節，一是傳統的薪酬構成的重要性，二是及時獲取能夠激勵員工的各種新的薪酬組合要素。

8.1.2 薪酬的形式

這裡的薪酬形式主要指的是表 8－1 中的第一和第二項的內容，包括以下幾個部分：

基本工資。基本工資（基薪）是一個比較複雜的概念，主要是指企業為已完成工作的員工而支付的基本現金報酬，它反應的是崗位任職者的工作或技能的價值。基薪是薪酬中最基本的組成部分，可以將其理解或定義為薪酬的基礎框架結構中的「底座」。在中國的企業組織中，基薪還不能夠完全準確的反應工作或技能的價值，有的企業對基本工資或基薪的定義是指對員工的基本生活保障部分，員工收入的較大部分是通過崗位工資、獎金、福利等獲得的。企業採用這種方式的目的在於，當需要對表現不佳的員工進行轉崗、換崗、培訓或其他處理時，可以降低人工成本的支出，同時體現薪酬的約束作用。

崗位工資（崗薪）。崗位工資可以理解為另一種形式的基本工資，它是與崗位相聯繫的基本薪酬，又稱為崗薪。崗薪的支付主要依據兩個因素：一是工作崗位的性質和重要性程度，這主要是通過工作分析來獲得的。因此，在不同的專業崗位上，基本工資也是不同的。二是任職者的技能水準，即使在相同類別的工作崗位上，由於員工的能力、技能水準、學歷、資歷等方面的差異，基本工資也應該體現出個體差異。比如 A 和 B 都是從事財務分析工作的財務管理人員，但由於在能力和技能方面存在差異，A 的工資級別可能就高於 B。在工資表上，可以通過設置不同的等級，再結合員工的具體情況掛靠相應的等級。

不同的專業人員在基薪的設計和支付上有不同的特點。對於管理人員和研發人員來講，由於其工作的績效具有較長的時效性要求，因此基薪的比例或數量一般要大一些，而銷售人員和生產線工人（如計件工作制工人）的時效性要求較短，其績效在短期內就可以從數量上準確把握，基薪的比例較低，其貢獻主要根據產品的數量、質量（計件）和銷售的數量計算工資和提成。

績效工資。績效工資形式由來已久，計件工資及其各種變種形式就是一種典型的績效工資。績效工資是在基薪、崗薪之外的另一種重要的激勵手段。績效工資是一個很廣泛的概念，包括的內容很多，側重點也不盡相同。喬治·T. 米爾科維奇等認為，績效工資計劃的推廣是一個信號，它表明工資是一種權利的觀念要改變，

技術性人力資源管理：
系統設計及實務操作

工資必須隨某種標準衡量的個人或組織的績效變動而變動。在其《薪酬管理》一書中，他將短期績效工資（包括業績工資、一次性獎金、個人現場獎勵等）、個人激勵計劃（計件工資、佣金等）、團隊激勵計劃（團隊報酬、收益分享、利潤分享、風險收益等）、長期激勵計劃（員工持股計劃、績效計劃、股票分享計劃等）納入了績效工資體系。[3]273-274加里·德斯勒則把績效工資定義為依據員工個人績效而增發的獎勵性工資，即基薪加浮動工資，或根據個人或班組質量或數量目標的達成程度確定工資水準。他認為，績效工資計劃和獎金的復興在於這一薪酬形式強調對改善雇員地位和參與管理方案的重視，他把績效工資計劃劃分為5種類型，即生產工人激勵計劃、中高層管理人員激勵計劃、銷售人員激勵計劃、業績工資激勵計劃和組織的整體計劃，並對其包括的具體內容做了詳細的說明。儘管績效工資可用於指所有雇員的獎勵性報酬，但這個術語更多的用於白領雇員和特殊的專業人員、行政人員及文秘人員。[1]460-470雷蒙德·A. 諾依則強調績效工資與年工資增長之間的關係，他指出，在各種績效工資方案中，年工資的增長通常都是與績效評價等級聯繫在一起的。他總結了績效工資方案所具有的5個基本特徵：一是注重對個人績效差異的評定，因為這種差異反應了個人在能力和工作動機方面的差異，而這種差異是難以通過制度約束得到提升的；二是個人績效的大多數信息都是由直接監督人員收集並做出結論；三是工資增長與績效評價結果相聯繫；四是反饋頻率可能不高；五是大多數的反饋是單向的。[4]541-542總的來講，績效工資是一種動態工資，它與員工個人或組織的績效密切相關。而基本工資和崗位工資與績效的關係不大。本章將專門對這些內容做詳細的介紹。

福利和津貼。福利和津貼是薪酬的重要組成部分，特別是各種社會保障和商業保險，已成為企業吸引人才和留住人才的重要手段和方法。在福利計劃中，主要有社會保障計劃、帶薪休假和各種法定節假日、各種以現金形式發放的津貼、住房公積金、靈活的工作時間等。其中最重要的一項內容是社會保障。在中國，社會保障大致可以分為兩大類：一是國家規定的5種強制性保險，包括基本養老、基本醫療、工傷、失業和生育險；二是商業保險公司推出的各種保險，包括商業醫療保險、商業養老保險等。在福利計劃中，津貼、公積金等也佔有重要地位。在中國，企、事業單位的津貼一般包括交通補貼、通信補貼、伙食補貼等。住房公積金的作用也很重要，由於交費是個人和所在單位按同等比例交納，而且是在職工退休時一次性返還，因此在國家規定的範圍內，交費比例越高，就意味著福利的待遇越好。

技能工資。技能工資，顧名思義，就是基於就職者所掌握的技能而不是按照職位支付工資。這一工資形式所蘊涵的內容非常豐富，越來越多的組織開始採用這種形式。傳統的技能工資主要針對的是藍領工人，在技能工資的基礎上，又發展出按能力支付工資的薪酬形式，二者共同構成以任職者為基礎的工資結構。技能工資既有優點，又有不足。其優勢主要表現在增強工人的靈活性方面所能夠起到的作用，

而工人的靈活性反過來又為把決策分散到那些最有知識的雇員身上提供了方便。它還為雇員層級的精簡提供了機會。因為因雇員流動或缺勤而留下的工作可以由那些掌握了多種技能的現有雇員來填補。這種工資形式還有利於在企業中創造一種學習的氣氛，提高雇員的適應能力，並且為雇員提供了一個從更廣闊的角度認識企業功能的機會。[4]511缺陷表現在兩個方面：一是成本的增加，因為當員工具備多種技能時，企業就必須支付這些技能的工資，但可能員工在工資中只用到了自己掌握的多種技能中的一種技能，因為企業並沒有發生較大規模其他員工缺勤和流動的情況。這樣那些掌握多種技能的員工的技能就會無用武之地，技能也就會逐漸荒廢。二是難以對技能做出準確的評價和制定相應的薪酬標準。

8.1.3 薪酬的成本

在設計組織的薪酬體系時，還要考慮成本的問題。與薪酬有關的成本主要有可見成本和隱含成本，下面對其內容做一介紹。

（1）可見成本

企業所生產的產品或提供的服務大致包括兩個方面的成本，一是原材料等物質成本，二是人工成本。人力資源管理著重研究的是有關勞動力的成本。一般來講，除了科技含量非常高的企業，人工成本在產品或服務的價格中都占了很大比例。在美國，平均而言，薪酬成本構成了美國經濟總成本的65%～70%。[5]1根據統計，在製造業、服務業等勞動密集型企業中，人工成本占銷售收入的40%～80%，這意味著在1美元的收入中，有40～80美分是作為雇員的薪酬。[6]另外一項統計表明，企業全部的薪酬報酬平均要占企業年收益的23%。[4]487人工成本又稱為勞動力成本，它是指企業對所有員工因工作或勞動而支出的報酬。它包括兩個組成部分，一是平均人工成本，二是員工人數。平均人工成本包括了前述整體薪酬的兩個方面的內容，表示所有工作的平均工資。兩者的乘積就是企業的總人工成本。

（2）隱含成本

隱含成本概念主要包括組織難以預測的可見成本以及不可見成本。在這裡它主要是針對人工成本而言。人工成本中的隱含成本主要是指組織所倡導的文化、價值導向、激勵措施等方面所導致的員工對組織的忠誠度、責任感等方面的認知和影響程度。一種比較公平的、正面的、有積極作用和得到員工擁護和贊同的文化、價值導向和激勵措施能夠導致員工更加積極努力地工作，勇於承擔風險和創新，並創造一種員工個人目標與組織目標相同的工作氛圍。這時的隱含成本為零或者具有正面的意義。反之，當不能達到這一目標時，員工的積極性就會受到挫傷和打擊。隱含成本的消極作用主要與企業的績效考評和薪酬分配有關。例如，當企業的分配制度實行大鍋飯時，高績效員工的積極性就會受到影響，他們會認為在自己的努力與績

效、獎勵之間沒有必然的聯繫。如果他們不能改變這種體制或不能夠適應這種體制，便會選擇離職或消極工作的方式表達對這一體制的抗議。這時的隱含成本具有反面的作用。

(3) 影響勞動力成本的主要因素

勞動力成本主要受到兩個因素的制約和影響：一是產品或服務項目的市場競爭，二是人力資源的市場競爭。首先，產品或服務項目的市場競爭限制了人工成本的上限，當人工成本在總成本中比例較大或產品需求彈性較大（產品需求受價格變化的影響大）時，產品和服務市場就會對人工成本發揮限製作用。其次，勞動力的市場競爭規定了勞動力成本的下限。產品的市場競爭是指生產同類產品的組織由於勞動力成本的差異所導致的產品價格的差異，以及由此導致的對銷售數量的影響。在產品的價格中，勞動力成本是重要的構成要素。企業對勞動力成本的投入最終會通過產品或服務的售價得到補償。一般來講，在品牌、技術、質量、服務水準等大致相同的情況下，勞動力成本過高會導致企業競爭力的下降。因為企業不得不對品質相近的產品開出更高的平均價格，這是因為在某一特定行業中的組織面對著技術、原材料、產品需求和定價方面的類似約束。這種做法很可能使企業損失收入，也可能導致歇業停產，特別是在那些勞動力成本在總經營成本中占相當高比重的組織中尤其如此。最後，當勞動力成本在產品或服務的總成本中比例較大或產品需求彈性較大（產品需求受價格變化的影響大或有替代產品）時，產品市場就會對勞動力成本發揮限製作用，從而限制勞動力成本的增加。因此企業不能盲目地提高薪酬和福利水準，必須考慮一個合理的勞動力成本規模。勞動力的市場競爭指的是企業與雇傭同一類型或相同專業的員工進行競爭而付出的代價。這種競爭不僅包括相同產業或行業的公司，也包括不同產業或行業但雇傭相同員工的公司。勞動力市場競爭的實質決定了組織為與其他雇傭相似員工的競爭而必須支付的工資數量，而不論競爭者屬於哪個行業。[5]14例如，即使一家家具製造商為一位人力資源總監提供的薪酬高於另外一家家具製造商，但如果通信設備製造商或其他行業的廠商提供的薪酬高於家具製造商，那麼這家家具製造商仍然不能招聘到這位人力資源總監。因此，企業在招聘員工時，必須考慮薪酬的外部競爭性對招聘效果的影響。總之，如果一個企業對其招聘的員工所能支付的薪酬水準低於市場標準，就不可能招聘到自己需要的員工，企業的競爭力也就會受到影響。因此，企業的薪酬水準應保持在既可以吸引和留住人才的目的，又不能超越企業薪酬的支付能力。

8.2　影響薪酬的主要外部因素

除了上述影響勞動力成本的因素之外，還有其他一些外部因素對薪酬的構成產生影響，這些因素主要有以下幾個方面：

(1) 國家的法律、法規

任何組織薪酬的制定都必須考慮並符合國家相關法律、法規及政策的要求。在中國的法律、法規和政策中，涉及企業薪酬及勞動保護的法律主要包括《中華人民共和國勞動法》及相關法律和解釋，各省、市、自治區人大出拾的各種具有法律效力的條例，國務院、勞動部等部委關於職工工資、勞動保護、社會保障的規定等。在這三個大類中，《中華人民共和國勞動合同法》是最重要的法律條文之一，具有決定性和指導意義，是其他相關法律、法規和政策文件的基礎。各省、市自治區的相關政策和文件都是建立在此基礎之上的。此外，國家有關部委的政策文件也是重要的組成部分。在工資方面，如《關於印發進一步深化企業內部分配制度改革的指導意見的通知》、《關於工資總額組成的規定》、《工資支付暫行規定》等；在勞動保護和社會保障方面，有《工傷保險條例》、《女職工勞動保護規定》、《最低工資規定》、國家經貿委、勞動保障部、人事部《關於深化國有企業內部人事、勞動分配制度改革的意見》、《工資集體協商辦法》等。

(2) 勞動力市場的供求狀況

如前所述，勞動力的市場競爭規定了勞動力成本的下限，勞動力市場競爭的實質上決定了組織為與其他雇傭相似員工的競爭而必須支付的工資數量，而不論競爭者屬於哪個行業。特別是對於專業勞動力來講尤其如此。隨著商業競爭的日益加劇，專業勞動力資源的供給不足和稀缺程度也日益彰顯出來。組織為招募到自己需要的人員，需要做好兩個方面的工作：一是要充分考慮到薪酬的外部公平性；二是在薪酬福利待遇上有別於競爭對手。要做到這點，就需要處理好招聘的專業人員與組織員工在薪酬上存在的差異，即外部公平和內部公平的問題。比如，如果一個企業急需某個領域的研究設計的專業人員，由於這類人員屬於稀缺資源，因此市場薪酬水準較高。而該企業在薪酬制度上主要又是以內部公平為主，即主要按照職務和工作支付工資。這時就會出現招聘的技術人員與原來的技術人員在薪酬上的差異，從而出現不公平的問題。要解決這類問題的確有較大的難度，對這類人員可以考慮採用兩種方法：一是按照與其他技術相同的崗位或職務工資支付其薪酬，然後根據其研發成果進行提成；二是根據該技術人員的特長與企業急需的項目開發情況，採用給予項目入股或項目分紅的辦法，以保證其收入水準達到甚至超過市場薪酬水準。這樣，所有的技術人員作為團隊在一起工作，但根據各自的貢獻得到報酬，在一定程度上能夠解決或緩和內部公平和外部公平的矛盾。

(3) 行業的差異和組織的規模

首先，不同的行業和不同的組織規模也會影響和導致薪酬水準的差異，也就是說，即使是相同的職業，但處於不同的行業或企業，薪酬水準也不相同。比如，勞動力密集型企業員工的薪酬比技術密集型企業員工的薪酬就低。根據研究，在20世紀四五十年代的美國，不同行業中的同類工作之間存在工資差異，而且這些差異隨

著時間推移保持了相當的穩定性。其次，不同的組織規模也會對工資率產生影響，員工人數在 500 人及以上的組織與員工人數少於 100 人的組織相比，前者的人均勞動力成本比後者高 57%。[5]16-17 在中國，行業差異對薪酬也有一定的影響。根據《經理人》雜誌《2002 年度職業經理人薪酬調查數據報告》的統計，不同行業的相同職位的薪酬也表現一定的差異，以人力資源經理和行政經理為例，在計算機/互聯網、電子、電信/通信、日用消費、金融/投資、商業/百貨/貿易/物流、工業製造、房地產/建築、廣告/諮詢/培訓機構及商業服務、醫藥/生物制藥/醫療設備等十個行業中，該職位的年度薪酬收入分別為 11.4 萬元、8.8 萬元、12.1 萬元、9.4 萬元、12.3 萬元、10.8 萬元、9.9 萬元、10.2 萬元、8.2 萬元和 10.1 萬元。最高的是金融和投資行業，為 12.3 萬元，最低的是廣告/諮詢/培訓機構及商業服務業，為 8.2 萬元。[7] 以上所列舉的行業大多都處於競爭性的市場，除此之外，在中國還有一些行業如能源等基礎設施仍然處於壟斷性質，其薪酬福利待遇出現不合理的高水準，並引起了全社會的廣泛質疑。

（4）企業產品的市場競爭能力

如果企業的產品或服務具備較好的市場需求和較強的競爭能力，那麼也就意味著企業可能也會有與之相對應的良好的銷售業績和效益，有了錢，才能為企業招聘人才提供基本的條件。因此，企業最重要的工作就是使自己的產品或服務能夠為市場和消費者接受。

（5）行業和競爭對手的薪酬水準

行業和競爭對手的薪酬水準實際上反應的就是市場的薪酬水準，它涉及組織薪酬政策的外部公平問題。正如前面談到的，勞動力的市場競爭規定了人工成本的下限，換一個角度講，當組織總體的薪酬水準低於競爭對手時，就可能招聘不到需要的員工，或者是留不住企業需要留住的人。因此，組織的薪酬系統和相關政策的制定，必須考慮與市場薪酬水準的關係。

（6）股東的回報壓力

作為組織的投資者，股東必然會對投資回報、利潤增長等財務指標予以高度的關注。而對財務指標的關注如果超過一定的限度，就可能會影響組織對人力資本的投資，一旦對人力資本的投資減弱或與物質資本的投資比例失調，就可能對組織的生存和發展產生不利影響。當然，並不是所有的股東都不關心人力資本的投資，他們中的大多數都非常瞭解組織對人力資本的投資與其經濟利益之間的關係，但在一些組織中，客觀上的確存在重視物質資本投資而忽略人力資本投資的傾向，如果任由這種傾向發展下去，人力資本的投資會減少，最終會影響到組織薪酬政策的激勵效果。

8.3 薪酬設計的指導思想和策略原則

組織在進行薪酬設計時，需要考慮兩個層面的問題，第一個層面是戰略性的，第二個層面是戰術性的。戰略性層面的思考對組織的薪酬系統發揮指導性的作用，包括提出組織薪酬系統設計的基本原則、薪酬支付的方式（如是以工作為基礎的薪酬結構還是以任職者為基礎的薪酬結構）以及決定薪酬的結構和框架等。戰術性層面主要是指薪酬設計的具體技術和方法。本章主要研究戰略性層面的內容，戰術性層面的內容在下一章做詳細的討論。

8.3.1 指導思想

組織薪酬系統的指導思想主要包括四個方面：

（1）有價值的員工是組織競爭優勢的源泉

在傳統的人事管理中，員工只是一種成本，而在現代人力資源管理中，員工不再只是一種成本，而是經過科學合理的投資，可以為組織創造價值的源泉。在現代社會，人力資本的價值已經超越物質資本的價值而在企業的經營過程中具有極其重要的地位，組織的眼光也不能只停留在為錄用一名員工所花費的成本，更應該看到高質量的員工隊伍能夠為組織創造高水準的工作績效。因此，當組織面臨激烈的市場競爭而需要削減成本時，一定要在物質資本的投資和和人力資本的投資之間做出明智和正確的選擇。有的企業應對競爭的方式就是削減成本，而且削減的主要是人工成本，包括裁減人員，降低工資。還有的企業把低成本戰略與低工資水準聯繫起來。另外一些企業卻恰恰相反，首先考慮的是保證薪資福利和分紅政策，以便留住能夠為企業創造價值的員工，美國西南航空公司就是這樣的一家公司。20世紀90年代中期，美國西南航空公司遇到了激烈的競爭，一批競爭者採用模仿戰略，紛紛以低票價進入每個西海岸和東海岸航空市場。1994年2～12月，西南航空公司的股票價格下降了54％。但即使是在這樣的不論情況下，西南航空公司也沒有在員工薪酬福利上打算盤。正如公司CEO赫伯·凱萊赫講的：「除了在員工薪資福利以及我們的分紅獎勵方面所需要的支出以外，我們要降低一切成本。這就是我們『西南』式的競爭方式，它與那些降低薪金削減福利的企業截然不同。」在「9/11」恐怖襲擊事件發生後，公司也拒絕裁員。就像公司員工所說的：「那是我們文化的一部分。我們總是倡導要盡一切努力來關懷我們的員工，而這些就是我們所盡的努力。」[8]正是這些舉措，才使得這家地方性的航空公司能夠成長為一個全世界的同行和管理者們都競相效仿的榜樣。

（2）薪酬支付方式的確定

心理學的激勵理論強調應針對不同的個體的需要，制定有針對性的激勵政策。

強調個性化固然很重要，但也需要考慮組織的需要、薪酬系統的可操作性以及太過於個性化所帶來的成本增加等因素。因此，組織需要解決以員工的知識、能力和技能表現出來的個性化特徵與組織通過建立類似情況員工待遇標準化的薪酬決策和管理，解決可操作性、可接受性和公平性之間的矛盾。從技術環節來講，薪酬支付有兩種方式，一種是以工作為基礎的薪酬結構，另一種是以任職者為基礎的薪酬結構。儘管前者被認為是傳統的薪酬制度，而把按照人的能力和技能視為新型薪酬制度。[2]44儘管如此，以工作為基礎的薪酬仍然很流行。根據美國薪酬協會1996年對200多個組織的調查，發現80%的組織仍然使用傳統的工作分析和工作評價方案。[9]另一資料顯示，60%～70%的美國企業仍然採用要素記點法和要素比較法之類的量化職位評價方法。[1]428這兩種方法都是以工作為基礎的薪酬結構在進行職位評價時所採用的方法。也就是說，以工作為基礎的薪酬結構仍然得到大多數組織的採納。其原因在於，隨著組織規模的擴大和員工人數的增加，人力資源管理決策的數量也在不斷增加。在這種情況下，要完全實現薪酬的個性化，可能是一件費力不討好甚至勞民傷財的事情。而以工作崗位為依據的薪酬結構由於強調的是薪酬與工作或崗位之間的關係，這樣就可以把工作內容相似的員工的待遇標準化，從而減少在薪酬管理和決策方面的工作量和難度。正因如此，儘管現在以任職者為基礎的支付方式也得到了相當程度的發展，但就總的情況看，以工作為基礎的薪酬結構仍然居於主導地位。

(3) 確定支付對象

薪酬設計要考慮的第三點是確定支付的對象。重要的並不是具體的支付形式，而是確定支付的重點對象。由於任何組織的資源（包括支付員工的薪酬）都是有限的，根據「二八」原理，支付的對象和數量也應該有所區別，組織的員工都為組織做出了貢獻，都應該得到組織的報償。但貢獻的大小是不相同的，那些掌握組織關鍵核心技術和具備特定管理、決策能力的人員對實現組織戰略的貢獻顯然更為重要，他們屬於組織專用的人力資本，對提升組織競爭力具有重要意義。因此，組織在確立薪酬政策的策略和原則時，指導思想一定要明確，即薪酬政策應當向這些具有技術和管理創新能力、有助於提升組織的財務表現、有助於實現組織戰略的高績效員工傾斜。

(4) 支付方法的差異

薪酬設計的第四個原則是關於支付方法的問題。有的時候，支付的數量並不是最重要的，各種薪酬的搭配才是最重要的。也就是說，同等數量的薪酬可以採用不同的組合方式來支付，這主要是強調薪酬的靈活性和針對性的問題。首先，應當建立一個全新的總體薪酬體系的概念，不僅強調直接的現金形式，而且還應有其他非現金的形式。其次，對不同的人也有不同的支付方式，比如，從專業來講，研發人

員的薪酬大體上是一種固定工資高而活動工資（或績效工資）低的組合方式，而銷售人員則相反，績效工資比例很高，固定工資比例很低。同樣，從年齡結構上也可以有不同的組合，年齡大的員工更關注退休後的保障，年紀輕的員工則更看重現金收入的比例。因此，前者的薪酬組合中現金相對較少，退休後的福利較多，而後者則相反。

8.3.2 策略原則

薪酬設計策略是指企業在設計薪酬系統時必須考慮的基本原則和方法。總的講，企業的薪酬決策的策略和原則包括以下幾個方面：

（1）內部公平原則

內部公平原則又稱為內部一致性或內部均衡原則，它是指在企業內部不同職位之間、不同技能水準之間對薪酬的比較，這種比較是建立在不同的工作對組織戰略的貢獻大小基礎之上的。也就是說，內部公平是以工作為基礎的薪酬結構必須遵循的重要原則。如前所述，當今大多數的組織都採用以工作為基礎的薪酬結構，因此，瞭解和掌握內部公平原則以及如何實現內部公平的途徑，就顯得非常重要。

獲得內部公平的主要途徑和方法。組織內部公平原則主要是通過工作分析和職位評價獲得的。關於工作分析，請參見本書第3章的內容。這裡要強調的是，工作分析的目的只是區分出工作的相似性和差異性，至於這種差異性的量化評價，即決定它的崗位價值，則是通過職位評價來獲得的。

職位評價是組織為制定內部工資結構而對各個職位的相對價值進行系統評價的過程。這一評價主要是根據報酬要素來確定的，報酬要素包括崗位技能、崗位責任、崗位價值、努力程度和工作條件等。本叢書第一部《戰略性人力資源管理：系統思考及觀念創新》的第一章第一節談到傳統人事管理與現代人力資源管理時，曾以企業的財務分析人員和財務出納人員為例，詳細的闡明了這兩個工作崗位的區別，通過對這種區別的解釋，發現財務分析崗相對於財務出納崗而言，其對組織戰略的貢獻要大。其中所做的分析就包括了工作分析、職位評價和報酬要素等關鍵技術。關於職位評價、報酬要素的詳細內容，將在第15章做詳細的介紹。

（2）外部公平原則

外部公平原則又稱為外部一致性、市場競爭性或外部均衡性原則，它是指組織的薪酬決策應在與市場、產業、行業以及競爭對手的薪酬標準比較的基礎上來制定。之所以要考慮外部競爭的因素，是因為在企業發展的特定階段，它會對企業吸引人才並留住核心員工產生重要影響。首先，特定的人才資源是稀缺的，要想獲得這種資源，唯一有效的辦法可能就是支付與市場水準相等甚至超過市場水準的薪酬，即所謂的「市場薪酬領袖戰略」。因為人才第一需要的是「錢」。不是中國的人才要錢，全世界的人才都要錢；錢不是人才唯一要的東西，但是錢是人才要的第一條

件。[10]如果連這個條件都不能夠滿足，吸引和留住人才就是一句空話。其次，人才的培養是一個長期的過程，任何一個企業都不可能培養自己需要的所有人才，因此，「挖角」就成為一種比較簡單和有效的「邀請」人才加盟的方式。而要做到這點，具有競爭力的薪酬可能是最為有效的一個吸引人才的要素。最後，通過外部公平平衡組織勞動力成本，提高產品或服務的競爭力。

實現外部一致性的途徑。要獲得外部競爭性，唯一有效的方法就是進行市場薪酬調查。在發達國家，市場薪酬調查已經比較成熟，有大量的專業公司從事該項工作，中國這一類的調查才剛剛開始。專欄 8-2 所列舉的是中國一些專業諮詢管理公司和雜誌所做的薪酬調查數據。組織既可以根據自己的需要決定購買這些公司的數據，也可以決定自己進行調查，但要考慮自身的能力及成本等方面因素的制約和影響。

薪酬調查的目的和作用。主要表現在以下幾方面：一是企業通過調查瞭解行業或競爭對手的薪酬水準，並以此作為企業調整薪酬的依據，保證組織薪酬系統對組織成員的激勵作用。二是企業通過對產業、行業或市場競爭對手薪酬的調查，判斷組織薪酬系統的競爭力，為組織的薪酬決策提供依據。即使是那些實行內部公平的組織，市場薪酬調查也非常重要，它可以為組織的職位薪酬是過大或過低提供評價，以便組織隨時進行休整。三是調查為組織的員工與其他公司同類員工的薪酬相比較創造條件，如果員工通過比較感覺到受到了公平的待遇時，就意味著組織的薪酬達到了外部一致性的要求。

通過薪酬的外部調查，不僅可以瞭解產業、行業和競爭對手的薪酬競爭力，而且還可以為建立和完善企業的薪酬制度奠定基礎。比如，當企業採用的是市場導向的薪酬水準時，其薪酬標準就可以根據市場同類型組織的薪酬水準設定，這樣既可以增強企業薪酬的競爭力，吸引到企業需要的員工，也可以減少薪酬體系設計的成本。

專欄 8-2（1）：2003—2004 年中國經理人薪酬調查與展望

一、調查範圍：

地區分佈：北京、上海、廣州、深圳

行業分佈：15 個行業

職位分佈：14 個通用職位

職務分佈：公司部門以上經理

二、薪酬組成特點

1. 經理人年度現金收入總額占年度總薪酬的 80% 以上。北京最高，依次是上海、深圳、廣州。

2. 基本工資占薪酬的 80% 以上。北京、廣州基本工資占年度現金總收入比例最高，上海、深圳最低。
3. 補貼普遍不高，平均為年度總薪酬的 5%。
4. 變動收入不高，平均在年度總收入 10% 以內。
5. 福利總額平均占年度總薪酬的 20%。其中廣州最高，北京最低。

三、三大薪酬增長最快行業和三大增長最慢行業

三大薪酬增長最快行業：手機製造/電信/汽車

2003 年手機製造行業薪酬增長 11%；汽車為 9%。

三大增長最慢行業：互聯網/物業/家電

四、十大令人興奮的崗位
1. 物流總監：固定收入 15.5 萬元，加上變動薪酬為 20 萬元
2. 生產總監：固定收入 16.7 萬元，加上變動薪酬為 20.6 萬元
3. 研發總監：固定收入 14.5 萬元，加上變動薪酬為 21 萬元
4. 財務總監：固定收入 15 萬元，平均總薪酬可達 23 萬元
5. 人力資源總監：固定收入 17.8 萬元，年度總薪酬為 24 萬元
6. 信息技術總監：固定收入 19.2 萬元，加上變動薪酬為 24 萬元
7. 銷售總監：固定收入 18 萬元，加上變動薪酬為 27 萬元
8. 業務發展總監：固定收入 22 萬元，加上變動薪酬為 28 萬元
9. 營銷總監：固定收入 21 萬元，加上變動薪酬為 29 萬元
10. 事業部總經理：固定收入 17.2 萬元，加上變動薪酬為 30 萬元

資料來源：楊俊杰，張遜. 2004 中國經理人薪酬大勢［J］. 人力資源開發與管理，2004（5）.

專欄 8-2（2）：2005 年中國社會、企業薪酬調查與展望

一、翰威特公司的調查

根據翰威特公司《亞太地區薪酬增長調查 2005 年度報告》顯示，2005 年中國整體評價薪酬水準增長 6.6% 到 8.9%，其中經理層的薪酬增幅最大，達到 8.9%。

2005 年中國公司中各個層級的職業人員的整體薪酬平均增長幅度低於 2004 年預計的水準。

參與調查的 351 家公司中國公司中，有 33% 的公司提供長期激勵，最典型的是職工優先股。76% 的公司實行浮動工資，個人績效獎和業務獎勵依然盛行。其中管理層的全部現金收入中浮動工資占的比重最高，達到 20.3%。

二、大學畢業生就業薪酬情況

1. 起薪點持續下降

2005 年全國高校應屆畢業生超過 300 萬，就業率為 72.6%，有大約 100 萬應屆畢業生找不到工作，導致其薪酬水準下降。與 2004 年相比，2005 年高校畢業生起

薪點整體下降了27%。北京的大學畢業生期望薪酬平均為2800元，而企業願支付的薪酬為2100元，二者相差近1/4。

2. 有1年工作經驗的畢業生的薪酬增長

專業	收入	增加幅度
網絡學歷	2500~3000元	19%~42%
電訊技術工程師	2924元	39%
銀行/保險/證券	2740元	30%
IT工程師	2424元	15%
客戶服務	2306元	9%
秘書/辦公室管理	2298元	9%
教育人員	2155元	2%
銷售	2300元	9%
市場推廣	2500元	19%

三、技術工人薪酬增加

2005年杭州勞動保障局公布的工作指導價：

鏜工：58,114元（2004年為42,252元，增加15,862元）；電子專用設備調試工：55,500元（2004年為32,035元，增加23,465元）

2005年大慶市公布的勞動力市場部分工種的指導價涉及16個行業，職位305個。其中，本科生年平均工資為17,741元，而141類技術工種公布的工資價位中，有39類超過本科生。衝壓、轉床、礦物開採等工種的高級工、技師、高空技師的平均工資已超過2.5萬元，相當於碩士研究生首次就業的高位數工資水準。

四、不同所有制企業的薪酬差距

（一）中國企業的CFO、財務副總或總會計師收入排行榜（萬元）

外資	55.3	平均
合資	40.9	平均
民營	25.4	平均
國有	23.7	平均

（二）不同性質企業（事業）單位月薪比例（元）

性質	2004年	2005年	增幅
三資企業	3277	3637	10%
民營企業	2818	3030	7%
國有企業	2791	2907	4%
國家機關	2486	2562	3%

資料來源：中國勞動保障報，2006-01-07，轉引自人力資源開發與管理，2006（3）：12。

專欄 8-2（3）：2005 年度中國經理人薪酬大調查

該調查由《經理人》雜誌策劃運作，由太和顧問提供獨家調查數據，雙方合作共同推出。

（一）調查說明

此次調查的區域包括北京、上海、廣州、深圳 4 個大城市和杭州、重慶、武漢、大連、廈門、蘇州、長沙、青島等 8 個二級城市。調查是職位有：CEO/總經理、副總裁/副總經理、集團事業部總經理/分公司總經理/工廠廠長、研發、銷售、財務監、市場和行政人事總監等。調查的行業包括：軟件/系統集成、電信、互聯網、網絡游戲、網絡產品與製造、無線增值、品牌電腦、手機製造、家電連鎖、家電製造、電子元器件、汽車銷售、汽車製造、銀行、保險、房地產開發、百貨、超市、啤酒製造、保健品等 20 多個行業。調查企業的性質有外商獨資、合資、民營、國有等。

調查採樣：百餘各企業的調查，與 1143 家企業進行了合作，獲取了 12 萬條薪酬信息。

薪酬構成：年度現金回報，包括固定工資、績效工資、獎金等，不包括福利、股票分紅及其他非現金收入。

（二）總體特點：盤整

1. 從薪酬水準上看，2005 年市場薪酬上漲幅度低與年初預計水準，平均增幅為 7.8%。

2. 在薪酬構成方面有所調整，變動收入在各級別員工中均有上升。

3. 行業薪酬差距進一步拉大。新興行業大步增長，傳統行業活力不足，房地產、汽車行業的薪酬增長遠遠低於預期。

4. 區域差距進一步拉大。金融、高科技、製造等行業成為上海為中心的長三角經濟帶的核心行業，華東地區的薪酬因此成為各個區域中的佼佼者。二線城市的薪酬由於大公司的進入也呈現逐漸上升的趨勢。

（三）八大城市 CEO 和副總賺多少錢？

大連：高科技企業有 20% 的 CEO 年薪在 75 萬以上，20% 的副總裁/總經理年薪在 62 萬以上。

杭州：軟件/集成行業 CEO 年薪 64 萬（80 分位值）。

蘇州：電子元器件行業 CEO 年薪 61 萬（行業前 10 名平均水準）。

重慶、武漢、大連、廈門、蘇州、長沙、青島等 7 個城市的最熱門的行業副總裁/副總經理年薪在 51 萬～57 萬之間，廈門品牌電腦行業和家電業的副總裁/副總經理年薪都在 57 萬。

（四）沿海 5 個城市總監薪酬情況

大連：2005 年 IT 高科技行業薪酬比 2004 年高 9.7%。IT 高科技行業的集團事

業部總經理/分公司總經理年薪為48萬；總監一級薪酬見表1。

青島：家電業薪酬比2004年高7.8%，總監一級薪酬下表1。

杭州：軟件/集成行業薪酬比2004年高8.3%。見下表1。

廈門：品牌電腦行業薪酬比2004年增長7.9%。見下表1。

蘇州：2005年比2004年增長8%。500強有90多家在蘇州投資建廠。人才競爭加劇。見下表1。

表1　　　　　　　　　　　　　　　　　　　　　　　　　　　　　單位：萬元

城市/職務	集團事業部總經理/分公司總經理	研發總監	銷售總監	財務總監	市場總監	行政人事總監
大連	48	37	36	33	34	25
青島			37		23	
杭州		33				22
廈門		32	36	30	29	26
蘇州		32		30	29	26

資料來源：人力資源開發與管理，2006（5）.

(3) 員工貢獻原則

員工貢獻原則主要是指組織的分配以什麼為基礎的問題，它與薪酬設計的指導思想的第三點關於支付對象的確定是一致的。其共同的思想基礎是，由於組織的資源是有限的，因此應重點激勵核心員工，也就是說，應按照員工的實際業績對其進行獎勵。基本的原則應該是重點激勵高績效員工，帶動中等績效員工，淘汰低績效員工。要做到這一點，要求組織的管理具備較高的水準，包括高、中、低三種不同績效水準的劃分標準，管理者的領導能力和對員工的識別能力，與這些能力和績效水準相對應的薪酬水準等。

(4) 薪酬管理原則

薪酬管理原則主要包括三個內容：一是規範，二是調整，三是組合。規範是指對組織已經形成的薪酬體系進行有效的管理，其中最重要的是激勵約束系統的制度化和規範化，這樣既可以讓員工瞭解組織在加薪、晉升、降薪等方面的政策規定，同時也使組織的人事決策有依據可循。調整一方面是指加強與員工的溝通，及時發現薪酬管理中存在的問題，隨時進行調整。另一方面是指隨時保持對市場薪酬水準的監控，以便在需要的時候根據環境變化和企業戰略需要，對組織的薪酬系統進行修正或調整，提高薪酬激勵的針對性和競爭力。組合則是根據組織成員的不同特點，通過薪酬的不同組合，滿足員工的不同需要，調動其積極性，以幫助企業贏得並保

持競爭優勢。

8.3.3 理想的薪酬結構和內、外公平的協調

（1）理想的薪酬結構的含義

這裡所講的薪酬結構不是指在同一組織內部不同職位或不同技能薪酬水準的排列形式，而主要是研究總的薪酬數量在不同的層次上的分配和分佈問題。它感興趣的問題是：對於組織來講，是否存在一個比較理想的薪酬結構？什麼才是比較理想的薪酬結構？本節將對此問題做一簡要的討論。

從社會學的角度來看，在一個社會中大致有兩種收入模式或結構：一種是啞鈴型的結構，一種是紡錘型的結構。這兩種結構在觀念上呈現出極大的反差。在啞鈴型結構中，兩頭大，中間小，即高收入者（人數雖少但占據了大多數的社會財富）和低收入者（人數很多但佔有的社會財富很少）的比例相對較大，而中等收入者的比例小。而在紡錘型的薪酬結構中，低收入者和高收入者都是少數，中等收入者的比例較大。對一個社會來講，在其經濟發展初期，啞鈴型的結構會在相當長一段時間內占據主導地位，一部分能力優異和資源控制者迅速完成原始累積，由此成為社會的高收入人群。但同時，由於過分強調了效率優先，忽略了社會公平，最先富裕起來的人利用其不斷累積起來的資金資源、自然資源、社會資源以及政治資源等優勢，越來越富，而那些不占據資源的人則越來越貧窮，最終不可避免出現日益加劇的貧富差別的矛盾，並由此埋下社會安全穩定的隱患。因此，當社會發展到一定階段，在繼續強調效率優先的同時，兼顧公平的壓力會促成社會對低收入者人群的關注。這時，一個重要的途徑就是增加中等收入人群的數量，從而減少低收入人群的數量。當社會相當一部分人的生理需求基本滿足以後，社會的穩定也就有了堅實的基礎。因此，從社會穩定和共同富裕的角度出發，追求收入水準和分配上的紡錘型結構成為現代社會的一種發展趨勢。從某種意義上講，我們國家的發展歷程，也經歷了這樣的一個發展階段。改革開放之初，國家鼓勵一部分人先富起來，社會迅速形成了一批富裕階層。但由此也產生了不同地區、不同人群的貧富差距的矛盾。現在我們國家也開始注重解決貧富差距的問題，並通過各種方式和手段解決這一問題。

把從社會的角度觀察的結果用於企業的薪酬結構的思考是一件很有意思的事情。這並不是說這種結構就一定適合於企業，而是說這種考慮問題的思路可以為企業的薪酬決策提供一些借鑑。在企業的薪酬結構中，也有類似啞鈴型的結構，與這種結構相對應的分別是一般員工、中層管理者以及高層管理者。具體表現為：企業中的低收入者（如一般員工）和高收入者（如高管人員）的收入差距很大，而處於中間層次的管理人員和核心員工的收入不高，但貢獻很大。這樣一種結構顯然不利於骨幹員工積極性的調動和企業的可持續發展。因此，借鑑社會學的研究思路，所謂企

業理想的薪酬結構是不是也可以按照紡錘型結構來設計呢？按照這種思路，企業的薪酬結構也應當加大對其最薄弱的環節的投資，即增加和提高包括中層管理者和核心員工這部分人的收入水準。這樣，一方面能夠調動這部分人的積極性，另一方面也有助於減少骨幹員工的流動和達成兼顧公平的目標。當然，在做這樣的考慮時，還需要綜合考慮組織戰略、薪酬成本、員工層次等各方面的具體情況，以使決策更具有針對性。

（2）如何解決內部一致性和外部一致性的矛盾

企業是實行內部公平還是外部公平，在很大程度上取決於行業性質、企業戰略、企業發展階段以及職能要求等因素的影響。首先，組織戰略在一定程度上決定了這種選擇。比如，在一個實行差異化戰略和以技術領先的企業中，薪酬的外部公平可能是首要的考慮因素，因為要保持差異化和技術領先水準，必須保證有一支瞭解當今技術發展趨勢和掌握最新技術技能的技術人才隊伍。而要獲取和保持這個隊伍，就必須主要按照市場薪酬水準而不是主要按照內部公平原則決定其薪酬待遇。而在實行以低成本戰略的組織中，可能更多的崗位薪酬要按照內部公平的原則來確定，因為低成本戰略本身就限制了組織的招聘成本等人力資源管理方面的投資。

其次，是實行內部公平還是實行外部公平，還取決於特定環境條件下制約組織發展的主要因素。如前所述，內部公平是建立在工作分析和職位評價基礎上的，而外部公平則反應了市場薪酬水準對人才的吸引和對企業薪酬系統的制約。由於缺乏進行選擇的依據，企業常常為在內部公平還是外部公平之間進行選擇而舉棋不定，傷透腦筋。那麼應如何解決這一問題呢？下面就以工作評價的結果如何與工資結構相聯繫為題，對如何解決內部公平和外部公平的矛盾做一說明。

A企業是一個主要從事家具製造的專業性公司，在產品的研發、生產和銷售三個環節上，由於生產環節實現了一定程度的機械化和自動化作業，產品的質量能夠得到保障，因此研發和銷售是最重要的兩個環節。目前市場上的情況是：優秀的研發總監人才很少，待遇要求也很高。而銷售人才相對較多，薪酬水準也相對較低。A公司存在兩個主要問題：在研發方面，缺乏高素質的研發團隊，研發創新還有待加強，但總的講能夠應付目前局面；在銷售方面，雖然每年都有增長，但距公司的要求和戰略目標仍有較大差距，大量的庫存占壓了公司的資金，公司領導一直為此傷透腦筋，希望通過薪酬制度改革，調動其積極性，為實行公司的戰略目標奠定基礎。現A公司正在進行勞動人事制度改革，其中需要對營銷總監和研發總監兩個職位進行職位評價，以期獲得較為公正的薪酬水準，解決當前公司面臨的最緊迫的問題。但問題在於採用什麼標準進行評價。如果按照內部一致性原則，兩個人的薪酬水準都應該相同，應向兩人支付相同的工資；如果按照外部競爭性要求，目前的行情是研發類人才比市場營銷類人才緊俏，前者的市場薪酬水準要高於後者，應向研發部經理支付市場水準的薪酬。這時內部公平和外部公平的矛盾表現在，按照內部

一致性原則確定的薪酬水準可能導致研發總監的價值沒有得到應有的承認，按照外部公平原則確定的薪酬水準則可能使銷售總監感到不公平。結果是，無論採用哪種方法，都會產生激勵不到位的問題。

解決這一問題的關鍵在於什麼是制約企業的「瓶頸」，而不是單純地在內部公平和外部公平中做出選擇。從以上可以看出，A企業面臨的「瓶頸」是銷售而不是研發，因此，解決問題的思路也應從銷售環節入手。根據戰略性人力資源管理的要求，人力資源戰略應當支持組織的經營目標，因此在二者薪酬的投入上應向銷售總監傾斜。儘管市場銷售總監的市場薪酬水準低於研發總監，但也應向其支付高於市場平均水準的工資，同時根據公司對研發環節的期望，向研發總監支付與市場平均水準相等的工資。這樣，就能夠解決內部公平和外部公平的矛盾。

最後，採用內部公平還是外部公平還與組織的發展階段密切相關。內部公平和外部公平的運用並不是絕對的，在企業發展的不同階段，這兩種原則的運用始終是隨著企業的需要而不斷變化。一般來講，在創業和成長階段，企業往往需要大批管理和技術人才的加盟，因此，薪酬的外部公平就成為企業薪酬政策的主要手段。在進入成熟期後，企業的各方面都進入了比較穩定的時期，企業的知名度、品牌和商譽等無形資產已經形成，特別是企業的人力資源管理水準有了很大提高，培訓、開發、有效的職業發展空間、良好的工作氛圍等都成為吸引人才加盟和留住人才的重要手段，這時內部公平開始逐漸取代外部公平，成為制定企業薪酬政策的主要依據。在專欄8－3中，可口可樂中國公司在薪酬方面的變化，大體也體現了這樣的規律。

專欄8－3：企業不同發展階段的薪酬戰略：可口可樂的薪酬戰略變化

可口可樂公司進入中國大陸後，為了有效地發揮薪酬的激勵功能，其薪酬制度隨著外界環境和公司戰略的變化而不斷變化。進入中國大陸之初，公司採用的是強調外部競爭性的高薪政策。

在20世紀80年代初，中國剛剛開始改革開放，人們生活水準較低。可口可樂中國公司針對當時物質不豐富、員工收入水準低的狀況，採用高薪政策以吸引和激勵人才。當時可口可樂公司的薪酬結構由基本工資、獎金、津貼和福利構成。公司提供給員工的基本工資比例很高，是當時國內飲料行業的兩至三倍。薪酬政策同時強調內部公平，管理人員和工人的工資差距較小，薪酬具有很強的平均色彩。獎金是公司根據員工績效，經考核後，在月底向員工發放。

由於採取極具競爭力的高薪政策，可口可樂公司在當時吸引了中國大批人才加盟其中，並且員工的離職率很低，有力地促進了公司戰略目標的實現。

當公司進入快速成長期後，為了增強對人力資源競爭優勢，公司於1995年根據勞動力市場薪酬調查報告，做出每年給員工多發三個半月基本工資的決定，以提高

工資總量，保持公司總體薪酬水準美商在華企業平均薪酬的四分之三以上。在福利方面，除了按照政府規定為員工支付基本養老金、住房公積金、失業保證金，並根據公司情況增加補充養老保證金，以及向員工提供普通團體意外險和住房貸款計劃等。另外在強化佣金、獎金等短期激勵措施的同時，開始注重採用股票期權等長期激勵手段。這樣通過改變後的薪酬制度對外更具競爭力，對內更具激勵性和導向性。

從1999年開始，在中國投資擴張的速度開始放緩，大規模辦廠也告一段落，公司開始進入了穩定發展階段。當時與可口可樂競爭的企業不僅有百事可樂，還有國內的健力寶、匯源、娃哈哈、露露、統一、康師傅等企業。產品的市場競爭以及由此帶來的人才的市場競爭，加上內部不盡完善的薪酬制度，導致了可口可樂的公司人員辭職率上升、員工績效下降的現象。為了扭轉這種局面，2000年，可口可樂中國公司首先進行了重大的組織結構改革，然後對所有的職位進行全面的職位分析和職位評價。並在此基礎上對薪酬制度做了重大調整，開始推行全面薪酬制度，將經濟性和非經濟性的薪酬真正融為一體，把薪酬範疇擴展到包括基本工資、績效獎金、福利、股權、培訓計劃、職業生涯開發、員工溝通與參與、員工滿意度提高等各個方面。同時還為本地員工向國際化人才發展並進行國際間人才交流創造了條件。

資料來源：方振邦，陳建輝．不同發展階段的企業薪酬戰略［J］．人力資源開發與管理，2004（5）．

8.4 薪酬系統與組織競爭力

8.4.1 薪酬體系的目標

薪酬不只是對員工貢獻的承認或回報，它還是一套把公司的戰略目標和價值觀轉化為具體行動方案，以及支持員工實施這些行動的管理流程。薪酬體系並不是存在於真空，它是公司戰略和文化的一個組成部分。[11]薪酬系統要幫助組織提升競爭力，一個最重要的方面就是要支持組織的經營目標。一個有競爭力的薪酬系統的內容主要包括四個方面：一是支持組織的經營戰略目標，這也是戰略性人力資源管理的重要特點。二是薪酬戰略與組織戰略的匹配，不同的經營戰略，其所包含的人力資源職能也表現出不同的特點。三是效率目標，它體現組織薪酬戰略對提升員工積極性和組織效益的推動作用。四是公平目標，指組織的薪酬系統反應不同專業、職位工作的特點。五是合法目標，指組織的薪酬要符合有關的法律、法規的要求，如最低工資、勞動社會保障等。其中，支持組織戰略和薪酬與組織戰略的匹配是最重要的兩項內容，它體現戰略性人力資源管理的要義，即人力資源戰略要支持組織的目標。本節將重點討論這兩個問題。

（1）支持組織經營戰略

關於人力資源管理實踐支持組織經營戰略的觀點在本書中隨處可見，這並不是

一種簡單的重複，而是它體現了戰略性人力資源管理的要求，即人力資源戰略要支持組織的經營目標。薪酬體系作為戰略性人力資源管理最重要的職能之一，極其強調薪酬戰略與組織經營戰略相匹配和適應的問題。因此，不同的經營戰略就會具體化為不同的薪酬方案。在這方面可以列舉很多例子說明。比如，由普費弗（Pfeffer）和戴維斯·布萊克（Davis-Blake）最早的一篇基於資源依賴性觀點研究薪酬與經營戰略之間關係的文章中就表明了這種關係。[12] 研究者運用一項資源依賴模型來考察在私立和公立大學中學術輔助性員工的相對工資。研究者認為，由於私立大學和公立大學以不同的方式（戰略）展開資源競爭，從而使得幫助實現這一戰略的某些關鍵工作職位完全不同。例如，公立大學的財務支持很大一部分來自於州預算程序，而私立大學往往更依賴於私人贈款和捐助。與此相類似，公立大學可能發現其體育隊的成功對於來自公民及州政府中的公民代表所提供的支持有所貢獻，而某些私立學院保留不那麼成功的體育項目只是作為某種榮譽標誌。不論在兩種性質的大學中什麼職位是最關鍵的，它們都將獲得相對其他職位更高的工資。因此，私立大學和公立大學將存在一組有別於市場平均水準的工資率，即使它們通常是在同一產品市場中展開競爭的。例如，私立大學更多地依賴於私人饋贈，因此首席開發官對於私立大學更為重要，而體育負責人和社區服務負責人對於公立大學的戰略可能更具核心地位。研究者們的這些假設得到了實踐的印證，私立大學首席開發官的相對工資要高0.18個百分點，而公立大學的體育負責人和社區服務負責人的相對工資分別要高出0.04和0.17個百分點。因此，研究結論總體上支持擁有不同經營戰略的組織也具有不同的工資結構的觀點。不僅如此，最新的研究顯示，這種資源依賴性的觀點同樣適用於對私有經濟中公司高管人員的薪酬研究。研究者們運用自1981年至1985年的現金薪酬數據，發現了以下規律：在資本密集型廠商和高度多元化的廠商中，財務職能更為關鍵；在營銷和廣告方面花費巨大的公司中，營銷職能更為關鍵；在關注於產品創新的廠商中，研究開發領域的高層管理者更為關鍵。這些研究也得到了實踐的印證，例如在R&D支出處於最高的75%分位的廠商中，研究開發類高管人員所得的工資比R&D支出僅達到中位值的廠商要高出12%。[13] 另外一些研究也表明，薪酬與企業戰略之間存在密切關係。比如，在行業內的同類職業中，工資和技能要求存在的巨大差異是由市場和客戶類型決定的，而市場和客戶類型正是經營戰略關注的中心。更關注差異化戰略的廠商可能比成本領先戰略的廠商可能需要更能幹、激勵意願更強的員工，並可能運用高工資作為構建這類員工隊伍的一項手段。[14]

通過薪酬制度改革，保障組織的戰略調整或業務轉型的一個經典案例就是IBM公司。[15] 在大型主機電腦在市場占據主導地位並能夠為公司帶來高額利潤時，IBM公司原有的薪酬制度能夠很好地支持這種戰略。然而從20世紀80年代末開始電腦

技術性人力資源管理：
系統設計及實務操作

市場的發展變化速度大大加快，突出的表現就是個人電腦的普及和流行，而 IBM 公司卻沒有能夠對這種趨勢作出正確的預測和估計，從而導致公司的業務和盈利能力大大下降，同時由於與客戶以及市場之間的關係日益疏遠，成本太高等原因，客戶也越來越少，IBM 公司逐漸陷入了困境。為了扭轉這種局面，IBM 公司進行了大刀闊斧地改革，1993 年郭士納接任 IBM 公司的董事長和 CEO 時，公司累計虧損 160 億美元，被媒體形容為「一只腳已經跨進了墳墓」。郭士納在對公司的業務進行調整和改革的同時，也對舊的薪酬制度進行了改革。在郭士納任職的 9 年時間裡，IBM 公司股價上漲了 10 倍，成為世界上最賺錢的公司之一。郭士納的成功主要表現在兩個方面：一是保持了 IBM 這頭巨象的完整；二是成功地使 IBM 公司從生產計算機硬件轉為提供服務，成為世界上最大的一個不製造計算機的計算機公司。而在這其中，IBM 公司的薪酬制度改革也做出了特殊的貢獻。

IBM 公司原有薪酬系統的五個特點：一是強調平等和共享的家族式管理。二是公司各級別的工資待遇主要由薪水構成，有少量獎金、股票期權或部門績效工資。三是工資待遇差別小。原則上所有評價合格的員工每年增加工資；高級別和低級別員工每年工資漲幅不大；工資增長與公司當年收入不掛勾；所有技術性員工的工資級別都是統一的，不管其工作是否需要更高的技能要求；市場營銷經理和生產經理的工資水準也定在同一檔次上。四是過於強調福利和津貼，包括終身雇傭制度，薪酬系統嚴重官僚化。五是管理人員在給手下雇員增加工資方面的分配自主權非常小。

郭士納認為，這種家族式的管理模式在原來的體制下是有效的，它形成了員工對公司高度的歸屬感。但這種舊體制最終因為財務危機而癱瘓了，因為它不僅嚴重脫離市場現實，而且無法滿足強調家長式管理的傳統的 IBM 公司文化的要求。為了維持 IBM 的完整性，使公司起死回生，必須要進行改革。IBM 公司的薪酬改革的理念就是，通過浮動工資計劃、認購公司股票以及建立在績效基礎上的加薪計劃，減少家長式福利，為每一個員工提供更大的機會參與到公司成功的獎金回報計劃中去。郭士納指出，如果獎勵制度與戰略不相吻合，就無法使組織發生轉型。因此他促成了 IBM 薪酬制度的改革，改革主要從八個方面入手，即平均分配、固定獎金、內部標杆、津貼、有差別、活動獎金、外部標杆和績效轉變，見表 8-2。

表 8-2　　　　IBM 公司舊的薪酬制度與新的薪酬制度的比較

舊的制度	新的制度
平均分配	有差別
固定獎金	活動獎金
內部標杆	外部標杆
津　　貼	績　　效

郭士納改革的思路和採取的具體措施包括：

第一，建立一種與忠誠度和資歷無關的績效工資制度，削減獎勵性工資的增長，把員工的工資水準與市場變化、個人工作績效和貢獻掛勾，並與企業績效目標聯繫起來。獎金也建立在績效和個人貢獻的基礎上。20世紀90年代中期，全面實行「浮動工資」制，6年中，共向全球的IBM員工發放了97億美元的獎金。

第二，授予股權。郭士納認為，對於營造一個一勞永逸的團隊環境來說，沒有什麼能夠比為大多數的IBM人提供一個統一的激勵性工資待遇機會更為重要了。因此，郭士納在IBM公司的「股票期權項目」中做了3個重大改革：一是首次向數萬名員工授予股票期權，1992年，有1294名IBM員工（幾乎都是高層經理）獲得了公司的股票期權。9年後，有72,494名員工獲得股票期權，而且授予非高層經理的股票期權數量是高層經理所獲得股票期權的2倍。二是授予對象也包括高級經理，而且建立在股票基礎上的工資待遇制度，構成了高級經理薪水中最大的一塊，將每年的現金工資待遇與公司的股票預期價值之間掛起鈎來。其目的是要讓高級經理們知道，除非使公司的長期股東獲利，否則他們就無法獲利。三是IBM的高級經理將不會被直接授予股票期權，除非他們直接將自己的錢投到公司的股票中。公司專門制定了高級經理股權指南，明確表明，高級經理有望擁有的IBM的股票價值取決於他們的職位以及他們的年薪和年終獎綜合增長倍數。

表8-3　　　　　　　　　IBM高級經理股權指南

職位	最小增長倍數
首席執行官	4
高級副總裁	3
其他全球管理委員會成員	2
其他高級領導集團成員	1

第三，把高級經理的收入與公司績效掛勾。包括：最高層的高級經理和事業部的高級經理年終獎中有一部分與公司整體績效掛勾。第二等級高級經理的獎金的60%取決於公司整體贏利狀況，40%取決於所屬事業部的贏利狀況。

第四，注重外部競爭性，即薪酬改革向市場標準靠攏。通過歸類法和寬帶薪酬設計，新的薪酬制度與原來相比，保持了較少的職位和為數不多但變動範圍更大的薪資等級，從而達到了減少官僚主義、減少等級層次以及把決策權力向較低管理層次下放的要求。

第五，廢除家長式福利制度。

在IBM公司的薪酬制度改革中，郭士納尤其重視股票期權的改革。他指出：「如果我們打算成功地完成公司整合的任務，那麼工程師、營銷人員、設計師以及其他遍及全球的IBM員工都必須採取統一的行動。為此，我必須讓所有人都心往一

處想，那麼，將公司的股票期權授予這些人，無疑會有助於讓大家的關注點都放在同一個目標上，放在一個共同的績效記分板上。我需要讓員工們相信，他們最好是在為一個統一的公司工作——該公司只有一個團隊，沒有獨立的地域分割各自為政。如果我不能做到這一點，那麼我的整個使IBM起死回生扭轉乾坤的戰略就會失敗。」事實證明這是一個非常重要和成功的計劃，它不僅幫助郭士納留住了本打算加盟到競爭對手公司去的重要員工，而且向員工傳遞了一個重要的信息，這就是：將公司和員工的業績與股票價格聯繫在一起，將大家的利益與股東的利益直接掛勾，IBM的工資待遇將以績效為基礎，而不是之以工作年限為基礎。這些都充分說明了薪酬制度對IBM公司戰略轉型的支持。

　　薪酬戰略支持組織的經營目標，並不一定要體現在關鍵崗位的價值的重要性和較高的收入水準上，在很多情況下也可以通過平等的工資結構來達到這個目標。比如，在一些著眼於創造和諧、分享共同願景和員工合作的組織中，其支付的薪酬低於其他的組織。這方面的一個例子是美國的SAS研究所。作為一家軟件公司，該公司的經營戰略並不是出售軟件，而是出租軟件。為了支持這一戰略，公司的薪酬戰略並不強調在業內廣泛採用的貨幣性報酬、股票期權以及通過晉升實現，而是關注每個人享有的、具有均等化效應的平等主義的工資結構和廣泛福利。公司的出發點是，為了實現公司的戰略目標，必須與顧客保持長期關係，以便能夠從顧客那裡獲得他們所期望的軟件改變和改善的詳盡信息。能否保持與顧客的長期關係，在很大程度上取決於與員工保持關係的長短。同時因為在競爭日益加劇的軟件行業中必須保持持續的創新，保持與員工的長期關係不僅有利於保持與顧客的長期關係，而且能夠支持公司戰略的實現。為了促進這些長期關係的形成，公司為全體員工提供了一套具有相同的大福利包的政策。這一方面形成了對工資的收縮壓力，同時也縮小了不同等級和個人之間的工資差異。公司還實施了其他避免差異化的行為，如公司只有四個層次，因此晉升作為報酬戰略的作用並不重要。儘管存在大量的內部員工流動，其中大多數是橫向流動，涉及不同項目的工作或在不同業務領域中的工作。公司認為當人們將新觀點視為個人榮譽的意願較低，而且樂於與他人合作分享和開發這些新觀點時，創新會更加成功。實踐證明，在這種薪酬制度下公司取得了極大的財務成功，不僅被列於「100家最佳工作環境的公司」名單中，而且在高流動率的軟件行業保持了4%的低流動率。[16] 專欄8-3中，可口可樂公司在進入中國初期時採用的薪酬戰略，也非常強調內部均衡，管理人員和工人的工資差距較小，具有很強的平均色彩。這種平等的思想和具有市場競爭力的薪酬，有力地支持了公司經營目標的實現。

　　（2）企業薪酬戰略與經營戰略的匹配

　　薪酬戰略支持組織經營目標，還表現在不同的組織戰略與薪酬戰略的匹配。目

前企業實踐中最典型的戰略主要有差異化或創新型、成本領先型和集中型三種。一般來講，不同的戰略對員工的知識、能力和技能也有不同的要求，因此，薪酬作為支持組織戰略的職能層次的戰略，應當在這些知識、能力和技能的鑑別、區分和激勵等方面體現出導向作用。下面就以這三種戰略為例，結合波特的戰略管理理論，[17] 簡要說明與之相對應的人力資源的職能配合和薪酬戰略的特點。

①差異性或創新性戰略

戰略特點。所謂差異性和創新性，就是企業的產品和服務與競爭對手相比有不同的特點，這種差異性是建立在滿足顧客需求和引導市場消費基礎之上的。因此，這種戰略尤其強調創造或提高產品某方面的差異性或獨特表現，並通過利用客戶對企業品牌的忠誠以及由此產生對價格的敏感性下降使公司得以避開競爭，或與競爭對手的產品或服務相區別。同時，由於技術的進步日新月異，為了保持企業的競爭優勢，需要在依靠內部技術開發的同時，不斷吸引具有創新精神和掌握新技術的人才加盟，以加快產品研發，縮短產品生命週期，搶在競爭對手前使自身的產品服務佔領市場。

人力資源的職能配合。差異性戰略決定了與之相適應的人力資源的職能要求，包括：在工作分析環節，由於倡導員工的創新和合作精神，因此一般只做寬泛的而不是嚴格的工作描述，也就是說，不嚴格限制員工的工作範圍，對於研發團隊尤其如此。一些跨國公司均採用了這種方法，如 3M 公司為了鼓勵知識創新，提出了「15% 規則」，允許技術人員在工作時間內可以用 15% 的時間按照自己的意願進行自我創造和自我發明，而不管這些工作是否直接對公司有所幫助。如果對這些知識型和技術性員工的工作範圍進行嚴格的限制，其創新精神就會受到大打折扣，效果也會適得其反。在招聘環節，主要應從外部市場入手，招聘並挑選具有冒險精神、創新意識、實踐能力、敢於提出新觀點、敢於承擔責任、善於溝通和合作和講究關係性協調的員工。在培訓環節，由於主要對外招聘的是有經驗的員工，因此不太注重功能性培訓，而比較強調通過強化招聘環節的工作，著重加強對員工創新精神和團隊合作的訓練。在績效環節，重要的不是數量，而是創新的成果及其在實踐中的應用。如 3M 公司就明確規定，每個子公司 25% 的利潤必須來自近 5 年內開發的產品。這樣，既通過強制性的規定強化了創新精神在組織內部的力量，同時也為組織的可持續發展奠定了堅實的基礎。

薪酬戰略。差異化戰略不僅界定了以上與之相適應的相關的人力資源職能的內涵，同時也明確了薪酬戰略的指向。也就是說，在實行差異化戰略的組織中，以薪酬為主要內容的激勵機制應有明確地對創新的激勵導向，如獎勵對產品和服務的創新、獎勵對生產、工藝、管理流程的改進和重組、獎勵對市場開拓的創新以及獎勵那些敢於提出不同意見的員工，特別是在這些意見和建議能夠有效地改善組織的經營和管理的情況下，獎勵是非常重要的和具有導向意義的舉措。在內、外公平的原

則上，主要以外部公平為主，即主要按照市場水準決定薪酬，不太看重內部等級制的差異化薪酬政策。同時在薪酬的組成上，盡可能豐富其內容，以建立有針對性和靈活性的薪酬體系。此外，由於差異化戰略對組織成員的能力要求很高，對於那些奉行差異化戰略的高科技公司，必須建立一套獨特的薪酬戰略以提高組織績效。根據迪亞茲和戈麥斯·梅西亞（Diaz & Gomez-Mejia, 1997）的研究，企業的技術含量越高，越可能採取以能力作為薪酬等級的依據，強調風險共享的薪酬，主要以外部薪酬公平為主，重視員工參與的薪酬管理方式，並不斷開發新的長期薪酬措施。[18]

②成本領先戰略

戰略特點。成本領先戰略的最大特點就是對效率的高度關注，以及盡可能地降低生產、管理、銷售等成本。正如邁克爾·波特指出的：成本領先要求建立起達到有效規模的生產設施，在經驗基礎上全力以赴地降低成本，抓緊成本與管理費用的控制，以及最大限度地減少研究開發、服務、推銷、廣告等方面的成本費用。貫穿於整個戰略中的主題是使成本低於競爭對手。

人力資源的職能配合。成本領先戰略的性質決定了與之相適應的人力資源的管理實踐，包括：在工作分析環節，由於強調員工獨立完成工作的能力，因此通常要進行嚴格的工作描述和職位評價，工作（崗位）的界定一般比較狹窄，對崗位和任職者有明確的技能和專業化程度要求，並且盡可能地少用人，多辦事。在招聘選拔環節，嚴格按照崗位要求和任職資格進行人員選拔。在培訓環節，由於強調「經驗基礎」，因此主要通過傳、幫、帶和在崗工作經驗累積達到員工現有技能的維持，對管理人員主要採取包括溝通、協調、處理衝突等基本管理技能方面的培訓和開發，以提高管理人員在新形勢下的工作效率和管理水準。在績效考評環節，由於強調「規模」，因此高度關注產品、服務的數量和質量，並依賴以行為和結果為基礎的績效考評系統。

薪酬戰略。在實行成本領先的組織中，一般比較注重內部一致性，由於強調專業化，因此工作都盡可能進行分解，尤其是在製造業和勞動密集型等生產型企業中，大多分解為由較低的工資和不需太高技能的員工來完成的細微和簡單的工作要素，而且報酬的大部分與績效掛勾，基本工資較少，可變工資較多，強調對數量和質量的獎勵。由於注重規模效益，有較高素質的管理人員就非常重要，因此管理人員與工人之間的工資差距比較大。但在如技術、銷售等專業崗位上，則強調專業化、效率、績效、報酬之間的正相關關係。

③顧客導向戰略（集聚戰略）

戰略特點。與成本戰略和差異化戰略所追求的實現整個產業的目標不同，目標集聚戰略追求的是服務於一個特定的顧客群、某個產品系列或某個細分市場。這一

戰略的前提是：公司能夠以更高的效率、更好的效果為某一狹窄的戰略對象服務，從而超過在更廣闊範圍內的競爭對手。結果是，公司要麼通過較好地滿足特定對象的需要實現了差異化，要麼是在為這一對象服務時實現了低成本，或者二者兼得。

人力資源的職能配合。由於該戰略兼具了低成本競爭和差異化兩種戰略的特點，因此從總的講，與前兩種戰略匹配的人力資源管理實踐大致也適用於該戰略。由於集聚戰略主要是向特定的市場或客戶提供產品和服務，因此其人力資源管理的實踐也具備一些特點，如強調以服務為導向，滿足顧客期望，加強員工溝通能力的培訓，依賴以行為為中心的績效考評系統等。在薪酬戰略上，重點考慮建立以顧客滿意度為基礎的激勵工資體系。

（3）效率目標

效率目標主要是指薪酬體系在吸引和留住高績效員工、降低成本、提高顧客和員工滿意度等方面使薪酬系統具備創造價值的能力。比如，並不是高薪就一定能夠吸引和留住高績效員工的，通過各種薪酬、福利要素的科學合理的搭配組合，能夠提高員工的工作滿意度，充分發揮薪酬的激勵效用。同樣，注重整體薪酬的概念也有助於組織競爭力的提升，也就是說，除了薪酬、福利等傳統的工資概念以外，通過對社會交往、工作多樣性和重要性、工作條件以及發展機會等現代報酬要素的重視，能夠增加員工的滿意度，並在此基礎上達成顧客滿意度，進而提升組織的效率。

（4）公平目標

公平是薪酬制度的基礎，它反應組織成員對薪酬系統的認可和接受的程度。大家經常講的「按勞分配」就是一個反應公平的目標。要達到公平的目標，首先是要求指組織的薪酬系統要準確反應不同專業、職位工作的特點，在此基礎上制定相應的薪酬決策。其次，在薪酬結構上要盡可能全面反應各種勞動要素指標。比如，除了技能、責任、工作條件和努力程度等要素外，還應有工齡工資、學歷工資等內容。因為工齡工資反應員工在組織中工作的時間，一般來講，工作時間的長短在一定程度上反應了員工的工作態度和敬業精神，而學歷工資則是對建立在知識基礎上的能力和技能的認可，特別是對於那些以知識、技術為主要競爭武器的高科技公司來講，設立學歷工資往往能夠對技術人員起到較好的激勵作用。因此，這些要素都應當在薪酬體系中反應出來。當然，它們在整個工資中的比重要合適，不能回到過去那種完全以工齡和學歷作為工資決策主要依據的做法。現在的一些做法又走向了另一個極端，在薪酬結構中取消了工齡工資和學歷工資，這也是欠妥的。最後，公平目標還反應了組織成員對組織薪酬政策的理解程度，儘管對是否應該公布薪酬有不同的看法，但對於薪酬結構、等級、薪酬的導向、獎勵類別等基本政策方面的信息，還是應向組織成員公開，同時部門主管、人力資源部門也應加強與員工在薪酬福利政策方面的溝通，並對員工就薪酬福利待遇方面提出的問題做出恰當的回答，這些都有助於員工對薪酬政策的理解。

(5) 合法目標

合法目標指組織的薪酬政策要符合國家有關的法律、法規和政策的要求，如最低工資標準、工作時間、勞動社會保障等。

8.4.2 薪酬體系提高企業的競爭力

在關於「組織應該如何利用人力資源來贏得 21 世紀的競爭優勢」的一項調查中，12 個國家 1200 多名專家共同認為，薪酬是幫助組織贏得競爭優勢的關鍵要素。[3]美國專家提出的 6 項措施中有 4 項是與薪酬有關的：有 87％的美國專家認為「獎勵有為顧客服務意識的員工」是企業贏得競爭優勢的頭等大事，其次分別是「交流經營方向、問題和計劃」（85％）；「獎勵具有經營意識和生產效率高的員工」（84％）；「獎勵具有創新和發明的員工」（83％）；「完善薪酬制度，鼓勵利潤分享」（79％）；「早日發現具有潛力的員工」（76％）。德國專家提出的 11 項措施中有 4 項與薪酬有關，96%的德國專家認為「早日發現具有潛力的員工」最值得優先考慮；其次分別是：「交流經營方向、問題和計劃」（93％）；「獎勵具有創新和發明的員工」（90％）；「獎勵有為顧客服務意識和幅高質量的員工」（89％）；「員工的靈活性」（84％）；「重視管理技能開發和技術培訓」（82％）；「重視名校招聘」（82％）；「獎勵具有經營意識和生產效率高的員工」（81％）；「靈活的矩陣式管理」（81％）；「強調激勵和個人績效觀念」（78％）；「全員參與」（77％）。日本專家提出並達成共識的 3 項措施中有 1 項與薪酬有關，即「交流經營方向、問題和計劃」（83％）；「早日發現具有潛力的員工」（78％）；「重視激勵和個人績效」（75％）。此外，在對 23 個國家的 2000 多個公司最高決策者的調查中，有 78％的人認為「績效工資是完成戰略的最關鍵因素」，只有大約 30％的人認為公司目前的薪酬制度能夠支持公司的戰略。這表面在全球範圍內的企業領導人都對有效的薪酬戰略幫助企業贏得並保持競爭優勢有共識。

薪酬體系可以通過以下方面幫助提高企業的競爭力：

（1）通過科學合理的設計和提高成本效率提高競爭力

由於勞動力成本在企業的總成本中占據很大的比例，而這一比例又是決定產品或服務價格的重要組成部分，更重要的是與原材料等成本不同，原材料成本是企業無法控制的，但勞動力成本是企業可以控制的成本。當 A 企業的產品或服務的價格低於生產同類產品的 B 企業時，意味著 A 企業的成本低於 B 企業，A 企業就具有了與 B 企業競爭的優勢。因此，通過設計一個有效率的和公平的薪酬系統來加強對勞動力成本的控制，便成為企業提高競爭能力的重要手段和工具。

（2）通過增強企業招聘能力和留住高績效員工增強競爭力

一個有競爭力的薪酬系統是企業能否招聘到高績效員工的重要條件。在現階段，金錢畢竟還是衡量一個人能力水準的重要尺度。知識、能力和技能水準較高的員工

理應得到較高的報酬。因此，一個有競爭力的薪酬系統能夠在勞動力市場具備競爭優勢，它不僅能夠招聘到企業需要的高績效員工，而且由於能夠「按勞付酬」，因而增強了高績效員工的歸屬感，減少了他們的流動率。此外，通過對社會交往、發展機會、信息反饋等非經濟性薪酬要素的重視，也能夠幫助增強員工的凝聚力和工作的熱情，最終達到提升組織競爭力的目的。

（3）通過影響員工的態度和行為增強企業的凝聚力

一個有效的薪酬戰略是推動企業實現經營目標的重要工具，除了可以有效地降低成本而提高競爭力外，它還可以通過影響員工的態度和行為從而影響企業的績效水準。一個有競爭力的薪酬系統影響員工態度和行為主要表現在該系統的公平性方面，比如，有關隱含成本的概念主要就是針對公平性而言。員工往往將自己的收入水準與其他員工的收入水準進行比較，當高績效員工發現自己的薪酬水準與低績效員工的水準相當時，就會出現負面的隱含成本，並給組織的目標實現帶來困難。因此，組織薪酬系統一定要有明確的績效導向和能力導向，要能夠獎勵那些能力、業績出眾並享有較好人際關係的員工。通過這種導向，能夠影響甚至左右一大批人的行為，以鼓勵他們圍繞組織的目標而共同努力地工作。

（4）通過多種薪酬形式組合增加差異性

薪酬形式是多種多樣的，不論是經濟的或直接的，還是非經濟的或間接的，這些不同形式的薪酬的有效組合不僅可以增強企業的凝聚力，吸引並留住高績效的員工，而且還能夠以豐富的形式增強企業薪酬的差異性，從而使其他企業難以模仿，在此基礎上提高企業的競爭能力。

8.4.3　管理實踐——如何瞭解企業的薪酬系統是否具有競爭力

既然組織的薪酬系統對於提升組織競爭力具有舉足輕重的作用，那麼，隨時瞭解和掌握組織的薪酬水準就顯得非常重要。可以通過以下方法瞭解企業的薪酬系統是否具有競爭力：

（1）外部市場調查

薪酬市場調查是實現外部公平的重要途徑和方法，通過對產業、行業及競爭對手薪酬系統的調查和瞭解，可以找出與競爭對手在薪酬體系方面存在的差距，在此基礎上對本企業的薪酬系統進行全面的診斷和改進。

（2）內部員工薪酬滿意度調查

員工薪酬滿意度調查是一種廣泛採用的瞭解薪酬水準的方法。通過調查，可以收集企業內部員工對薪酬制度的評價。如果滿意度高，則反應薪酬制度的激勵目標基本達到，從而會起到激勵的作用。反之則會產生負面效應。

（3）招聘結果調查

通過是否隨時都能夠招聘到企業需要的高績效員工來判定企業薪酬制度的競爭

力水準。它反應的是外部勞動力市場對組織薪酬的評價。求職者在應聘環節一般都會問及薪酬待遇方面的內容，而這些內容在決定其是否加盟某個組織的考慮中往往具有決定性的作用。總的講，具有競爭力的薪酬都能夠招聘到組織需要的大多數人員。

(4) 骨幹員工流失率調查

有競爭力的薪酬系統的目標可以作為薪酬制度是否具有競爭力或是否成功的標準。這一標準可以通過企業中高績效或骨幹員工的流失率來衡量。如果企業這批員工流失率較高，就證明它的目標沒有達到。如果這批員工流向競爭對手，就增強了競爭對手的競爭力。

8.4.4 員工流失的深層次原因分析

員工流失的原因是比較複雜的，不單單只是薪酬過低等經濟上的原因，也包括工作環境方面的因素。因此，當組織面臨較大範圍的員工離職或流失時，首先要搞清的是真正的原因是什麼，然後再決定要採取的解決辦法。美世人力資源諮詢公司(Mercer Human Resource Consulting，以下簡稱「美世」) 的一項研究發現，要解決員工的離職問題，效果更好而且成本更低的解決辦法是增強員工在公司內部獲得職業發展的機會。[19]

美世在對美國弗利特波士頓金融公司的調查中發現，在理解員工離職原因方面，與我們通常以為的事實相反的是，那些離職或辭職的員工所講述的離職原因和實際造成他們離職的原因之間可能並沒有多少實質上的聯繫。企業頻繁的併購，缺乏系統的有助於員工知識、能力和技能提高的培訓，崗位的橫向流動少、管理層的不穩定、管理和核心崗位過於依靠市場招聘、沒有選擇的招聘等原因才是導致員工流失的重要因素。儘管員工跳槽後的新工作可能會使其收入增加，但追求更高的報酬可能並不是主要原因。員工之所以這樣講，是因為要提出一個使大家都能夠接受的理由。

美世發現，獲得過職務晉升甚至只是平級調動的員工在公司裡待的時間更長。因為員工們認為，崗位調動意味著能夠獲得更豐富的工作閱歷，從而增強其市場競爭力。這樣即使在他們將來被解雇時也不至於脆弱不堪。另外，員工聘用政策和公司管理層的穩定在控制員工離職率方面也起了非常重要的作用。

職業發展和輪崗。美世的研究發現，在其他因素都相同的情況下，上一年獲得晉升的員工離職的可能性比沒有獲得晉升的員工的離職率低11個百分點。上一年工作崗位有變動的員工，其離職率也大大減少，儘管其並沒有獲得高於平均水準的加薪。他們發現，員工的工作更換越頻繁，離職的可能性就越小。因此他們得出結論，增加員工的閱歷和提高其市場競爭能力會減少員工的離職率。特別是年輕的員工，他們將自身的經驗和技能看得比薪酬更為重要。因為多種工作的經驗和技能可以使

員工在競爭激烈的環境下更具有適應性和不可替代性，從而具有安全感。因此，崗位流動和勝任不同崗位工作的能力可能是一種有效的報酬形式。

薪酬模式和獎勵計劃。在薪酬方面，基於員工進步提高薪酬還是基於市場水準提高薪酬對員工離職率的影響是不同的。美世的研究發現，在其他情況一致的情況下，如果將員工的薪酬提高到比市場水準高 10%，對員工離職率的影響很小。而如果將員工的加薪幅度提高 10%，就能將離職率降低到原來的 1/3。這表明，基於員工進步而向其提高穩定的加薪，並強調晉升的經濟利益和其他方面表現出來的價值的做法，遠超過單純的根據市場薪酬水準加薪。此外，為優秀員工提供各種獎勵計劃，也能夠大大降低其離職率。因為這種獎勵計劃對表現優秀的員工來講本身就是一種組織作出的承諾，優秀員工則通過長期努力的工作來作為對組織的回報。

管理層的穩定。經理或主管的流動率會影響員工的流動率。特別是一名受到下屬和上司良好評價的管理者或主管離開時，可能會在員工中引起連鎖反應。這也引證了蓋洛普公司的調查，即對員工來講，組織中對他們最重要的人是其直接上司或主管。這表明了優秀的經理或主管在組織中的重要地位和影響力，他們首先是組織重點考慮的激勵和吸引對象。美世的研究發現，在對他們激勵時，根據業績發放的現金獎勵比股權的吸引力要大得多。

招聘標準。要降低員工的離職率，一個關鍵的問題是在招聘時就嚴格把關，包括對求職者以前工作的穩定性、員工推薦還是市場招聘等都是影響離職率的重要因素。因此，讓新員工盡快熟悉公司和崗位的情況、加強培訓、加強反饋等，都可能降低員工的離職率。

美世的調查和研究說明了這樣一個問題，組織的薪酬系統是否具有競爭力，不單單只是一個薪酬的數量問題，還包括其他的因素，特別是人力資源管理的創新和實踐，如通過職業發展和輪崗等方式，增加員工的閱歷和勝任不同崗位的技能，提高其在市場上的競爭能力。正如美世的研究證明的，在所有已經確定的重要因素中，那些跟職業進步和發展、如職務晉升、崗位流動和薪酬增長有關的因素對能否留住員工的影響最大。而員工特別是火爆就業市場上的年輕員工，他們把自身的經營和技能看得甚至比薪酬還重要，因為經驗和技能可以讓他們在這個併購頻繁的環境下更有安全感。

8.5 管理與實踐——經理及人力資源部門的作用

8.5.1 部門經理在薪酬管理過程中的作用

鑒於薪酬的重要作用以及設計的複雜性，部門經理應當在人力資源部門的配合下做好以下幾個方面的工作：

(1) 根據公司戰略確定對關鍵崗位的識別

作為人力資源管理的一項重要職能，薪酬系統也必須能夠支持公司的經營目標。為了做到這一點，部門經理首先應當具備戰略性能力，即根據戰略的要求，確定部門各崗位在落實和完成戰略目標過程中的不同地位和作用，其中特別是要對於那些關鍵性的崗位進行識別和挑選，以便為激勵導向和資源分配奠定基礎。其次，部門經理還應具備戰術性能力，即瞭解和掌握有關薪酬設計的原則、方法等基本知識，以便能夠根據不同崗位和員工的能力提出部門薪酬設計的要點或重點傾斜對象。

(2) 參與崗位評價

與人力資源部門相比，部門經理的最大優勢就是熟悉瞭解部門崗位職責要及對任職者能力和技能的要求。但對職位評價技術則相對瞭解較少。因此，在職位評價過程中，首先，部門經理應當接受相關培訓，在人力資源部專業人員的幫助下，瞭解和掌握有關技術和方法的基本內容。其次，部門經理應當成為工作分析和職位評價小組的成員，參與對本部門的崗位分析和價值判斷，在此基礎上提出具體的評價標準。最後，部門經理要提出任職者與崗位評價要求之間是否匹配的意見和建議，以便評價小組和人力資源部決定該任職者相對應的薪酬等級或級別。比如，某個崗位因其重要性程度處於較高的薪酬等級，但目前的任職者尚為完全達到崗位的要求，因此該任職者的薪酬就應當居於該職位的中等水準而不是最高水準。

(3) 提出加薪建議和決定獎金分配

企業一般都會在年末績效考評結束後對表現優異或績效良好的員工進行獎勵，其中會有部分員工得到加薪。加薪的人選一般都由部門經理提出建議，報人力資源部備案，最後在公司有關會議如總經理辦公會上討論決定。為了盡可能地做到公平，首先，部門經理必須按照公司的標準陳述擬提加薪人選的工作和業績表現。其次，對於絕大多數企業特別是中國企業來講，部門經理在員工的崗位薪酬標準上只有建議權，而無決定權。但部門經理有權決定部門獎金的分配。在獎金的分配上，部門經理的重要工作是瞭解和掌握公司制定的基於績效的分配標準，避免出現因標準不明而導致的分配不公的現象。

(4) 根據環境變化對崗位評價標準提出修改意見

如前所述，企業是一個開放的社會技術系統，企業所面臨的經營環境的變化，會導致企業在戰略、組織結構、管理者和員工的角色、工作的完成方式等變化，這些變化必然引起員工的工作內容、崗位職責、責任、的變化。因此，部門經理應當對這些變化及時作出反應，並告知人力資源部等部門，以便對員工的工作內容、績效標準、薪酬等做出新的評價和選擇。

8.5.2 人力資源部門的作用

在薪酬管理工作中，人力資源部的作用主要表現在薪酬系統的組織、設計和實

施等方面。

(1) 組織者

鑒於薪酬的複雜性、專業性和保密性要求，人力資源部在薪酬體系的中居於主導地位，並發揮重要作用。第一，人力資源部要根據組織戰略的要求，認真履行相關職責，這些工作包括：根據公司高層指示組建薪酬改革領導小組、提出薪酬設計的指導思想、原則等。比如，人力資源部需要根據公司的發展階段、競爭優勢、人員組成等具體情況提出薪酬的外部公平原則或內部公平原則。又比如，在薪酬設計中還需要考慮組織的文化影響。如果組織倡導的是一種「家文化」，那麼薪酬設計時的指導思想就應該更多基於平等的薪酬結構而不是有差別的薪酬結構；反之，如果組織倡導的就是要盡可能地體現差別，那麼薪酬的級差就應該拉大。第二，組織進行薪酬情況調查，包括不同職位、不同專業以及競爭對手的薪酬情況，以便確定組織的薪酬規模或水準。第三，組織薪酬系統的設計或外包。如果企業不具備設計條件，可以由人力資源部根據公司要求組織外包。在外包的過程中，要嚴格對外包商的選擇，同時人力資源部也要參與設計。第四，人力資源部要當好業務部門的合作夥伴，要瞭解和掌握各業務部門的工作特點及在落實組織戰略過程中的地位和作用，瞭解和掌握各部門的關鍵或核心崗位，以明確資源配置的重點和方向。

(2) 設計者

在由企業自主設計薪酬的情況下，人力資源部應根據組織戰略的要求，設計並開發一套能夠有效支持組織戰略經營目標的薪酬激勵體系。與績效系統的導向作用一樣，薪酬設計也應當體現組織戰略的要求。要做到這一點，人力資源部的人員必須具備較強的戰略理解能力和專業技術能力。戰略理解能力主要包括三方面的內容：一是瞭解並熟悉組織所在產業、行業的基本情況，比如，在瞭解和掌握競爭對手產品或服務的人工成本後，就能夠對企業自身的競爭優勢做出判斷。如果企業的單位產品的人工成本低於競爭對手，可能就意味著企業的效率比競爭對手高。同時企業還可以根據這種差異決定增加薪酬中的人工成本，即通過增加工資激勵員工和招聘優秀員工。二是要具備戰略性人力資源管理的眼光，能夠根據組織戰略的要求正確確定資源配置的重點和方向，即做到「重要的並不是具體的支付形式，而是確定支付的重點對象」。三是瞭解和熟悉國家有關勞動用工、福利保障等方面的法律、法規和政策，以保證薪酬系統的合法和合理。專業技術能力是指對薪酬設計流程、方法、薪酬結構、市場薪酬調查等知識的瞭解和掌握程度，此外，人力資源管理專業人員還應懂得「重要的不在於支付多少，而在於如何支付」的道理，能夠根據組織及其成員的具體情況上不同的薪酬福利組合，以滿足不同層次和類型的員工需求。這兩種能力對於提高組織薪酬系統的系統性、科學性和合理性具有重要的意義。

(3) 實施和檢查

在薪酬體系的實施過程中，人力資源部的一項主要任務就是加強與業務部門經

理和員工的溝通和交流，以便掌握薪酬系統的作用。其次是履行監督和檢查的職責，如果發現有分配不公或違背公司薪酬政策的情況出現，應立即查明事實並向公司領導報告。再次，在公司業務變化的情況下，根據公司的要求和業務部門經理的建議，制定相應的薪酬調整方案並組織實施。最後，根據公司的經營狀況，在匯總各業務部門的績效結果的基礎上，提出相應的人事決策建議，如根據薪酬計劃提出分配方案、提出優秀績效和不良績效人員的表彰和懲處建議、根據各部門績效評價的結果制定有關的人員調配、培訓和開發建議等。

註釋：

[1] 加里‧德斯勒. 人力資源管理 [M]. 6版. 劉昕, 吳雯芳, 等, 譯. 北京: 中國人民大學出版社, 1999.

[2] 陳清泰, 吳敬璉. 公司薪酬制度概論 [M]. 北京: 中國財政經濟出版社, 2001.

[3] 喬治 T 米爾科維奇, 等. 薪酬管理 [M]. 6版. 董克用, 等, 譯. 北京: 中國人民大學出版社, 2002.

[4] 雷蒙德‧諾依, 等. 人力資源管理: 贏得競爭優勢 [M]. 3版. 劉昕, 譯. 北京: 中國人民大學出版社, 2001.

[5] 巴里‧格哈特, 薩拉 L 瑞納什. 薪酬管理——理論、證據與戰略意義 [M]. 朱舟, 譯. 上海: 上海財經大學出版社, 2005.

[6] 勞倫斯 S 克雷曼. 人力資源管理: 獲取競爭優勢的工具 [M]. 吳培冠, 譯. 北京: 機械工業出版社, 1999: 217.

[7] 經理人, 2003 (2-3), 轉引自人力資源開發與管理, 2003 (5).

[8] 喬蒂‧赫福‧吉特爾. 西南航空案例——利用關係的力量實現優異業績 [M]. 熊念恩, 譯. 北京: 中國財政經濟出版社, 2004: 6-13.

[9] Raising the Bar: Using Competencies to Enhance Employee Performance, Scotts-dale, AZ: American Compensation Association, 1996.

[10] 董卉. 人才年, 為何留不住人才? [J]. 21世紀商業評論, 2006 (3).

[11] 托馬斯 B 威爾遜. 薪酬框架 [M]. 陳紅斌, 劉震, 尹宏, 譯. 北京: 華夏出版社, 2001: 3.

[12] PFEFFER J, DAVIS-BLAKE A. Understanding Organization Wage Stuctures : Aresource Dependence Approach [J]. Acedemy of Management Journal, 30, 1987: 437-455.

[13] CARPENTER M A, WADE J B. Micro-level Opportunity Structures as Determinanats of Non-CEO Executive Pay [J]. Academy of Management Journal, 45, 2002: 1085-1103.

[14] BAT R. Explaining Wage Inequality in Telecommunications Services: Customer Segmentztion, Human Resource Practices, and Union Decline [J]. Industrial and Labor Relations Review, 54, 2001: 425-449.

［15］郭士納. 誰說大象不能跳舞［M］. 北京：中信出版社，2003：95 - 104.

［16］PFEFFER J. Case HR – 6. SAS Institute. Cambridge, MA：Harvard Business School, 1998c.

［17］邁克爾·波特. 競爭戰略［M］. 陳小悅，譯. 北京：華夏出版社，1997：34 - 37.

［18］孟繁強. 企業薪酬戰略的構建［M］. 經濟管理·新管理，2004（5）.

［19］黑格納爾班蒂尼，安尼紹斯塔克. 用量化法解決員工流失問題［J］. 商業評論，2004（7）.

本章案例：GE 的薪酬制度如何支持公司的業務調整

導致 GE 薪酬制度改革的直接原因有兩個方面：一是公司業務和利潤的下降，2003 年第三季度利潤下降 11%，股票從接近 60 美元跌至 28.32 美元，市值縮水一半；二是前任 CEO 杰克·韋爾奇的高額退休福利所引發的社會公眾特別是股東對 GE 的質疑。在這樣的背景下，2003 年 9 月，GE 宣布改革管理層的薪酬，首當其衝的就是 CEO 伊梅爾特。

（1）調整伊梅爾特的期權獎金標準，將完全根據公司業績表現來確定其股權獎金數額。2003 年伊梅爾特得到 25 萬股績效股票，按公司目前的股價計算，約合 750 萬美元。2002 年伊梅爾特獲得的現值 840 萬美元的 100 萬股股票期權中，根據新的薪酬制度，60% 以上的股權獎金都將與其業績表現掛勾。考核的標準是：5 年內平均每年的營運活動增長率都達到 10% 或 10% 以上時，伊梅爾特的績效股票中有一半才能轉換成通用電氣的普通股票。而只有在整體股東回報率達到或超過同時期標普 500 指數的回報率時，剩餘的一半績效股票才能轉換成通用電氣的股票。如果公司未能實現預期增長目標，績效股票將自動作廢。但在這 5 年中，伊梅爾特每季度將獲得與這些績效股票數量相等的通用電器股票所帶來的分紅，不過分紅仍然取決於公司利潤的增長情況。

（2）高管人員的薪酬改革。在高管人員方面，以「60% 股票期權加 40% 的限制性股票」的組合方式取代過去 100% 的股票期權獎勵模式。管理人員只有在限制期結束時方能實現限制性股票的全部價值。限制期長短根據職位確定，以便將薪酬獎勵與他們的業績緊密結合起來。

（3）一般員工的薪酬改革。在期權獎勵方面，GE 每年都會將近 10 萬名職工和管理者分為 5 個組，其中，表現最好的 10% 的員工可以獲得可觀的股票期權；而表現最差的 10% 則會被淘汰。

GE 此次進行薪酬調整，一方面是其一貫倡導的薪酬準則的價值迴歸，即：薪酬的大部分比例與工作表現直接掛勾，按績效結果付酬。不要把報酬和權力綁在一

起,將管理人員的薪酬獎勵與其業績緊密結合起來。讓員工們更清楚地理解薪酬制度,更多地實行績效掛勾付酬制度。另一方面,也是 GE 所面臨的公眾、股東和業務增長的壓力,迫使其對薪酬制度進行改革。

資料來源:於保平. 伊梅爾特遭遇韋爾奇高薪後遺症:績效股票被鎖定 5 年 [J]. 人力資源開發與管理,2003(12).

案例討論:

1. GE 對薪酬制度調整的動機是什麼?
2. GE 對高管人員實行「60% 股票期權加 40% 的限制性股票」的目的是什麼?
3. GE 公司是怎樣通過薪酬制度改革達到其獎勵優秀、淘汰落後目的的?
4. GE 公司的薪酬調整是如何支持公司經營目標的?

第 9 章　薪酬結構及薪酬體系的建立

　　本章的主要內容是討論職位評價方法和兩種薪酬體系的設計。職位評價是建立在工作分析基礎之上的，本書第 2 章在論述工作分析時曾指出，工作分析是對組織中各個工作職務或崗位的目的、任務、職責、權利、隸屬關係、工作條件和完成某項工作所必須具備的知識、技能、能力以及其他特徵進行描述的過程。其目的在於找出各項工作的相似性和差異性，為人力資源管理的其他職能奠定基礎。職位評價則是在這一基礎上，為崗位制定具體的工資標準。本叢書第一部《戰略性人力資源管理：系統思考及觀念創新》第 1 章在分析傳統人事管理與現代人力資源管理的異同時，以財務部門的財務分析崗位和財務出納崗位為例做了詳細的分析，由於面臨的工作環境、技能要求、努力程度和責任大小等方面的差異，財務分析崗位對企業的重要性和價值貢獻大於財務出納崗位的重要性和價值貢獻。這種區分就是通過職位評價來獲得的，而上述工作環境、技能要求、努力程度和責任大小等，被稱之為報酬要素，是進行職位評價的重要依據。鑒於職位評價在薪酬設計中的重要作用，本章將對職位評價做詳細的介紹，包括幾種常見的薪酬的設計方法，包括排序法、歸類法、薪點法等。

　　目前流行和使用頻率較高的薪酬設計主要有兩種，即以職位為基礎的薪酬設計、以任職者能力或技能為基礎的薪酬設計和以績效為基礎的薪酬設計。以職位為基礎的薪酬結構又稱為以工作為基礎的薪酬，它是建立在工作分析和職位評價基礎上的，通過對工作的重要性和相對價值貢獻，建立內部平等的薪酬體系。以任職者為基礎的薪酬體系則不與職位評價直接聯繫，而是將薪酬與員工個人的能力和技能聯繫起來，包括以技能為基礎的薪酬結構和以能力為基礎的薪酬結構兩個方面。這種薪酬結構的出現主要是組織適應環境變化和靈活性要求的產物。以績效為基礎的薪酬設計則強調組織的薪酬與組織業績之間的關係。本章將對這三種體系做詳細的闡述。

　　學習本章主要應瞭解和掌握的內容：

1. 職位評價與工作分析的關係。
2. 職位評價有哪些主要方法。
3. 報酬要素的定義和作用。
4. 三種不同的薪酬結構設計各具有什麼特點。
5. 以職位為基礎的薪酬結構的設計思路和流程。
6. 以人為基礎的薪酬結構。

技術性人力資源管理：
系統設計及實務操作

專欄9-1：中國職位評估的現狀

商業競爭的加劇使企業越來越注重建立戰略人力資本管理體系，以提高企業績效。區別於傳統的人事管理，戰略人力資本管理就是要建立與企業績效緊密聯繫的激勵、保留機制、能力管理、繼任計劃等體系，而量化崗位價值將為中國企業建立這些體系提供最直接的支持。

對大多數中國企業而言，職位評估還是一個新理念、新工具，他們在職位評估工具的選擇、實施與應用方面存在著諸多困惑，這為之後的如薪酬、招聘考核等人力資源工作帶來更多的阻礙。怎樣令職位評估系統更有效地發揮作用？為了求解這一難題，全球最大的人力資源諮詢機構美世諮詢於2004年秋季與部分著名人力資源服務機構合作，對來自製造業、房地產、高科技/電信、批發/零售業、服務業、金融、保險等行業的263家企業（其中民營企業55%、外資及合資企業33%、國有企業15%）的職位評估情況進行調查。參加調查的人員為人力資源部經理、薪酬經理。這份題為《如何令職位評估更有效》的調查報告主要設置了三個方面22個問題：職位評估在企業的應用狀況及影響；企業實施職位評估系統的狀況；企業對職位評估工具的評價及期望等。

1. 應用現狀

調查結果表明，目前56%的調查對象使用了職位評估系統，其餘44%的公司中未實行職位評估的原因包含：業務變化過快、職位評估系統管理過於繁瑣、部分公司著重關注外部競爭性，還有部分公司認為職位評估系統只能在短期內適用。其他原因包括：認為系統過於昂貴；人力資源工作不受重視；高層缺乏這方面意識；公司成立時間短等。

調查顯示，54%的企業使用自行開發的職位評估工具，46%的企業選擇國際知名的職位評估系統。這些職位評估方法主要分為定性、定量兩大類，其中定性包含崗位分類法和崗位排序法、定量包含因素計分和因素比較法。其中因素計分法的優勢在於：評估集中於崗位而不是個人；評估結果較易轉化為薪資級別；新的崗位容易放入組織架構；評估結果更為客觀一致，因此目前已成為國際上的職位評估的主流手段。

2. 實施模式

調查顯示，大部分企業借助職位評估系統的目的是進行外部市場職位定價工作，但在自行開發職位評估系統的公司中，職位評估系統更多地被用作協助組織機構設計和調整崗位。如：明確分出崗位的級別；作為一個公平的工資等級的基礎；宏觀瞭解崗位間的相互關係；作為任職者—崗位匹配程度分析的出發點；作為崗位發展和繼任計劃數據庫；作為解決崗位頭銜問題的參考；作為一個國際職位價值比較方法。

48%的企業是通過職位說明書來收集職位信息，其他的方法如：簡短的職責陳述、角色介紹、問卷調查等。統計結果反應，職位說明書因其系統、規範、明確的優勢，仍是目前收集職位信息時最普遍採用的方法。71%的企業的職位評估是由人力資源部和職工代表共同進行的；26%的企業的職位評估由職工代表委員會來進行的；3%的企業的職位評估是由人力資源部單獨完成的。這表明目前大部分企業在進行職位評估時更重視普通員工的參與度，以便使評估結果更加合理、更易被員工接受。但為了保證評估過程的客觀性、平衡性和評估結果的權威性，企業的職位過程需要引入更多的公司高層管理人員，否則將來在推行評估結果的時候會因為缺乏高層的認可和支持，而增加推行的風險。

評估的時間成本。52%的公司在職位評估上每月所花費大於一天的時間，另一方面僅有9%的公司在網上使用職位評估系統，大多數公司目前都無法做到這一點。調查結果表明，目前在華企業在線進行職位評估比率還不高，但從國際市場來看在線評估以其高效準確的優勢已經成為主要的評估方式。

職位評估系統的調整頻率。只有35%的公司在最近5年中對自己的職位評估系統進行過重大調整。調整的原因主要是為了保持與市場的連接和薪酬的公平性，還有方便管理的要求。其他一些原因包括：全球化帶來的價值和觀念的改變，非正式員工大量增加等。大部分公司（57%）選擇在新職位產生和崗位變化時引入職位評估系統，表明越來越多的公司注意到了職位評估對組織機構設計和人員招聘時的重要性。半數以上的公司（51%）賦予員工要求重新評估的權力，表明公司更加重視員工對評估結果的認同。

3. 評價及期望

企業對目前使用職位評估系統最不滿意的指標有兩項，分別是「系統的軟件支持性」和「系統對薪酬調查數據庫的支持性」，說明這兩個方面仍不完善。此外，對系統的「易於溝通性」和「較少引起員工爭議性」的評價也較低。而對系統的「易於管理性」和「反應公司價值觀」方面則比較滿意。

在對各系統的比較中，專業的職位評估系統在「反應公司價值觀」、「員工認可系統的客觀性」、「系統結論的公正性」、「反應市場相應職位的價值」、「軟件及網絡支持性」方面要優於自行開發的系統，但也有企業認為自行開發的系統在「易於管理」和「溝通方便」方面較好。

對未來職位評估系統的要求，大部分客戶最關注的有三方面：「易於溝通性」、「有效性」及「薪酬調查數據庫」的支持能力，這同時也預測了未來職位評估系統改善和提高的方向。

本次調查看到：在中國市場上，由於企業的人力資源管理體系還在逐步完善，企業對於職位評估的對人力資源管理的作用還有待更為全面的認識。由於職位評估系統在中國仍處於起步階段，大部分企業使用職位評估系統的期限較短，較多的企

業仍沒有職位評估計劃。這表明理解職位評估的系統,掌握職位評估的方法,仍是目前中國人力資源專業管理人員的必修課。而在職位評估系統的未來發展方面,如何提高系統的易於溝通性,加強與外部市場的連接性,提高系統的軟件及網絡支持性,仍是眾多職位評估系統設計者需要重視的問題。

資料來源:經濟觀察報,2004-10-18. 有刪節,個別文字有改動。

9.1 職位評價的定義及其方法

9.1.1 工作(職位)評價綜述

如前所述,以職位為基礎的薪酬結構是建立在工作分析和工作(職位)評價基礎上的。工作分析的目的只是分辨出不同工作之間的相似性和差異性,相同的工作(崗位)可能會獲得相同的報酬,不同的工作(崗位)則可能會在報酬上體現出差異,這種差異就是通過職位評價來獲取的。

職位評價的定義。所謂職位評價,是指在制定組織內部工作或職位結構的基礎上,根據組織戰略的要求,科學客觀地評價各個職位的重要性和相對價值的過程。對職位評價的定義存在不同的觀點,有的認為職位評價應建立在職位內容的基礎之上,涉及的是職位責任、職能以及所需技能等因素的分析;有的認為職位評價應建立在職位價值的基礎之上,通過考察職位在公司中的地位以及在外部市場上的價值,來決定對職位的評價。[1]67我們認為,從戰略性人力資源管理的角度出發,職位評價作為人力資源管理的一個職能,最重要的是應服從組織的目標,同時結合組織內部需要對職位內容的評價,也就是說,職位評價既要考慮外部市場因素,也要照顧內部因素。評價的內容主要包括工作的難易程度、應承擔的責任大小、工作所需的知識和能力、崗位貢獻大小等方面的內容。所評價的這些內容也就是通常所說的報酬要素。

職位評價的作用和目的。如果工作分析只是分辨出相同的和不同的工作,那麼職位評價則要為這些相同和不同的工作制定工資標準。也就是說,職位評價要確定每項工作後崗位對實現組織目標的重要性和相對價值,為確定它們的價格即工資標準提供依據,並在此基礎上建立內部平等的工作結構,即實現內部一致性要求。內部公平是影響薪酬水準的決定性因素,內部公平不僅要做到合理拉開不同崗位、不同技能水準員工之間的薪酬差距,而且還必須使員工能夠接受這一差距,盡可能減少隱含成本的負面影響。與此同時,為了提高組織薪酬系統對外部環境的適應能力和競爭性,職位評價又會在一定程度上參照市場標準,以體現外部一致性的要求。

職位評價的目的在於,強調薪酬結構要支持工作流程,對所有員工公平,有利於使

員工行為與組織目標相符。

職位評價的組織與實施。職位評價作為人力資源管理的重要職能，不僅涉及崗位的價值評價，而且還涉及崗位的人員需求和薪酬安排等重要事項，因此必須認真對待。為保證職位評價的順利進行，組織應當提供包括組織、人員、資金等在內的資源支持和保障。在組織保障方面，應成立由主要領導擔任負責人、包括人力資源部和各有關業務部門參加的職位評價領導小組，並由人力資源部負責職位評價的組織和實施，並賦予該小組在權限內調動和配置資源的權利。人員支持包括有關專家的聘請、小組工作人員的組成、員工代表的選擇等。資金支持包括外聘專家的費用以及在評價過程中可能發生的所有費用的安排等。此外，在職位評價工作完成後，還應當對開展此項工作的質量情況做出評價，以確定是否達到了預期的目的。

9.1.2 職位評價方法

要進行職位評價，就需要使用一定的方法。職位評價的方法很多，在美國，這種思想最早產生於 1838 年；1909—1910 年，格里芬哈根創立了等級分類法；1909—1926 年，美國一共出現了四種職位方法，分別是等級分類法、基點法、排列法和要素比較法。[1]69-70 本節將簡要介紹三種方法，即排序（評分）法、歸類（分類、套級）法和薪點法。

（1）排序法

排序法又稱評分法，這種方法最早由美國的阿瑟·楊和喬治·凱爾蒂於 20 世紀 20 年代率先使用。現在使用的簡單排序和交替排序，就是據此發展而來。它主要是按照專業和部門的各項工作對組織貢獻的相對價值大小為基礎所得出的職位或崗位的順序。在使用這種方法時，評價小組成員對於哪項職位相對價值最高、哪項職位相對價值最低達成一致意見，然後再確定下一個相對價值最高和相對價值最低的職位。以此類推，直到將所有的職位都排列完。該方法的特點首先是重視職位的總體價值和個別重要的報酬要素，而不需要對所有的報酬要素進行分析和評價。其次，這種方法主要適用於難以定量化的管理工作（職位），如在同一專業、同一部門或同一職族內部進行比較和排序，而不適合在不同的專業和部門（如生產線工人和管理部門，或研發部門和銷售部門）之間進行排序。最後，這種方法相對比較簡單，容易為組織成員理解和掌握，成本也較低。

排序法的使用步驟是：

第一，根據組織目標、部門目標以及建立在此基礎上的部門工作職責和崗位職責，獲取那些對於實現組織目標最重要的崗位信息，以供崗位排序時使用。

第二，確定排序的對象，即在同一部門、專業或職族內部進行排序，以保證排序的公平性和合理性。

第三，確定報酬要素。雖然排序法是對職位的總體情況進行排序，並不要求對

所有的報酬要素進行評分,但為了保證公平,減少排序中的主觀性和隨意性,確定少數的報酬要素還是必須的。比如,在管理類的部門中,「腦力勞動強度」、「工作責任」就是比較重要的報酬要素。評價小組的成員可以根據這些要素,對若干職位進行比較和排序。

第四,對職位進行排序。評價小組成員可以共同或分組對於哪項職位相對價值最高、哪項職位相對價值最低達成一致意見,然後再確定下一個價值最高和價值最低的職位。以此類推,直到將所有的職位都排列完。比如,按照「腦力勞動強度」和「工作責任」兩項要素,對某人力資源部的六個職位進行排序,就得到表9-1排序的結果。表的左面是現有的職位,右面是排序後的結果。

第五,將排序的結果與相應的薪酬等級掛勾。在這個環節,一項重要的內容是薪酬等級的組成和排列。不同的組織有不同的組成和排列形式,包括最高和最低收入的標準、管理人員和非管理人員的薪酬差距、各薪酬級別的級差等,如何確定這些內容,取決於組織的發展階段、(如創業和成長階段以外部公平為主,成熟階段以內部公平為主)組織文化、(傾向於平等的工資水準還是傾向於有差別的工資水準)薪酬總額等因素的影響。

表9-1　　　　　　　　某公司人力資源部職位的排序序列

職位	排序
人事檔案管理崗	薪酬設計管理崗(相對最有價值崗位)
薪酬設計管理崗	績效管理崗
培訓開發崗	培訓開發崗
績效管理崗	人事檔案管理崗
一般辦事員	退休人員管理崗
退休人員管理崗	一般辦事員(相對價值最小崗位)

排序法在實踐中的應用及評價。儘管對於排序法的優點和缺點有各種不同的評價,但由於其簡單適用,因此在實踐中得到廣泛的採納。一般認為排序法的缺陷在於對職位定級的標準定義不明,[2]106或只適用於規模較小的組織,或沒有詳細具體的評價標準,主觀成分很大等。[3]以上這些問題的確在現實中存在,但排序法在應用中產生的弊端更多的是源於如何使用它而不是方法本身。[4]如果能夠在實踐中正確使用,就能減少這些弊端。例如,改進在習慣上不使用或很少使用報酬要素的做法,通過增加若干關鍵報酬要素的評價,就可以在一定程度上解決標準不明和導致主觀判斷的弊端。如在對薪酬設計管理崗和人事檔案管理崗進行比較時,如果排序是建立在所需技能、所負責任、努力程度等要素的基礎之上,排序的結果就會是比較合理和科學的。至於這兩個崗位之間的薪酬差距應該有多大,更大程度上取決於組織

文化而不是具體的方法和技術。排序法並不只是適用於小規模的組織，即使是大型組織，這種方法也同樣適用。除了那些能夠用量化的方法進行評價的職位外，排序法可以對很多職位進行評價。而且可以通過對多個報酬要素的選擇，減少評價誤差。此外，在使用排序法時，要認真選擇評價小組的成員，並通過培訓使其充分瞭解和掌握這種方法的特點。

（2）歸類法

歸類法又稱分類法、套級法，與排序法一樣，也是一種比較簡單且容易操作的職位評價方法。與排序法和其他的職位評價方法不同的是，在使用歸類法時，並不分析評價每一個職位的具體情況，而是將所有具有相同特徵的職位（如責任、權利、管理經驗、技能等）按不同的等級歸類的一種方法。如把職務分類為：管理型、技術型、生產型、銷售型、服務型等。每一類再在專業細分的基礎上，根據需要劃分為若干不同的等級。因此，歸類法不僅要制定類別說明書，而且還要制定等級說明書。比如，管理類職位可能就包括了財務、人力資源、行政、計劃等，如要對該類職位進行評價，不用對這些不同的職位進行評價，只需有一個管理類的總體工作說明書，說明其工作性質、工作內容和任職資格等，然後再根據需要制定等級說明書。

歸類法的使用步驟是：

第一，根據組織經營目標、範圍及其他方面的要求，制定詳細的類別工作說明書。類別說明書主要說明本類別（專業）的工作內容和任職資格，與一般的工作說明書大致相同。

第二，確定等級。在類別說明書的基礎上，需要確定等級數，如美國聯邦政府採用職位歸類法確定的通用職位等級數為18級，每一級的要求是不一樣的，不同的類別可以在同一個級別內。中國2005年4月27日頒布的《中華人民共和國公務員法》也分為18級。表9－2是某公司業務員等級劃分的一個實例。根據這一等級劃分的要求，財務部從事財務投資分析的人員和人力資源部從事績效和薪酬設計的人員可能都會處在三級以上的序列，而財務部的會計人員和人力資源部的人事檔案管理人員可能都處在四級序列。

表9－2　　　　　　　　某組織業務員等級實例

一級業務員：專家級業務員，有強烈的事業心和責任感，忠誠於公司的利益，具備經濟學、管理學、統計學、財務管理、專業技術等知識，能夠準確識別並正確處理商業、財務、業務等各類數據或報表中存在的問題；具有極強的寫作和語言表達、綜合分析研究和解決問題的能力，能夠在非常規狀態下工作並善於處理突發事件；能夠對公司的發展戰略、經營管理、投資決策等重大事項提出具有專家級或高水準的意見和建議，並能夠成為公司決策的重要依據；在專業崗位業務方面具備專家級水準；能夠獨立完成公司有關項目的策劃、研究和操作；具有創新性的工作成果；能夠成為部門工作的多面手，完全獨立並高水準的完成本部門相關崗位工作職責的要求；在公司有5年以上工作經歷；具有研究生或同等學力，高級技術職稱。（含註

表9－2(續)

冊會計師、註冊審計師、執業律師等資格)

　　二級業務員：公司基本業務骨幹，有強烈的事業心和責任感，忠誠於公司的利益，專業技術優秀；具有很強的寫作和語言表達能力，對各類數據和業務報表具有很強的敏感性，能夠進行獨立研究，但大多都遵循既定的指導和原則；在帶領和指導下能夠從事非程序化工作並處理突發事件；能夠對公司、本部門和本崗位的工作提出具有專業水準或建設性的意見和建議，並提出解決問題的方案；能夠獨立承擔專題調查研究和勝任部門多個崗位的工作，能夠與他人合作完成公司或本部門交與的其他工作；具有大學本科以上學歷或同等水準，中級以上技術職稱和相關職業資格。剛畢業進入公司的博士研究生原則上定為二級業務員。

　　三級業務員：部門業務骨幹，有較強的事業心和責任感，忠誠於公司的利益，具有較強的文字寫作和語言表達能力，對各類數據和業務報表具有較強的敏感性；能夠獨立完成本崗位職責所規定的工作，在主管或專業人士指導下能夠獨立承擔部門的專題調查研究；通常在既定的範圍和框架內開展常規性的工作，有時需要對非常規事件做出判斷，要求具有本科以上學歷，中級技術以上職稱或相應任職資格。

　　四級業務員：有較強的事業心和責任感，忠誠於公司的利益；有一定的文字寫作和表達能力，在指導下能夠處理簡單的數據和報表，完全在規定的標準程序下開展工作，基本不需要對非常規事件做出判斷。工作初期需與他人合作完成本崗位職責所規定的工作，要求具備大專以上學歷，中級技術職稱。

　　五級業務員：有較強的事業心和責任感，忠誠於公司的利益，具備基本的文字和口頭表達能力，能夠進行最基本的數字運算，在主管及同事的指導下從事簡單的常規工作，主要作為助手協助完成任務。剛畢業分配到公司的大學生在規定的實習期滿後，定為五級業務員。凡年終績效考評不合格或下崗後重新上崗人員，原則上也定為五級業務員。

　　第三，選擇報酬要素，根據報酬要素的不同等級制定職位的等級說明書。等級說明書比較細緻，它是在類別說明書基礎上，按照不同的知識、能力和技能的要求所做出的等級劃分，而且要用明確的語言表達出等級之間的區別，有完備的工作細節描述。如在表9－9中，報酬要素是「認知能力」，共有五個級別，各個級別對任職者的要求都不相同。

　　第四，按照確定的等級與相應的薪酬等級掛勾。不同等級內的職位存在任職資格的差異，獲得的薪酬水準也不相同。在每個等級內，由於任職者的條件各不相同，工作能力也會表現出一定的差異，比如，同為一個級別，有的人工作能力和工作業績可能要好一點，而有的可能要差一點。是否需要在薪酬上體現出這種差異，取決於組織的態度。傾向於平等的工資結構的組織可能會淡化這種差異，而傾向於差別的工資結構的組織則可能會強化這種差異，即通過在同一級別內設置多個檔次不同的崗位薪資來激勵任職者有更好的表現。表9－3解釋了如何解決這種差異。

表9-3　　　　　　　　　　同一級別內的薪資差異

業務員等級	一檔	二檔	三檔	四檔	五檔
一級	X	X	X	X	X
二級	X	X	X	X	X
三級	X	X	X	X	X
四級	X	X	X	X	X
五級	X	X	X	X	X

（3）薪點法

該方法最早由美國的邁瑞爾‧洛特於1925年採用。相對於前兩種方法來講，薪點法是一種量化的職位評價方法。它的基本原理是，根據各項報酬要素的重要性程度，分別賦予不同的點值，最後將點值加總，得到職位的總點數。通過比較各個職位的點數，決定各職位的薪酬水準。薪點法的特點包括以下幾點：首先是有明確的報酬要素；其次，這些報酬要素可以分級、分等，可以量化；第三，通過設定權數反應各個要素的相對價值，最終決定職位的價值。

下面結合某公司人力資源部經理的評價，詳細解釋薪點法的使用步驟：

第一，組織保障。成立由公司領導、外聘專家、各職能部門負責人、職工代表組成的職位評價領導工作小組，全面負責職位評價工作。公司領導的作用在於提供和配置職位評價過程中所需的資源，明確組織戰略對該職位的要求；外聘專家的作用是提供薪點法的使用培訓，各部門負責人和職工代表則主要提供與職位有關的信息。

第二，確定評價內容。評價的內容應建立在工作分析的基礎上。對人力資源部經理職位的評價主要包括組織戰略要求、部門職能要求以及個人能力要求三個方面的內容。對組織戰略和部門職能的評價目的在於考察實現組織目標有密切關係的重要因素，如將組織戰略所包含的人力資源要素進行分析、整合、配置，在此基礎上幫助組織建立起與競爭對手相比較的人力資源的競爭優勢的能力，即體現戰略性人力資源管理的要求。對個人能力的要求主要是與職位本身有關的知識、能力、技能等任職資格的要求，體現任職者必須掌握的戰術水準，即從事該項工作必須具備的條件。

第三，設計人力資源部經理的職位評價表。其他職位需要根據擬評價的職族（專業）分別制定相應的點值評價方案。如研發類、生產類、銷售類等。

第四，根據評價內容，挑選並定義報酬要素，以及決定報酬要素的數量。對於人力資源部經理這個職位來講，可以確定四個報酬要素，即工作技能、認知能力、工作責任和努力程度。每個要素都應給予明確的定義，如表9-9（見9.4）對認知

能力的定義是：特定職位要求的表達，運用數字和發現、分析及解決問題等能力的水準。由於工作的要求不同，因此它又分為若干等級。每個要素又根據需要分為若干子要素，如工作技能分為相關知識和工作經驗，工作責任包括創造性和決策影響等。

第五，確定每一要素的等級。組織對任職者的要求往往與任職者的實際狀況之間是存在一定差別的，因此應考慮組織認可的一個範圍，即不同的等級要求。等級之間的界限應當是清楚的和明確的，各等級之間的差距應大致相等。評價小組的任務就是根據該任職者的具體情況和組織的要求，以與相應的等級相對應，並在總體上符合組織的要求。如在表9-4中，四個報酬要素分別分為五個等級。比如，在工作技能這一報酬要素項下，知識的等級定為四級，因為這一職位不僅要求任職者瞭解和掌握與人力資源管理各職能有關的專業知識和技術，而且還要瞭解和掌握國家有關的法律、法規的規定，如最低工資保障、勞動社會保障、加班待遇、勞動關係等。經驗的等級定為三級，因為經驗是可以累積的，只要具備基本的工作經驗，組織內部的工作經驗只要經過一段時間就可以到達較高的水準。在認知能力項下，解決問題的能力定為四級，強調的是任職者實際的動手能力。在工作責任項下，創造性定為四級，強調的是在組織戰略、行業競爭狀況和組織自身優、劣勢分析基礎上制定有競爭力的人力資源管理和實踐的能力和水準。在努力程度項下，心理努力定為四級，這是因為該職位常常需要綜合運用各方面的知識，進行非程序化的決策，有時甚至需要做出超乎尋常的努力，才能夠達成工作的目標。

第六，確定要素權重。在表9-4中，對四個要素都給予了相應的權重，以反應其重要性程度和價值大小。在對人力資源部經理評價的四個要素中，工作技能的權重是最高的，為40%。認知能力為35%，工作責任為20%，努力程度為5%。需要注意的問題是，權重的安排既要反應出組織內部公平的要求，同時也要考慮市場的價值傾向。

第七，給要素評分。將要素等級乘以權重，即得到每個要素的得分，將各要素的得分相加，最後得到人力資源部經理的總分。在表9-4中，總得分為785分。

第八，將得分與工資表結合。在進行職位評價的同時，應制定相應的工資表。表9-10就是一個與表9-4匹配的工資表。在這個工資表中，785分處於第三等級，其對應的工資是2000元（最低）和3100元（最高），中位數是2550元。

對基準職位的評價，大致都可以參照這一步驟進行。而對於非基準職位的評價，就只有在參照基準職位評價的基礎上，結合外部市場信息和組織內部情況，作出最終的評價。

表9-4　　一個薪點法的案例——某公司人力資源部經理職位評價表

職位：人力資源部經理　　職位性質：管理

報酬要素	程度（等級） 1	2	3	4	5	權重	=	合計
1. 工作技能：40%								
相關知識				√		40%		160
工作經驗			√			40%		120
2. 認知能力：35%								
語言表達			√			35%		105
運用數字			√			35%		105
解決問題				√		35%		140
3. 工作責任：20%								
創造性				√		20%		80
決策影響		√				20%		40
4. 努力程度：5%								
生理努力			√			5%		15
心理努力				√		5%		20
							合計：	785

資料來源：喬治 T 米爾科維齊，杰里 M 紐曼．薪酬管理［M］．6版．董克用，等，譯．北京：中國人民大學出版社，2002：116．文字有調整。

表9-5　　　　　　　　　與薪點法配套的工資等級結構表　　　　　　　　單位：元

等級	工作評價點數範圍 最低	最高	月工資浮動範圍 最低	中間值	最高
1	500	600	1000	1350	1700
2	600	700	1500	1950	2400
3	700	800	2000	2550	3100
4	800	900	2500	3150	3800
5	900	1000	3000	3750	4500

9.1.3　職位評價要注意的問題

儘管市場薪資水準非常重要，但以職位為基礎的薪酬結構主要考慮的還是組織內部的公平問題。由於評價的結果與職位的薪酬是密切相關的，因此，在進行職位評價時，一定要綜合考慮組織內部的各項因素，同時保證評價信息的準確性，使評價的結果盡可能的科學合理，最終達到激勵的目的。第一，要通過職位評價，突出

那些對於組織來講具有重要意義的崗位的價值。要做到這一點，就需要對報酬要素進行認真的選擇。第二，要注意評價的均衡問題，既要避免評價結果差距過大，也要避免差距過小。特別是對於那些難以量化的管理職位，或同一部門從事同樣工作的崗位，除非有明確的定量指標，否則差異不能太大。但也要注意，均衡的目的絕對不是平均，不能把兩者混為一談。第三，職位評價只是一種區分不同崗位重要性的策略方法，評價的結果在實踐過程中，一定要注意與組織的戰略要求相吻合。正如前面在討論如何解決內部一致性和外部一致性矛盾的問題時所舉的 A 企業的例子一樣（參見第十四章第二節），無論是建立在內部公平基礎上的職位評價還是建立在市場薪酬水準基礎上的外部公平，最終都應符合企業的利益，能夠解決企業的實際問題。也就是說，職位評價一定要為組織的利益服務。第四，要注意工作分析和職位評價結果在實踐中的應用，即在工作分析和職位評價的基礎上，制定明確的崗位職責和薪資標準，同時應該給組織成員一個公開競聘的機會，只有當組織成員參與了這一過程，才能夠真正達到內部公平的目的。第五，在職位評價中要注意評價的標準應盡可能的公正和合理，以保證評價時間的一致性和評價者的一致性。同時應保持評價結果的動態適應性，即根據經營環境的變化對工作評價結果隨時進行修正。

9.2　薪酬結構設計思路

9.2.1　定義和內容

薪酬（工資）結構反應組織內部員工不同收入水準的排列形式，不同的專業、崗位和技能可能有不同的薪酬收入水準。薪酬結構要解決四個方面的問題：一是工資總額；二是薪酬等級的數量；三是不同等級之間的級差；四是決定級差的標準。薪酬結構對於組織的管理來講具有重要的意義，首先，薪酬結構本身與組織的管理權限是緊密結合在一起的，它體現了組織不同管理層次的權利、責任和義務。其次，不同的結構對任職者的要求是不同的，當薪酬結構嚴格的與崗位任職者的要求以及員工在知識、能力和技能結合起來時，它就因此而具備了相對公平的作用。最後，薪酬結構為組織的人力資源部門處理員工的加薪和減薪要求等相關的人事決策提供了依據。

一個完整的薪酬結構大致包括了以下幾個方面的內容：

(1) 決定工資總額

組織的薪酬在一個特定的階段或時期總有一個數量的限制，也總是在一定的幅度和範圍內變動。薪酬等級的數量、級差的大小以及級差的標準在一定程度上都受到薪酬總額的影響。因此，制定工資結構的第一個步驟就是要確定工資總額。這裡

的工資總額主要是指員工獲得的直接經濟報酬的部分，包括現金和福利，非經濟的報酬一般沒有包括在內。

什麼是一個合適的工資總額，並沒有一個固定的模式。但就總的情況來講，可以通過對企業收入和人工成本進行統計，得到一個大致的比例。研究表明，企業全部的薪資報酬（包括現金和福利）平均占到企業年收益的23%左右。當然，這個比例在同一行業內部以及在不同的行業之間會出現一些變化，比如在衛生保健行業和製造業中，企業規模位於第90個百分位上的企業所達到的上述比率是位於第10個百分位上的企業所達到的同一比率的兩倍；而在保險行業中，規模處在第90個百分位上的企業所達到的這一比率則是位於第10個百分位上的企業的同一比率的5倍之多。（見表9-6）比如，在美國，平均而言，薪酬成本構成了美國經濟總成本的65%～70%。在製造業、服務業等勞動密集型企業中，人工成本占銷售收入的40%～80%。

表9-6　　　　　薪資報酬總額占企業年收益的百分比（%）

行業	百分位數		
	第10個	第50個	第90個
衛生保健行業	35.7	48.7	61.6
通用製造業	13.9	22.2	36.6
保險業	6.8	9.9	27.0
所有行業	8.9	26.6	55.0

資料來源：雷蒙德·諾依，等．人力資源管理：贏得競爭優勢［M］．3版．劉昕，譯．北京：中國人民大學出版社，2001：487．

瞭解工資總額在企業收入中所占的比例，可以為企業進行橫向的比較和制定有競爭力的薪酬提供重要的依據。對企業來講，這是一項非常重要的工作，應大力加強包括薪酬統計在內的人力資源管理的基礎工作，以使組織的薪酬具有更強的競爭力。

(2) 決定組織內部薪酬水準的等級

薪酬水準等級是指工資的級別數量，它關心的是組織的不同等級的收入水準。不同的公司有不同的薪酬等級，薪酬等級水準不僅與職務和職權有關，而且與職務的數量有關。與職務和職權的關係表明，要保證組織正常的運轉，需要在不同的管理層級上配備適當數量的管理者，這些不同層級的管理者有不同的管理權限和管理責任。因此，有必要通過不同的待遇和其他的資源配置激勵他們達成工作目標。與職務數量的關係表明，組織必須根據外部市場競爭和內部機構設置的基礎上確定不同層級的管理者的數量，也就是說，組織對管理者尤其是基層管理者的需求一定要

按照市場和自身業務的要求,並著眼於組織的整體效率和效益,在此基礎上進行合理的配置。管理人員的配備不單是一個數量問題,更重要的是一個領導力的問題。很多時候,並不是職務的數量越少,效率就越高。在需要大量協調活動的行業和領域,管理人員的數量往往會決定組織的整體效率。如美國西南航空公司的每位主管要負責管理 10~12 名一線員工,這個比例在航空業是最高的。這是因為西南航空公司認為,領導是一個在組織結構的任何一個層面上都會發生的過程。營運一線的領導對於整個組織的成功發揮著關鍵性的作用。主管的責任不單是衡量員工的工作表現或懲罰「壞」員工,而應該是「選手們的教練」,他們擁有管理的權利,但也同樣要干一線工人們的活。他們還要比其他航空公司的主管花費更多的時間輔導員工。[5]88 專欄 9-2 美國西南航空公司對機場營運協調工作人員的配置也是一個典型的例子。該公司之所以要配備如此多的機場營運協調人員,是因為他們同時還扮演一個關鍵的社會角色,而這對建立跨部門的工作關係起到了協調作用。這一角色包含了與飛機起飛過程相關的每一方面的面對面的互動配合,而這最終對效率和效益的提升起到了關鍵性的作用。

確定薪酬的等級水準,關鍵是要有準確的等級表述,即要用一段準確的文字提出對其所從事的工作應具備的知識、能力和技能的表述。比如,在高校的教師系列中,主要有教授(研究員)、副教授(副研究員)、講師、助教四個級別,每個級別都有一套完整的資格描述,包括在科研成果(論文、專著、譯文等)、教學(數量、效果、教學方法實踐等)、外語(等級)、計算機(等級)、指導研究生等方面不同的要求。達到或未達到這些要求,就成為評價和判斷其是否合格的重要標準。同樣,在企業中,不同的管理層級由於其權利、管理責任和工作內容的不同,也是通過等級描述來區分,並在此基礎上為薪酬設計提供依據的。表 9-7 是一個簡略的不同崗位和不同專業的等級劃分和描述。

表 9-7   組織等級的劃分及描述

等級	等級描述
總經理	負責公司的戰略實施、業務拓展、內部管理和組織建設等
副總經理	協助總經理的工作,具體負責某一方面的業務工作並承擔責任
部門經理	根據公司的戰略和部署落實部門的工作並達成相應的目標
技術人員	從事某方面的技術研發和應用論證,並提供市場推廣支持
銷售人員	負責產品的市場銷售、回款和售後服務,並向公司提供市場信息反饋
行政人員	為各業務部門提供後勤支持

(3) 不同等級水準之間級差的大小

薪酬結構的第三個問題是確定不同等級之間的級差的大小,即組織內部不同等

級之間的薪酬數量的差異。這個級差既包括不同管理層級和不同專業人員在薪酬收入上的差別，也包括在相同部門或專業中由於知識、能力和技能的不同而形成的員工收入的差別。級差的問題涉及組織所奉行的分配文化和原則。正如本章第四節在討論薪酬戰略支持組織的經營目標時所看到的，這種支持既可以表現為差別的工資結構來達到，也可以通過平等的工資結構來達到。不同的組織文化，就決定了不同的分配原則和方法。在有的組織中，高層和基層員工的收入差別非常大，而在那些倡導和諧、分享共同願景和員工合作的組織中，卻開始仿效一種相對平等的分配文化，高層和基層員工的收入差別不大，其目的在於提升員工對公司的忠誠和認同感。需要注意的是，在實行差別的工資結構的組織中，在設計級差時，一定要考慮級差的均衡問題。也就是說，考慮到內部的公平問題，級與級之間的差異不要太大，應保持在一個合理的、可以為多數人接受的範圍內。

（4）決定等級和級差的標準

組織都有不同的層級，與之相適應，薪酬也有若干個等級，不同的等級之間也存在數量上的差別。那麼，這個差別到底多大才是比較合理的？1：2還是1：4？決定這一差別的標準應該是什麼？這是在薪酬結構設計中要考慮和解決的一個重要問題。

總的來講，確定等級和級差的標準有兩個。第一個標準取決於組織的文化和價值觀，所謂差別的工資結構和平等的工資結構，就是不同的組織文化在分配制度上的體現。奉行差別的工資結構的組織強調的是按照與職位相匹配的能力付酬，能力越強，薪酬水準越高。反之，奉行平等的工資結構理念的組織則相信這有利於創造和諧、分享共同願景和員工合作的工作氛圍，提升公司忠誠和認同感，最終提高組織的競爭力。這兩種完全不同的結構無所謂對與錯，它取決於組織的文化要求，以及對組織戰略與組織成員自我價值實現關係的平衡。

第二個標準是按照崗位或職務支付工資和根據人的能力和技能支付工資。這是確定薪酬結構等級和級差的兩個基本標準和兩種不同的支付方式。按照崗位或職務支付工資是建立在工作分析基礎上的，它主要強調的是組織的目標體系與任職者資格之間的關係，反應工作分析和職位評價的結果、不同職務和職位的權利和責任、關鍵崗位對組織的重要性程度和貢獻大小、員工勝任能力等因素對組織績效的影響。特別是在有差別的工資結構中，這些因素的重要性的大小在很大程度上就是工資級差大小的反應。即使是在平等的工資結構中，不同的管理層級和專業崗位客觀上也存在細微的差別，區分並承認這種差別，通過薪酬的激勵效應影響其工作的熱情和效率，對於組織來講仍然具有重要的意義。

根據人的能力和技能支付工資的制度主要強調員工的知識、能力和技能對於組織現在和未來成功的重要性，它是建立在組織面臨的不確定環境、組織靈活性的要求、員工終身學習的願望、留住核心員工以及以人為本等基礎上的。當今商業環境

的劇變已使得任何組織都難以再像過去一樣準確地預測未來，新的商業盈利模式、新的組織結構以及新的管理方法和技術的不斷湧現，這一切都對組織的生存和發展提出了嚴峻的挑戰。在這種環境下，組織必須保持足夠的靈活性，才能適應不同環境對組織的挑戰。而要保持這種靈活性，最重要的就是必須要儲備一批具有各種知識、能力和技能以及能夠不斷學習的員工。因此，組織必須在其內部營造一種不斷學習的氛圍，保證員工的整體素質能夠適應環境變化和人員的靈活配置的要求。同時，由於能夠保持不斷學習的狀態，員工的能力和技能也在不斷提高，隨之而來的就是薪酬和福利的提高，最終為培養員工的凝聚力、忠誠度以及留住核心員工奠定了堅實的基礎。

專欄 9-2：美國西南航空公司對機場營運協調人員的配置

在航空業，營運協調工作人員的工作對於協調飛機起飛起著特別核心的作用，他們的工作範圍包括負責飛機卸載、清理、重新裝載然後起飛上路的職能部門之間的溝通交流，其具體職責包括收集一架飛機上乘客、行李、貨物運輸、郵件、燃料的有關信息，計算上述每個項目能夠裝載的數量，應在哪裡進行裝載，並且要確保與天氣情況和路線情況不發生衝突。當飛機到達以前，在飛機停在登記口期間，以及在飛機起飛以後，營運協調人員都需要收集並處理來自每個職能部門的信息，對這些信息做出必要的調整，並將這些調整反饋給各個部門。在這個過程中，營運協調人員要把來自各個部門對乘客需求、貨運和郵政服務的承諾，以及飛行安全要求的看法匯集到一起，有時當這些看法互相矛盾時，他們還得在中間進行協調。可以看出，營運協調工作人員充當了一個「邊界橋樑」的作用，他們處理的是跨部門邊界流動的信息。但這種「邊界橋樑」的成本很高，因為他們需要一個以協調為主要任務的工作團隊來充當。要降低成本就只有減少人員配備，並增加分派給他們去協調的項目數量或飛機起飛次數。

20世紀80年代以來，美國很多航空公司越來越依靠計算機系統來匯總發送一次航班所需的信息，從而使營運協調人員提高工作效率。這些系統客觀上使工作效率的提高成為可能。比如，營運協調人員可以同時協調高達15班次的飛機起飛過程。他們只需閱讀一個由各職能部門輸入了相關信息的計算機文件，當信息中有不一致的現象，或是需要更多的進一步的信息時，協調員才找相關人員聯繫。但在這一過程中，溝通的質量卻不是很高，溝通的細節也不完善。

營運協調工作人員傳統上充當的是一個航站中跨部門的社會凝聚源，他們在每次起飛的初步計劃或實施階段要與每個職能部門有面對面的接觸，他們所在的「現場營運協調中心」也曾經是為數不多的幾個不同部門人員能夠舒心相聚的地方，這些人員包括飛行員、燃料服務人員、行李處理人員、機械維修人員、客戶服務人

員等。

由於各航空公司減少了營運協調人員，也就意味著失去了建立緊密牢固的跨部門界限工作關係的個人交流與互動的機會。但美國西南航空公司卻沒有這樣做。他們充分意識到了營運協調人員工作這一獨特的重要性，把營運協調人員的數量增配到甚至超過傳統上其他航空公司所配備的數量。公司為每一次航班都配備了專職的營運協調人員，這位協調員和每一個職能部門在飛機轉場前、轉場中和轉場後進行面對面的接觸和交流，這一切完成後，再全心全意關注下一架飛機。

機場營運協調人員地位和作用的重要性在公司得到了廣泛的重視，管理層認為他們是負責飛機起飛的靈魂和組織者；飛行員認為他們是整個團隊的領導；客服人員把他們比喻為航空公司的脈搏。這種核心地位也得到了公司晉升政策的支持，員工們通常要在機坪部門以及客戶服務部門服務一段時間後才能夠到這個崗位上，這樣就把前兩個崗位的經驗帶到了協調崗位，從而獲得了一種更為廣泛的跨越部門的視覺。同時，營運協調人員的工作還被認為是員工成為機坪或客戶服務經理前必經的一步。

研究表明，將「邊界橋樑」式的人員負責的航班減少與高水準的關係性協調能力是相互關聯的。專用的「邊界橋樑」式人員還對提高飛機起飛表現，尤其是加快轉場速度、提高人員生產效率、減少客戶投訴數量和提高準點率都起到了積極的推動作用。

資料來源：喬蒂・赫福・吉特爾．西南航空案例——利用關係的力量實現優異業績 [M]．熊念恩，譯．北京：中國財政經濟出版社，2004：148-153．

9.2.2 組織內部影響薪酬結構的因素

本書前面曾討論了影響組織薪酬的主要外部因素，包括市場競爭壓力、政府管制、行業的差異和組織的規模、競爭對手的薪酬水準、股東的壓力等。除此之外，組織的內部因素也會對組織的薪酬產生影響，如組織的戰略、組織文化、人力資源管理政策和組織成員的接受程度等。下面對這些因素做一個簡要的分析。

（1）組織戰略是影響薪酬結構的首要因素

戰略性人力資源管理不僅強調人力資源各職能間的有機整合，同時更看重人力資源戰略對組織戰略的支持。薪酬作為人力資源管理的重要職能，在幫助組織實現經營目標的過程中發揮著重要的作用。不同的經營目標需要不同的薪酬政策的支持，如果薪酬的激勵導向與戰略的要求背道而馳，經營目標在實施的過程中就會遇到障礙。雖然戰略往往被視為一種宏觀概念，但戰略的成功取決於組織成員在微觀層面上做的各項決策和執行能力。因此，要保證戰略的成功，薪酬戰略必須通過科學合理的導向，以引導組織成員的行為朝著有利於戰略目標的方向努力。

(2) 組織文化的影響

一個崇尚創新及冒險的組織和一個推崇平等的組織，在薪酬結構上會表現出不同的特點，前者可能更傾向於強調建立在創新基礎上的薪酬水準的等級差異，通過對創新的激勵，為組織的人才招聘和留住符合組織文化要求的人員提供標準；而一個推崇平等理念的組織則可能更強調薪酬的無差異化，以便獲得組織成員之間的合作和親密無間的關係，以及建立在這種關係基礎上的團隊和奉獻精神。美國西南航空公司就是這樣的一家公司。[6,7]西南航空公司成功的關鍵在於它的文化及其特徵，這一文化的核心在於強調「合作對於實現成功至關重要」，在這一指導思想下，公司文化倡導平等主義哲學，員工們具有相當多的自由度和責任心，參與決策和改革建議的程度相當高；公司通過雇傭認同公司文化的員工以保持文化的實現；支持和重視培訓，靈活地使用員工，以及不裁員政策等。塑造這一文化的目的在於鼓舞士氣，避免驕傲和防止等級制度或官僚作風阻礙創新和改革，並支持公司長期成長和員工間公平待遇的使命和目標。為了支持這一目標，公司十分重視薪酬的作用，把工資、浮動報酬和貢獻承認計劃看成是公司管理流程的一個組成部分。首先，這種文化在薪酬結構上的表現就是一種平等的工資結構，西南航空公司的飛行員等級的工資結構差異水準要明顯小於聯合航空、美國航空和德爾塔航空3家公司。（見表9-8）其次，在薪酬的組合方面，公司強調短期的較低報酬和長期的較高收入的結合，即把基薪控制在低於市場，而強調長期的激勵。具體做法是：在基薪方面，公司看重員工長期服務和對公司的長期承諾，起薪水準低於市場水準。高級管理人員和員工一樣遵守相同的薪酬「規則」。首席執行官的報酬水準低於市場同等規模公司執行官的中位數水準，其目的在於使激勵首席執行官努力工作，以分享為股東創造的價值。其他高級經理們的收入水準雖稍高於市場水準，但是他們持有的公司股票就少了很多。再次，公司還實行浮動工資計劃和利潤分享計劃，鼓勵員工盡可能控制成本，根據個人收入水準和公司的盈利狀況，每個員工都有同樣的分享機會。為了保證員工們在退休後得到更多的保障，員工的全部獎金都延期支付；員工們還可以用工資條的折減額通過員工股票購買計劃以一定折扣購買公司股票。公司的股票有10%為員工所擁有。最後，公司還基於員工在工作期間的旅行數量支付工資，為保持飛機準時運行提供獎勵。在退休計劃中也有各種不同的投資組合供員工選擇。在公平方面，首席執行官的股票期權沒有折扣，他們購買公司股票的計劃和員工一樣。不論是利潤分享計劃還是股票期權計劃，其目的都是鼓勵員工共同承擔降低成本的任務和為公司及客戶謀利益。而最終帶來的是公司股價的上漲，每個員工也就能夠從中獲得自己的收益。西南航空公司在總部和各個基地還有各種各樣的特殊貢獻承認計劃。除此之外，為了讓新員工看到自己的成長機會，公司一方面加強對新員工的篩選，另一方面也大力強調長期服務對個人帶來的好處。正如公司的一位經

理所講的：我們想讓員工看到和我們在一起的一種長遠的職業機會，初來乍到的員工基本上幹的都是最壞的班次，並且工資也是最低的。問題在於缺乏長遠的視覺。人們不想從最底層幹起，他們看中的不是長期的回報。在「西南」，我們這兒有幹了20多年的老工人，他們有非常豐厚的退休金，能夠得到很高的回報。[5]284 此外，不裁員的政策所提供的安全穩定的工作，也構成強有力的激勵保障。正是這些努力，最終支持和保證了西南航空在競爭激烈的航空業能夠始終鶴立雞群。

表9-8　美國西南航空公司與另外3家大型航空公司的飛行員薪酬

	副機長，1年	副機長，中型飛機，5年	機長，最小型號飛機，10年	機長，最大型號飛機，最高值
西南航空公司	$ 36,132	$ 82,068	$ 140,412	$ 143,508
美國航空公司（A）	$ 25,524	$ 67,092	$ 132,276	$ 185,004
德爾塔航空公司（B）	$ 33,396	$ 95,040	$ 112,308	$ 209,338
聯合航空公司（U）	$ 29,808	$ 95,100	$ 128,124	$ 200,796
平均值（A. D. U.）	$ 29,576	$ 85,744	$ 124,236	$ 198,396

資料來源：巴里・格哈特，薩拉・瑞納什．薪酬管理：理論、證據與戰略意義[M]．朱舟，譯．上海：上海財經大學出版社，2005：80．

（3）組織的性質

組織性質是指按照組織所從事的事業和勞動、技術的密集程度等因素來觀察對薪酬結構的影響。一般來講，在勞動密集型的組織中，由於勞動成本高，薪酬的等級也相對較多，嚴格的等級結構設計的目的之一在於控制人工成本；而在技術密集型的組織中，勞動成本相對較低，結構的等級可能也較少。這可能是因為技術密集性組織更加注重知識的創造和傳播，而過多的管理或薪酬層級顯然與這一目的是不太相符的。

（4）組織的人力資源管理政策和員工的接受程度

從政策的角度講，它受到組織文化和戰略的限定，包括晉升政策、內部一致性政策、公平政策等是否能夠反應文化和戰略的要求；從員工接受程度的角度講，它反應組織薪酬結構的公平性程度，包括程序、過程和結果公平，如果接受的程度較高，則表明達到了內部一致性的目標。

9.3　薪酬結構的戰略性選擇及組合設計

薪酬體系不僅要明確「重要的並不是具體的支付形式，而是向誰支付」，而且還要認識「重要的不是支付多少，而是如何支付」。如何支付所涉及的就是薪酬組

合的設計問題。薪酬組合設計主要研究的是，在既定的薪酬總量下薪酬體系的各組成部分的形式及其所占的權重。薪酬組合設計涉及行業競爭分析、行業贏利能力等外部因素，也涉及組織發展階段、組織特徵、組織文化和戰略、人力資源管理政策、員工的期望等內部因素。一個符合內外環境要素，得到員工高度認同的薪酬體系，無疑會幫助組織獲得成功。

（1）企業發展不同階段薪酬結構的選擇

如同人一樣，企業也是一個有機體，也會經歷從小到大的生長和發展。一般裡講，企業的產生和發展要經過四個階段，即創業階段、成長階段、成熟階段和老化階段。在每一個階段上，企業面臨的任務、目標以及完成和實現這些任務和目標的手段都是不同的。在薪酬系統的設計和實施上也同樣如此。根據專家對處於不同階段公司薪酬設計行為的研究成果，企業在不同階段上的薪酬設計具有不同的特點。特別是在創業階段，由於企業面臨現金流出大於流入以及生存的壓力，因此行動導向和機會驅動的壓力成為企業一切工作的指導方針。這種指導方針也表現在人力資源管理的實踐方面，比如，由於沒有時間對員工進行培訓，因此大量的熟練人員主要從外部招聘；由於要招聘到最需要的人員，提供的薪酬往往是市場水準甚至超過市場水準；績效指標以結果導向為主；在薪酬的構成上，處於創業期和成長期的企業，其薪酬的設計特點大多都是基本工資和福利比例較小，獎勵性工資所占的比例非常大。這時薪酬系統的目標主要是吸引人才的加盟。專家的研究也支持這一結論。根據艾力格（Ellig）等人的研究，在創業期和成長期，廠商需要將現金轉化為對產品開發和營銷的投資。因此對成長型廠商來講，保持基本工資和福利等固定成本低於市場水準，但同時提供諸如股票期權等可以導致總薪酬水準遠高於市場水準的長期報酬計劃對自身發展更為有限。[8] 而處於成熟期的企業，基本工資和福利比例較大，獎勵性工資所占的比例較小。這時薪酬系統的目標發生了變化，不再是吸引人，而是留住人。在美國一項關於報酬實踐是如何與戰略結合在一起的研究中，研究者對33家高科技企業和72家傳統企業進行了考察。他們根據這些企業是處在成長階段（年銷售額在經過通貨膨脹調整以後仍然能夠達到20%以上）還是已經處於成熟階段對它們進行了分類。研究發現，處在成長階段的高科技企業所採用的薪酬系統是：獎勵性工資所占的比例非常大，而薪金和福利在總報酬中所占的比例卻很小。另一方面，處於成熟期的企業（包括高科技和傳統企業）所採用的薪酬系統往往只是將總報酬中一個很小的百分比分配給獎勵性工資，而福利部分所占的比例很高。[9] 對處於老化階段的企業來講，薪酬總量會低於市場水準，績效工資、福利和勞保等也會低於市場水準。在專欄10-3中，可口可樂公司薪酬戰略的目標與公司發展階段的要求也是匹配的。在該公司剛進入中國時，憑藉其強大的實力，在創業階段就提供了較高的基本工資，基本工資是當時國內飲料行業的兩至三倍，由於這

種極具競爭力的薪酬，吸引了大批的人才加盟，有力地促進了公司目標的實現。也就是說，這種高薪模式的目的就是吸引人才。在成長階段，公司的薪酬目標仍然著眼於提高工資總量和福利水準，以保持薪酬對員工的激勵作用和影響。而到了成熟階段，伴隨著公司在中國市場地位的增加以及著眼於繼續提高公司在行業的影響，薪酬目標逐步由注重外部公平轉向注重內部公平，在職位分析和職位評價的基礎上，對薪酬體系進行了重大調整，規範管理制度的同時，薪酬的構成也開始注重非經濟性要素，而代之以全面薪酬的激勵。這種趨勢也符合本章第三節在討論如何解決內部一致性和外部一致性的矛盾時所闡述的規律和趨勢。

(2) 行業競爭狀況及組織特徵

薪酬的構成除了受到不同發展階段的一般規律的影響之外，還會因行業的性質、企業的地位和實力等方面的因素而表現出不同的特點。如前所述，薪酬組合設計是根據組織戰略等要求，在既定的薪酬總量中對各種薪酬要素按照一定比例進行組合和搭配，其方法也多種多樣。比如，從組織特徵看，對於具有創新型、冒險型特點的企業，可以考慮在薪酬總量不變的情況下，基本工資低於市場水準，但績效工資高於市場水準，福利和勞保與競爭對手看齊。又比如，薪酬總量可以超過競爭對手或高於市場水準，但考慮到行業的贏利能力，基本工資的設計可以低於競爭對手或市場水準，但績效工資或長期激勵高於競爭對手或市場水準。在本章案例中，通過人力資源和薪酬體系的設計，亞馬遜書店塑造了績效卓越的企業文化競爭力，這其中，薪酬的不同組合形式也是幫助該公司成功的一個重要的因素。[10]

(3) 多元化經營狀況

企業經營的多元化狀況在很大程度上也會影響薪酬的構成和組合。從一般意義上講，高度多元化經營的企業，其薪酬大多與各經營單位（事業部或子公司）的績效存在更密切的關係；但對那些多元化程度較低或各經營單位之間的合作程度要求較高時，則薪酬與公司整體效益的關聯程度更高。但這種情況也不是絕對的，不論是否是高度多元化經營的企業，出於整體戰略和組織內部公平的考慮，很多時候都會強調各經營單位（事業部或子公司）的利益與整個組織利益之間的協調。以GE為例，這是一家全世界少有的多元化經營且非常成功的公司，傑克·韋爾奇在任其CEO時，為了達到其「整合多元化」的目標，就明確地闡述了自己的觀點。他認為，GE絕不是幾十家無關聯的企業的組合。因此，應當通過「無邊界」行動，通過整合各下屬企業的理念，使GE的價值超過其各部分的簡單加總，以創造整個GE的競爭優勢。傑克·韋爾奇講：「我不能容忍這樣一種想法，即整個公司的大船在下沉而船上的某些企業卻只顧自己靠岸。」[11]為了達到整合的目標，傑克·韋爾奇對GE的薪酬制度進行了改革，通過股票分享等措施，讓GE的優秀員工從整個公司經營業績中獲得的收益遠遠超過他們從各自企業中得到的任何收入，從而更加堅定地支持公司的戰略目標。本章「薪酬系統與組織競爭力」中所列舉的郭士納對IBM

薪酬制度的改革也是一個例子。為了保證高級經理對整個高尚經營活動的關心，他們的收入必須與公司績效掛鉤，包括最高層的高級經理和事業部的高級經理年終獎中有一部分與公司整體績效掛鉤，第二等級高級經理的獎金的 60% 取決於公司整體贏利狀況，40% 取決於所屬事業部的贏利狀況。

薪酬結構的戰略性選擇及組合設計是薪酬戰略的重要內容，其重要性表現在兩個方面：第一，薪酬結構選擇和組合設計是否恰當，事關企業戰略的成敗。第二，高層管理人員在除了自己專業領域之外，還必須對人力資源管理問題給予高度關注，要瞭解和掌握有效的激勵手段和方法與實現組織目標之間的關係，這也就是本書第一章第三節「戰略性人力資源管理」在討論人力資源管理的發展趨勢時所指出的，人力資源管理不僅是人力資源部的工作，首先是組織高層管理人員的責任，道理也就在此。

9.4 以職位為基礎的薪酬結構

9.4.1 以職位為基礎的薪酬結構的流程

以職位為基礎的薪酬結構是實現內部公平的重要途徑，它是建立在詳盡的工作分析和工作（職位）評價基礎之上的。工作分析的內容在第 3 章已討論過了，它的作用主要在於確定不同工作內容之間的相似性和差異性，工作（職位）評價（job evaluation）是在工作分析的基礎上確定每項工作對實現組織目標的重要性和相對價值，以建立內部平等的工作結構，即實現內部一致性要求。同時，組織為提高競爭性，職位評價又會在一定程度上參照市場標準，以體現外部一致性的要求。例如在醫院，醫生的職位相對來講就比護士的職位重要，同樣，護士的職位又比清潔工的職位重要。在工廠，總工程師的職位比一般工程師的職位重要，一般工程師的職位又比工人重要。他們各自對醫院和工廠的貢獻是不一樣的。

建立以職位為基礎的薪酬結構，其基本流程包括以下幾個步驟：

（1）進行工作分析，找出工作的相似性或差異性，為職位評價創造條件；

（2）在工作分析的基礎上，對工作（職位）進行評價；

（3）進行市場薪資調查，提高職位評價的公平性和競爭性；

（4）確定報酬要素及其數量，並根據實際情況對報酬要素進行等級界定；

（5）選擇評價方法，根據各個報酬要素的重要性確定其權重，並給各要素評分；

（6）確定工資水準，在此基礎上建立起以職位為基礎的薪酬結構。

下面將按照這一流程的要求，對建立以職位為基礎的薪酬結構做一詳細的介紹。

步驟一：工作分析

關於工作分析，請參見第三章的內容。

步驟二：進行市場薪資調查

市場薪資調查是實現外部公平的主要方法，在建立以職位為基礎的薪酬結構時，也需要參考職位的市場薪酬水準，以達到吸引和留住人才的目的。這裡要強調的是，並不是所有的職位都可以通過市場調查得到數據，只有基準職位或在多數企業中都存在的職位，才能夠通過市場調查獲取數據。比如，辦公室主任、人力資源部經理、銷售總監、財務總監等職位，在多數企業都存在，就屬於基準職位。那些對企業比較重要，但並不是多數企業都有、難以從市場調查獲取資料和數據的職位，如知識主管，就只有在對該職位進行仔細分析的基礎上，通過該職位對企業的重要性或貢獻程度進行職位評價，在此基礎上參照其他職位的薪酬水準確定其薪酬水準。

在中國，使用市場薪酬調查數據時要慎重。儘管現在每年都有越來越多的公司和雜誌公布自己的調查數據，但真正具有專業水準、調查數據能夠反應職位薪酬真實情況的並不多。究其原因，主要是因為中國開展正規的市場薪酬調查的時間並不長，而且由於「人怕出名豬怕壯」、「不露富」等固有傳統思想觀念的影響，而且薪酬本身屬於企業的商業機密，因此很少有企業願意公開自己的薪酬情況，加上有的公司獲取的數據不全面或真實性不高，這就難以保證調查數據的真實性和準確性。因此，企業一旦要進行薪酬的市場調查或選用這方面的數據，一定要聘請專業的公司或選用這些公司的調查數據。

步驟三：確定報酬要素

報酬要素的定義。報酬要素是工作評價的基礎。在進行職位評價時，必然會涉及職位報酬要素的確定。所謂報酬要素（compensable factors），是指組織依據若干個自行制定或業界共同遵循的標準，以確定崗位或職位對實現組織目標的價值大小和重要性程度，並根據對報酬要素的評價，為制定最終的職位薪酬提供依據。報酬要素的確定需要解決五個方面的內容，即：確定報酬要素的數量、定義報酬要素、確定各種要素的權重分配方案、確定要素等級、採用適當的評價方法給要素評分。

確定報酬要素的數量。在進行職位評價時，首先需要確定報酬要素的數量。多少個報酬要素才是合適的，並沒有一個統一的標準，關鍵是要能夠準確反應工作的重要性程度和價值大小。一般來講，報酬要素包括四個方面：一是工作條件。如工作環境（如為保證工作的質量需要獲取信息的渠道是否穩定）、工作的複雜性程度、工作的難易程度、工作條件的好壞（在辦公室工作還是在外勤或野外工作）等。二是該工作或職位所需的努力程度，包括心理努力和生理努力。比如，腦力勞動主要與心理努力程度有關，而體力勞動則主要與生理努力程度有關，而腦力勞動和體力

勞動的強度本身也還有差別。三是工作或崗位所需的知識、能力和技能，這是報酬要素中最重要的一項內容。在這項要素中，需要對職位的勞動強度（腦力/體力勞動）、知識結構和層次（學歷/學位、研究成果等方面的要求）、決策的程序（程序化決策還是非程序化決策）等因素進行評價。四是工作的責任。選擇這四個方面的要素是為了保證在進行職位評價時盡可能做到公正、合理、準確。但報酬要素並不是越多越好。研究表明，一個含有 21 個要素的方案和一個只有 7 個要素的方案所制定出的職位結構是完全一致的。因此，要素的重要性並不在於數量的多少，而在於所選擇的要素是否能夠準確反應工作的重要性。比如，只就技能這一項要素而言，就能夠解釋 90% 以上的職位評價結構的差異；三個要素通常就能夠說明 98%～99% 的差異。一個方案中許多要素的目的通常純粹是為了保證員工能夠接受。[2]114-115

定義報酬要素。當報酬要素選擇好後，需要對其進行定義，即對每一選定的要素給出一個明確的描述，比如，在表 9-9 中，對「認知能力」的定義主要集中在三個方面，即表達能力、運用數字能力和發現、分析及解決問題能力等方面的能力。這樣，就能夠使評價者在職位評價中能夠準確地把握報酬要素的內容，並作出正確合理的評價。

確定各種要素的權重分配方案。在以上所列舉的四個方面的要素中，各要素的重要性程度是不一樣的，不同的工作對要素的要求也是不一樣的。因此，應根據要素的重要性程度、價值大小，或根據每一要素的勞動力市場價值水準來確定其價值。各要素的加總值為 1，即將 100% 的權重在各要素之間進行分配。如前所述，工作技能對於任何工作來講都是最重要的一個要素，因此，在進行評價時就應賦予一個較高的權重，如 50%，以體現出應有的價值。然後按照其他要素的重要性程度，依次賦予其應有的權重。

確定報酬要素的等級。在以上若干要素中，並不是每個要素的重要性程度都相同，因此，還需要對要素分出等級。比如，同樣是對知識和技能的要求，對從事股票或證券投資的分析師和企業的財務出納員，所要求的具體內容肯定是不一樣的。為了區別，在進行職位評價時，就需要對選定的要素進行分等。表 9-9 是對不同級別業務員認知能力標準的表述。

表 9-9　　　　　　　　關於業務員認知能力等級的描述

認知能力：主要衡量職位要求的表達、運用數字和發現、分析及解決問題等能力的水準。

等級	認知能力要求
等級一	具有極強的寫作和語言表達能力，能夠準確識別並正確處理商業、財務、業務等各類數據或報表中存在的問題，具有很強的綜合分析研究和解決問題的能力，能夠在非常規狀態下工作並善於處理突發事件，所提建議能夠成為組織重大事項的決策依據，在專業崗位業務方面具備專家級水準。

表9-9(續)

等級	認知能力要求
等級二	具有很強的寫作和語言表達能力，對各類數據和業務報表具有很強的敏感性，能夠進行獨立研究，但大多都遵循既定的指導和原則，並提出解決問題的方案，主要從事程序化工作，具備了較高的專業技術水準，相當於研究生以上學歷或研究水準。
等級三	具有較強的文字寫作和語言表達能力，對各類數據和業務報表具有較強的敏感性，在主管或專業人士指導下能夠獨立承擔部門的專題調查研究和獨立完成本職工作，通常在既定的範圍和框架內開展常規性的工作。有時需要對非常規事件作出判斷。
等級四	有一定的文字寫作和表達能力，在指導下能夠處理簡單的數據和報表，完全在規定的標準程序下開展工作，基本不需要從事非常規性的工作，也不需要對非常規事件做出判斷。
等級五	具備基本的文字和口頭表達能力，能夠進行加、減、乘、除等最基本的數字運算，在主管及同事的指導下從事簡單的常規工作，主要作為助手協助完成任務。

報酬要素評分。最後一項內容就是採用適當的方法給報酬要素評分，包括各報酬要素子要素的得分以及各項要素的總得分，將此得分與相應的工資結構套級，便得到職位的工資水準。

步驟四：進行工作（職位）評價

關於職位評估請參見本章第一節的內容。

步驟五：建立工資結構

所謂工資結構，是指組織中不同職位的薪酬等級的組成和排列形式。正如在介紹排序法時所指出的，不同的組織有不同的薪酬等級的組成和排列形式，其內容包括工資水準跨度（最高和最低收入的差距）、管理人員和非管理人員的薪酬差距、各薪酬級別的級差等，如何確定這些內容，取決於組織的發展階段、組織文化、薪酬總額等因素的影響。總的來講，工資結構的建立不外乎有兩種方式：第一種是直接將根據市場薪酬調查獲得的數據作為被評價崗位的薪資標準，如果一個人力資源部經理的市場工資水準是10萬元，那麼就應按照這個標準向其支付薪酬，這也就是所謂的外部公平。第二種是按照內部一致性原則，根據組織的需要，將各種職位劃分為一定的工作類別或等級，每一等級上的每一種工作都處在相同的工資浮動範圍之內。只需將職位或個人的得分按等級分組，具有相同或相似分數值的工作被分配到同一等級中。[12]這種方法的優點在於能夠避免將多種不同工作分別確定不同的工資水準所產生的負擔，有利於員工在同一工資幅度範圍內進行輪換和調派，而不用再對其進行評價和對工資水準進行調整。

對任何一個組織來講，實際上都難以完全按照市場工資水準或內部公平原則確定各職位的工資結構，而必須同時兼顧兩方面的需求。比較理想的做法是，將職位

的市場工資水準作為一個中值點，然後結合工作分析和職位評價的結果，給予一個上下浮動的範圍，再結合任職者的知識、能力和技能的水準，最後就可以確定一個較為合適的工作水準。

9.4.2 職位薪酬結構所面臨的挑戰和解決辦法

（1）存在的主要問題

雖然以職位為主的薪酬結構在各類組織中得到了廣泛的應用，並已經非常成熟，但這種方法也存在一些明顯的不足。首先，雖然工作分析為員工的績效評價和組織的績效控制創造了便利條件，但由於組織所處經營環境的變化和信息的不對稱，事先做好的工作分析和職位描述不可能百分之百地反應這種變化，也不能夠適應組織根據環境變化作出的戰略調整的要求。在這種情況下，可能出現兩種情況：一是在滯後的工作描述下，員工們的工作結果不能夠達成組織的目標；二是員工們可能以原來的工作描述為依據，拒絕接受和完成新分配的工作。這兩種結果顯然都不是組織所希望看到的。其次，在嚴格的工作描述和工作說明書要求下，員工的知識、能力和技能被限制在比較狹窄的專業領域內，如果相應的培訓再跟不上，就可能會造成員工的技能衰退和動力不足，並影響員工在組織中工作的信心。最後，以工作為基礎的薪酬結構在一定程度上會導致歧視性的薪酬政策，因為在這種制度下，員工即使非常優秀，業績非常突出，但在等級的薪酬制度下，他們獲得的報酬仍然會低於他們的主管和其他的管理人員，這無疑會在一定程度上挫傷員工的工作態度和積極性。而且在傳統的做法上，等級制的薪酬結構會強化自上而下的決策和信息傳遞機制，同時可能導致員工將注意力更多地放在如何獲得晉升而不是如何改進自己的能力、技能以及學習和掌握新的知識上。

（2）解決思路和辦法

要解決以職位為基礎的薪酬結構存在的問題，可以通過建立寬帶薪酬、建立以任職者為基礎的薪酬結構等方法來實現。關於以任職者為基礎的薪酬結構，將在下一節做專門介紹，本節將介紹寬帶薪酬的內容。

寬帶薪酬的定義。寬帶薪酬是建立在工作寬帶基礎上的。工作寬帶是適應組織靈活性和培養員工多崗位勝任能力的要求而出現的一種寬泛的工作形式。在這種形式中，原來組織金字塔式的等級大幅度減少，員工在工作中流動的機會大大增加。寬帶薪酬就是與之相適應的一種薪酬形式。所謂寬帶薪酬，是指將傳統的多等級、低跨度薪酬結構重新劃分為較少的等級、較大的跨度的薪酬結構。其基本思路是，將原來報酬各不相同的多個職位進行歸類，通過減少工作等級數量，加大等級浮動幅度，以使企業在工作安排和績效加薪方面獲得更大靈活性。因此，從本質上講，等級制的結構仍然是寬帶薪酬的基礎。圖9－1是寬帶薪酬結構的示例。

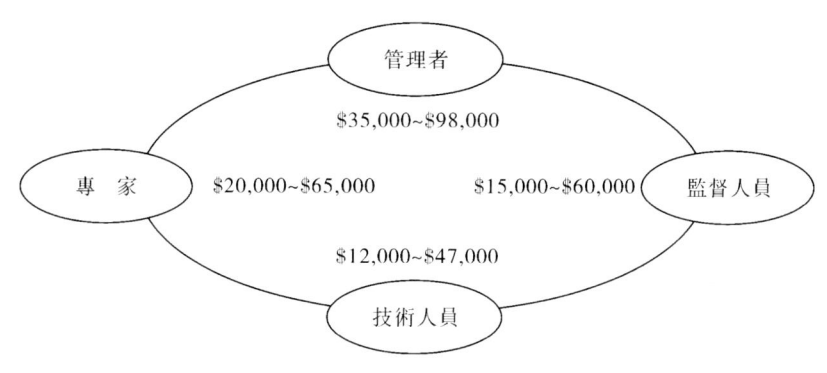

```
            管理者
      $35,000~$98,000
專家  $20,000~$65,000   $15,000~$60,000  監督人員
      $12,000~$47,000
            技術人員
```

圖 9-1　寬帶薪酬結構示例

資料來源：陳清泰，吳敬璉. 公司薪酬制度概論 [M]. 北京：中國財政經濟出版社，2001：89.

　　寬帶薪酬的設計步驟。寬帶薪酬的設計主要包括以下幾個步驟：首先是要確定工資等級（帶）的數目。工資帶數目的確定由組織的實際情況決定，包括對管理層級、專業和職族等因素的考慮。一般不超過10個，在4~8個之間最為理想。每個工資帶之間有一個分界點，分界點既可以表示不同的管理層級之間的差別，也可以表示雖然為相同的管理層級，但由於重要性及價值的不同而在薪酬上的差別。表9-10是某家具製造企業的寬帶薪酬職務工資表，在表中，上述兩種差別都有體現。比如，同為總監級別，銷售總監處於工資帶二，而研發總監、生產總監等則處於工資帶三。這是因為對於中國的家具企業來講，在研發、生產和銷售三個環節，生產環節的問題已得到基本解決，研發正處於起步階段，對大多數家具企業來講，自我研發的產品在總的銷售中所占的比例不大。因此，銷售是最重要的環節，銷售總監的地位和作用對企業就至關重要。把銷售總監放在工資帶二，把研發總監放在工資帶三，既體現了突出核心競爭力的要求，也體現了薪酬戰略支持組織戰略的設計思路。其次是在同一工資帶中，也應根據關鍵工關鍵職位確定其工資水準。比如，在木工、模具、干砂、灰工、貼紙、油漆等車間主任或班組長一級，木工、油漆等工種的重要性程度可能相對較大，因此他們的工資水準可能是最高級（XXXX），而其他工種則可能在最低級（XX）或處於中間水準（XXX）。

　　工資帶數目確定後，接著就要確定不同工資帶的價位。確定的原則主要是在工資總額範圍內，參考市場工資水準，確定每一工資帶中不同專業、不同職位的工資水準。

表 9-10　　　　　　　　某家具製造企業的寬帶工資表

工資帶	工資帶範圍		帶寬職位分佈
工資帶一	最高	XXXXX	總經理、副總經理
	最低	XXX	
工資帶二	最高	XXXXX	事業部總經理、銷售總監、財務總監、總經理助理
	最低	XXX	
工資帶三	最高	XXXXX	研發總監、生產總監、行政人事總監、技術總監
	最低	XXX	
工資帶四	最高	XXXX	品牌部經理、品管部經理、採購部經理、行政人事經理、市場客戶部經理、財務部經理等
	最低	XX	
工資帶五	最高	XXXX	車間主任（木工、模具、干砂、灰工、貼紙、油漆等）、班組長等
	最低	XX	

　　寬帶薪酬的優點。寬帶薪酬的優點主要包括以下方面：首先，任何一種薪酬制度的最終目的都在於適應環境變化和激勵員工，在當今商業競爭日益加劇的現實情況下，組織必須具備靈活性，這種靈活性同樣適用於組織成員，寬帶薪酬的出現，就有利於員工靈活性的培養。比如，它鼓勵員工在同一跨度的等級中進行崗位輪換，在不影響員工收入的前提下，員工可以通過從事多種不同的工作以掌握更多的工作技能，以隨時應對環境的挑戰。其次，它能夠適應組織扁平化的需要，體現人力資源戰略支持組織目標這一戰略性人力資源管理的基本要求。因為工作等級的減少意味著職位評價工作範圍的縮小，這有利於提高職位評價的靈活性和管理工作的效率，倡導和培育那些組織需要的跨職能、跨專業的技能，而寬帶薪酬能夠為組織的這種轉變提供強有力的支撐。再次，這種薪酬制度具有明顯的導向作用，即把管理者和員工的注意力集中在通過橫向的職位輪換提高綜合技能，而不是集中在如何突出自身職位的價值和對管理者職位的追逐上。最後，由於寬帶薪酬的等級差別很大，而且不同專業之間的薪酬交叉，使那些具有重要價值的崗位的一般員工的工資可以與管理人員處於同一水準甚至超過某些管理職位的工資，在一定程度上降低了人們的等級意識以及通過晉升提高待遇的重要性，達到增強團隊精神的目的。

　　寬帶薪酬的不足。主要表現在三個方面：一是結構的寬泛程度難以把握，在沒有嚴格規範的職位評價的情況下，工資水準的界定比較困難；二是如果沒有科學合理的測算，它可能導致薪酬成本的大幅度上升，增加組織的財務負擔；三是晉升機會大量減少，對於那些立志成為管理者的職業人士可能會產生消極影響等。

9.5 以任職者為基礎的薪酬結構

與以工作為基礎的支付方式相對應的是以人（任職者）為基礎的薪酬結構。這種薪酬結構的出現是適應組織靈活性的要求。伴隨著市場競爭的加劇和以職位為基礎的薪酬結構所面臨的問題，完全依靠嚴格的工作說明來規範和限制員工的工作範圍已經不能完全適應由於環境變化的需要。一方面，員工所做的一些工作已經超出了工作說明的規定，但並未從組織的薪酬制度中得到相應的補償；另一方面，員工不僅需要具備現在工作所要求的知識和技能，而且還必須具備適應新形勢和環境所要求的知識、能力和技能，這樣才能夠幫助實現組織的目標。在這種情況下，企業必須思考在如何調動員工積極性和增強以薪酬為主要內容的激勵機制的作用方面尋找更加有效的途徑。而以任職者為基礎的薪酬結構，在一定程度上會解決這個問題。

將薪酬與員工個人的能力和技能聯繫起來，並以此為基礎建立企業的薪酬結構，這就是以任職者為基礎的薪酬結構，包括以技能為基礎的薪酬結構和以能力（知識）為基礎的薪酬結構兩個方面。

9.5.1 以技能為基礎的薪酬結構

（1）基本概念

以技能為基礎的薪酬結構主要適用於處於生產一線的技術工人，即所謂的藍領工人。它的含義是指把員工的薪酬與其所掌握的與工作有關的知識、能力和技能聯繫起來，並作為支付薪酬依據的一種方法。這種方法的特點是，企業主要根據員工已經擁有並經過鑒定的技能，或能夠在工作中應用知識的廣度、深度和類型，而不是按照他們從事的工作支付工資。[13] 也就是說，只要員工具備了這種（些）技能，不管他從事的工作是否需要這些技能，他都應該得到這份工資。比如，如果一個製衣廠的工人不僅會裁剪，而且還掌握了縫紉、鎖扣、熨燙三種技能，儘管他的本職工作是裁剪，但在他的薪酬構成中，仍然包括了除了本職工作（裁剪）以外所具備的其他三種技能的工資。

以技能為基礎的薪酬結構的依據主要源於三個方面：第一，它能夠為組織的靈活性創造條件；第二，能夠在一定程度上節約勞動成本；第三，有利於組織成員職業生涯的全面發展；第四，鼓勵員工學習和掌握新的技能。仍以製衣廠的裁剪工為例，如果一位裁剪工人不僅勝任本職工作，而且還掌握了縫紉、鎖扣、熨燙其他三種技能，就可能具備以下優勢：第一，它為組織靈活用工創造了條件。在裁剪工作任務壓力不大，而縫紉、鎖扣、熨燙等工序任務壓力大時，這位裁剪工可以加入到這些工序中的任何一個工序，以緩和這些工序用工的緊張狀況。當任務完成或原有人員能夠完成任務後，再回到裁剪崗位。或者，當縫紉、鎖扣、熨燙三個工序的人

員因病、離職等其他原因不在崗位時，這位裁剪工可以迅速地接替他（她）們的工作，以保證整個生產流程正常穩定的進行。第二，由於在前述情況下，組織並沒有招聘新的員工，而是安排那些具備縫紉、鎖扣、熨燙技能的工人替代，因而節約了勞動成本，增加了組織的競爭優勢。第三，由於這位裁剪工掌握了制衣的多種工序，客觀上提升了自身的競爭力，並為自身的職業發展打下了一個良好的基礎。第四，由於薪酬與技能掛勾，因此該員工能夠獲得更高的薪酬水準。

技能工資雖然主要是以藍領工人為對象，但在有的情況下也適合一些辦公室的管理人員以及大量服務行業的從業人員。比如，國家勞動人事部每年都要頒布一些新的職業標準，如人力資源管理師、薪酬設計師、房地產策劃師、商務策劃師、企業文化師、禮儀主持人、調查分析師等，對這些職業也都制定了相應的技術標準、任職資格和考核標準。這也表明了技能工資制的適用範圍在不斷擴大。

（2）形式

以技能為基礎的薪酬結構主要有兩種形式：一是技能的深度，指一個人知識和技能的深度，能夠在某個專業、或某個流程的關鍵環節成為專家；二是技能的寬度，指對整個流程的理解和對技能的掌握都達到了一定的水準，能夠掌握不同工種和專業的技術，成為多面手。比如，一個制衣廠的工人既可以在裁剪方面精益求精，並成為裁剪技術方面的專家；也可以在裁剪技術達到一定水準後，學習和掌握縫紉、鎖扣、熨燙等方面的技能，即掌握整個制衣環節的基本技能。有的企業要求生產一線工人不僅能操作機器，還要能夠維修和保養，甚至還能夠完成質量控制工作。這也是一種技能寬泛化的要求。

（3）技能工資方案的制定

技能工資方案的制定包括以下步驟：

步驟一：根據組織產品和服務的質量要求，明確完成目標任務需要具備什麼技能，收集與這些技能有關的各種信息，並對各項技能進行準確定義。

步驟二：技能鑒定。技能鑒定是實行技能工資制度的必備條件，在確定了組織需要的技能後，應建立各項技能的標準體系，包括技能的種類（如基礎技能、核心技能、技術技能、管理技能）、技能的等級標準（包括時間、數量和質量的要求）、掌握一項技能需要的培訓計劃等。最終的鑒定結果應以證書的形式發放給員工。證書既可以是政府有關部門或市場組織通過建立職位體系確定的技能標準證書，也可以是企業根據自身的實際情況建立的技能標準體系。建立技能標準體系的目的在於通過測試和評價能夠較為準確地確定任職者是否完整掌握了該項技能。

步驟三：確定技能的等級。按照等級工資制的思路，技能也可以分出等級，以反應不同技能水準對組織的貢獻。在圖9-2中，技能深度就分為初級（A1）、中級（A2）和高級（A3）。技能寬度表示掌握技能的數量，如裁剪、縫紉、鎖扣、熨燙

四種技能,每一種技能又分為初級、中級和高級。一名員工既可以從裁剪的初級向中級和高級這樣一個縱向的結構發展,如從 A1 到 A3,也可以在取得裁剪的初級或中級資格後,向縫紉、鎖扣以及熨燙的初級和中級這樣一個橫向的結構發展。

步驟四:根據確定的各項技能對組織目標的重要性程度和價值制定工資標準,並明確不同的技能水準與薪酬之間的關係。

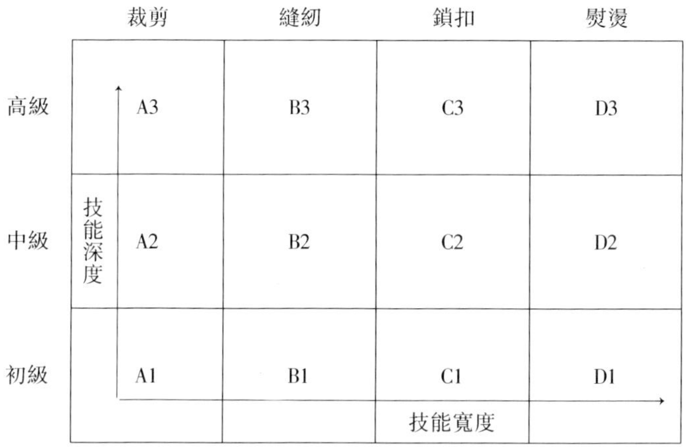

	裁剪	縫紉	鎖扣	熨燙
高級	A3	B3	C3	D3
中級	A2	B2	C2	D2
初級	A1	B1	C1	D1

(技能深度↑　技能寬度→)

圖 9-2　技能工資制

(4) 對技能工資制的評價

如前所述,雖然技能工資制的優點是非常明顯的,但其缺陷同樣也很突出。第一,這種工資制度可能導致企業的人工成本難以控制,因為如果企業的大多數人都掌握了多種技能的情況下,企業就必須為這些技能的擁有者買單,從而導致勞動成本增加。第二,容易出現技能的老化。比如,當組織的流失率較低、各工序人員較為穩定時,那些掌握多種技能的員工就沒有機會去使用這些技能,這必然會出現技能的老化和過時,同時也增加了勞動力成本。第三,為各項技能制定價格的標準難以把握。第四,如果大多數人都掌握了多種技能,就可能會出現「技能封頂」和「工資封頂」的情況,這會影響人們繼續進取的動力,工作的積極性就會受到影響。第五,技能的描述、鑒定、培訓等資格體系的建立既花時間又費精力。特別是在現代社會,科學技術的發展日新月異,技術更新的速度越來越快,在這種情況必然會產生的一個問題就是員工技能的培訓、鑒定都可能跟不上,並此造成大量的浪費。

由於技能工資制存在的這些問題,決定了它是適用範圍是有限的,並不適用於所有的組織。特別是受到組織戰略、組織結構、組織文化及其所決定的薪酬結構、員工的工作形式等因素的影響。第一,在實行低成本競爭戰略的組織中,這種工資制度可能不支持組織的戰略,特別是在勞動密集型的組織中,技能工資制度可能會增加人工成本並導致較大的財務風險。第二,這種工資制度也可能不支持那些具有

嚴格的等級制的組織結構，而可能比較支持和符合那些具有鬆散型的組織結構。在這種組織中，人們的工作並沒有做嚴格的分工，彼此間的協作和溝通比較頻繁。從而使人們學習和掌握多種技能的要求得到認可和獎勵。第三，這種制度可能不支持實行平等的工資結構的組織，而可能會受到那些實行差別的工資結構的組織的歡迎。第四，它可能比較適合以個人工作為主的工作形式，而不太適應團隊工作的形式，因為團隊工作形式可能更看重的是團隊成員間相對平等的工資結構，員工的技能及與此相適應的薪酬水準首先應當服從團隊工作的需要。

9.5.2 以能力為基礎的薪酬結構

所謂能力，是指組織成員所擁有的知識、技能等能夠為組織創造優異業績的個人特徵。從一般的意義講，能力體系主要用於白領階層，即那些主要以辦公室、試驗室等為工作場所的工程師等技術性員工。對他們來講，薪酬的激勵應該更多地體現在發明、創造以及解決實際問題的能力等方面。

其特點與以技能為基礎的薪酬制度一樣，也是按照員工擁有並經過鑒定的能力支付工資，而不考慮他們從事的具體工作。因為建立以能力基礎上的薪酬制度也同樣認為，具備了這些能力能夠支持組織目標，使工作流程更加容易與人員的配備水準相匹配。

按照員工的能力支付薪酬，一種常見的方法是個人發展階段法，[1]151 即把人的能力發展分為四個階段。第一是學習階段，這個階段的主要任務是學習掌握工作的基礎知識，在此基礎上向高一層次的知識累積發展。第二是應用階段，即將工作中累積的經驗和獲得的知識應用於實踐。第三是指導階段，即將自身的工作經驗向員工傳授。第四是領導階段，以領導者和管理者的身分進行戰略和策略的決策，以能力和經驗促進組織的發展。調查表明，在一家公司中，大約有75%的員工處於前兩個發展階段，25%處於後兩個階段。而且各個階段要求的能力具有明顯的區別，比如，第一和第二階段注重技術和操作能力，第三階段注重經營和人際關係能力，而第四階段則要求有很高的理論和決策能力。建立在這種方法基礎上的薪酬決策的步驟主要是：首先，根據組織戰略的要求，提出所需要的能力體系；其次，對所需要的能力進行劃分和鑒定，比如可以將這些能力按照重要性程度劃分為基礎能力、核心能力和決策能力；最後，在此基礎上，按照能力的重要性程度賦予不同的權重，將已確定的薪酬總額在這些經過鑒定的能力範圍中進行分配。

總的來講，以能力為基礎的工資制度與以技能為基礎的工資制度大致相同，如都要先根據組織需要對能力進行定義和評價，也要劃分能力的等級，但這兩種方法存在兩個較大的差異：一是標準的可測量性；二是能力需求的判斷難度。這兩種差異都使能力的鑒定和建立在以能力基礎上支付薪酬的制度在實施上非常困難。首先，技能本身是比較具體的和可以測量的，而能力則比較抽象和難以測量。一般來講，

個人的能力主要存在於五個領域，即所謂的「冰山模式」：技能（專業知識的反應）、知識（信息的累積）、自我意識（態度、價值觀、自我形象）、性格（處理問題的方法）、動機（驅動行為的想法）。在這五個領域中，只有技能和知識是可以觀察到和進行鑒定的，而自我意識、性格和動機則很難識別和進行準確的判斷。由於難以判斷和把握，也就難以鑒定這些能力並根據這種能力支付薪酬。其次，就能力需求的判斷難度看，在大多數情況下，我們都很難準確判斷某項工作究竟需要何種能力。特別是對於那些技術性很強的職位來說，對能力的判斷往往不準確。比如，對一個監理公司的工程師來講，具備一定的有關建築、公路或橋樑的專業能力是很重要的，但認真分析一下會發現，監理工程師們的主要工作除了依據合同對產品的質量、工期等進行監督外，有大量的時間是在與投資方和承包商就產品的質量、工期甚至付款等事項進行協調，也就是說，他們還充當投資方和承包商之間溝通的角色。因此，一個優秀的監理工程師，還需要具備很強的人際溝通能力，有很好的人緣。這些能力和人緣對於監理公司的績效無疑具有重要意義。如果缺乏對這些能力的鑑別，工程師們的績效導向就會出現誤差，從而最終影響組織的績效。同樣，如果一家計算機軟件公司一味強調計算機軟件人員的邏輯、數學以及編程方面的技能，而忽略以市場和顧客需求為導向、以自身的技術優勢幫助客戶提高價值的能力，顯然它所提供的軟件產品和服務也一定是有問題的。此外，與能力有關的薪酬還不能夠代替傳統的薪酬方法，因為按能力支付工資，仍然需要進行職位評價。這些也都說明了以能力為基礎的薪酬制度的不成熟性。

註釋：

［1］陳清泰，吳敬璉. 公司薪酬制度概論［M］. 北京：中國財政經濟出版社，2001.

［2］喬治T米爾科維齊，杰里M紐曼. 薪酬管理［M］. 6版. 董克用，等，譯. 北京：中國人民大學出版社，2002.

［3］陳維正，徐凱成，程文文. 人力資源管理與開發高級教程［M］. 北京：高等教育出版社，2004：355.

［4］加里·德斯勒. 人力資源管理［M］. 6版. 劉昕，吳雯芳，等，譯. 北京：中國人民大學出版社，1999：421.

［5］喬蒂·赫福·吉特爾. 西南航空案例——利用關係的力量實現優異業績［M］. 熊念恩，譯. 北京：中國財政經濟出版社，2004.

［6］托馬斯B威爾遜. 薪酬框架［M］. 陳紅斌，劉震，尹宏，譯. 北京：華夏出版社，2001：31-35.

［7］巴里·格哈特，薩拉·瑞納什. 薪酬管理：理論、證據與戰略意義［M］. 朱舟，譯. 上海：上海財經大學出版社，2005：80-81.

［8］ELLIG B R. Compensation Elements: Market Phase Determines the Mix［J］. Compensation

Review, (Third Quarter), 1981: 30-38.

[9] BALKIN D, GOMEZ-MEJIA L. Toward a Contingency Theory of Compensation Strategy [J]. Strategic Management Journal 8, 1987: 169-182.

[10] 托馬斯 B 威爾遜. 薪酬框架 [M]. 陳紅斌, 劉震, 尹宏, 譯. 北京: 華夏出版社, 2001: 11-15.

[11] 傑克·韋爾奇, 約翰·拜恩. 傑克·韋爾奇自傳 [M]. 曹彥博, 等, 譯. 北京: 中信出版社, 2001: 178.

[12] 雷蒙德·諾依, 等. 人力資源管理: 贏得競爭優勢 [M]. 3 版. 劉昕, 譯. 北京: 中國人民大學出版社, 2001: 499.

[13] GERALD LEDFORD JR. Three Case Studies on Skill-Based Pay: An Overview [J]. Copensation and Benefits Review (March-April) 1991: 11-13.

本章案例: 亞馬遜書店的薪酬激勵

亞馬遜書店是世界上最大的網上書店, 公司成立於1994年, 其業務包括銷售書籍、出售CD、在線音樂商店、兼賣錄音帶和錄像帶等。公司的銷售額從1995年的51萬美元, 1996年和1997年分別達到1600萬美元和近1.5億美元, 1998年第一季度的銷售收入達到了8740萬美元, 比1997年同期增長446%。公司的客戶也從1997年的340,000人劇增到1998年的220萬人。

由於書籍發行行業的競爭激烈程度和非常薄的毛利空間, 以及公司面臨高速增長需要大量的現金的支持, 亞馬遜的創立者和首席執行官吉夫·貝索斯從公司成立的第一天起就努力要建立一種強有力的企業文化, 以及建立在這種文化基礎上的戰略目標, 即較薄的毛利空間和激烈的競爭迫使公司不斷擴大市場份額, 從而確保最佳的競爭地位。首先是提倡節儉, 如很長一段時間公司所有的辦公桌都是用再生木板做成的, 塑料牛奶箱被用作文件箱, 目的在於保證使公司能夠在成長中把錢更多地投向經營規模的繼續高速擴張中。其次是對長短期目標的平衡。一方面滿足華爾街和投資者的要求, 另一方面為公司的持續發展奠定基礎。

在促成文化和戰略實施的過程中, 亞馬遜的薪酬體系發揮了重要作用, 並始終與經營戰略、員工結構、企業文化及發展定位保持了一致。比如, 亞馬遜給員工支付的基本工資比市場平均水準略低, 而且最基層的員工的基本工資還具有一定的競爭力。越往高走, 工資就比市場競爭水準低的越多。公司也沒有短期激勵計劃, 因此以現金形式支付的總報酬比市場水準略低。這種做法和公司的競爭環境、它所處的成長階段及其著眼於長期目標的企業文化是一致的。但在長期激勵方面卻非常具有競爭力, 上至執行官、下到在倉庫工作的成百上千的工人都能得到相當具有市場

競爭力的新員工股票期權。許多員工從期權得到的收入相當可觀。甚至一些年收入只有 18,000 美元的倉庫工人的帳面收入也有 5 萬美元。這種期權戰略幫助亞馬遜書店吸引和留住了它所需要的人才，使現金用於公司發展，並且讓所有員工從公司的長期發展中得到自己的關鍵利益。在醫療福利方面也有明顯的成本共享措施，這又一次體現了保留現金用於擴展的經營策略。

亞馬遜的薪酬體系和員工的需要和期望緊密地聯繫在一起，因為公司想雇用那些有進取心、聰明、善於思索，真正與眾不同並且願意投入到亞馬遜的長期成功中去的員工。因此公司需要通過薪酬體系的設計找到並留住這種人。事實上亞馬遜做到了這一點，亞馬遜的員工大多來自普林斯頓、達特茅斯、哈佛、斯坦福、伯克利這樣的頂尖學校的頂尖畢業生，平均年齡 28 歲，充滿熱情。對他們來講，相對較低的基本工資、沒有短期激勵措施、但慷慨的股票期權計劃更適合這些渴望成功、願意用可能更大的長期收穫來交換短期經濟收入，以及為了成功不怕近乎瘋狂的辛苦工作方式的人。

伴隨著公司的成長，亞馬遜書店並沒有停滯不前，而是已經開始展望未來的薪酬體系的組合模式。比如，在員工人數爆炸性增長的前提下，股票期權稀釋問題必須考慮；由於公司要吸引一支多樣化的員工隊伍，因此，公司的福利政策也必須予以重視；另外，由於勞動力市場固有的競爭壓力，要求增加現金在薪酬中所占比重的壓力無疑將上升。所有這些都意味著公司在充分利用薪酬系統幫助實現戰略目標方面達到了較完美的境界。

資料來源：托馬斯 B 威爾遜．薪酬框架 [M]．陳紅斌，劉震，尹宏，譯．北京：華夏出版社，2001：11-15.

案例討論：

1. 亞馬遜書店的薪酬是如何支持其文化和戰略的實施的？
2. 亞馬遜書店是如何通過期權戰略幫助其吸引和留住並激勵所需要的人才的？
3. 運用強化理論的觀點，解釋亞馬遜書店是如何做到「不同的對象，採用不同的強化類型的」。
4. 亞馬遜書店應該如何通過制定科學合理的薪酬戰略以應對環境的挑戰？

第 10 章　職工福利計劃

福利是企業總體薪酬的一個重要組成部分，隨著有關的法律法規的不斷完善，員工的福利保障也得到越來越多的保障。比如國家要求的強制性的社會保障、帶薪休假、病假、產假、法定節假日、退休金、住房公積金以及勞動安全衛生保障等。在發達國家，一方面，福利在薪酬成本和產品成本中佔有較大比重。如在美國，1995—1975 年的 20 年中，員工福利幾乎是以員工工資或消費指數 4 倍的速度增長。[1] 1993—1995 年，福利成本穩定在每個全日制員工 14,500 美元左右。[2] 另一方面，員工福利也受到政府的嚴格監管。在中國，企業員工的福利制度基本上是在改革開放後才逐步建立起來的，但企業之間的水準參差不平。目前中國企業在福利方面存在的問題主要有四個方面：一是有的企業的員工社會勞動保障體系還沒有完全建立起來，在勞動用工的合法性上存在較大風險；二是部分企業員工對福利項目的價值和重要性認識不足，不主動去關心和瞭解自己享受了哪些福利待遇；三是部分企業員工對福利的錯誤認識，如把福利視為天經地義的權利，還沒有認識到企業對自身的福利投資也是自己所獲薪酬的一個部分；四是企業對舉辦幼兒園、學校、醫院、修建職工宿舍、職工食堂等社會性福利項目的誤解。對這些問題的正確認識和選擇，能夠對企業競爭力的形成發揮重要影響，因此值得中國企業認真思考和總結。

通過本章的學習需要瞭解和掌握以下要點：

1. 福利的性質和作用。
2. 中國企業員工的福利項目和範圍。
3. 建立完善企業員工社會保障體系對於企業合法經營和員工激勵的作用和意義。
4. 應該如何認識和理解「企業辦社會」？
5. 為什麼要關注企業員工的福利？

專欄 10－1：「企業辦社會」回潮

在一定程度上「辦社會」，是保證企業自身穩定和發展的必要措施。而在社會環境還相對不成熟的中國，企業更要重視到這一點。

每天清晨 7 點半到 8 點之間，中芯國際的員工大批離開生活區到廠區上班。在上班的人流中，總能看到許多家長帶著小孩，其中不乏金頭髮、藍眼睛的「洋娃

娃」。父母們把孩子送到離廠區只有幾條街遠的中芯國際學校之後再去中芯國際上班。

在半導體製造行業，許多人都知道張汝京是建廠的高手。他在美國德州儀器以及創建臺灣世大期間，先後建立了10餘座半導體製造工廠；而現在中芯國際旗下也已經成功營運著5家芯片工廠。2000年張汝京在上海開始規劃他的芯片帝國的藍圖時，上海浦東張江高科技園還是一片荒蕪。而芯片製造這個需要高科技人員密集投入的行業，哪怕是初期項目啟動都需要四五千名工程師，但內地當時沒有這方面的人才儲備，這意味著中芯國際在成立之初，就需要從境外引進大批高科技人員。

但最讓張汝京焦慮的並不是資金與人才，而是如何留住人才。特別是半導體製造行業對高科技人才需求量大，流動性也非常大。要想真正留住這些海外歸來的高科技人員，必須要解決他們的生活以及子女就學等現實問題。憑藉張汝京的「個人招牌」，中芯國際項目在啟動階段就從國際上吸引到11億美元。但張汝京投資學校和房地產的計劃還是引起一些投資者的質疑。高盛的代表認為：我們投資的是芯片製造，為什麼還要建設學校和開發房地產？這不是以前中國國有企業的做法嗎？「企業辦社會」已經證明是不成功的，中芯國際這樣做能有什麼好處？高盛投資人的疑問代表了當時很多投資人的想法。

張汝京向股東們算了一筆帳，中芯國際需要大批外籍員工，這些員工在外租住公寓的費用是非常昂貴的，買的房子肯定比自己蓋的貴，這是明擺的事實，解決了住宿問題，就不需要再向員工支付高額的住房補助。而另一筆帳就更加簡單，當時中芯國際為外籍員工子弟聯繫的雙語教學的「美國學校」，1個孩子一年的學費需要2萬美元，500個孩子一年就需要高達1000萬美元，而占地達26公頃的中芯花園與中芯國際學校，第一期的建設才1000萬美元。換句話說，硬件的建設經費，恰恰等於500位小朋友念一年美國學校的錢。因此，學校既可以幫助公司安定員工，還可以為公司省錢。2001年11月，中芯國際正式量產時，中芯國際學校已經開學三個月了。而中芯國際生活區的一期工程4座樓也很快竣工。

隨著員工的增多，中芯國際的生活區也越來越大；由於教學質量比較高，中芯國際學校吸引了許多非中芯員工的子弟，中芯國際學校的規模也越來越大。「從幼兒園到中學已經有1100多名學生，其中外來的學生已經占到中芯國際學校的70%。」中芯國際學校校長豐忠漢說。

與此同時，中芯國際上海生活區的絕大部分住房，都分期分批以成本價出售給了員工。「價格比市場上低很多，而中芯國際在房地產方面的所有投入都已經完全收回來了。」劉越說。隨著中芯國際在北京工廠的建立，北京中芯國際生活區已經完工入住，幼兒園、小學也已經完工；而成都的新廠區也已經將相關生活區、學校的用地預留出來。

事實上，許多員工最初來到中芯只是找一份工作。外籍員工可能沒有打算會在

中國安家立業，而內地員工可能還沒考慮安家在張江。但大家住進來以後，發現這裡的環境雖然沒有酒店公寓那麼豪華，但這裡是家，鄰里之間互相照應，有一種大院文化，許多人正是因此而留在中芯。顯然，張汝京安定大後方的戰略，不僅讓中芯國際在與國際強手的人才爭奪戰中取得優勢，更重要的是讓中芯員工的企業文化與向心力更加緊密凝聚，而這筆寶貴的財富顯然是張汝京最初投資學校與生活區時沒有意料到的。

資料來源：李亮.「企業辦社會」回潮［J］. IT 經理世界（電子版），2005（20）. 文字有調整。

10.1 福利的概念和作用

本文所指的福利，主要是指職工福利，而不是廣義的社會福利。職工福利是指由國家機關、社會團體、企業、事業單位通過建立各種補貼制度和舉辦集體福利事業，解決職工個人難以解決的生活困難，方便和改善職工生活，保證職工身體健康和正常工作的一種社會福利事業。[3] 具體地講，組織成員從組織中獲得的某些經濟性和非經濟性收入的總和，如養老、醫療等社會保障、帶薪休假和各種法定節假日、各種以現金形式發放的津貼以及住房公積金等。正如前面討論薪酬構成時所強調的，福利是薪酬的重要組成部分。隨著經濟的發展，競爭的加劇，以及人們生活水準提高的要求，福利在工資中的比重不斷增加，作為一項強有力的競爭武器的作用日益凸現出來。以美國為例，1929 年，福利開支占工資總額的平均比重只有 3%。到 1995 年，這一數字已上升到 17%。在比例最高的情況下，與工資總額相對應的福利開支達到了 41%。[4]

當今社會各類組織對福利問題予以高度重視的原因其實很簡單，首先是因為有法律的規範，如中國相關的法律、法規都對此有明確的規定。其次，福利已成為一種吸引和留住人才的有效方式，特別是企業年金和商業醫療保險、住房公積金補貼以及較高比例的年工資等，都成為人們在選擇企業或是否留在企業時必須考慮的一項重要內容。再次，科學有效的福利項目設計有助於克服傳統工資政策的剛性弊端，增加組織薪酬制度的靈活性，提高激勵效果。最後，有的福利項目還能夠在發揮激勵作用的同時降低財務成本。可見，福利的作用的確是非常重要的。

（1）人力資本投資的重要內容

對於福利的重要性，應提高到人力資本投資的高度來認識。也就是說，組織給予員工的福利，很大程度上是其人力資本投資的一種行為。本叢書第一部《戰略性人力資源管理：系統思考及觀念創新》第三章第三節在闡述舒爾茨的人力資本理論

時，曾提到有關健康資本和健康投資的內容。健康資本包括先天的和後天的，後者是通過提高教育投資等方式獲得的。健康資本所提供的服務主要由「健康時間」和可以用來進行工作、消費以及閒暇活動的「無病時間」所組成。隨著年齡的增長，人們的健康狀況發生變化，原來健康的身體，到了一定的年齡段就會出現問題。也就是說，健康資本的儲備要逐漸貶值，而且越到生命的後期，貶值的速度就越快。為了保證勞動者能夠有一個健康的身體進行工作、學習和維持健康的生活，就必須對勞動者提供必要的勞動保障。而這種保障的具體內容就是對健康資本的投資，這是獲得和維持人力資本正常工作、學習和生活所必須付出的成本。其中，勞動者的個人保健計劃是最重要的內容。其最終目的在於，通過勞動者的健康保障，增加健康時間，減少「無病時間」，為勞動者的在職和退休生活創造良好的條件。此外，當前很流行的企業年金得到快速的發展，一方面是源於養老金制度的調整，同時也得到了企業人力資源管理需要的推動。越來越多的企業將建立企業年金計劃作為企業人力資源管理的重要激勵措施之一。[5]

(2) 吸引和留住人才的武器

研究發現，良好的福利待遇是吸引和留住人才的重要手段。比如，當福利水準越高時，人員流動性就越小。特別是養老保險和醫療保險，能夠有效地制約員工的流動。而且只有養老（包括企業年金）和醫療兩項保險福利能夠制約員工的流動。[6] 這兩項保險對那些雖然不具有年齡優勢、但卻具有豐富工作經驗的老員工來講，尤其具有吸引力。他們如果要跳槽，一定會考慮相關的機會成本。有的組織為了留住自己需要的人才，還會向員工支付相當高的工齡工資，並承諾在若干年後將其計入基薪。所有這些都是為了向那些能夠為組織帶來競爭優勢的人員形成一個長期雇傭的關係。專欄10－1和「本章案例」中的兩家公司，都在員工的社會福利上做了很多工作，不僅贏得了員工的支持，而且還得到了合作夥伴的讚賞，為企業的發展奠定了良好的基礎。

談到雇傭關係，有必要對經濟學和管理學的有關問題做一簡要介紹。我們所講的人力資源管理，與經濟學研究的組織內部勞動力市場在很多方面都是相似的。其主要區別在於，管理學意義上的人力資源管理主要考慮兩個方面的問題：一是組織的人力資源政策與組織目標之間的關聯程度；二是人力資源管理各項政策的制定及其落實。經濟學所研究的內部勞動力市場則主要關心的是這些政策後面的經濟動因，即這些政策的激勵或約束的背景。經濟學家們認為，雇員的工資隨工齡的上升而上升是組織內部勞動力市場的一個重要特徵。[7] 這一特徵具有三個功能：一是雇員在企業的生產率隨工齡的增加而提高；二是防止雇員的機會主義行為；三是吸引願意在企業長期工作的員工。第三個功能在實踐中的應用主要就是以按資歷增加工資和設置工齡工資來實現的。按資歷增加工資和設置工齡工資是兩個不同的概念。按資

歷增加工資是指企業的工資晉升是建立在工作年限基礎上，通常的政策表述是：工作時間達到多少年後可以自動晉升一級工資。而工齡工資是指工作一年應得到的收入。如以前大多數的中國國有企業的工齡工資的標準是每工作一年，相應的工齡工資是一元人民幣。按工齡支付工資的依據是，由於在工作初期的經驗和生產率不高，因此工資水準較低。隨著工作年限的增加、經驗的豐富和生產率的穩步提高，工資也逐步提高，最初的低工資也就得到了補償。這種工資制度顯然對那些願意長期在企業中工作的人具有吸引力。當進入企業後，這種制度又成為員工跳槽必須要考慮的成本因素。當然，關鍵是工齡工資的比重要達到一定的比例，如果還是每工作一年，工齡工資為一元人民幣，就很難達到應有的效果。

與之有關的一個問題是：工齡工資是福利嗎？我們的答案是肯定的。因為這種工資制度並無法律方面的強制規定，而是企業主動給予員工的一種待遇。這和工資的概念是不同的。當企業能夠充分認識到工齡工資在吸引和留住核心員工方面可能帶來的好處時，在整個薪酬體系中保留這種工資制度，可能是一個值得考慮的選擇。

（3）福利的成本及在總薪酬中的比例

任何一項福利計劃都是有成本的，同時在總的薪酬中也佔有一定的比例。如在美國，研究發現福利成本平均相當於貨幣工資總額的41％，在雇員的總報酬中福利成本要占到大約29％。[8]另一項研究發現，美國企業雇員的福利費用約占其工資總收入的1/4左右。[9]這一方面表明了公司為吸引和留住人才所花費的代價，另一方面也表明了福利的形式和成本也是需要控制的。因為福利作為一項重要的人力資源管理實踐，也必須支持和服從組織的整體目標。

中國企業在進行福利計劃設計時，主要應考慮兩個問題：一是成本控制；二是福利在總薪酬中的比例。首先是關於福利成本問題，涉及福利的種類、當前能夠接受的福利成本和今後能否接受的成本等問題。福利的種類是指企業福利計劃的構成，如國家法定的勞動保障和市場化的保障，前者屬於強制性要求，沒有什麼考慮的餘地。後者則主要由企業決定，國家只是提倡和鼓勵，這也就是《中華人民共和國勞動法》第九章第七十五條規定的：「國家鼓勵用人單位根據本單位實際情況為勞動者建立補充保險。國家提倡勞動者個人進行儲蓄性保險。」這一類的保險包括企業年金和各種商業醫療保險。當企業在考慮實施這類市場化的社會保障計劃時，就必須考慮成本的因素。對成本因素的考慮不僅是現在能夠接受和支付的成本，還要考慮今後是否能夠有能力支付。也就是說，福利決策的依據要有一個長期的規劃，既要考慮到企業效益好時的支付能力，也要考慮效益差時的支付能力。其次是福利在總薪酬中的比例，關於這個問題並沒有一個統一的標準，在美國這一比例大約是1/4。雖然不同的國家的具體情況可能有差別，但如果考慮到養老和醫療費用，這一比例還是比較合理的。當然，在制定具體的福利計劃時，還需要考慮不同年齡階段的人

的不同需求，如年輕員工和中老年員工的醫療福利就應有所差別。

(4) 法律法規要求

組織關注福利問題還有一個重要的原因，這就是國家相關的法律、法規和有關的條例的規定。如《中華人民共和國勞動法》第四章第四十五條規定：「國家實行帶薪年休假制度。」勞動者在連續工作一年以上的，便能夠享受每年帶薪休假的福利待遇。第九章第七十條規定：國家發展社會保險事業，建立社會保險制度，設立社會保險基金，使勞動者在年老、患病、工傷、失業、生育等情況下獲得幫助和補償。這條規定在實踐中的具體應用就是國家強制實行的五項法定保險。《中華人民共和國勞動法》第七十六條規定：「國家發展社會福利事業，興建公共福利設施，為勞動者休息、休養和療養提供條件。用人單位應當創造條件，改善集體福利，提高勞動者的福利待遇。」此外，國家還頒布了大量與之配套的政策文件，如國務院1997年7月頒布的《關於建立統一的企業職工基本養老保險制度的決定》，國家體改委、財政部、勞動部、衛生部等單位於1994年4月14日頒布實施的《關於職工醫療制度改革的試點意見》，國務院2003年4月頒布、2004年1月1日實施的《工傷保險條例》，國務院1999年1月22日頒布實施的《失業保險條例》，勞動部1994年12月14日頒布、1995年1月1日實施的《企業職工生育保險試行辦法》等政策性文件。這些政策性文件對組織福利項目的選擇無疑具有限制和制約作用，這也就要求組織在審視和決定其總體薪酬計劃時，必須考慮福利項目在其中的地位和作用。關於這方面的內容，在下面還要做詳細的介紹。

(5) 增加組織薪酬政策的靈活性

如前所述，薪酬設計的一個指導思想就是強調靈活性和各組成部分科學合理的搭配，「重要的不在於支付多少，而在於如何支付」。也就是說，同等數量的薪酬可以採用不同的組合方式來支付，這一原則同樣適用於福利項目的設計。傳統工資制度的一個弊端就是工資的剛性很強，沒有考慮或很少考慮組織成員的不同需求，人們基本沒有選擇的餘地。現在雖然大多數的組織都建立了各種各樣的福利項目，但仍然看重的是同一性，忽略特殊性。比如，不論年齡高低，都給予同樣或等量的商業醫療保險，年紀大的員工固然樂意，但年輕員工卻未必高興。因此，要增加福利項目的靈活性，必須進行科學有效的設計，這樣才能提高激勵效果。

(6) 增加稅後收入

根據政策規定，企業繳納的基本養老保險費在稅前列支，個人繳納的養老保險費不計徵個人所得稅。這樣，無論是對於企業還是個人，都能夠增加稅後收入，節約所得稅，使稅後財富增加。此外，對商業保險的研究證明，商業養老保險如企業年金也具有較強的稅收優惠激勵。從世界範圍看，很多國家都對滿足一定條件的企業年金計劃給予某些稅收優惠政策，如在企業年金稅收優惠制度（EET）下，國家

對企業年金的繳費及累積基金的投資收益給予免繳所得稅的優惠，（享受免稅優惠的金額應限制在僱員工資的一定比例內）而在養老金待遇階段計徵所得稅，正因如此，企業年金往往被視為一種所得的延期納稅計劃。在累進的所得稅制下，所得的延期納稅計劃能夠產生顯著的稅收儲蓄效應。對大多數僱員來講，由於退休後的收入水準下降，在退休後的所得就適用於一個較低的所得稅率。這樣，僱員參加僱主舉辦的企業年金計劃，並按照規定繳費，就意味著將在工作期間的一部分收入轉移到了退休後再繳納所得稅，等於增加了稅後所得。[5]

10.2　福利的構成

不同國家的福利構成既有共同點，也有不同點。總的來看，共同的部分要多一些。在美國，僱員福利大致包括五個方面的內容：一是社會保障，包括老年、遺屬、殘疾和健康保險、失業補償保險等；二是養老金、人壽保險、醫療保險等；三是上班時間中非生產時間內的福利；四是帶薪休假、帶薪病假等；五是其他福利。在中國，這些福利形式大多也都存在。此外，中國還有一些比較特殊的福利形式，如住房公積金、企業社會項目等。下面將對這些項目逐一介紹。

（1）社會保障

社會保障主要包括兩個部分：一是國家法律、法規要求的強制性保障，如養老、醫療、失業、工傷和生育保險；二是非強制性的商業性保障，如企業年金、商業醫療保險、商業壽險、住房公積金等。

第一類是強制性保障的種類及相關的政策性規定。為了保證養老、醫療、工傷、失業和生育等強制性保障的落實和勞動者的利益，國家頒布實施了相應的政策性文件，如在基本養老保險方面，就相繼頒布實施了《國務院關於企業職工養老保險制度改革的決定》、《關於深化企業職工養老保險制度改革的通知》、《關於建立統一的企業職工基本養老保險制度的決定》、《社會保險費徵繳暫行條例》、《國務院關於完善企業職工基本養老保險制度的決定》等一系列政策文件，對職工養老保險中單位和個人的出資比例、個人帳戶管理、養老金發放、基本養老保險基金的徵繳與監管、養老金調整等一系列問題做出了詳細的規定。由於形勢在不斷發展變化，因此這些政策也在相應的進行調整，如《國務院關於完善企業職工基本養老保險制度的決定》就對養老金的計發辦法作出了調整，該決定要求改革基本養老金計發辦法，為與做實個人帳戶相銜接，從2006年1月1日起，個人帳戶的規模統一由本人繳費工資的11%調整為8%，全部由個人繳費形成，單位繳費不再劃入個人帳戶。同時，進一步完善鼓勵職工參保繳費的激勵約束機制，相應調整基本養老金計發辦法。在醫療保險方面，國家先後出抬了《關於職工醫療制度改革的試點意見》、《關於建立

城鎮職工基本醫療保險制度的決定》、《關於加強城鎮職工基本醫療保險個人帳戶管理的通知》、《關於妥善解決醫療保險制度改革有關問題的指導意見》等政策性文件，為中國各單位職工的醫療制度改革奠定了堅實的基礎。如《關於建立城鎮職工基本醫療保險制度的決定》就從職工醫療保險的改革的任務和原則、覆蓋範圍和繳費辦法、建立基本醫療保險統籌基金和個人帳戶、健全基本醫療保險基金的管理和監督機制、加強醫療服務管理、加強組織領導等方面作了全面詳細的安排和規定。如在醫療保險費用的交納上，它就作出了明確的規定：基本醫療保險費由用人單位和職工共同繳納。用人單位繳費率控制在職工工資總額的6%左右，職工繳費率一般為本人工資收入的2%。隨著經濟發展，用人單位和職工繳費率可作相應調整。而《關於加強城鎮職工基本醫療保險個人帳戶管理的通知》則從統一思想和提高對加強個人帳戶管理重要性的認識、統一個人帳戶的基本內容和規範管理形式、加強個人帳戶基金管理和嚴格控制資金支出及使用方向、加強各項基礎管理和方便參保職工就醫購藥等方面強調了對城鎮職工基本醫療保險個人帳戶管理。此外，國家還出抬了其他的政策性文件，對工傷、失業和生育等保險提出了明確的要求。

住房公積金是指國家機關、國有企業、城鎮集體企業、外商投資企業、城鎮私營企業及其他城鎮企業、事業單位、民辦非企業單位、社會團體（以下統稱單位）及其在職職工繳存的長期住房儲金。住房公積金是一項受到法律、法規和政策規定和保護的重要的福利項目。公務員和各省、市、自治區都頒布有相應的法律、法規和政策性文件，對根據國務院《住房公積金管理條例》（以下簡稱《條例》）的規定，職工個人繳存的住房公積金和職工所在單位為職工繳存的住房公積金，屬於職工個人所有。在繳費的比例上，職工住房公積金的月繳存額為職工本人上一年度月平均工資乘以職工住房公積金繳存比例。單位為職工繳存的住房公積金的月繳存額為職工本人上一年度月平均工資乘以單位住房公積金繳存比例。也就是說，繳費是個人和所在單位按同等比例交納。舉例來講，如果職工上一年度月平均工資是1300元，繳費比例是10%，那麼個人和單位分別繳費130元，共計260元。其中單位繳納部分就成為職工的福利。而且繳費的比例越高，就意味著福利的待遇越好。《條例》還對職工提取職工住房公積金帳戶內的存儲餘額作出了規定，凡是具備以下條件的均可從專用帳戶中提取：購買、建造、翻建、大修自住住房的；離休、退休的；完全喪失勞動能力，並與單位終止勞動關係的；出境定居的；償還購房貸款本息的；房租超出家庭工資收入的規定比例的。如果職工有住房，在工作期間沒有動用公積金，那麼在其退休時就一次性返還。《條例》對住房公積金的繳費比例有較為嚴格的規定，如第十八條規定：職工和單位住房公積金的繳存比例均不得低於職工上一年度月平均工資的5%；有條件的城市，可以適當提高繳存比例。具體繳存比例由住房公積金管理委員會擬訂，經本級人民政府審核後，報省、自治區、直轄市人民

政府批准。如四川省省級單位住房制度改革辦公室《關於調整住房公積金繳存比例的通知》規定：省級各黨政機關、企事業單位、中央駐蓉單位、外地駐蓉單位（簡稱省級單位，下同）的住房公積金繳存比例上限調整至15％，下限仍按6％執行。企業完全可以按照有關規定和自身的實際情況，使住房公積金發揮應有的激勵作用。

第二類似非強制性保障的種類及相關的政策性規定。在這類保障中，主要包括企業年金和商業醫療保險兩個大類。下面對這兩個部分進行一些介紹。

企業年金。所謂企業年金，是指企業及其職工在依法參加基本養老保險的基礎上，自願建立的具有商業性質的補充養老保險制度。企業年金是中國多層次養老保險體系的重要組成部分。根據勞動與社會保障部的資料，中國的企業年金制度建設起步於20世紀90年代初。黨的十六屆三中全會通過的《中共中央關於完善社會主義市場經濟體制若干問題的決定》鼓勵有條件的企業應建立企業年金制度。《國務院關於完善企業職工基本養老保險制度的決定》第九條明確提出，為建立多層次的養老保險體系，增強企業的人才競爭能力，更好地保障企業職工退休後的生活，具備條件的企業可為職工建立企業年金。企業年金基金實行完全累積，採取市場化的方式進行管理和營運。要切實做好企業年金基金監管工作，實現規範運作，切實維護企業和職工的利益。根據中央確定的原則精神，勞動保障部相繼頒布了《企業年金試行辦法》、《企業年金基金管理試行辦法》等部門規章和六個規範性文件，規定了建立企業年金的條件、程序和待遇計發辦法，明確了企業年金管理的治理結構和市場化營運規則。根據《國務院對確需保留的行政審批項目設定行政許可的決定》，勞動保障部頒布了《企業年金基金管理機構資格認定暫行辦法》，組成了專家評審委員會，經過評審，並商中國銀監會、中國證監會、中國保監會同意，認定了第一批37個企業年金基金管理機構。

企業年金主要由企業繳費、職工個人繳費和企業年金基金投資營運收益三部分組成。這種制度的優點在於，它能夠彌補基本養老保險的不足，為人們退休後的生活提供更好的條件。但並不是所有的企業都具有建立企業年金的資格和條件，根據《企業年金試行辦法》（以下簡稱《辦法》）的規定，符合下列條件的企業，才可以建立企業年金：一是依法參加基本養老保險並履行繳費義務；二是具有相應的經濟負擔能力；三是已建立了集體協商機制。其中，有經濟支付能力尤其重要，它要求企業具有比較雄厚的經濟實力。此外，企業年金的管理和企業年金基金投資營運也非常重要，前者要解決的是原值的兌付問題，如《辦法》第十二條規定：職工在達到國家規定的退休年齡時，可以從本人企業年金個人帳戶中一次或定期領取企業年金。第十三條規定：職工變動工作單位時，企業年金個人帳戶資金可以隨同轉移。第三十條規定：職工或退休人員死亡後，其企業年金個人帳戶餘額由其指定的受益人或法定繼承人一次性領取。而後者要解決的則是年金增值的問題，即年金基金投

資收益的分享。在這方面，《辦法》也作出了明確的規定。如第十條規定：企業年金基金實行完全累積，採用個人帳戶方式進行管理。企業年金基金可以按照國家規定投資營運。企業年金基金投資營運收益並入企業年金基金。第十一條規定：企業年金基金投資營運收益，按淨收益率計入企業年金個人帳戶。隨著年金基金投資營運收益的提高，員工的收益也會穩步上升。

各類商業醫療保險。各商業保險公司推出的商業性的人身保險業務構成非強制性的醫療保障的主要部分，主要包括人壽保險、健康保險、意外傷害保險等。隨著市場經濟的發展，中國的商業保險市場也在不斷規範，《中華人民共和國保險法》、《健康保險管理辦法》等法律、法規對商業醫療保險都作了嚴格的制度規定，關於人身保險的具體內容，這裡不作詳細介紹，只是需要強調一點，企業或公司在選擇這類商業保險時，要考慮兩個問題：一是險種的選擇，如重大疾病險、意外險等，這些險種具有很強的防範能力，可以分散組織和個人的風險。二是商業保險的選擇應分等級，即根據組織人力資源管理的要求，給予核心員工或關鍵人才以較高等級的待遇，以真正發揮其激勵的效果。

(2) 津貼

在福利計劃中，津貼也佔有重要地位。與保險、公積金等項目相比，津貼相對比較簡單，沒有法律方面的硬性規定，主要由企業自行決定。在中國，企、事業單位津貼的種類很多，一般包括交通補貼、通信補貼、工作餐補貼、出差補貼、冬季取暖補貼和夏季清涼飲料補貼、職工生活困難補貼等。各類津貼的數額完全取決於企業的效益和總體薪酬的設計。一般來講，效益好的企業，津貼的數額種類較多，且數額較大。津貼在組織的總體薪酬中具有重要作用，特別是在吸引人才和留住人才方面，在一定程度上會影響求職者的求職意向，因此應引起組織對建立有效的津貼制度的重視。

(3) 帶薪休假

在現實中，有不少企業和公司的加班加點已成為一種普遍現象，由於得不到應有的休息和娛樂時間，人們的生理和心理壓力不斷加大，出現自我效能下降，工作熱情退化等不良症狀，最終影響到組織的效率和效益。因此，有必要採取某種方式緩解人們的工作和精神壓力，帶薪休假就是其中一種方法。帶薪休假主要包括年休假、婚假、探親假、女職工產假、喪假等。帶薪休假不僅是一種福利制度，而且這種制度還受到法律的保護，如《中華人民共和國勞動法》第四十五條規定：國家實行帶薪年休假制度。勞動者連續工作一年以上的，享受帶薪年休假。一般來講，年休假大約有兩週左右的時間，適合員工的休整或做一較遠距離的旅遊項目選擇。此外，婚假、探親假、女職工產假、喪假等也有一定的時間安排規定。可以預見的一個發展趨勢是，帶薪休假制度將成為組織吸引人才和提高競爭力的重要手段。隨著

整個社會經濟的發展和國民收入水準的提高，人們對自身健康生活的關注和重視程度也不斷提高。他（她）們在關注工作的同時，也在關注自身的生活質量和生活品質，比如需要時間安排諸如旅遊、登山、聚會甚至逛街、購物、閱讀以及其他業餘生活，他（她）們把這些視為現代生活一個不可缺少的部分。因此組織應當給予和保障他（她）們的這種選擇。

（4）企業社會項目

所謂企業社會項目，是指企業或公司為減少員工負擔、吸引優秀人才而提供的諸如托兒所、學校、醫院等帶有較強社會福利色彩的福利項目。在中國的計劃經濟時代，中國的一些大型國有企業以及那些位於交通不便和較落後地區的企業，為了解決職工子女的教育、職工醫療等問題，大多都舉辦有自己的學校和醫院等項目，但在後來的國企改革中，均以「減免負擔」等理由，進行了所謂的「剝落」。即使是那些具有較好社會效益的學校和經濟效益的醫院也均不能幸免。這裡涉及的一個問題就是，「企業辦社會」是否合適？

對於企業辦社會現象，不能簡單的肯定或否定。中國國有企業改革過程中以「減免負擔」為由對所謂「輔助」進行的「剝離」，有其特定的歷史條件和特殊環境。但這一行為本身並不能夠成為否定企業職工福利項目的理由。根據企業自身的需要和實力，建立自身的福利項目體系，不僅能夠吸引、激勵和留住優秀員工，而且還能夠培育一種關愛的文化。與那些「剝離」相對應的是，我們在專欄10－1和「本章案例」中看到的卻是另外一種景象，無論是中芯國際的中芯國際學校、中芯國際生活區，還是比亞迪建立的亞迪村、深圳中學比亞迪學校、圖書館、技工學校、幼兒園、會所、健身房等項目，無一不是當年國有企業改革中列入被「剝離」清單的項目，但在這兩個企業中，學校、醫院、為職工修建的房地產項目等，都不單是以企業福利的形式出現，而且超越了企業福利的層面，上升到了「人文關懷」和「社會責任」的更高的境界。這種對員工的關愛，不僅能夠讓企業在人才爭奪戰中取得優勢，同時還能夠建立起高效的企業文化和向心力。正如文中所言：在一定程度上「辦社會」，是保證企業自身穩定和發展的必要措施。而在社會環境還相對不成熟的中國，企業更要重視到這一點。

（5）公司貸款計劃及各種員工補助計劃

在職工福利項目中，公司的各種貸款計劃及有關的員工補助計劃也是一項重要的內容。這種計劃對公司的經濟實力有較高的要求，因此大多是大公司才可能向員工提供。貸款計劃主要包括向員工購買交通工具、住房等大宗商品提供支持，而補助計劃則主要是針對困難員工提供的財務支持。

10.3　福利的功能和福利項目的管理

（1）福利的功能

強制性保險的功能。強制性保險的功能主要表現在以下幾個方面：第一，從政府職能層面上將組織的人力資本投資納入了一個規範化和法制化的軌道，同時體現了政府引導和管理整個社會人力資源的重要職責，並通過這一手段體現了福利項目在維護國家、社會和企業組織穩定性方面的重要作用。第二，它是組織人力資本投資的重要內容。比如，通過向職工提供各種健康投資，盡可能維持和延長其健康資本，無論是對於職工本人還是組織來講，都是一舉兩得的事情。第三，保證職工的合法權益，在一定程度上解決了職工的後顧之憂，特別是養老和醫療保險，為人們退休後的生活提供了基本的保障。隨著中國社會經濟的發展，人民的生活水準不斷提高，在職職工的工資水準也在不斷增加，人們獲得的保障水準也隨之提高。第四，有利於人員流動和資源的社會配置。根據《關於深化企業職工養老保險制度改革的通知》的規定，職工在同一地區範圍內調動工作，不變換基本養老保險個人帳戶。職工由於各種原因中斷工作，其個人帳戶予以保留。職工調動或中斷工作前後個人帳戶的儲存額可以累積計算，不間斷計息。職工在不同地區之間調動工作，基本養老保險個人帳戶的全部儲存額由調出地社會保險經辦機構向調入地社會保險經辦機構劃轉，調入地社會保險經辦機構為其建立基本養老保險個人帳戶。這樣，人們不再擔心因工作變動帶來的比必要的麻煩，為整個社會的人員流動和合理配置創造了條件。第五，有利於企業的改制和改革。當一個企業為其員工建立了比較完備的社會保障體系後，在進行人員分流和機構剝離時，就能夠大大減少改革的難度，保證改革的順利進行。同時，由於被分流人員有基本的社會保障，還能夠減輕社會的負擔。第六，明確了單位和個人的責任。無論是養老保險還是醫療保險，都對繳費比例（單位繳費和個人繳費）、保險基金管理、個人基金帳戶的管理和使用等作出了明確的規定，降低和減少了管理的難度和成本。

非強制性保障的功能。這類保險的最大功能可能體現在吸引和留住優秀員工方面。在這類保障中，企業年金和商業醫療保險尤其重要。對於那些地理位置較差，學校、醫院等社會福利設施不健全地區的有實力的企業，適當舉辦一些必要的社會項目，也有利於吸引和留住關鍵員工，這一點在專欄10-1中得到了證明。

（2）福利項目的管理

福利項目管理涉及兩個方面：一是福利項目的決策權歸順；二是福利項目的選擇和管理。

決策權主要包括兩個方面：一是得到法律、法規和相關政策保護和強制執行的

項目，對於這些項目，企業沒有討價還價的餘地，只能夠適應和執行。它涉及的是企業在一個法制和道德約束的社會中生存的底線。如果越過這一底線，就會遭到社會的譴責和法律的制裁。二是非強制性保障，對這些項目，沒有法律、法規和政策的強制規定，雖然國家、政府大力提倡，但決策權在企業。這類項目關係到員工和社會對企業「人文關懷」和「社會責任」的評價，會影響員工的工作熱情和職業選擇，並最終影響到企業的效率和效益，因此應引起企業的高度重視。專欄10－1中的中芯國際和「本章案例」比亞迪公司在這方面的選擇，值得其他企業認真的考慮。

　　福利項目管理的第二個方面是福利項目的選擇和管理。第一，福利項目的選擇要考慮企業戰略的要求，因為福利作為薪酬的重要組成部分，在員工激勵和保持企業競爭力方面具有十分重要的作用，同時這也是戰略性人力資源管理的基本要求。第二，要考慮企業的盈利能力和財務支持力度。因為福利項目是一筆很大的支出，對企業的支付能力要求很高，尤其是企業年金和商業醫療保險項目的選擇要非常慎重。一般來講，企業在經營狀況比較好的年份健全員工的商業性社會保障是比較有利的。第三，要考慮企業的發展階段。比如在創業階段，企業福利除了國家強制規定的勞動保障外，其他具有商業性質的保險、津貼等可暫不予考慮。因為這時對企業來講最重要的是財務資金的供應，可用於福利項目的資金收到很大限制。而當企業進入成長期後，隨著獲利能力的提高，福利資金就有一定的保障。第四，福利項目的選擇要有針對性和靈活性。比如，商業性的保險項目主要針對核心員工，對年齡較大的員工可以購買商業醫療保險，以作為基本醫療保險的補充，對年輕員工則可以發放津貼等現金。這樣就可以滿足不同類型、不同年齡員工的需要。第五，鑒於社會保障的複雜性和法律法規等要求，企業在建立員工社會保障體系時可以和保險公司、基金公司等相關機構進行合作，這樣既可以做到專業化要求，又可以簡化有關手續，如保險公司定期到企業進行保險理賠等工作，就可以為員工的報帳帶來諸多便利。第六，企業要就員工享受的福利項目與員工進行宣傳和溝通。宣傳的目的是讓員工清楚的瞭解企業對自己的投資和福利標準，溝通的目的是瞭解和掌握員工的真正需求，以便在必要時調整福利項目，使其能夠具有更高的效率。企業最好能夠擬訂一個有關員工福利的手冊，以方便員工獲取有關福利項目的信息。

註釋：

　　[1] JOIN HANNA. Can the Challenge of Escalating Benefits Costs Be Met? [J]. Personnel Administration 27, no.9, 1977: 50－57.

　　[2] U.S. Chamber of Commerce, Employee Benefits, Washington, D. C.: U. S. Chamber of Commerce, 1988.

［3］範占江. 勞動法精要與依據指引［M］. 北京：人民出版社，2005：158.

［4］U. S. Chamber of Commerce, Research Center, Employee Benefits 1990, Employee Benefits 1997 (Washington, D. C.：U. S. Chamber of Commerce, 1991 - 1997).

［5］胡秋明. 企業年金的人力資源管理效應及其理論解釋［J］. 財經科學，2006（10）.

［6］喬治 T 米爾科維奇，等. 薪酬管理［M］. 6 版. 董克用，等，譯. 北京：中國人民大學出版社，2002：375.

［7］張維迎. 產權、激勵與公司治理［M］. 北京：經濟科學出版社，2005：295 - 299.

［8］雷蒙德·諾依，等. 人力資源管理：贏得競爭優勢［M］. 3 版. 劉昕，譯. 北京：中國人民大學出版社，2001：573.

［9］段昆. 美國企業雇員福利計劃評價［J］. 經濟管理，2003（1）.

本章案例：深圳比亞迪公司「企業辦社會」的啟示

深圳比亞迪公司所舉辦的社會福利項目使公司獲得了意想不到的收穫。2005 年 9 月底，深圳比亞迪公司迎來一批尊貴的客人，這些從諾基亞總部派來的調查人員，由負責採購的副總裁親自帶隊，他們是來考察比亞迪是否具備成為諾基亞精密塑膠供應商的條件。讓比亞迪執行董事兼副總裁夏佐全意外的是，他們除了考察比亞迪產品品質、研發技術、交貨能力等項目，似乎更對比亞迪建立的亞迪村、深圳中學比亞迪學校等項目有興趣。事後夏佐全才知道，考察指標中有一個專門針對供應商在「社會責任」、「人文關懷」等方面的履行情況，而這些指標對被考察企業能否達標具有「一票否決」的權力，其他做得再好，如果在這些指標上不能符合諾基亞的要求，都不可能成為諾基亞的供應商。

「我們是無心插柳。」夏佐全說，比亞迪投資亞迪村、深圳中學比亞迪學校等是作為企業員工福利的投入，實際上是與企業發展階段息息相關的。比亞迪因此拿到摩托羅拉、諾基亞等跨國公司的訂單，僅僅是「意外的驚喜」。

1999 年底，比亞迪從深圳龍崗搬到葵湧時，已經成立 4 年多了，公司已經初具規模。但在龍崗時，比亞迪面臨一個管理上的難題，比亞迪在龍崗的配套設施並不完備，企業員工分散居住在四個地方，當時，公司的員工人數已經增加到四五千人，如此龐大的人員流動，讓比亞迪的管理者們非常頭疼。也正因此，1999 年底比亞迪在深圳葵湧新工業園成立的時候，比亞迪董事長兼總裁王傳福就已經開始構想，把葵湧廠區建成一個能夠讓員工感覺到充滿溫暖、氣氛寬鬆、利於創新和安身立命的家園。最先解決的問題就是將員工居住地進行集中，在廠區內建立了幾座員工宿舍樓。隨著員工人數增長，比亞迪員工宿舍也迅速增加。

技術性人力資源管理：
系統設計及實務操作

　　王傳福最崇尚的公司模型是「軍隊—學校—家庭」三位一體。他認為，一個企業，一定要讓職工有家的感覺，只有將他們照顧好，他們才會照顧好你的公司，進而照顧好你的利潤。

　　目前比亞迪的員工多達47,000人，建立的員工宿舍樓也很成規模，在比亞迪總部葵湧工業園，比亞迪員工宿舍樓就多達20多座。而工業園一側就是葵湧當地最好的學校——深圳中學比亞迪學校。

　　在深圳，葵湧屬於貧困鎮。幾年前高速公路沒有修好之前，從比亞迪葵湧工業園到市區需要走盤山路，而葵湧當地的幾所學校，都是深圳市政府的「同富裕工程」建立起來的。為了解決員工子女的入學問題，同時也是為了回報社會，與當地政府、群眾建立良好的關係，比亞迪決定投資學校。並為比亞迪學校先後投資了8000多萬元，最初的定位就是從高起點出發，學校的硬件設備是一流的。比亞迪學校與全國重點中學深圳中學進行合作，該校派出從校長到年級主任等一大批教員，還引進一些外教，以保證教學質量。現在的深圳中學比亞迪學校的學員，已經不僅僅是比亞迪員工的子弟以及當地孩子，深圳其他各地還有大量學生慕名前來。夏佐全說：「比亞迪學校肯定是可以賺錢的，但我們絕對不會考慮利用學校來賺錢，只要它能夠保證教學質量，按照市場運作的規律自己運轉起來就行了。」

　　距離比亞迪總部不遠，依山而建的亞迪福利村，已經擁有了500多戶「村民」，作為那些在比亞迪工作5年以上的員工福利房，公司給員工購房每平方米補貼1000元。這裡遠離城市的喧囂，各種配套設施齊全，從幼兒園到會所、健身房一應俱全，地下車庫整齊排放著比亞迪的福萊爾小車。隨著比亞迪F3的上市，車庫F3的數量也會增多起來。由於遠離市區，加上比亞迪開始大舉進軍汽車市場，所以比亞迪非常鼓勵員工購車，不但在購車方面予以優惠，每個月的車補也是一筆不小的數目。「我們的員工大部分都有一輛小汽車，可以方便地出入市區。」夏佐全高興地說。

　　除了比亞迪葵湧總部之外，在深圳龍崗工業園區，比亞迪另一座亞迪村也在規劃之中，比亞迪在上海的工業基地一側，建立幾座高層住宅或別墅的計劃也已放在比亞迪高層人員的桌案上。此外，比亞迪還撥出專款，辦起圖書館，豎起了黑板報，辦起各類技能學習班，甚至還斥巨資建立了一座標準的體育場。在王傳福的鼓勵下，員工還成立了文學社、書畫社、藝術團、英語協會……所有這一切，比亞迪都希望員工能將公司當作一個家，要讓每一個員工在比亞迪找到自己存在的價值感。

　　在深圳市龍崗區新開發的寶龍工業城，一座現代化的技工學校已經開學一年多了，這是由比亞迪全資建立的深圳比亞迪技工學校，學校辦學條件是按國家級技工學校標準配置，佔地面積8萬平方米，建築面積4萬平方米。除了向社會上輸送人才之外，這個學校主要還是為公司提供急需的技術人員，其專業設置和課程結構，與比亞迪技術人員缺口相對應，在全國招生培養「下得去，留得住，用得上」的面

向基層、面向生產和管理的中高級技術型、實用型人才。

不論是作為員工福利建立的學校和亞迪村，還是為企業培養人才建立的技工學校，比亞迪最初的出發點都是從企業的需求出發，但現在比亞迪已經開始系統地思考公司應該負擔的「社會責任」問題了。夏佐全說認為，比亞迪擁有 47,000 名員工，每年上繳利稅五六億元，涉及上游廠商上千家，下游客戶數百家，如此大的企業規模，不論是對周邊環境的保持、還是員工的安全、健康，公司顯然都要承擔巨大的相關責任。這不是願意不願意的事情，而是比亞迪發展到這個階段，必須要面對的事情。

資料來源：李亮.「企業辦社會」回潮 [J]. IT 經理世界（電子版），2005（20）. 文字有調整。

案例討論：

結合專欄 10－1，思考：為什麼「一個企業，一定要讓職工有家的感覺，只有將他們照顧好，他們才會照顧好你的公司，進而照顧好你的利潤」？

國家圖書館出版品預行編目（CIP）資料

技術性人力資源管理：系統設計及實務操作 / 石磊 著. -- 第一版.
-- 臺北市：財經錢線文化發行：崧博, 2019.12
　　面；　公分
POD版
ISBN 978-957-735-949-0(平裝)
1.人力資源管理
494.3　　　　　　　　　　　　　　　　108018082

書　　名：技術性人力資源管理：系統設計及實務操作
作　　者：石磊 著
發 行 人：黃振庭
出 版 者：崧博出版事業有限公司
發 行 者：財經錢線文化事業有限公司
E - m a i l：sonbookservice@gmail.com
粉 絲 頁：　　　　　　網　址：
地　　址：台北市中正區重慶南路一段六十一號八樓 815 室
8F.-815, No.61, Sec. 1, Chongqing S. Rd., Zhongzheng Dist., Taipei City 100, Taiwan (R.O.C.)
電　　話：(02)2370-3310　傳　真：(02) 2388-1990
總 經 銷：紅螞蟻圖書有限公司
地　　址：台北市內湖區舊宗路二段 121 巷 19 號
電　　話:02-2795-3656 傳真:02-2795-4100　　網址：
印　　刷：京峯彩色印刷有限公司（京峰數位）

　本書版權為西南財經大學出版社所有授權崧博出版事業股份有限公司獨家發行電子書及繁體書繁體字版。若有其他相關權利及授權需求請與本公司聯繫。

定　　價：580 元
發行日期：2019 年 12 月第一版
◎ 本書以 POD 印製發行